工学结合·基于工作过程导向的项目化创新系列教材
国家示范性高等职业教育土建类"十三五"规划教材

建筑工程计量与计价项目化教程

JIANZHU GONGCHENG JILIANG YU JIJIA XIANGMUHUA JIAOCHENG

主　编　楚晨晖　王丹净
葛君山
副主编　姚燕雅　何小宝
郦俊伍　陈　晨
陈兰英　梁　伟

任课教师可申请 课件PPT
任课教师可申请 习题/试卷
任课教师可申请 课程标准 教学计划

華中科技大学出版社
http://www.hustp.com
中国·武汉

内容简介

建筑工程计量与计价作为工程造价核心专业课，不但要求学生熟练掌握计量计价规则，同时也要求学生会识图、懂施工。本教材在每个分部分项工程计量计价前均对相关施工工艺和概念进行一定的阐述，有助于学生对相关分部分项工程计量计价的理解和掌握。

本教材系统、完整地介绍了"营改增"的相关知识，并融入计量计价知识体系，使学生能够掌握最新的知识技能，紧跟行业发展步伐。同时，本教材以最新造价工程师执业资格考试大纲、《建设工程工程量清单计价规范》(GB 50500—2013)、《房屋建筑与装饰工程工程量计算规范》(GB 50854—2013)以及《江苏省建筑与装饰工程计价定额》(2014 版)等行文规范为依据编写，紧扣专业最新知识点，做到与时俱进、理论联系实际。

为了方便教学，本教材还配有电子课件等教学资源包，任课教师和学生可以登录"我们爱读书"网(www.ibook4us.com)注册并浏览，任课教师还可以发邮件至 husttujian@163.com 免费索取。

本教材适用于高职高专类院校工程造价、建筑工程技术、工程管理等建筑类相关专业的学生，也可作为从事实际工程施工工作的技术人员和管理人员的参考用书。

图书在版编目(CIP)数据

建筑工程计量与计价项目化教程/楚晨晖，王丹净，葛君山主编. —武汉：华中科技大学出版社，2019.12 (2024.1 重印)
国家示范性高等职业教育土建类"十三五"规划教材
ISBN 978-7-5680-5511-6

Ⅰ.①建… Ⅱ.①楚… ②王… ③葛… Ⅲ.①建筑工程-计量-高等职业教育-教材 ②建筑造价-高等职业教育-教材 Ⅳ.①TU723.3

中国版本图书馆 CIP 数据核字(2019)第 184073 号

建筑工程计量与计价项目化教程
Jianzhu Gongcheng Jiliang yu Jijia Xiangmuhua Jiaocheng

楚晨晖　王丹净　葛君山　主编

策划编辑：康　序
责任编辑：舒　慧
责任监印：朱　玢
出版发行：华中科技大学出版社(中国·武汉)　电话：(027)81321913
武汉市东湖新技术开发区华工科技园　邮编：430223
录　排：武汉三月禾文化传播有限公司
印　刷：武汉市首壹印务有限公司
开　本：787mm×1092mm　1/16
印　张：19.5
字　数：499 千字
版　次：2024 年 1 月第 1 版第 5 次印刷
定　价：58.00 元

前言

建筑工程计量与计价是工程造价专业的一门核心专业课程，计量与计价亦是造价人员的基本核心技能。本教材的编写是为了更好地培养大中专工程造价专业学生的造价专业技能。

2016年5月1日，建筑业正式实施“营改增”财税制度改革，由此，工程造价的计价原则、计价程序等发生了巨大的变化。为了紧跟行业发展趋势，接触行业前沿，本教材系统、完整地介绍了“营改增”的相关知识，并融入计量计价知识体系，使学生能够掌握最新的知识技能，紧跟行业发展步伐。

2018年，住建部对造价工程师执业资格考试进行了较大改革。同时，随着我国建筑业的快速发展，工程造价的理论、概念、计量计价规则与方法也在不断变化和完善。本教材以最新造价工程师执业资格考试大纲、《建设工程工程量清单计价规范》(GB 50500—2013)、《房屋建筑与装饰工程工程量计算规范》(GB 50854—2013)以及《江苏省建筑与装饰工程计价定额》(2014版)等行文规范为依据编写，紧扣专业最新知识点，做到与时俱进、理论联系实际。

我国幅员辽阔、土地广袤，各地区经济环境存在差异，因此，各地区都颁布了与本地区相适应的计价定额和计价办法。对于江苏地区，一般编制招标控制价、标底，在工程审计中通常以《江苏省建筑与装饰工程计价定额》(2014版)以及《江苏省建设工程费用定额》(2014年)为依据。本教材以江苏地区为例，进行工程计价程序介绍，具有一定的地方适用性，同时也可作为其他地区的计价参考。

建筑工程计量与计价作为工程造价核心专业课，不但要求学生熟练掌握计量计价规则，同时也要求学生会识图、懂施工。本教材在每个分部分项工程计量计价前均对相关施工工艺和概念进行一定阐述，有助于学生对相关分部分项工程计量计价的理解和掌握。

本教材由无锡城市职业技术学院楚晨晖、无锡商业职业技术学院王丹净、江苏海事职业技术学院葛君山担任主编，由无锡城市职业技术学院姚燕雅、炎黄职业技术学院何小宝、江苏信息职业技术学院郦俊伍、南京科技职业学院陈晨、江苏城乡建设职业学院陈兰英、上海中侨职业技术学院梁伟担任副主编，全书由楚晨晖审核并统稿。

本教材受无锡城市职业技术学院重点教材建设项目资助。

由于时间仓促，加之编者水平有限，书中可能存在错误和不足，恳请各位同人和读者批评指正。

为了方便教学，本教材还配有电子课件等教学资源包，任课教师和学生可以登录“我们爱读书”网(www.ibook4us.com)注册并浏览，任课教师还可以发邮件至 husttujian@163.com 免费索取。

本教材适用于高职高专类院校工程造价、建筑工程技术、工程管理等建筑类相关专业的学生，也可作为从事实际工程施工工作的技术人员和管理人员的参考用书。

编　者

2019年5月

前言

目录

学习情境 1

工程造价概论

学习目标

(1) 掌握工程建设的概念及建设项目的划分。

(2) 掌握工程造价的基本概念,了解工程造价的特点。

(3) 了解我国工程造价管理的特点。

任务1 工程建设概论

一、建设项目的概念

按照 GB/T 50875—2013《工程造价术语标准》的定义,建设项目是指按一个总体规划或设计进行建设的,由一个或若干个互有内在联系的单项工程组成的工程总和。

建设项目是以工程建设为载体的项目,是作为管理对象的一次性工程建设任务。它以建筑物或构筑物为目标产出物,需要支付一定的费用,按照一定的程序,在一定的时间内完成,并应符合相关质量要求。建设项目又称工程建设项目,具体是指按照一个建设单位的总体设计要求,在一个或几个场地进行建设的所有工程项目之和,其建成后具有完整的系统,可以独立形成生产能力或者使用价值。通常以一家企业、一个单位或一个独立工程为一个建设项目。

二、建设项目的分类

为了适应科学管理的需要，可以从不同角度对建设项目进行分类。

1. 按建设性质划分

建设项目可分为新建项目、扩建项目、改建项目、重建项目和迁建项目。一个建设项目只能有一种性质，在建设项目按总体设计全部建成之前，其建设性质始终不变。

2. 按项目规模划分

为适应分级管理的需要，基本建设项目分为大型、中型、小型三类；更新改造项目分为限额以上和限额以下两类。不同等级标准的建设项目，报建和审批机构及程序不尽相同。

对于建筑工程项目，其项目规模按以下规定划分：

1）工业、民用与公共建筑工程

大型：建筑物层数≥25层，建筑物高度≥100 m，单跨跨度≥30 m，单体建筑面积≥30 000 m^2。

中型：建筑物层数 5～25层，建筑物高度 15～100 m，单跨跨度 15～30 m，单体建筑面积 3 000～30 000 m^2。

小型：建筑物层数 5 层以下，建筑物高度 15 m 以下，单跨跨度 15 m 以下，单体建筑面积 3 000 m^2以下。

2）住宅小区或建筑群体工程

大型：建筑群建筑面积≥100 000 m^2。

中型：建筑群建筑面积 3 000～100 000 m^2。

小型：建筑群建筑面积 3 000 m^2 以下。

3）其他一般房屋建筑工程

大型：单项工程合同额≥1 亿元。

中型：单项工程合同额 3 000 万～1 亿元。

小型：单项工程合同额 3 000 万元以下。

3. 按项目投资作用划分

1）生产性项目

生产性项目是指直接用于物质资料生产或直接为物质资料生产服务的工程项目，主要包括：工业建设项目、农业建设项目、基础设施建设项目、商业建设项目等。

2）非生产性项目

非生产性项目是指用于满足人们物质、文化和福利需要的建设项目和非物质资料生产部门的建设项目，主要包括：办公建筑建设项目、居住建筑建设项目、公共建筑建设项目及其他非生产性项目。

非生产性项目按投资目标是否为营利性质又可划分为经营性项目和非经营性项目。

4. 按资金来源划分

按资金来源划分，建设项目可以分为：① 国家预算拨款的工程项目；② 银行贷款的工程项目；③ 企业联合投资的工程项目；④ 企业自筹的工程项目；⑤ 利用外资的工程项目；⑥ 外资工程项目。

三、建设项目的程序

建设项目的程序是指建设项目从策划、评估、决策、设计、施工到竣工验收、投入生产或交付使用的整个建设过程中各项工作必须遵循的先后工作次序。建设项目的程序是工程建设过程客观规律的反映，是建设项目科学决策和顺利实施的重要保证。

按照我国现行规定，政府投资项目的建设程序可分为以下阶段：① 根据国民经济和社会发展的长远规划，结合行业和地区发展规划的要求，提出项目建议书；② 在勘察、试验、调查研究及详细技术经济论证的基础上编制可行性研究报告；③ 根据咨询评估情况，对工程项目进行决策；④ 根据可行性研究报告，编制设计文件；⑤ 初步设计经批准后，进行施工图设计，并做好施工前各项准备工作；⑥ 组织施工，并根据施工进度做好生产或动用前的准备工作；⑦ 按批准的设计内容完成施工安装，经验收合格后正式投产或交付使用；⑧ 生产运营一段时间（一般为1年）后，可根据需要进行项目后评价。

对于非政府投资项目，也可参考以上程序，如图1-1-1所示。

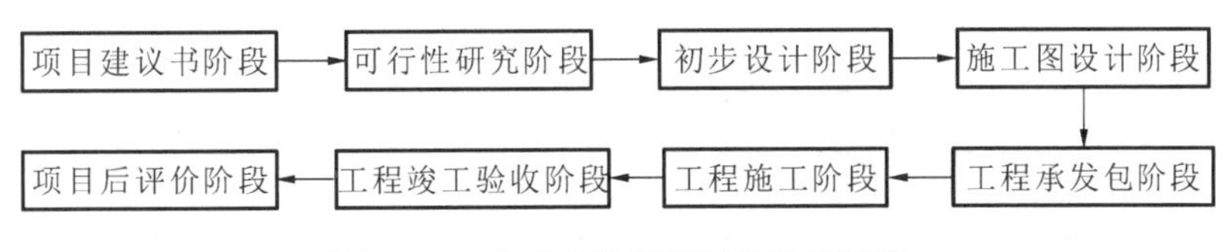

图1-1-1　非政府投资项目的建设程序

四、建设项目的组成

为便于工程建设管理，确定建设产品的价格，根据建设项目的组成进行科学的分解，建设项目可分为单项工程、单位（子单位）工程、分部（子分部）工程和分项工程。

1. 单项工程

单项工程是指具有独立的设计文件，建成后能够独立发挥生产能力或使用功能的工程项目。

单项工程是工程项目的组成部分，一个工程项目有时可以仅包含一个单项工程，也可以包含多个单项工程。生产性工程项目的单项工程，一般是指能独立生产的车间，包括厂房建筑、设备安装等工程。

2. 单位（子单位）工程

单位工程是指具有独立的设计文件，能够独立组织施工，但不能独立发挥生产能力或使用功能的工程项目。

单位工程是单项工程的组成部分，也可能是整个工程项目的组成部分。按照单位工程的构成，又可将其分解为建筑工程和设备安装工程。如工业厂房工程中的土建工程、设备安装工程、工业管道工程等分别是单项工程中所包含的不同性质的单位工程。

3. 分部（子分部）工程

分部工程是指按结构部位、路段长度及施工特点或施工任务将单位工程划分成的若干个项目单元。根据《建筑工程施工质量验收统一标准》（GB 50300—2013）规定，建筑工程包括：地基与基础、主体结构、装饰装修、屋面、给排水及采暖、通风与空调、建筑电气、智能建筑、建筑节能、电梯等分部工程。

当分部工程较大或较复杂时，可按材料种类、工艺特点、施工程序、专业系统及类别将其划分为若干子分部工程。例如，地基与基础分部工程可细分为地基、基础、基坑支护、地下水控制、土方、边坡、地下防水等子分部工程,主体结构分部工程又可细分为混凝土结构、砌体结构、钢结构、木结构、钢管混凝土结构等子分部工程,装饰装修分部工程又可细分为地面、抹灰、门窗、吊顶、幕墙、轻质隔墙、饰面板(砖)、涂饰、裱糊和软包工程等子分部工程。

4. 分项工程

分项工程是指将分部工程按主要工种、材料、施工工艺、设备类别等划分成的若干项目单元。分项工程是建设项目中最基本的构成要素,是为了便于确定建筑及设备安装工程费用而划分出来的,因此分项工程可以用适当计量单位进行计量,同时也是工程计价中的基本单元。

建设项目的分解如图 1-1-2 所示。

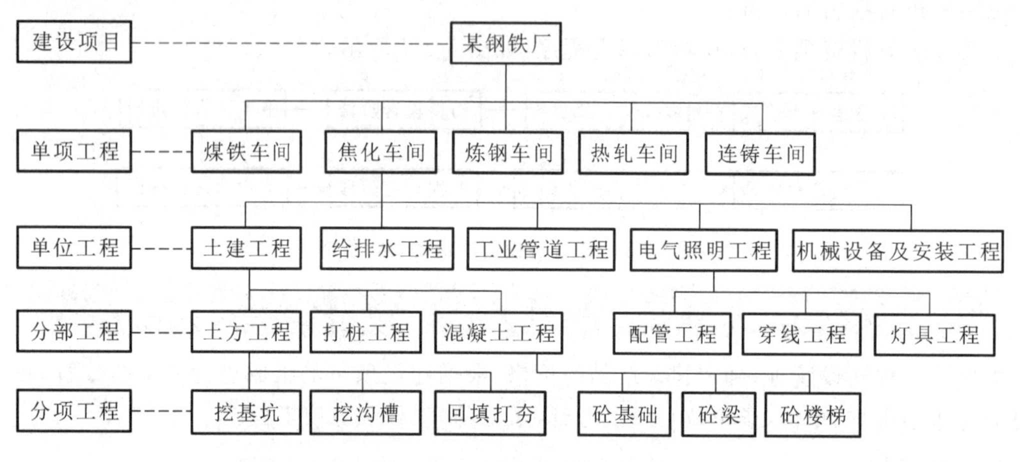

图 1-1-2 建设项目的分解

任务2 工程造价基本概念

一、工程造价的含义

工程造价通常是指工程项目在建设期(预计或实际)支出的建设费用。由于所处的角度不同,工程造价有不同的含义。

广义的工程造价:从投资者(业主)角度分析,工程造价是指建设一项工程预计开支或实际开支的全部固定资产投资费用。投资者为了获得投资项目的预期效益,需要对项目进行策划决策、建设实施(设计、施工)直至竣工验收等一系列活动。在上述活动中所花费的全部费用,即构成工程造价。从这个意义上讲,工程造价就是建设工程固定资产总投资。

狭义的工程造价:从市场交易角度分析,工程造价是指在工程承发包交易活动中形成的建筑安装工程费用或建设工程总费用。显然,工程造价的这种含义是指以建设工程这种特定的商品形式作为交易对象,通过招标投标或其他交易方式,在多次预估的基础上,最终由市场形成的价格。

工程造价的两种含义实质上就是从不同角度把握同一事物的本质。对投资者而言,工程造价就是项目投资,是“购买”工程项目需支付的费用;同时,工程造价也是投资者作为市场供给主体“出售”工程项目时确定价格和衡量投资效益的尺度。

二、工程造价及工程计价的特点

1. 工程造价的特点

1）大额性

工程造价一般会非常高，动辄人民币数百万、数千万元，特大的工程项目造价甚至高达人民币数百亿元。工程造价的大额性使之关系到有关各方面的重大经济利益，同时也会对国家宏观经济产生重大影响。

2）个别性、差异性

任何一项工程都有特定的用途、功能和规模，所以工程内容和实物形态都具有个别性和差异性，产品的差异性决定了工程造价的个别性和差异性。

3）动态性

任何一项工程从决策到竣工交付使用都有一个较长的建设过程。在建设期内，诸多不可控因素会造成许多工程造价的动态变动。所以工程造价在整个建设期处于不确定状态，直至竣工决算后才能最终确定工程的实际造价。

4）层次性

工程造价的层次性取决于工程的层次性。一个建设项目可以分解为单项工程、单位工程、分部工程和分项工程等多个层次。工程造价的计算也是通过各个层次的计价依次汇总而成的。

5）兼容性

工程造价的兼容性，首先表现在本身具有的两种含义上，其次表现在工程造价构成的广泛性和复杂性上。

2. 工程计价的特点

工程计价的特点由工程项目的特点决定，主要表现在以下方面。

1）计价的单件性

建筑产品投资大、周期长，这就意味着即使功能、外观、结构等设计完全相同的建筑产品，其最终的工程造价都不尽相同。因此，建筑产品的单件性特点决定了每项工程都必须单独计价。

2）计价的多次性

工程项目需要按程序进行策划决策和建设实施，工程计价也需要在不同阶段多次进行，以保证工程造价计算的准确性和控制的有效性。多次计价是一个逐步深入和细化，不断接近实际造价的过程。工程多次计价过程如图1-2-1所示。

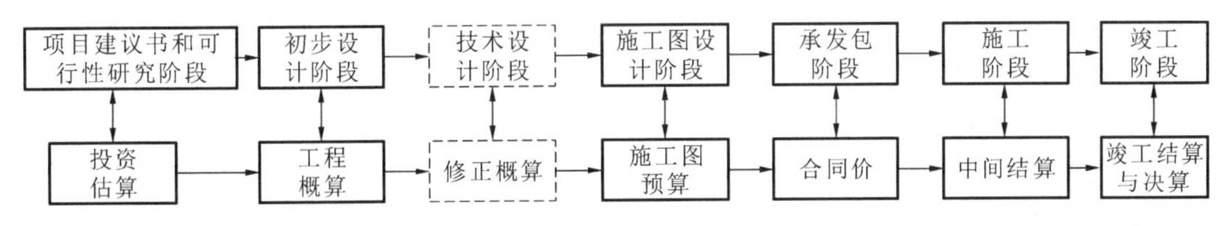

图1-2-1　工程多次计价过程

在建设项目实施的不同阶段,对应的造价文件有所不同。从项目建议书阶段开始至最终的项目竣工验收,需要编制的造价文件依次为投资估算、工程概算、修正概算、施工图预算、合同价、工程结算以及竣工决算。

(1) 投资估算:在项目建议书和可行性研究阶段,通过编制估算文件预先测算的工程造价。投资估算是进行项目决策、筹集资金和合理控制造价的主要依据。

(2) 工程概算:在初步设计阶段,根据设计意图,通过编制工程概算文件预先测算的工程造价。与投资估算相比,工程概算的准确性有所提高,但受投资估算的控制。工程概算一般又可分为建设项目总概算、各单项工程综合概算、各单位工程概算。

政府投资项目设计概算一经批准,将作为控制建设项目投资的最高限额。

(3) 修正概算:在技术设计阶段,根据技术设计要求,通过编制修正概算文件预先测算的工程造价。修正概算是对初步设计概算的修正和调整,比工程概算准确,但受工程概算的控制。

(4) 施工图预算:在施工图设计阶段,根据施工图纸,通过编制预算文件预先测算的工程造价。施工图预算比工程概算或修正概算更为详尽和准确,但同样要受前一阶段工程造价的控制。并非每一个工程项目均要编制施工图预算。目前,有些工程项目在招标时需要确定招标控制价,以限制最高投标报价。

(5) 合同价:在工程承发包阶段通过签订合同所确定的价格。合同价属于市场价格,它是由承发包双方根据市场行情,通过招投标等方式达成一致、共同认可的成交价格。

(6) 工程结算:包括施工过程中的中间结算和竣工验收阶段的竣工结算。工程结算需要按实际完成的合同范围内合格工程量考虑,同时按合同调价范围和调价方法,对实际发生的工程量增减、设备和材料价差等进行调整后确定结算价格。

工程结算反映的是工程项目实际造价。工程结算文件一般由承包单位编制,由发包单位审查,也可委托工程造价咨询机构进行审查。

(7) 竣工决算:工程竣工决算阶段,以实物数量和货币指标为计量单位,综合反映竣工项目从筹建开始到项目竣工交付使用为止的全部建设费用。

竣工决算文件一般由建设单位编制,上报相关主管部门审查。

3) 计价的组合性

工程造价的计算与建设项目的组合性有关。一个建设项目是一个工程综合体,可按单项工程、单位工程、分部工程、分项工程等不同层次分解为许多有内在联系的组成部分。建设项目的组合性决定了工程计价的逐步组合过程。工程造价的组合过程是:分部分项工程造价→单位工程造价→单项工程造价→建设项目总造价。

4) 计价方法的多样性

工程项目的多次计价有其各不相同的计价依据,每次计价的精确程度要求也各不相同,由此决定了计价方法的多样性。例如,投资估算方法有设备系数法、生产能力指数估算法,概预算方法有单价法和实物法等。

5) 计价依据的复杂性

工程造价的影响因素较多,由此决定了工程计价依据的复杂性。计价依据主要包括:设备和工程量计算依据,人工、材料、机械等实物消耗量计算依据,工程单价计算依据,设备单价计算依据,措施费、间接费和工程建设其他费计算依据,物价指数和工程造价指数等。

任务3 工程造价管理概述

新中国成立以后，我国参照苏联的工程建设管理经验，逐步建立了一套与计划经济体制相适应的定额管理体系，并且陆续颁布了多项规章制度和定额，这些规章制度和定额在国民经济的复苏与发展中起到了重要的作用。改革开放以来，随着我国市场经济体制的不断建设和完善，我国的工程造价管理也进入了快速发展的黄金期，政府不断放开对工程造价的行政干预。直至2003年，随着工程量清单计价模式的颁布，我国工程造价管理基本完成了由政府控制的计划模式向由经济市场决定的市场模式的制度转变。工程造价管理又迎来了与世界经济接轨、深度参与全球化的新的历史使命。

一、工程造价管理的组织和内容

1. 工程造价管理

工程造价管理是指综合运用管理学、经济学和工程技术等方面的知识与技能，对工程造价进行预测、计划、控制、核算、分析和评价等的过程。工程造价管理既涵盖宏观层次的工程建设投资管理，也涵盖微观层次的工程项目费用管理。

2. 建设工程全面造价管理

全面造价管理(total cost management，TCM)是指有效地利用专业知识与技术，对资源、成本、盈利和风险进行筹划和控制。建设工程全面造价管理包括全寿命期造价管理、全过程造价管理、全要素造价管理以及全方位造价管理。

3. 工程造价管理的组织系统

工程造价管理的组织系统是指履行工程造价管理职能的有机群体。为实现工程造价管理目标，我国设置了多部门、多层次的工程造价管理机构，并规定了各自的管理权限和职责范围。目前，我国工程造价管理系统主要包括政府行政管理系统、行业协会管理系统以及企事业单位管理系统。

4. 工程造价管理的主要内容

在工程建设全过程的不同阶段，工程造价管理也有着不同的工作内容，其最终目的是在优化建设方案、设计方案、施工方案等的基础上，有效控制建设工程项目的实际费用支出。

(1) 工程项目策划阶段：按照有关规定编制和审核投资估算，经有关部门批准，即可作为拟建工程项目的控制造价，根据对不同投资方案进行比选，选取最合适的投资方案作为工程项目决策的重要依据。

(2) 工程设计阶段：在限额设计、优化设计方案的基础上编制和审核工程概算、施工图预算。对于政府投资工程而言，经有关部门批准的工程概算，将作为拟建工程项目造价的最高限额。

(3) 工程承发包阶段：进行招标策划，编制和审核工程量清单、招标控制价或标底，确定投标报价及其策略，直至确定承包合同价。

(4) 工程施工阶段:进行工程计量及工程款支付管理,实施工程费用动态监控,处理工程变更和索赔,编制和审核工程结算、竣工决算,处理工程保修费用等。

二、我国工程造价管理发展历程

回顾我国工程造价管理的历史发展进程,可概括为以下几个重要阶段。

1. 计划经济阶段

自新中国成立至 20 世纪 80 年代初,我国建设工程造价管理主要是由政府主导的。政府通过行政计划分配建设工程任务,并完全控制消耗量和价格的取定,由此形成了以概预算定额基价为基础的量价合一的工程价格。

2. 计划经济向市场经济过渡阶段

1984 年 10 月十二届三中全会的召开,标志着我国正式实施改革开放政策。会议明确提出我国开始实行"有计划的商品经济"。同年,建设工程招投标制度开始实施,建筑工程造价管理体制开始突破传统模式。但是,一段时间内我国政府导向的概预算定额模式没有发生根本改变。

3. 社会主义市场经济阶段

1992 年中共十四大提出发展"在资源配置中起基础作用的社会主义市场经济"。我国工程造价管理开始逐步向市场经济过渡。

首先是由国家建设主管部门提出"控制量、指导价、竞争费"的改革思路,但改革进程缓慢。20 世纪 90 年代中后期以来,《中华人民共和国建筑法》《中华人民共和国合同法》《中华人民共和国招标投标法》等一系列法律法规相继出台,定额体系开始发生一系列的变化。部分材料价格逐渐放开,定额价格的控制作用逐渐弱化,工程结算中的材料价格调整已经允许。直至 2003 年,随着工程量清单计价模式的颁布,我国工程造价管理基本完成了由政府控制的计划模式向由经济市场决定的市场模式的制度转变。

4. 现代化工程造价管理改革阶段以及未来发展方向

2013 年,我国颁布了《建设工程工程量清单计价规范》(GB 50500—2013),进一步完善了清单计价模式,标志着我国工程造价管理制度的不断发展和成熟。

2014 年中共十八大提出了发展"在资源配置中起决定性作用的社会主义市场经济";同年 9 月,住房和城乡建设部颁发了《住房城乡建设部关于进一步推进工程造价管理改革的指导意见》,提出未来我国工程造价管理的主要目标有:

(1) 到 2020 年,健全市场决定工程造价机制,建立与市场经济相适应的工程造价管理体系。

(2) 完成国家工程造价数据库建设,构建多元化工程造价信息服务方式。

(3) 完善工程计价活动监管机制,推行工程全过程造价服务。

(4) 改革行政审批制度,建立造价咨询业诚信体系,形成统一开放、竞争有序的市场环境。

(5) 实施人才发展战略,培养与行业发展相适应的人才队伍。

我国工程造价管理发展历程如图 1-3-1 所示。

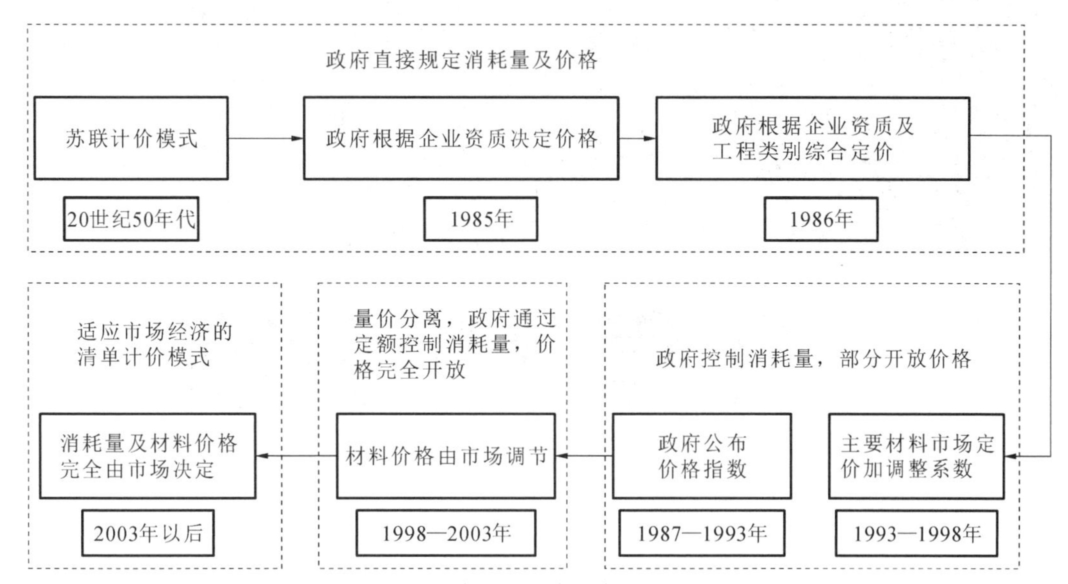

图 1-3-1　我国工程造价管理发展历程

一、单项选择题

1. 建设工程项目的分类有多种形式，按建设性质划分的是(　)。

A. 非生产性建设项目　　B. 国家预算拨款项目　　C. 经营性工程建设项目　　D. 改建项目

2. 下列不属于生产性建设项目的是(　)。

A. 工业工程项目　　B. 运输工程项目　　C. 外贸工程项目　　D. 能源工程项目

3. 下列建设项目划分中，属于计量计价最小单元的是(　)。

A. 单项工程　　B. 单位工程　　C. 分部工程　　D. 分项工程

4. 某教学楼的房屋建筑工程(土建部分)是(　)。

A. 单项工程　　B. 单位工程　　C. 分部工程　　D. 分项工程

5. 广义工程造价的概念是指(　)。

A. 建设项目总投资　　B. 固定资产总投资　　C. 流动资产投资　　D. 建筑产品承发包价格

6. 狭义工程造价的概念是指(　)。

A. 建设项目总投资　　B. 固定资产总投资　　C. 流动资产投资　　D. 建筑产品承发包价格

7. 项目建议书及可行性研究阶段编制的造价文件是(　)。

A. 投资估算　　B. 设计概算　　C. 施工图预算　　D. 承发包合同价

8. 政府投资项目中，(　)一经批准，将作为控制建设项目投资的最高限额，不得任意突破。

A. 投资估算　　B. 设计概算　　C. 施工图预算　　D. 承发包合同价

9. 一项工程从决策到竣工交付使用，从投资估算开始，工程造价要不断完善细化，直至竣工决算才能确定最终工程实际造价，这体现了工程造价的(　)。

A. 大额性　　B. 个别性　　C. 差异性　　D. 动态性

二、简答题

1. 简述政府投资项目的建设程序。

2. 简述建设项目各阶段对应的造价文件及其各自特点。

3. 简述工程造价的概念。

学习情境 2

工程计价程序

学习目标

(1) 掌握建设项目总投资的组成,理解广义工程造价、狭义工程造价的概念以及二者的区别与联系,能够对建设项目总投资中涉及的相关费用进行简单计算。

(2) 理解工程量清单计价模式,熟练掌握按不同划分方式建筑安装工程费的费用组成,掌握建筑安装工程费的计算流程。

(3) 深刻理解工程定额的概念、分类、作用,能够利用定额原理对工程造价进行确定和分析,熟练掌握预算定额的使用方法。

(4) 了解建筑业"营改增"的相关规定。

任务1 建设项目总投资的组成及计算

一、我国建设项目投资及工程造价的构成

建设项目总投资是为完成工程项目建设并达到使用要求或生产条件,在建设期内预计或实际投入的全部费用总和。

生产性建设项目总投资包括建设投资、建设期利息和流动资金三部分,非生产性建设项目总投资包括建设投资和建设期利息两部分。其中建设投资和建设期利息之和对应于固定资产

总投资，固定资产总投资与建设项目的工程造价在量上是相等的。

工程造价的主要构成部分是建设投资，其主要包括工程费用、工程建设其他费用和预备费三部分。工程费用是指建设期内直接用于工程建造、设备购置及其安装的建设投资，可以分为建筑安装工程费和设备及工器具购置费；工程建设其他费用是指建设期发生的与土地使用权取得、整个工程项目建设以及未来生产经营有关的构成建设投资但不包含在工程费用中的费用；预备费是指在建设期内因各种不可预见因素的变化而预留的可能增加的费用，包括基本预备费和价差预备费。建设项目总投资的构成如图 2-1-1 所示。

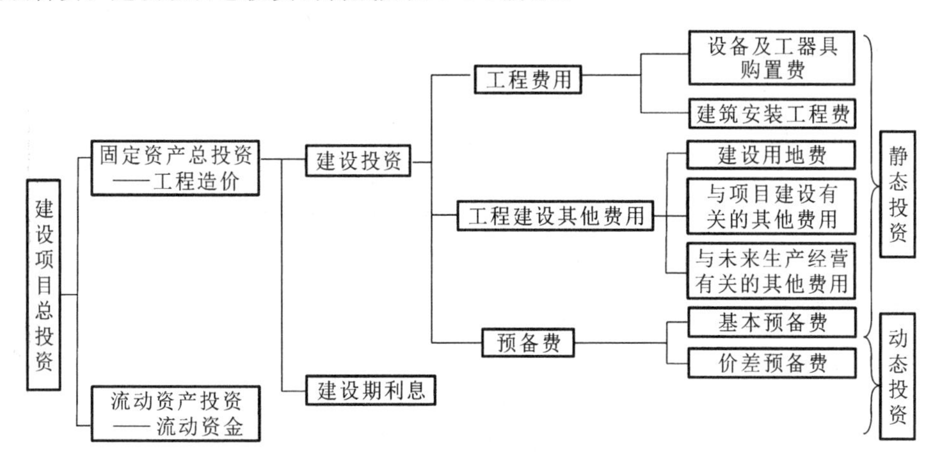

图 2-1-1 建设项目总投资的构成

二、设备及工器具购置费的构成及计算

（一）设备购置费的构成及计算

设备购置费是指购置或自制达到固定资产标准的设备、工器具及生产家具等所需的费用，它由设备原价和设备运杂费构成。

设备购置费＝设备原价＋设备运杂费

式中：设备原价指国内采购设备的出厂（场）价格，或国外采购设备的抵岸价格，通常包括备品备件费在内；设备运杂费指除设备原价之外的关于设备的采购、运输、途中包装及仓库保管等方面支出费用的总和。

（二）国产设备原价

国产设备原价一般指的是设备制造厂的交货价或订货合同价，即出厂（场）价格，它一般根据生产厂货供应商的询价、报价、合同价确定，或采用一定方法计算确定。国产设备原价分为国产标准设备原价和国产非标准设备原价。

1. 国产标准设备原价

国产标准设备是指按照主管部门颁布的标准图纸和技术要求，由国内设备生产厂批量生产的符合国家质量检测标准的设备。国产标准设备一般有完善的设备交易市场，其价格市场化、透明化，可通过询价等途径获得。

2. 国产非标准设备原价

国产非标准设备是指国家尚无定型标准，各设备生产厂不可能在工艺过程中采用批量生产，只能按订货要求并根据具体的设计图纸制造的设备。国产非标准设备无法获取市场交易价格，可通过成本估算法、系列设备插入估算法、分部组合估价法、定额估价法等多种方法计算获得其市场交易价格。

（三）进口设备原价的构成及计算

1. 进口设备交易价格

进口设备原价是指进口设备抵岸价，即设备抵达买方边境、港口或车站，交纳完各种手续费、税费后形成的价格。关于进口设备抵岸价的计算，涉及的相关术语有FOB、CFR以及CIF。

(1) FOB(free on board)，意为装运港船上交货价，亦称离岸价格。

(2) CFR(cost and freight)，意为成本加运费，亦称运费在内价。

(3) CIF(cost insurance and freight)，意为成本加保险费、运费，习惯称为到岸价格。

2. 进口设备到岸价格的构成及计算

进口设备到岸价格(CIF)＝离岸价格(FOB)＋国际运费＋国外运输保险费

＝运费在内价(CFR)＋国外运输保险费

(1) 货价：一般指装运港船上交货价(FOB)。设备货价分为原币货价和人民币货价。原币货价一律折算为美元表示，人民币货价按外汇市场美元兑人民币外汇牌价确定。

(2) 国际运费：从装运港(站)到达我国目的港(站)的运费。我国进口设备大部分采用海洋运输，小部分采用铁路运输，个别采用航空运输。进口设备国际运费计算公式为

$$\text{国际运费(海、陆、空)} = \text{原币货价(FOB)} \times \text{运费率}$$

$$\text{国际运费(海、陆、空)} = \text{单位运价} \times \text{运量}$$

式中，运费率或单位运价按有关部门或进出口公司规定执行。

(3) 国外运输保险费：由保险人(保险公司)与被保险人(进、出口方)订立保险契约，将货物运输风险部分或全部转移给保险公司而支出的费用。国外运输保险费的计算公式为

$$\text{国外运输保险费} = \frac{\text{原币货价(FOB)} + \text{国际运费}}{1 - \text{保险费率}} \times \text{保险费率}$$

式中，保险费率按保险公司规定的进口货物保险费率计算。

3. 进口从属费的构成及计算

进口从属费＝银行财务费＋外贸手续费＋关税＋消费税＋进口环节增值税＋车辆购置税

(1) 银行财务费：一般是指在国际贸易结算中，中国银行为进出口商提供金融结算服务所收取的费用，可按下式简化计算

$$\text{银行财务费} = \text{离岸价格(FOB)} \times \text{人民币外汇牌价} \times \text{银行财务费率}$$

(2) 外贸手续费：按对外经济贸易部门规定的外贸手续费率计取的费用，外贸手续费率一般取1.5%，其计算公式为

$$\text{外贸手续费} = \text{到岸价格(CIF)} \times \text{人民币外汇牌价} \times \text{外贸手续费率}$$

(3) 关税：由海关对进出国境或关境的货物和物品征收的一种税，其计算公式为

$$\text{关税} = \text{到岸价格(CIF)} \times \text{人民币外汇牌价} \times \text{进口关税税率}$$

(4) 消费税:仅对部分进口设备(如轿车、摩托车)征收,一般计算公式为

$$消费税 = \frac{到岸价格(CIF) \times 人民币外汇牌价 + 关税}{1 - 消费税税率} \times 消费税税率$$

其中,消费税税率根据规定的税率计算。

(5) 进口环节增值税:对从事进口贸易的单位和个人,在进口商品报关进口后征收的税种,其计算公式为

$$进口环节增值税 = 组成计税价格 \times 增值税税率$$

$$组成计税价格 = 关税完税价格 + 关税 + 消费税$$

(6) 车辆购置税:进口车辆需缴进口车辆购置税,其计算公式如下

$$进口车辆购置税 = (关税完税价格 + 关税 + 消费税) \times 车辆购置税税率$$

例 2-1 某公司拟从国外进口一套机电设备,重量为 1 000 吨,装运港船上交货价,即离岸价格(FOB)为 400 万美元,其他有关费用参数为:国际运费标准为 300 美元/吨,海上运输保险费率为 0.3%,中国银行手续费率为 0.5%,外贸手续费率为 1.5%,关税税率为 22%,增值税税率为 17%,消费税税率为 10%,美元的银行外汇牌价为 1 美元=6.3 元人民币。试估算该设备的原价。

解 (1) 进口设备离岸价格(FOB)=400×6.3 万元=2 520 万元

(2) 国际运费=300×1 000×6.3×10^{-4}万元=189 万元

(3) 国外运输保险费=[(2 520+189)/(1-0.3%)]×0.3%万元=8.15 万元

(4) 进口设备到岸价格(CIF)=(2 520+189+8.15)万元=2 717.15 万元

(5) 银行财务费=2 520×0.5%万元=12.6 万元

(6) 外贸手续费=2 717.15×1.5%万元=40.76 万元

(7) 进口关税=2 717.15×22%万元=597.77 万元

(8) 消费税=[(2 717.15+597.77)/(1-10%)]×10%万元=368.32 万元

(9) 增值税=(2 717.15+597.77+368.32)×17%万元=626.15 万元

(10) 进口设备从属费=(12.6+40.76+597.77+368.32+626.15)万元=1 645.6 万元

(11) 进口设备原价=(2 717.15+1 645.6)万元=4 362.75 万元

(四) 工器具及生产家具购置费

工器具及生产家具购置费,是指新建或扩建项目初步设计规定的,保证初期正常生产必须购置的,没有达到固定资产标准的设备、仪器、工卡模具、器具、生产家具和备品备件等的购置费用,其计算公式为

$$工器具及生产家具购置费 = 设备购置费 \times 定额费率$$

三、建筑安装工程费的构成

建筑安装工程费是指完成工程项目建造、生产性设备及配套工程安装所需的费用,其包括建筑工程费及安装工程费。

根据《住房城乡建设部 财政部关于印发〈建筑安装工程费用项目组成〉的通知》(建标〔2013〕44 号),我国现行的建筑安装工程费用项目按两种不同的方式划分,即按费用构成要素划分和按造价形式划分。建筑安装工程费的构成如图 2-1-2 所示。

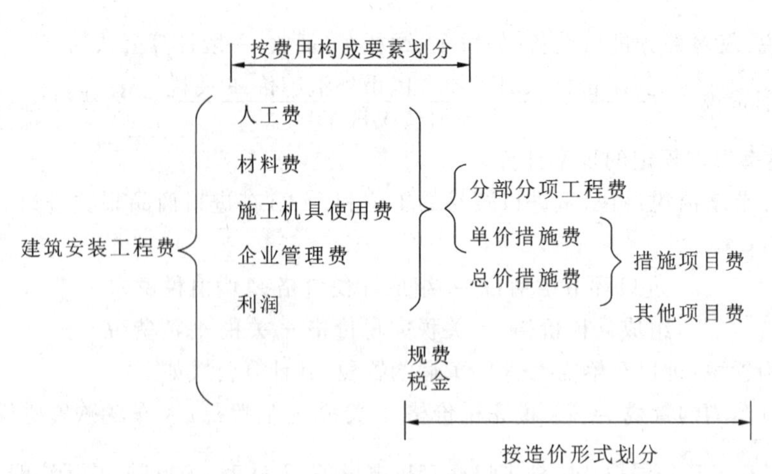

图 2-1-2　建筑安装工程费的构成

(一) 按费用构成要素划分

按照费用构成要素划分,建筑安装工程费包括人工费、材料费(包含工程设备)、施工机具使用费、企业管理费、利润、规费及税金。

1. 人工费

人工费是指支付给直接从事建筑安装工程施工作业的生产工人的各项费用,其基本计算公式为

$$人工费 = \sum(工日消耗量 \times 日工资单价)$$

2. 材料费

材料费是指工程施工过程中耗费的各种原材料、半成品、构配件以及工程设备等的费用,还包括周转材料的摊销、租赁等的费用,其基本计算公式为

$$材料费 = \sum(材料消耗量 \times 材料单价)$$

根据《建设工程计价设备材料划分标准》(GB/T 50531—2009)的规定,房屋建筑工程项目的设备购置有关费用宜列入建筑工程费。

工程设备是指构成或计划构成永久工程一部分的机电设备、金属结构设备、仪器装置及其他类似的设备和装置。

当一般纳税人采用一般计税方法时,材料费单价应扣除增值税进项税额。

3. 施工机具使用费

施工机具使用费是指施工作业所发生的施工机械、仪器仪表使用费或者租赁费。

1) 施工机械使用费

施工机械使用费是指施工机械作业所发生的使用费或者租赁费,其基本计算公式为

$$施工机械使用费 = \sum(施工机械台班消耗量 \times 机械台班单价)$$

2) 仪器仪表使用费

仪器仪表使用费是指工程施工所需要使用的仪器仪表的摊销及维修费用。与施工机械使用费的基本计算公式类似,仪器仪表使用费的基本计算公式为

$$仪器仪表使用费 = \sum(仪器仪表台班消耗量 \times 仪器仪表台班单价)$$

当一般纳税人采用一般计税方法时,施工机具使用费台班单价中的相关子项均需扣除增值

税进项税额。

4. 企业管理费

企业管理费是指施工单位组织施工生产和经营管理所发生的费用，主要包括管理人员工资、办公费、差旅交通费、固定资产使用费、工具用具使用费、劳动保险和职工福利费、劳动保护费、检验试验费、工会经费、职工教育经费、财产保险费、财务费、税金以及其他相关费用。

企业管理费中的税金包括房产税、非生产性车船使用税、土地使用税、印花税、城市维护建设税、教育费附加、地方教育附加等各项税费。

“营改增”方案实施后，城市维护建设税、教育费附加以及地方教育附加的计算基数为应纳增值税额。由于在前期造价测算过程中难以明确应纳增值税具体数额，此三项附加税无法准确计取。因此，根据《增值税会计处理规定》(财会〔2016〕22 号)，城市维护建设税、教育费附加以及地方教育附加等在企业管理费中核算。

企业管理费一般采用取费基数乘以费率的方法计算。根据取费基数的不同，企业管理费的计算方法有以下几种。

$$\text{企业管理费} = (\text{人工费} + \text{材料费} + \text{机械费}) \times \text{企业管理费费率}$$

$$\text{企业管理费} = (\text{人工费} + \text{机械费}) \times \text{企业管理费费率}$$

$$\text{企业管理费} = \text{人工费} \times \text{企业管理费费率}$$

应注意的是，采用不同取费基数计算企业管理费时，其企业管理费费率也应根据不同计算方法确定。

工程造价管理机构在确定计价定额中的企业管理费时，应以定额人工费或定额人工费与施工机械使用费之和为计算基数，其费率根据历年累积的工程造价资料，辅以调查数据确定。

5. 规费

规费是指按国家法律法规规定，由省级政府和省级有关权力部门规定施工单位必须缴纳或计取的，应计入建筑安装工程造价的费用，主要包括社会保障费、住房公积金和工程排污费。

社会保障费和住房公积金可按下式计算

$$\text{社会保障费和住房公积金} = \sum(\text{工程定额人工费} \times \text{社会保障费和住房公积金费率})$$

社会保障费和住房公积金费率应根据工程所在地(省、自治区、直辖市)或行业建设主管部门规定的费率执行。

6. 税金

建筑安装工程费中的税金是指按照国家税法规定的应计入建筑安装工程造价内的增值税额。有关增值税的介绍及计算详见建筑业“营改增”专题。

(二) 按造价形式划分

按照造价形式划分，建筑安装工程费包括分部分项工程费、措施项目费、其他项目费、规费和税金。

1. 分部分项工程费

分部分项工程费是指各类专业工程的分部分项工程应予以列支的各项费用。各类专业工程的分部分项工程的划分应遵循相关工程量计算规范。分部分项工程费通常用分部分项工程量乘以综合单价进行计算。

$$\text{分部分项工程费} = \sum(\text{分部分项工程量} \times \text{综合单价})$$

综合单价包括人工费、材料费、施工机具使用费、企业管理费和利润,以及一定范围的风险费用。

2. 措施项目费

措施项目费是指为完成建设工程施工,发生于该工程施工准备和施工过程中的技术、生活、安全、环境保护等方面的费用。

对于房屋建筑与装饰工程,其措施项目费包括但不限于以下项目:

1）安全文明施工费

安全文明施工费是指工程项目施工期间,施工单位为保证安全施工、文明施工和保护现场内外环境等所发生的措施项目费用,通常由环境保护费、文明施工费、安全施工费和临时设施费组成。

2）夜间施工增加费

夜间施工增加费是指因夜间施工所发生的夜班补助费、夜间施工降效、夜间施工照明设备摊销及照明用电等费用。

3）夜间施工照明费

夜间施工照明费是指为保证工程施工正常进行,在地下室等特殊施工部位施工时所采用的照明设备的安拆、维护及照明用电等费用。

4）二次搬运费

二次搬运费是指因施工管理需要或因场地狭小等原因,导致建筑材料、设备等不能一次搬运到位,必须进行二次及以上搬运所需的费用。

5）冬雨季施工增加费

冬雨季施工增加费是指冬雨季天气原因导致施工效率降低、加大投入而增加的费用,以及为确保冬雨季施工质量和安全而采取的保温、防雨等措施所需的费用。

6）地上、地下设施和建筑物的临时保护设施费

地上、地下设施和建筑物的临时保护设施费是指在工程施工过程中,对已建成的地上、地下设施和建筑物采取的遮盖、封闭、隔离等必需保护措施所发生的费用。

7）已完工程及设施保护费

已完工程及设施保护费是指竣工验收前,对已完工程及设备采取的覆盖、包裹、封闭、隔离等必要保护措施所发生的费用。

8）脚手架费

脚手架费是指施工过程中所需要的各种脚手架的搭、拆、运输费用,以及脚手架购置费的摊销(或租赁)费用。

9）混凝土模板及支架(撑)费

混凝土模板及支架(撑)费是指混凝土施工过程中所需要的各种钢模板、木模板、支架等的支拆、运输费用,以及模板、支架的摊销(或租赁)费用。

10）垂直运输费

垂直运输费是指现场所用材料、机具从地面运至相应高度以及职工人员上下工作面等所发生的运输费用,主要包括垂直运输机械的固定装置费、基础制作费、安装费,以及行走式垂直运输机械轨道的铺设费、拆除费、摊销费。

11）超高施工增加费

当单层建筑物檐口高度超过 20 m,多层建筑物超过 6 层时,可计算超高施工增加费。超高施工增加费主要包括建筑物超高引起的人工降效、机械降效,高层施工用水加压水泵的安装、拆除及工作台班费,通信联络设备的使用费及摊销。

12）大型机械设备进出场及安拆费

大型机械设备进出场及安拆费是指机械设备整体或分体自停放场地运至施工现场或由一个施工地点运至另一个施工地点所发生的机械设备进出场费用和转移费用以及相关的安拆费用。

13）施工排水、降水费

施工排水、降水费是指将施工期间有碍施工作业和影响工程质量的水排到施工场地以外，以及防止在地下水位较高的地区开挖深基坑而出现基坑浸水、地基承载力下降、流砂管涌等现象而必须采取的有效降水和排水措施的费用。

3. 其他项目费

1）暂列金额

暂列金额是指建设单位在工程量清单中暂定并包含在工程合同价款中的一笔款项。

2）计日工

计日工是指在施工过程中，施工单位完成建设单位提出的工程合同范围以外的零星项目或工作，按照合同中约定的单价计价形成的费用。

3）总承包服务费

总承包服务费是指总承包人为配合、协调建设单位进行的专业工程发包，对建设单位自行采购的材料、工程设备等进行保管，以及对施工现场进行管理、对竣工资料进行汇总整理等所需要的费用。

4）暂估价

暂估价是指招标人在工程量清单中提供的用于支付必然发生但暂时不能确定价格的材料、工程设备的单价以及专业工程的金额，包括材料暂估单价、工程设备暂估单价及专业工程暂估价。

需要注意的是，根据建标〔2013〕44号文件，其他项目费中不包括暂估价；而在《建设工程工程量清单计价规范》(GB 50500—2013)中，规定了其他项目费中包括暂估价。因此，在不同标准、规范下，暂估价的定义是有所不同的。

4. 规费和税金

规费和税金与按照费用构成要素划分建筑安装工程费部分是相同的，此处不再赘述。

四、工程建设其他费用

工程建设其他费用是指在建设期发生的与土地使用权取得、整个工程项目建设以及未来生产经营有关的构成建设投资但不包含在工程费用中的费用。

（一）建设用地费

建设用地费是指为获得工程项目建设土地的使用权而在建设期内发生的各项费用。我国土地所有权为国有或集体所有。取得国有土地使用权的基本方式主要有出让和划拨。土地使用权的其他流转方式还包括租赁和转让。

1. 土地使用权出让最高年限

土地使用权出让最高年限为：① 居住用地70年；② 工业用地50年；③ 教育、科技、文化、卫生、体育用地50年；④ 商业、旅游、娱乐用地40年；⑤ 综合或者其他用地50年。

2. 出让方式获得土地的具体方式

(1) 通过招标、拍卖、挂牌等竞争出让方式获得国有土地使用权。

(2) 通过协议出让方式获得国有土地使用权。

3. 允许划拨取得建设用地的情况

允许划拨取得建设用地的情况包括：① 国家机关用地和军事用地；② 城市基础设施用地和公益事业用地；③ 国家重点扶持的能源、交通、水利等基础设施用地；④ 法律、行政法规规定的其他用地。

因企业改制、土地使用权转让或改变土地用途等不再符合《划拨用地目录》要求的，应当有偿使用。

4. 建设用地费组成

建设用地费包括：① 征地补偿费；② 拆迁补偿费；③ 出让金、土地转让金。

（二）与项目建设有关的其他费用

与项目建设有关的其他费用共有十类大项费用，各类费用所包含的具体费用如表 2-1-1 所示。

表 2-1-1　与项目建设有关的其他费用

大项费用	具体费用
建设管理费	建设单位管理费、工程监理费、工程总承包管理费
可行性研究费	
研究试验费	
勘察设计费	工程勘察费、初步设计费、施工图设计费、设计模型制作费
专项评价及验收费	环境影响评价费、安全预评价及验收费、职业病危害预评价及控制效果评价费、地震安全评价费、地质灾害危险评价费、水土保持评价及验收费、压覆矿产资源评价费、节能评估及评审费、危险与可操作性分析及安全完整性评价费、其他专项评价及验收费
场地准备及临时设施费	
引进技术和引进设备其他费	引进项目图纸资料翻译复制费、备品备件费、出国人员费用、来华人员费用、银行担保及承诺费
工程保险费	建筑安装工程一切险、引进设备财产保险、人身意外伤害险
特殊设备安全监督检验费	
市政公用设施费	

（三）与未来生产经营有关的其他费用

1. 联合试运转费

联合试运转费是指新建或新增加生产能力的工程项目，在交付生产前按照设计文件规定的工程质量标准和技术要求，对整个生产线或装置进行负荷联合试运转所发生的费用净支出（试运转支出大于收入的差额部分费用）。

2. 专利及专有技术使用费

专利及专有技术使用费是指在建设期内为取得专利、专有技术、商标权、商誉权、特许经营权等而发生的费用，主要包括以下费用：

（1）国外设计及技术资料费，引进有效专利、专有技术使用费和技术保密费。

（2）国内有效专利、专有技术使用费。

(3) 商标权、商誉权和特许经营权费等。

3. 生产准备费

生产准备费是指在建设期内建设单位为保证项目正常生产而发生的人员培训费、提前进场费，以及投产使用必备的办公、生活家具、用具及工器具等的购置费用，主要包括以下费用：

(1) 人员培训费及提前进场费。

(2) 为保证初期正常生产（或营业、使用）所必需的生产办公、生活家具、用具的购置费。

五、预备费和建设期利息的计算

（一）预备费

预备费是指在建设期内因各种不可预见因素的变化而预留的可能增加的费用，包括基本预备费和价差预备费。

1. 基本预备费

1) 基本预备费的概念

基本预备费是指投资估算或工程概算阶段预留的，由于工程实施中不可预见情况而可能增加的费用，亦可称为工程建设不可预见费。

2) 基本预备费的构成

(1) 工程变更及洽商增加的费用。

(2) 一般自然灾害处理费用。

(3) 不可预见的地下障碍物处理费用。

(4) 超规超限设备运输增加的费用。

3) 基本预备费的计算

基本预备费是以工程费用和工程建设其他费用二者之和为计算基数，乘以基本预备费费率来进行计算的，其公式为

基本预备费 =（工程费用 + 工程建设其他费用）× 基本预备费费率

或

基本预备费 =（设备及工器具购置费 + 建筑安装工程费 + 工程建设其他费用）× 基本预备费费率

式中，基本预备费费率的取值应执行国家及部门的有关规定。

2. 价差预备费

1) 价差预备费的概念

价差预备费是指为建设期内利率、汇率或价格等因素的变化而预留的可能增加的费用，亦称为价格变动不可预见费。

价差预备费包括人工、设备、材料、施工机具的价差费，因建筑安装工程费及工程建设其他费用的调整，利率、汇率的调整等而增加的费用。

2) 价差预备费的测算方法

价差预备费一般根据国家规定的投资综合价格指数，以估算年份价格水平的投资额度为基

数，采用复利计算方法来计算，其计算公式为

$$PF=\sum_{t=1}^{n}I_t[(1+f)^m(1+f)^{0.5}(1+f)^{t-1}-1]$$

式中：PF 为价差预备费；n 为建设期年份数；I_t 为建设期内第 t 年的静态投资计划额，包括工程费用、工程建设其他费用及基本预备费；f 为年涨价率；m 为建设前期年限(从编制估算到开工建设，单位为年)。

例 2-2 某建设项目的建筑安装工程费为 5 000 万元，设备购置费为 3 000 万元，工程建设其他费用为 2 000 万元，已知基本预备费费率为 5%，项目建设前期年限为 1 年，建设期为 3 年，各年投资计划额为：第一年完成投资 20%，第二年完成投资 60%，第三年完成投资 20%。年均投资价格上涨率为 6%，求建设项目建设期价差预备费。

解 基本预备费=(5 000+3 000+2 000)×5%万元=500 万元

静态投资=(5 000+3 000+2 000+500)万元=10 500 万元

建设期第一年完成投资=10 500×20%万元=2 100 万元

第一年价差预备费 $PF_1=I_1[(1+f)^1(1+f)^{0.5}-1]$

$=2\,100\times[(1+6\%)(1+6\%)^{0.5}-1]$ 万元 $=191.8$ 万元

建设期第二年完成投资=10 500×60%万元=6 300 万元

第二年价差预备费 $PF_2=I_2[(1+f)^1(1+f)^{0.5}(1+f)-1]$

$=6\,300\times[(1+6\%)(1+6\%)^{0.5}(1+6\%)-1]$ 万元 $=987.9$ 万元

建设期第三年完成投资=10 500×20%万元=2 100 万元

第三年价差预备费 $PF_3=I_3[(1+f)^1(1+f)^{0.5}(1+f)^2-1]$

$=2\,100\times[(1+6\%)(1+6\%)^{0.5}(1+6\%)^2-1]$ 万元 $=475.1$ 万元

故建设期价差预备费为

$$PF=(191.8+987.9+475.1)\text{ 万元}=1\,654.8\text{ 万元}$$

（二）建设期利息

建设期利息主要是指在建设期内发生的为工程项目筹措资金所产生的融资费用及债务资金利息。

建设期利息的计算，根据建设期资金用款计划，在总贷款分年均衡发放的前提下，可按当年借款在年终支用考虑，即当年借款按半年计息，上年借款按全年计息，其计算公式为

$$q_j=\left(P_{j-1}+\frac{1}{2}A_j\right)\times i$$

式中，q_j 为建设期第 j 年应计利息，P_{j-1} 为建设期第 $j-1$ 年末累计贷款本金与利息之和，A_j 为建设期第 j 年贷款金额，i 为年利率。

例 2-3 某新建项目的建设期为 3 年，分年均衡进行贷款，第一年贷款 300 万元，第二年贷款 600 万元，第三年贷款 400 万元，年利率为 12%，建设期内利息只计息不支付，计算建设期贷款利息。

解 建设期内各年贷款利息分别为

$$q_1 = \frac{300}{2} \times 12\% \text{ 万元} = 18 \text{ 万元}$$

$$q_2 = (300 + 18 + \frac{600}{2}) \times 12\% \text{ 万元} = 74.16 \text{ 万元}$$

$$q_3 = (300 + 18 + 600 + 74.16 + \frac{400}{2}) \times 12\% \text{ 万元} = 143.06 \text{ 万元}$$

所以，建设期贷款利息为

$$q = (18 + 74.16 + 143.06) \text{ 万元} = 235.22 \text{ 万元}$$

任务2 工程量清单计价简介

2001年12月，我国正式加入世界贸易组织(WTO)，我国经济制度进一步由计划经济向市场经济方向改革。工程建设行业方面，为适应我国工程投资体制改革和建设管理体制改革的需要，加快我国建筑工程计价模式与国际接轨的步伐，我国于2003年7月正式颁布了《建设工程工程量清单计价规范》(GB 50500—2003)，开始在全国范围内逐步推广工程量清单计价方法。之后我国又先后颁布了《建设工程工程量清单计价规范》2008版和2013版，深入推行了工程量清单计价改革工作，规范了建设工程工程量清单计价行为，统一了建设工程工程量清单的编制和计价方法。新规范与当前国家相关法律、法规和政策性变化的规定相适应，使其能够正确地贯彻执行，也适应新技术、新工艺、新材料日益发展的需要，促使规范的内容不断更新完善。

一、工程量清单概述

1. 工程量清单的概念

工程量清单是载明建设工程分部分项工程项目、措施项目和其他项目的名称和相应数量以及规费和税金等内容的明细清单。其中，由招标人根据国家标准、招标文件、设计文件以及施工现场实际情况编制的称为招标工程量清单，而作为投标文件组成部分的已标明价格并经承包人确认的称为已标价工程量清单。招标工程量清单应由具有编制能力的招标人或受其委托，具有相应资质的工程造价咨询人或招标代理人编制。采用工程量清单方式招标，招标工程量清单必须作为招标文件的组成部分，其准确性和完整性由招标人负责。

2. 工程量清单计价的作用

工程量清单计价的作用有：① 提供一个平等的竞争条件；② 满足市场经济条件下的竞争需要；③ 有利于提高工程计价效率，实现快速报价；④ 有利于工程款的拨付和最终结算价的确定；⑤ 有利于业主方的投资控制。

3. 术语

1) 招标工程量清单

招标工程量清单是指招标人依据国家标准、招标文件、设计文件以及施工现场实际情况编制的，随招标文件发布，供投标报价的工程量清单。

2）已标价工程量清单

已标价工程量清单是指招标人依据国家标准、招标文件、设计文件以及施工现场实际情况编制的，随招标文件发布，提供投标报价的工程量清单。

3）综合单价

综合单价是指完成一个规定计量单位的分部分项工程和措施清单项目所需的人工费、材料费、工程设备费、施工机具使用费、企业管理费和利润以及一定范围内的风险费用。

4）招标控制价

招标控制价是指招标人根据国家或省级、行业建设主管部门颁发的有关计价依据和办法，以及拟定的招标文件和招标工程量清单而编制的招标工程的最高限价。

5）投标报价

投标报价是指投标人投标时响应招标文件要求所报出的在已标价工程量清单中标明的总价。

6）标底

标底是指招标人对招标项目所计算的一个期望交易价格。

7）签约合同价

签约合同价是指发承包双方在施工合同中约定的包括暂列金额、暂估价、计日工的合同总金额。

8）竣工结算价(合同价格)

竣工结算价是指发承包双方根据国家有关法律、法规和标准的规定，按照合同约定确定的，包括在履行合同过程中按合同约定进行的工程变更、索赔和价款调整，是承包人按合同约定完成了全部承包工作后发包人应付给承包人的合同总金额。

4. 清单计价规范部分条款

(1) 全部使用国有资金投资或以国有资金投资为主的建设工程施工承发包，必须采用工程量清单计价。非国有资金投资的建设工程，宜采用工程量清单计价。

(2) 分部分项工程和措施项目清单应采用综合单价计价。

(3) 招标工程量清单表明的工程量是投标人投标报价的共同基础，竣工结算的工程量按发承包双方在合同中约定予以计量且实际完成的工程量确定。

(4) 措施项目清单中的安全文明施工费应按照国家或省级、行业建设主管部门的规定计价，不得作为竞争性费用。

(5) 规费和税金应按国家或省级、行业建设主管部门的规定计算，不得作为竞争性费用。

(6) 招标工程量清单必须作为招标文件的组成部分，其准确性和完整性由招标人负责。

(7) 投标报价不得低于工程成本。

二、工程量清单编制方法

(一) 分部分项工程量清单编制

分部分项工程量清单应按建设工程工程量计量规范的规定，确定项目编码、项目名称、项目特征、计量单位，并按不同专业工程量计量规范给出的工程量计算规则，进行工程量的计算。由于不同专业的计量规则存在不一样的规定，因此在 2008 版的《建设工程工程量清单计价规范》

的基础上，2013 版的《建设工程工程量清单计价规范》将计量部分单独分离出来，新编了 9 个专业的计量规范，即《房屋建筑与装饰工程工程量计算规范》(GB 50854—2013)、《仿古建筑工程工程量计算规范》(GB 50855—2013)、《通用安装工程工程量计算规范》(GB 50856—2013)、《市政工程工程量计算规范》(GB 50857—2013)、《园林绿化工程工程量计算规范》(GB 50858—2013)、《矿山工程工程量计算规范》(GB 50859—2013)、《构筑物工程工程量计算规范》(GB 50860—2013)、《城市轨道交通工程工程量计算规范》(GB 50861—2013)、《爆破工程工程量计算规范》(GB 50862—2013)。以上 9 个计量规范中工程量清单的编制规则是一致的，以下简称为《计量规范》。

1. 项目编码的设置

项目编码是分部分项工程量清单项目名称的数字标识。分部分项工程量清单项目编码以五级编码设置，采用十二位阿拉伯数字表示。一至九位应按《计量规范》的规定设置，十至十二位应根据拟建工程的工程量清单项目名称和项目特征设置，同一招标工程的项目编码不得有重码。各级编码代表的含义如下：

(1) 第一级为工程分类顺序码(分二位)：房屋建筑与装饰工程为 01、仿古建筑工程为 02、通用安装工程为 03、市政工程为 04、园林绿化工程为 05、矿山工程为 06、构筑物工程为 07、城市轨道交通工程为 08、爆破工程为 09。

(2) 第二级为附录分类顺序码(分二位)。

(3) 第三级为分部工程顺序码(分二位)。

(4) 第四级为分项工程顺序码(分三位)。

(5) 第五级为工程量清单项目顺序码，由编制人按具体项目特点自行编制(分三位)。

项目编码规则示意图如图 2-2-1 所示。

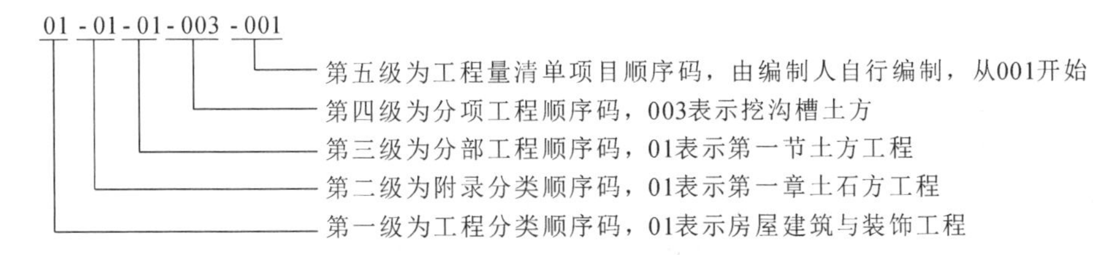

图 2-2-1 项目编码规则示意图

2. 项目名称的确定

分部分项工程量清单的项目名称应根据《计量规范》的项目名称结合拟建工程的实际情况确定。《计量规范》中规定的“项目名称”为分项工程项目名称，一般以工程实体命名。编制工程量清单时，应以附录中的项目名称为基础，考虑该项目的规格、型号、材质等特征要求，并结合报建工程的实际情况，对其进行适当的调整或细化，使其能够反映影响工程造价的主要因素。如《房屋建筑与装饰工程工程量计算规范》(GB 50854—2013)中编号为 010502001 的项目名称为“矩形柱”，可根据拟建工程的实际情况写成“C30 现浇混凝土矩形柱 450×450”。

如实际编制清单过程中出现《计量规范》中未包括的项目，编制人应作补充，并报省级或行业工程造价管理机构备案。补充编码规则为附录的顺序码、B 和三位阿拉伯数字组成，并应从×B001 起顺序编码。例如，某成品 GRC 隔墙由于《计量规范》中没有明确项目，故可补充项目，如表 2-2-1 所示。

表 2-2-1　某补充清单项目表示方法

项目编码	项目名称	项 目 特 征	计量单位	工程量计算规则	工 作 内 容
01B001	成品 GRC 隔墙	1. 隔墙材料种类、规格 2. 隔墙厚度 3. 嵌缝、塞口材料品种	m^2	按设计图示尺寸以面积计算，扣除门窗洞口及单个≥0.3 m^2 的洞口所占面积	1. 骨架及边框安装 2. 隔板安装 3. 嵌缝、塞口

3. 项目特征的描述

项目特征是指构成分部分项工程量清单项目、措施项目自身价值的本质特征。分部分项工程量清单项目特征应按《计量规范》的项目特征，结合拟建工程项目的实际情况予以描述。分部分项工程量清单的项目特征是确定一个清单项目综合单价的重要依据，在编制的工程量清单中必须对其项目特征进行准确和全面的描述。

工程量清单项目特征描述的重要意义在于：① 项目特征是区分清单项目的依据；② 项目特征是确定综合单价的前提；③ 项目特征是履行合同义务的基础。

由此可见，工程量清单项目特征的描述应根据现行计量规范有关特征的要求，结合技术规范、标准图集、施工图纸，按照工程结构、使用材质及规格或安装位置等，予以详细而准确的描述和说明。对计量计价没有实质影响的内容可不描述，无法准确描述的内容可以不详细描述。

4. 计量单位的描述

分部分项工程量清单的计量单位应按《计量规范》的计量单位确定。当计量单位有多个时，应根据所编工程量清单项目的特征要求，选择最适宜表述该项目特征并方便计量的单位。除各专业另有特殊规定外，均按以下基本单位计量：

(1) 以重量计算的项目：吨或千克(t 或 kg)。

(2) 以体积计算的项目：立方米(m^3)。

(3) 以面积计算的项目：平方米(m^2)。

(4) 以长度计算的项目：米(m)。

(5) 以自然计量单位计算的项目：个、套、块、组、台……

(6) 没有具体数量的项目：宗、项……

以“吨”为计量单位的，应保留小数点后三位数字；以“立方米”“平方米”“米”“千克”为计量单位的，应保留小数点后两位数字；以“项”“个”等为计量单位的，应取整数。

5. 工程量的计算

分部分项工程量清单中所列工程量应按《计量规范》的工程量计算规则计算。工程量计算规则是指对清单项目工程量计算的固定。除另有说明外，所有清单项目的工程量应以实体工程量为准，并以完成后的净值计算；投标人投标报价时，应在单价中考虑施工中的各种损耗和需要增加的工程量，或在措施费清单中列出相应的措施项目。采用工程量清单计算规则，工程实体的工程量是唯一的。统一的清单工程量为各投标人提供了一个公平竞争的平台，也方便招标人对各投标人的报价进行对比。

6. 工作内容

工作内容是指完成该清单项目可能发生的具体工程，可供招标人确定清单项目和投标人投标报价参考。例如，浇筑混凝土梁、板等构件时，可能发生的工作有模板及支架（撑）制作、安装、拆除、堆放、运输，以及清理模内杂物、刷隔离剂等，混凝土的制作、运输、浇筑、振捣和养护等。

凡工作内容中未列全的其他具体工程，由投标人按照招标文件或图纸要求编制，以完成清单项目为准，综合考虑到报价中，不需在已标价的工程量清单中另外注明。

（二）措施项目清单编制

措施项目是指为完成工程项目施工，发生于该工程施工准备和施工过程中的技术、生活、安全、环境保护等方面的项目。

根据《计量规范》的规定，措施项目包括脚手架工程、混凝土模板及支架（撑）、超高施工增加、垂直运输、大型机械设备进出场及安拆、施工排水、施工降水、安全文明施工及其他措施项目。

措施项目费用的发生与施工时间、施工方法或者两个以上的工序相关，如安全文明施工费，夜间施工费，夜间施工照明费，二次搬运费，冬雨季施工费，地上、地下设施费，建筑物临时保护设施费，已完工程及设备保护费等，这些措施项目费不易计量，应以“项”为计量单位进行编制，称之为总价措施费。总价措施费可按相关施工方案直接确定金额或按下式计算，即

$$总价措施费 = 计算基础 \times 相应费率$$

脚手架工程、混凝土模板及支架（撑）、垂直运输、超高施工增加、大型机械设备进出场及安拆等措施项目按照分部分项工程项目清单的方式采用综合单价计价，这样更有利于措施项目费的确定和调整，故称之为单价措施费，其计算方法同分部分项工程费。

（三）其他项目清单编制

其他项目清单是指分部分项工程项目清单、措施项目清单所包含内容以外的，因招标人的特殊要求而发生的与拟建工程有关的其他费用项目和相应数量的清单。

工程建设标准的高低、工程的复杂程度、工程的工期长短、工程的组成内容、发包人对工程管理的要求等，都直接影响其他项目清单的具体内容。其他项目清单包括暂列金额、暂估价（包括材料暂估单价、工程设备暂估单价、专业工程暂估价）、计日工、总承包服务费。

1. 暂列金额

暂列金额是招标人在工程量清单中暂定并包含在合同价款中的一笔款项，用于工程合同签订时尚未确定或者不可预见的所需材料、工程设备、服务的采购，施工中可能发生的工程变更、合同约定调整因素出现时的合同价款调整，以及发生的索赔、现场签证确认等的费用。

设立暂列金额并不能排除合同结算价格不再出现超出合同价的可能，是否超出合同价取决于工程量清单编制者对暂列金额预测的准确性，以及工程建设过程中的不确定性。

2. 暂估价

暂估价是指招标人在工程量清单中提供的用于支付必然发生但暂时不能确定价格的材料、工程设备的单价以及专业工程的金额，包括材料暂估单价、工程设备暂估单价和专业工程暂估价。在招标阶段，暂估价是必然发生的，只是因为标准不明或需要由专业承包人完成，暂时无法确定价格。

为方便合同管理，需要纳入分部分项工程量清单项目综合单价中的暂估价应只是材料、工程设备暂估单价，以方便投标人组价。应注意的是，材料暂估价、工程设备暂估价的合计一般都在分部分项

工程量清单组价中予以考虑，在其他项目工程量清单中，此两种暂估价的合计仅起标识意义，在计算总价时，不应重复计取。专业工程暂估价应分不同专业，按有关计价规定估算，列出明细表。

3. 计日工

计日工是在施工过程中，承包人完成发包人提出的工程合同范围以外的零星项目或工作，按合同中约定的单价计价的一种方式，其设立的目的是解决现场发生的零星工作计价。计日工适用的所谓零星项目或工作一般是指合同约定之外的或者因变更而产生的工程量清单中没有相应项目的额外工作，尤其是那些难以事先商定价格的额外工作。

4. 总承包服务费

总承包服务费是指总承包人为配合协调发包人进行专业工程发包，对发包人自行采购的材料、工程设备等进行保管，以及对施工现场进行管理、对竣工资料进行汇总整理等所需的费用。招标人应预计该费用并按投标人的投标报价向投标人支付该项费用。

（四）规费、税金项目清单编制

规费项目包括社会保障费、住房公积金以及工程排污费，其中社会保障费还包括养老保险费、失业保险费、医疗保险费、工伤保险费、生育保险费。如出现计价规范中未列项目，应根据省级政府或省级有关权力部门的规定列项。

税金项目清单应包括增值税。出现计价规范未列项目，应根据税务部门的规定列项。

三、工程量清单格式

《建设工程工程量清单计价规范》(GB 50500—2013)规定了招标工程量清单、招标控制价、投标总价、工程价款结算等工程造价文件的标准文件格式。

（一）封面

工程量清单的封面如图 2-2-2 所示。

______________工程

工 程 量 清 单

招　标　人：__________ （单位盖章）	工程造价 咨询人：__________ （单位资质专用章）
法定代表人 或其授权人：__________ （签字或盖章）	法定代表人 或其授权人：__________ （签字或盖章）
编　制　人：__________ （造价人员签字盖专用章）	复　核　人：__________ （造价工程师签字盖专用章）
编制时间：　年　月　日	复核时间：　年　月　日

图 2-2-2　工程量清单的封面

招标控制价、投标总价及竣工结算总价的封面分别如图 2-2-3 至图 2-2-5 所示。

________工程

招 标 控 制 价

招标控制价(小写):________
(大写):________

工程造价
咨询人:________
(单位资质专用章)

招　标　人:________
(单位盖章)

法定代表人
或其授权人:________
(签字或盖章)

法定代表人
或其授权人:________
(签字或盖章)

编　制　人:________
(造价人员签字盖专用章)

复　核　人:________
(造价工程师签字盖专用章)

编制时间:　年　月　日

复核时间:　年　月　日

图 2-2-3　招标控制价的封面

投 标 总 价

招　标　人:________
工 程 名 称:________
投标总价(小写):________
(大写):________

投　标　人:________
(单位盖章)

法定代表人
或其授权人:________
(签字或盖章)

编　制　人:________
(造价人员签字盖专用章)
编制时间:　年　月　日

图 2-2-4　投标总价的封面

________________________工程

竣工结算总价

中标价(小写):____________(大写):____________

结算价(小写):____________(大写):____________

发 包 人:____________
(单位盖章)

承 包 人:____________
(签字或盖章)

工程造价
咨询人:____________
(单位资质专用章)

法定代表人
或其授权人:____________
(单位盖章)

法定代表人
或其授权人:____________
(签字或盖章)

法定代表人
或其授权人:____________
(签字或盖章)

编 制 人:____________
(造价人员签字盖专用章)

复 核 人:____________
(造价工程师签字盖专用章)

编制时间: 年 月 日

核对时间: 年 月 日

图 2-2-5 竣工结算总价的封面

说明:工程量清单封面的签字盖章应遵循下列规定。

(1) 招标人自行编制工程量清单和招标控制价时,编制人员必须是在招标人单位注册的造价人员,由招标人盖单位公章,法定代表人或其授权人签字或盖章。当编制人员是注册造价工程师时,由其签字盖执业专用章;当编制人员是造价员时,由其在编制人栏签字盖专用章,并应由注册造价工程师复核,在复核人栏签字盖执业专用章。

(2) 招标人委托工程造价咨询人编制工程量清单和招标控制价时,编制人员必须是在工程造价咨询人单位注册的造价人员,工程造价咨询人盖单位资质专用章,法定代表人或其授权人签字或盖章。当编制人员是注册造价工程师时,由其签字盖执业专用章;当编制人员是造价员时,由其在编制人栏签字盖专用章,并应由注册造价工程师复核,在复核人栏签字盖执业专用章。

(二) 总说明

总说明如图 2-2-6 所示。

工程名称: 第 页 共 页

图 2-2-6 总说明

说明:总说明应按下列内容填写。

(1) 工程概况:填写建设规模、工程特征、计划工期、施工现场实际情况、自然地理条件、环境保护要求等。

(2) 工程招标和分包范围。

(3) 工程量清单编制依据。

(4) 工程质量、材料、施工等的特殊要求。

(5) 招标人自行采购材料的名称、规格型号、数量等。

(6) 暂列金额、自行采购材料的金额数量。

(7) 其他需要说明的问题。

(三) 汇总表

工程项目招标控制价/投标总价汇总表如表 2-2-2 所示。

表 2-2-2　工程项目招标控制价/投标总价汇总表

工程名称:　　　　　　　　　　　　　　　　　　　　第　页　　共　页

序号	工程名称	金额/元	其中:(元)		
			暂估价	安全文明施工费	规费
合计					

注:本表适用于工程项目招标控制价或投标总价的汇总。

单项工程招标控制价/投标总价汇总表如表 2-2-3 所示。

表 2-2-3　单项工程招标控制价/投标总价汇总表

工程名称:　　　　　　　　　　　　　　　　　　　　第　页　　共　页

序号	单项工程名称	金额/元	其中:(元)		
			暂估价	安全文明施工费	规费
合计					

注:本表适用于单项工程招标控制价或投标总价的汇总。暂估价包括分部分项工程中的暂估价和专业工程暂估价。

单位工程招标控制价/投标总价汇总表如表 2-2-4 所示。

表 2-2-4　单位工程招标控制价/投标总价汇总表

工程名称:　　　　　　　　　　　　　　　　　　　　第　页　　共　页

序号	汇总内容	金额/元	其中:暂估价/元
1	分部分项工程		
1.1			
1.2			
1.3			
1.4			
1.5			

续表

序　　号	汇 总 内 容	金额/元	其中:暂估价/元
2	措施项目		
2.1	其中:文明安全施工费		
3	其他项目		
3.1	暂列金额		
3.2	专业工程暂估价		
3.3	计日工		
3.4	总承包服务费		
4	规费		
5	税金		
招标控制价合计=1+2+3+4+5			

注:本表适用于单位工程招标控制价或投标总价的汇总。如无单位工程划分,单项工程也使用本表汇总。

(四)分部分项工程量清单及工程量综合单价分析表

分部分项工程量清单与计价表如表 2-2-5 所示。

表 2-2-5　分部分项工程量清单与计价表

工程名称:　　　　　　　　　　　　　　　　　　标段:　　　　　　　　　　第　页　　共　页

序号	项目编码	项目名称	项 目 特 征	计量单位	工程量	金额/元		
						综合单价	合价	其中:暂估价
本页合计								
合　计								

工程量清单综合单价分析表如表 2-2-6 所示。

表 2-2-6　工程量清单综合单价分析表

工程名称:　　　　　　　　　　　　　　　　　　标段:　　　　　　　　　　第　页　　共　页

<table>
<tr><td colspan="2">项目编码</td><td colspan="3"></td><td colspan="2">项目名称</td><td colspan="3"></td><td>计量单位</td><td></td></tr>
<tr><td colspan="12">清单综合单价组成明细</td></tr>
<tr><td rowspan="2">定额编号</td><td rowspan="2">定额名称</td><td rowspan="2">定额单位</td><td rowspan="2">数量</td><td colspan="4">单　　价</td><td colspan="4">合　　价</td></tr>
<tr><td>人工费</td><td>材料费</td><td>机械费</td><td>管理费和利润</td><td>人工费</td><td>材料费</td><td>机械费</td><td>管理费和利润</td></tr>
<tr><td></td><td></td><td></td><td></td><td></td><td></td><td></td><td></td><td></td><td></td><td></td><td></td></tr>
<tr><td></td><td></td><td></td><td></td><td></td><td></td><td></td><td></td><td></td><td></td><td></td><td></td></tr>
<tr><td></td><td></td><td></td><td></td><td></td><td></td><td></td><td></td><td></td><td></td><td></td><td></td></tr>
<tr><td colspan="2">风险费用</td><td></td><td></td><td></td><td></td><td></td><td></td><td></td><td></td><td></td><td></td></tr>
<tr><td colspan="2">人工单价</td><td colspan="6">小计</td><td></td><td></td><td></td><td></td></tr>
<tr><td colspan="2">元/工日</td><td colspan="6">未计价材料费</td><td colspan="4"></td></tr>
<tr><td colspan="8">清单项目综合单价</td><td colspan="4"></td></tr>
</table>

续表

	主要材料名称、规格、型号	单位	数量	单价/元	合价/元	暂估单价/元	暂估合价/元
材料费明细							
	其他材料费						
	材料费小计						

注:1. 如不使用省级或行业建设主管部门发布的计价依据,可不填定额项目、编号等。
2. 招标文件提供了暂估单价的材料,按暂估的单价填入表内暂估单价栏及暂估合价栏。

(五)措施项目清单

措施项目清单与计价表如表 2-2-7 和表 2-2-8 所示。

表 2-2-7　措施项目清单与计价表(一)

工程名称:　　　　标段:　　　　第　页　　共　页

序　号	项 目 名 称	计 算 基 础	费率/(%)	金额/元
1	安全文明施工费			
2	夜间施工等六项费用			
3	大型机械设备进出场、安拆费			
4	施工排水、降水费			
5	地上、地下设施和建筑物的临时保护设施费			
6	已完工程及设施保护费			
7	各专业工程的措施项目			
8				
9				
合　计				

注:本表适用于以"项"计价的措施项目。

表 2-2-8　措施项目清单与计价表(二)

工程名称:　　　　标段:　　　　第　页　　共　页

序号	项目编码	项目名称	项 目 特 征	计量单位	工程量	金额/元		
						综合单价	合价	其中:暂估价
本页合计								
合　计								

注:本表适用于以综合单价形式计价的措施项目。

(六)其他项目清单

其他项目清单与计价汇总表如表 2-2-9 所示。

表 2-2-9　其他项目清单与计价汇总表

工程名称：　　　　　　　　　　　　　　　　标段：　　　　　　　　　　第　页　　共　页

序　　号	项 目 名 称	计 量 单 位	金额/元	备　　注
1	暂列金额			明细详见表 2-2-10
2	暂估价			
2.1	材料暂估单价			明细详见表 2-2-11
2.2	专业工程暂估价			明细详见表 2-2-12
3	计日工			明细详见表 2-2-13
4	总承包服务费			
5				
合　计				

注：材料暂估单价列入清单项目综合单价，此处不汇总。

暂列金额明细表如表 2-2-10 所示。

表 2-2-10　暂列金额明细表

工程名称：　　　　　　　　　　　　　　　　标段：　　　　　　　　　　第　页　　共　页

序　　号	项 目 名 称	计 量 单 位	金额/元	备　　注
1				
2				
3				
合　计				

注：此表由招标人填写，如不能详列明细，也可只列暂定金额总额，投标人应将上述暂列金额计入投标总价中。

材料(工程设备)暂估单价表如表 2-2-11 所示。

表 2-2-11　材料(工程设备)暂估单价表

工程名称：　　　　　　　　　　　　　　　　标段：　　　　　　　　　　第　页　　共　页

序　　号	材料名称、规格、型号	计 量 单 位	数量	金额/元		备　　注
				单价	合价	
1						
2						
3						
合　计						

注：1. 此表由招标人填写，并在备注栏说明暂估价的材料拟用在哪些清单项目上，投标人应将上述材料暂估单价计入工程量清单综合单价报价中。
2. 材料包括原材料、燃料、构配件以及按规定应计入建筑安装工程造价的设备。

专业工程暂估价表如表 2-2-12 所示。

表 2-2-12　专业工程暂估价表

工程名称：　　　　　　　　　　　　　　　　标段：　　　　　　　　　　第　页　　共　页

序　　号	工 程 名 称	工 程 内 容	金额/元	备　　注
1				
2				
3				
合　计				

注：此表由招标人填写，投标人应将上述专业工程暂估价计入投标总价中。

计日工表如表2-2-13所示。

表2-2-13　计日工表

工程名称：　　　　　　　　　　　　　　　　　标段：　　　　　　　第　页　共　页

序号	项目名称	单位	暂定数量	单价	合价
一	人工				
1					
2					
人工小计					
二	材料				
1					
2					
材料小计					
三	施工机械				
1					
2					
施工机械小计					
合计					

注：1. 此表项目名称、暂定数量由招标人填写，编制招标控制价，单价由招标人按有关计价规定确定。
2. 投标时，工程项目、数量按招标人提供的数据计算，单价由投标人自主报价，计入投标总价中。

总承包服务费计价表如表2-2-14所示。

表2-2-14　总承包服务费计价表

工程名称：　　　　　　　　　　　　　　　　　标段：　　　　　　　第　页　共　页

序号	项目名称	项目价值/元	服务内容	费率/(%)	金额/元
1	发包人发包专业工程				
	合计				

（七）规费、税金项目清单

规费、税金项目清单与计价表如表2-2-15所示。

表2-2-15　规费、税金项目清单与计价表

工程名称：　　　　　　　　　　　　　　　　　标段：　　　　　　　第　页　共　页

序号	项目名称	计算基础	费率/(%)	金额/元
1	规费			
1.1	工程排污费			
1.2	社会保障费			
(1)	养老保险费			
(2)	失业保险费			
(3)	医疗保险费			
1.3	住房公积金			
2	税金	分部分项工程费＋措施项目费＋其他项目费＋规费		

任务3 工程定额

一、工程定额的概念

1. 定额

定额即标准或尺度。定额是社会物质生产部门在生产经营活动中，根据一定的技术组织条件，在一定时间内，为完成一定数量的合格产品所规定的人力、物力和财力消耗的数量标准。

定额水平是一定时期内生产力水平的反映，是规定在单位产品上消耗的劳动、机械和材料数量的多少，是按照一定施工程序，在一定工艺条件下规定的施工生产中活劳动和物化劳动的消耗水平，它与社会生产力水平，操作人员的技术水平，机械化程度，新材料、新工艺、新技术的发展与应用，企业的管理水平，社会成员的劳动积极性有关。定额水平提高是指单位产量提高，消耗降低，单位产品的造价降低；定额水平降低是指单位产量降低，消耗提高，单位产品的造价提高。总体定额水平高于社会平均生产力水平，称之为平均先进水平；总体定额水平与参考集合中平均生产力水平相当，称之为平均水平。与社会平均生产力相当的定额水平称为社会平均水平。

2. 工程定额

工程定额是指在正常施工生产条件下，完成单位合格建筑安装产品所必须消耗的人工、材料、机械台班、工期天数及相关费率等的数量标准。

3. 定额的特点

1）科学性和真实性

建筑工程定额是在考察期内实际生产力水平条件下，在实践生产中大量测定、综合分析研究、广泛搜集资料的基础上制定出来的；是在研究客观规律的基础上，自觉遵守客观规律的要求，用科学的方法制定各项消耗量标准。因此，定额的真实性体现在能正确地反映当前建筑业生产力水平。

2）系统性和统一性

建筑工程定额是相对独立的系统，它是由多种定额结合而成的有机整体，它的结构复杂，有鲜明的层次，有明确的目标。

建筑工程定额的统一性，主要是由国家对经济发展计划的宏观调控职能决定的。为了使国民经济按照既定的目标发展，就需要借助于某些标准、定额、参数等，对建筑工程进行规划、组织、调节、控制，而这些标准、定额、参数必须在一定范围内是一种统一的尺度，这样才能实现上述职能，才能利用它对项目的决策、设计方案、投标报价、成本控制进行比较和评价。

3）法令性和权威性

建筑工程定额是由国家或其授权机关组织和编制的一种法令性指标，在执行范围之内，任何单位都必须严格遵守和执行，未经原制定单位批准，不得任意改变其内容和水平。权威性反映了统一的意志和统一的要求，也反映了信誉和信赖程度以及定额的严肃性。

4）群众性和先进性

定额的群众性通常是指定额的制定和执行都是建立在广大生产者和管理者基础上的，定额既来自广大生产者和管理者的生产活动，也成为他们参加生产活动的衡量额度。

定额的先进性是指在正常生产条件下，经过努力，大多数生产者能够达到或超过，少数生产者经过努力能够接近的定额水平。

5）稳定性和时效性

建筑工程定额中的任何一种定额都是一定时期技术发展和管理水平的反映，因而定额在一段时间内都表现出稳定的状态。稳定的时间有长有短，一般在5年至10年。保持定额的稳定性是维护定额的权威性所必需的，更是有效地贯彻定额所必需的。如果某种定额处于经常修改变动之中，那么必然造成执行的困难和混乱，使人们感到没有必要去认真对待定额，很容易导致定额权威性的丧失。建筑工程定额的不稳定也会给定额的编制工作带来极大的困难。但是建筑工程定额的稳定性是相对的，当生产力向前发展了，定额就会与已经发展了的生产力不相适应，这样原有定额的作用就会逐步减弱以致消失，此时就需要重新编制或修订定额了。

二、工程定额的分类

工程定额是一个综合概念，是建设工程造价计价和管理中各类定额的总称，根据不同划分原则，工程定额有不同形式。

1. 按生产要素消耗内容划分定额

1）劳动消耗定额

劳动消耗定额简称劳动定额（也称人工定额），是指在正常的施工技术和组织条件下，完成规定计量单位合格的建筑安装产品所消耗的人工工日的数量标准。劳动消耗定额的主要表现形式有时间定额和产量定额。

2）材料消耗定额

材料消耗定额简称材料定额，是指在正常的施工技术和组织条件下，完成规定计量单位合格的建筑安装产品所消耗的原材料、成品、半成品、构配件、燃料，以及水、电等动力资源的数量标准。

3）机具消耗定额

机具消耗定额由机械消耗定额与仪器仪表消耗定额组成。机械消耗定额以一台机械一个工作班为计量单位，所以又称为机械台班定额。机械消耗定额是指在正常的施工技术和组织条件下，完成规定计量单位合格的建筑安装产品所消耗的施工机械台班的数量标准。

2. 按编制程序和用途划分定额

1）施工定额

施工定额是指完成一定计量单位的某一施工过程或基本工序所需消耗的人工、材料和施工机具台班的数量标准。

施工定额是施工企业组织生产和加强管理的在企业内部使用的一种定额，属于企业定额性质。为了适应组织生产和管理的需要，施工定额的项目划分很细，是工程定额中分项最细、子目最多的一种定额，也是工程定额中的基础性定额。

2）预算定额

预算定额是指在正常的施工条件下，完成一定计量单位合格的分项工程或结构构件所需消耗的人工、材料和施工机具台班数量及其费用标准。

预算定额是一种计价定额，它是以施工定额为基础综合扩大编制的，同时也是已编制概算定额的基础。

3）概算定额

概算定额是指完成单位合格的扩大分项工程或扩大结构构件所需消耗的人工、材料和施工机具台班数量及其费用标准。

概算定额是编制扩大初步设计概算、确定建设项目投资额的依据，它是在预算定额的基础上综合扩大而成的，每一扩大分项概算定额都包含了数项预算定额。

4）概算指标

概算指标是指以单位工程为对象，反映完成一个规定计量单位的建筑安装产品的经济指标。

概算指标一般用来编制初步设计概算，它是概算定额的扩大与合并，是以扩大的计量单位来编制的。

5）投资估算指标

投资估算指标是指以建设项目、单项工程、单位工程为对象，反映建设总投资及其各项费用构成的经济指标。

投资估算指标是在项目建议书和可行性研究阶段编制投资估算、计算投资需要量时的一种定额，它的概略程度与可行性研究阶段相适应。投资估算往往根据历史的预、决算和价格变动等资料编制，但其编制基础仍然离不开预算定额、概算定额。

各种定额间关系的比较如表 2-3-1 所示。

表 2-3-1　各种定额间关系的比较

项目	施工定额	预算定额	概算定额	概算指标	投资估算指标
对象	工序	分项工程或结构构件	扩大的分项工程或结构构件	整个建筑物或构筑物	独立的单项工程或完整的工程项目
用途	编制施工预算	编制施工图预算	编制扩大初步设计概算	编制初步设计概算	编制投资估算
项目划分	最细	细	较粗	粗	很粗
定额水平	平均先进	平均	平均	平均	平均
定额性质	生产性定额	计价性定额			

3. 按专业分类划分定额

1）建筑工程定额

建筑工程定额按专业分为建筑及装饰工程定额、房屋修缮工程定额、市政工程定额、铁路工程定额、公路工程定额、矿山井巷工程定额等。

2）安装工程定额

安装工程定额按专业分为电气设备安装工程定额、机械设备安装工程定额、热力设备安装工程定额、通信设备安装工程定额、化学工业设备安装工程定额等。

4. 按主编单位和管理权限划分定额

按主编单位和管理权限，工程定额可分为全国统一定额、行业统一定额、地区统一定额、企业定额、补充定额等。

三、建筑工程消耗量的确定

(一) 人工消耗定额

1. 时间定额与产量定额

人工消耗定额又称劳动消耗定额,其主要表现形式有时间定额和产量定额。

时间定额是指某一工人或工作小组在合理的劳动组织等施工条件下,完成一定数量的合格产品、工程实体或劳务等所消耗的时间数量标准。定额项目的人工不分工种、技术等级,统一以综合工日表示,每一工日工作时间按 8 h 计算。

单位产量定额(工日) = 1/ 每工产量

单位产品时间定额(工日) = 小组成员工日数总和 / 小组台班产量

产量定额是指某一工种某一等级的工人或工作小组在合理的劳动组织等施工条件下,在单位时间内完成合格产品的数量标准,通常以一个工日完成合格产品的数量表示,即

产量定额 = 产品数量 / 作业时间

时间定额与产量定额之间是互为倒数关系,即

时间定额 × 产量定额 = 1

时间定额 = 1/ 产量定额

人工在工作班内消耗的工作时间,按其消耗的性质,可以分为必须消耗的时间和损失时间。人工工作时间组成如图 2-3-1 所示。

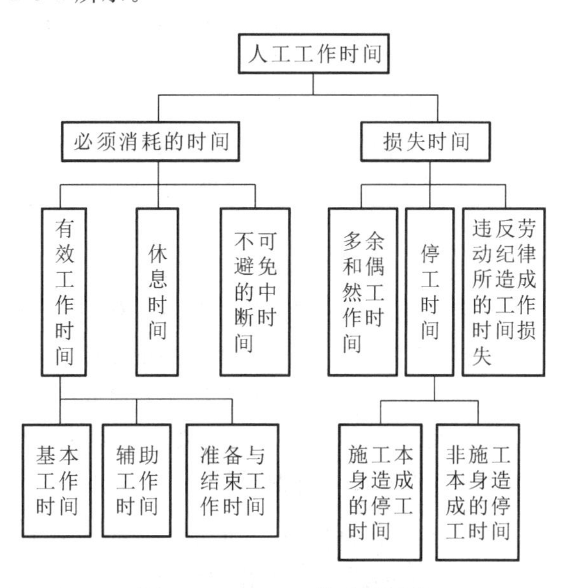

图 2-3-1　人工工作时间组成

必须消耗的时间是指工人在正常施工条件下,为完成一定合格产品(工作任务)所消耗的时间,是制定定额的主要依据,包括有效工作时间、休息时间和不可避免的中断时间。

(1) 有效工作时间是与产品生产直接相关的时间消耗,主要包括基本工作时间、辅助工作时间、准备与结束工作时间。

① 基本工作时间是工人完成能生产一定产品的施工工艺过程所消耗的时间。通过这些工艺过程，可以使材料改变外形，如钢筋弯钩等；还可以使预制构配件安装组合成形；也可以改变产品外观及性质，如粉刷、抹灰等。

② 辅助工作时间是指为保证基本工作能顺利完成所消耗的时间。在辅助工作时间里，不能使产品的形状、性质或位置发生变化。辅助工作时间的结束，往往就是基本工作时间的开始。

③ 准备与结束工作时间是指执行任务前或任务完成后所消耗的工作时间。准备与结束工作时间在一批任务开始与结束时产生，如熟悉图纸、准备作业工具、事后清理场地，通常不反映在每一个工作班内。

(2) 休息时间是指工人在工作过程中为恢复体力所必需的短暂休息和生理需要的时间消耗。这种时间是为了保证工人能精力充沛地进行工作，所以在定额时间中必须进行计算。

(3) 不可避免的中断时间是指由施工工艺特点引起的工作中断时间，如混凝土养护所消耗的时间。与施工工艺特点有关的工作中断时间，应包含在定额时间内。

损失时间是与产品生产无关，而与施工组织和技术上的缺点有关，与工人在施工过程中的个人过失或某些偶然因素有关的时间消耗，包括多余和偶然工作时间、停工时间、违反劳动纪律所造成的工作时间损失。

(1) 多余工作是指工人进行的任务以外而又不能增加产品数量的工作，如不合格作业的返工。多余工作的工时损失通常是由人为失误造成的，因此多余时间不应计入定额时间中。偶然工作是指工人进行任务以外的工作，但能获得一定的产品，如抹灰工不得不补上偶然遗留的墙洞等。因为偶然工作能够获得一定产品，故在拟定定额时间时可以适当考虑其影响。

(2) 停工时间就是工作班内停止工作造成的工时损失。由施工组织不完善、材料供应不及时、准备工作不充分等情况引起的停工时间叫作施工本身造成的停工时间。由某些客观外因引起的停工时间，如停电、停水造成的停工时间，称为非施工本身造成的停工时间。在拟定定额时，前者不应计算，后者则应予以合理考虑。

(3) 违反劳动纪律所造成的工作时间损失，是指工人在工作班开始时、过程中及结束时因迟到、早退、擅离职守、消极怠工等造成的工时损失。此外，由于个别工人违反劳动纪律而影响他人无法工作的时间损失，也包含在内。

根据技术测定法，可以确定人工消耗定额的计算公式，即

工序作业时间 = 基本工作时间 + 辅助工作时间 = 基本工作时间 /(1 − 辅助工作时间 %)

规范时间 = 准备与结束工作时间 + 不可避免的中断时间 + 休息时间

时间定额 = 工序作业时间 + 规范时间 = 工序作业时间 /(1 − 规范时间 %)

= 基本工作时间 + 辅助工作时间 + 准备与结束工作时间

+ 不可避免的中断时间 + 休息时间

例 2-4 通过技术测定观察资料得知，人工挖二类土 1 m^3 的基本工作时间为 6 h，辅助工作时间占工序作业时间的 2%，准备与结束工作时间、不可避免的中断时间、休息时间分别占工作日的 3%、2%、18%，求人工挖二类土的时间定额。

解 基本工作时间=6 h=0.75 工日

工序作业时间=0.75/(1−2%)工日=0.765 工日

时间定额=0.765/(1−3%−2%−18%)工日=0.994 工日

例 2-5 已知完成1 m^3的1砖墙砌体需要基本工作时间15.5 h，辅助工作时间占工作班延续时间的3%，准备与结束工作时间占工作班延续时间的3%，不可避免的中断时间占工作班延续时间的2%，休息时间占工作班延续时间的16%，试计算完成1 m^3砌体的人工消耗量。

解 时间定额＝基本工作时间＋辅助工作时间＋准备与结束工作时间
＋不可避免的中断时间＋休息时间
＝15.5/(1－3%－3%－2%－16%) h
＝20.39 h＝20.39/8 工日＝2.55 工日

2. 确定人工消耗定额的基本方法

人工消耗定额根据国家的经济政策、劳动制度和有关技术文件及资料综合确定，主要有以下四种方法。

1) 技术测定法

技术测定法是根据生产技术和施工组织条件，对施工过程中各工序采用测时法、写实记录法、工作日写实法，测出各工序的工时消耗等，再对所获得的资料进行科学的分析，制定出人工定额的方法。

2) 统计分析法

统计分析法是把过去施工生产中的同类工程或同类产品的工时消耗的统计资料，与当前生产技术和施工组织条件的变化因素结合起来，进行统计分析的方法。这种方法简单易行，适用于施工条件正常、产品稳定、工序重复量大和统计工作制度健全的施工过程。但是，过去的记录只是实耗工时，不反映生产组织和技术的状况。实际工作中，必须分析研究各种变化因素，使定额能真实地反映施工生产平均水平。

3) 比较类推法

对于同类型产品规格多、工序重复、工作量小的施工过程，常用比较类推法。采用此法制定定额是以同类型工序和同类型产品的实耗工时为标准，类推出相似项目的定额水平。此法必须掌握类似的程度和各种影响因素的异同程度。

4) 经验估算法

根据定额专业人员、经验丰富的工人和施工技术人员的实际工作经验，参考有关定额资料，对施工管理组织和现场技术条件进行调查、讨论和分析来制定定额的方法，叫作经验估算法。经验估算法通常在制定一次性定额时使用。

3. 预算定额中的人工工日消耗量的计算

预算定额中的人工工日消耗量是指在正常施工条件下，生产单位产品所必须消耗的人工工日数量，是由分项工程所综合的各个工序劳动定额包括的基本用工、其他用工两部分组成的。

(1) 基本用工。基本用工是指完成一定计量单位的分项工程或结构构件的各项工作过程的施工任务所必须消耗的技术工种用工。按技术工种相应劳动定额工时定额计算，以不同工种列出定额工日。基本用工包括完成定额计量单位的主要用工和按劳动定额规定应增减计算的用工。

(2) 其他用工。其他用工是辅助基本用工消耗的工日，包括超运距用工、辅助用工和人工幅度差。

① 超运距用工。超运距是指劳动定额中已包括的材料、半成品场内水平搬运距离与预算定

额所考虑的现场材料、半成品堆放地点到操作地点的水平运输距离之差。

② 辅助用工。辅助用工是指技术工种劳动定额内不包括而在预算定额内又必须考虑的用工，例如机械土方工程配合用工、材料加工(筛砂、洗石、淋化石膏等)、电焊点火用工等。

③ 人工幅度差。人工幅度差即预算定额与劳动定额的差额，主要是指在劳动定额中未包括而在正常施工情况下不可避免但又很难准确计量的用工和各种工时损失。

人工幅度差的计算公式为

人工幅度差 = (基本用工 + 辅助用工 + 超运距用工) × 人工幅度差系数

人工幅度差系数一般取10%～15%。在预算定额中，人工幅度差的用工量列入其他用工量中。

综上所述，预算定额中的人工工日消耗量的计算公式为

预算定额中的人工工日消耗量＝基本用工＋其他用工

＝基本用工＋辅助用工＋超运距用工＋人工幅度差

＝(基本用工＋辅助用工＋超运距用工)×(1＋人工幅度差系数)

例 2-6 在计算预算定额中的人工工日消耗量时，已知完成单位合格产品的基本用工是22工日，超运距用工为4工日，辅助用工为2工日，人工幅度差系数为12%，试计算预算定额中的人工工日消耗量。

解 预算定额中的人工工日消耗量＝(22＋4＋2)×(1＋12%)工日＝31.36工日

(二) 材料消耗定额

1. 材料的分类

合理确定材料消耗定额，必须了解材料在施工过程中的类别。

1) 根据材料消耗的性质划分

施工过程中材料的消耗可分为必需的材料消耗和损失的材料消耗两类。必须消耗的材料属于施工正常消耗，是确定材料消耗定额的基本数据。其中：直接用于建筑和安装工程的材料，编制材料净用量定额；不可避免的施工废料和材料损耗，编制材料损耗定额。

2) 根据材料消耗与工程实体的关系划分

施工过程中的材料可分为实体材料和非实体材料。

实体材料是指直接构成工程实体的材料，如钢筋、水泥、砂、碎石等各类主材，以及钢丝、卡具、铁钉等辅助材料。一般主材用量大，辅助材料用量少。

非实体材料是指在施工过程中必须使用但又不能构成工程实体的施工措施性材料。非实体材料主要是指周转性材料，如模板、脚手架、支撑等。

2. 确定材料消耗量的基本方法

确定材料净用量及损耗量的基本方法有现场技术测定法、实验室试验法、现场统计法以及理论计算法等。

1) 现场技术测定法

现场技术测定法又称观测法，是根据对材料消耗过程的测定与观察，通过完成产品数量和材料消耗量的计算来确定各种材料消耗定额的一种方法。由于材料损耗量难以用统计法或其

他方法获得，故现场技术测定法适用于确定材料损耗量。

2）实验室试验法

实验室试验法是指通过试验对材料的结构、化学成分和物理性能及混合材料配合比得出科学的结论。采用这种方法，能够客观、科学地研究各种因素对材料消耗量的影响，其缺点是无法估计施工现场某些因素对材料损耗量的影响。

3）现场统计法

现场统计法是指以施工现场积累的分部分项工程使用材料数量、完成产品数量、完成工作原材料的剩余数量等统计资料为基础，经过整理分析，获得材料消耗量的数据。该方法只能确定材料总消耗量，不能确定材料净用量和材料损耗量，此外统计结果还会受到统计资料和实际使用材料的影响，故该方法只能作为编制定额的辅助性方法使用。

4）理论计算法

理论计算法是根据施工图和建筑构造要求，用理论计算公式计算出产品的材料净用量的方法。这种方法较适合于不易产生损耗，且容易确定废料的材料消耗量的计算。

(1) 标准砖材料用量计算。

每立方米砌墙的砖数和砌筑砂浆的用量可用下列理论计算公式计算各自的净用量，即

$$\text{标准砖净用量(块)} = \frac{2 \times \text{墙体厚度的砖数}}{\text{墙体厚} \times (\text{标准砖长} + \text{灰缝厚}) \times (\text{标准砖厚} + \text{灰缝厚})}$$

$$\text{标准砖消耗量(块)} = \text{标准砖净用量} \times (1 + \text{损耗率})$$

$$\text{砂浆净用量}(\mathrm{m}^3) = 1 - \text{标准砖净用量} \times 0.24 \times 0.115 \times 0.053$$

$$\text{砂浆消耗量}(\mathrm{m}^3) = \text{砂浆净用量} \times (1 + \text{损耗率})$$

例 2-7 计算 1 m^3 标准砖 1 砖外墙砌体砖数和砂浆净用量。

解 $$\text{标准砖净用量(块)} = \frac{2 \times 1}{0.24 \times (0.24 + 0.01) \times (0.053 + 0.01)}\ \text{块} = 529\ \text{块}$$

$$\text{砂浆净用量} = (1 - 529 \times 0.24 \times 0.115 \times 0.053)\ \mathrm{m}^3 = 0.226\ \mathrm{m}^3$$

(2) 块料面层材料用量计算。

每 100 m^2 面层块料数量、灰缝及结合层材料用量的计算公式为

$$\text{每 } 100\ \mathrm{m}^2 \text{ 面层块料净用量(块)} = \frac{100}{(\text{块料长} + \text{灰缝宽}) \times (\text{块料宽} + \text{灰缝宽})}$$

$$\text{每 } 100\ \mathrm{m}^2 \text{ 面层灰缝材料净用量}(\mathrm{m}^3) = [100 - (\text{块料长} \times \text{块料宽} \times 100\ \mathrm{m}^2 \text{ 块料用量})] \times \text{灰缝深}$$

$$\text{每 } 100\ \mathrm{m}^2 \text{ 结合层材料用量}(\mathrm{m}^3) = 100 \times \text{结合层厚度}$$

例 2-8 用 1∶1 水泥砂浆贴 150 mm×150 mm×5 mm 瓷砖墙面，结合层厚度为 10 mm，试计算每 100 m^2 瓷砖墙面中瓷砖和砂浆的消耗量（灰缝宽度为 2 mm）。假设瓷砖损耗率为 1.5%，砂浆损耗率为 1%。

解 $$\text{每 } 100\ \mathrm{m}^2 \text{ 瓷砖墙面中瓷砖的净用量(块)} = \frac{100}{(0.15+0.002) \times (0.15+0.002)}\ \text{块} = 4\ 329\ \text{块}$$

每 100 m^2 瓷砖墙面中瓷砖的总消耗量 $= 4\ 329 \times (1 + 1.5\%)$ 块 $= 4\ 394$ 块

每 100 m^2 瓷砖墙面中结合层砂浆净用量 $= 100 \times 0.01\ \mathrm{m}^3 = 1\ \mathrm{m}^3$

每 100 m^2瓷砖墙面中灰缝砂浆净用量＝[100－(4 329×0.15×0.15)]×0.005 m^3

＝0.013 m^3

每 100 m^2瓷砖墙面中砂浆总消耗量＝(1＋0.013)×(1＋1%) m^3＝1.02 m^3

(3) 现浇构件模板摊销计算。

材料一次使用量：为完成定额单位合格产品，在不重复使用条件下周转性材料一次使用量，通常根据选定的结构设计图纸进行计算。

模板一次使用量＝1 m^2构件模板接触面积×1 m^2接触面积模板净用量×(1＋模板制作安装损耗率)

材料周转次数：周转性材料从第一次使用起，可以重复使用的次数。

材料补损量：周转使用一次后由于损坏而需要补充的材料消耗，通常用补损率来表示。

$$补损率 = \frac{平均损耗率}{一次使用量} \times 100\%$$

材料周转使用量：周转性材料在周转使用和补损条件下，每周转使用一次所需要的材料数量。

$$周转使用量 = \frac{[一次使用量 + 一次使用量 \times (周转次数 - 1) \times 补损率]}{周转次数}$$

$$= \frac{一次使用量 \times [1 + (周转次数 - 1) \times 补损率]}{周转次数}$$

材料回收量：在一定周转次数下，每周转使用一次平均可以回收材料的数量。

$$回收量 = \frac{(一次使用量 - 一次使用量 \times 补损率) \times 折价率}{周转次数}$$

$$= \frac{一次使用量 \times (1 - 补损率) \times 折价率}{周转次数}$$

材料摊销量：周转性材料在重复使用条件下，应分摊到每一计量单位结构构件的材料消耗量。

$$摊销量 = 周转使用量 - 回收量$$

例 2-9 钢筋混凝土构造柱按选定的模板设计图纸，每 10 m^2混凝土模板接触面积为 66.7 m^2，每 10 m^2接触面积需要木材 0.375 m^3，模板的损耗率为 5%，周转次数为 8 次，每次周转补损率为 15%，回收折价率为 50%，施工损耗为 5%，试计算 1 m^3混凝土构造柱模板周转使用量、回收量及摊销量。

解

$$一次使用量 = \frac{66.7}{10} \times \frac{0.375}{10} \times (1+5\%)\ m^3/m^3 = 0.263\ m^3/m^3$$

$$周转使用量 = \frac{0.263 \times [1+(8-1) \times 15\%]}{8}\ m^3/m^3 = 0.067\ m^3/m^3$$

$$回收量 = \frac{0.263 \times (1-15\%) \times 50\%}{8}\ m^3/m^3 = 0.014\ m^3/m^3$$

$$摊销量 = (0.067 - 0.014)\ m^3/m^3 = 0.053\ m^3/m^3$$

(4) 预制构件模板摊销量计算。

预制构件模板摊销量是按多次使用、平均摊销的方法计算的，其计算公式为

$$模板一次使用量 = 1\ m^2\ 构件模板接触面积 \times 1\ m^2\ 接触面积模板净用量 \times (1 + 损耗率)$$

$$模板摊销量 = 一次使用量 / 周转次数$$

(5) 脚手架主要材料用量计算。

脚手架所用钢管、架板等的定额按摊销量计算，其公式为

$$摊销量 = \frac{一次使用量 \times (1 - 残值率) \times 一次使用期}{耐用期}$$

3. 预算定额中的材料消耗量的确定

材料消耗量的计算方法主要有：

(1) 凡有标准规格的材料，按规范要求计算定额计量单位的耗用量，如砖、防水卷材、块料面层等。

(2) 凡设计图纸标注尺寸及下料要求的，按设计图纸尺寸计算材料净用量，如门窗制作所用材料。

(3) 换算法。各种胶结、涂料等材料的配合比，可以根据要求换算，从而得出材料用量。

(4) 测定法，包括各种实验室试验法和现场观察法。

材料损耗量是指在正常条件下不可避免的材料损耗，如现场材料运输及施工操作过程中的损耗等，其相关计算公式为

$$材料损耗率 = \frac{材料损耗量}{材料净用量} \times 100\%$$

$$材料损耗量 = 材料净用量 \times 损耗率(\%)$$

$$材料消耗量 = 材料净用量 + 损耗量$$

$$材料消耗量 = 材料净用量 \times [1 + 损耗率(\%)]$$

(三) 机具台班消耗定额

1. 机具台班工作时间分类

与人工消耗量相似，机具台班消耗量也可以用时间定额与产量定额来表示。工程实践中常以时间定额来表示机具台班消耗量，将单位施工机具在正常工作条件下工作 8 h 定义为 1 台班。

机具工作时间的消耗量，按其性质可分为必须消耗时间和损失时间两大类，如图 2-3-2 所示。

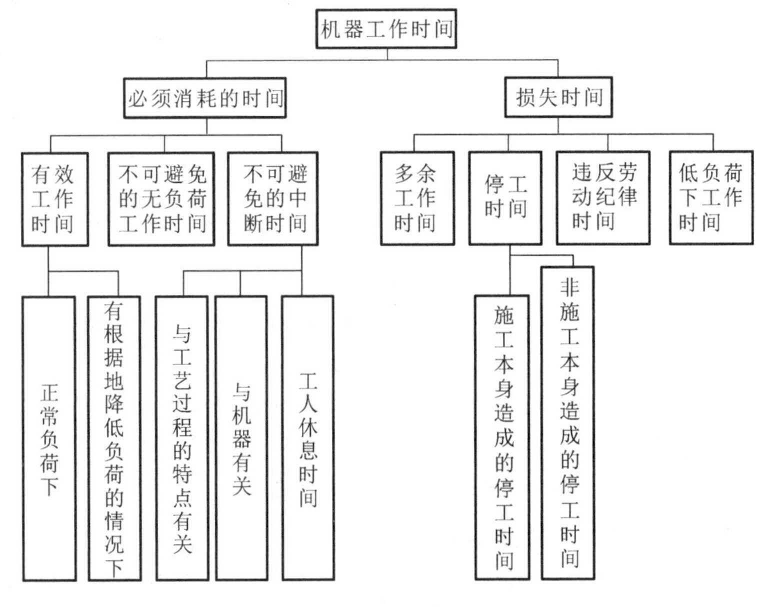

图 2-3-2 机械台班工作时间组成

2. 确定机具台班消耗量的基本方法

机具台班定额消耗量包括机械台班定额消耗量和仪器仪表台班定额消耗量，二者的确定方法大体相同，本部分主要介绍机械台班定额消耗量的确定。

1）确定机械纯工作 1 h 正常生产率

机械纯工作正常生产率是指正常施工组织条件下，具有必需的知识和技能的技术工人操纵机械 1 h 的生产率。

（1）对于循环动作机械，其纯工作正常生产率的计算公式为

$$机械一次循环的正常延续时间 = \sum(循环各组成部分正常延续时间) - 交叠时间$$

$$机械纯工作 1\ h 正常循环次数 = \frac{60 \times 60(s)}{一次循环的正常延续时间}$$

$$机械纯工作 1\ h 正常生产率 = 机械纯工作 1\ h 正常循环次数 \times 一次循环生产的产品数量$$

（2）对于连续动作机械，其纯工作正常生产率的计算公式为

$$连续动作机械纯工作 1\ h 正常生产率 = \frac{工作时间内生产的产品数量}{工作时间(h)}$$

工作时间内生产的产品数量和工作时间的消耗，要通过多次现场观察和机械说明书来取得数据。

2）确定施工机械的时间利用系数

施工机械的时间利用系数是指机械在一个台班内的净工作时间与工作班延续时间之比，其计算公式为

$$施工机械的时间利用系数 = \frac{施工机械在一个工作班内的纯工作时间}{一个工作班延续时间(8\ h)}$$

3）计算施工机械台班产量定额

在确定了施工机械正常工作条件、纯工作 1 h 正常生产率和时间利用系数之后，根据下列公式计算施工机械台班产量定额，即

$$施工机械台班产量定额 = 机械纯工作 1\ h 正常生产率 \times 工作班纯工作时间$$

$$施工机械台班产量定额 = 机械纯工作 1\ h 正常生产率 \times 工作班延续时间 \times 机械时间利用系数$$

$$施工机械台班时间定额 = \frac{1}{施工机械台班产量定额指标}$$

例 2-10 某工程现场采用出料容量为 500 L 的混凝土搅拌机，每一次循环中，装料、搅拌、卸料、中断需要的时间分别为 1 min、3 min、1 min、1 min，施工机械的时间利用系数为0.9，求该施工机械台班产量定额。

解 该搅拌机一次循环的正常延续时间＝(1＋3＋1＋1) min＝6 min＝0.1 h

该搅拌机纯工作 1 h 循环次数＝1/0.1 次＝10 次

该搅拌机纯工作 1 h 正常生产率＝10×500 L＝5 000 L＝5 m^3

该搅拌机台班产量定额＝5×8×0.9 m^3/台班＝36 m^3/台班

该搅拌机台班时间定额＝1/36 台班/m^3＝0.028 台班/m^3

3. 预算定额中的机械台班消耗量的计算

根据施工定额确定机械台班消耗量。用施工定额中机械台班产量加机械幅度差计算预算定额中的机械台班消耗量。

机械幅度差是指在施工定额中所规定的范围内没有包括，而在实际施工中又不可避免产生的影响机械或使机械停歇的时间，如施工机械转移及配套机械互相影响而损失的时间、开工或收尾时工作量不饱满所损失的时间等。

预算定额中的机械台班消耗量按下列公式计算，即

预算定额中的机械台班消耗量 = 施工定额中的机械台班消耗量 ×（1 + 机械幅度差系数）

例 2-11 已知某挖土机挖土，一次正常循环工作时间是 40 s，每次循环平均挖土量为 0.3 m^3，机械时间利用系数为 0.8，机械幅度差系数为 25%，求该机械挖土方 1 000 m^3 的预算定额中的机械台班消耗量。

解 机械纯工作 1 h 循环次数＝3 600/40 次/台时＝90 次/台时

机械纯工作 1 h 正常生产率＝90×0.3 m^3/台时＝27 m^3/台时

施工机械台班产量定额＝27×8×0.8 m^3/台班＝172.8 m^3/台班

施工机械台班时间定额＝1/172.8 台班/m^3＝0.005 79 台班/m^3

预算定额中的机械台班消耗量＝0.005 79×（1＋25%）台班/m^3＝0.007 24 台班/m^3

挖土方 1 000 m^3 的预算定额中的机械台班消耗量＝1 000×0.007 24 台班＝7.24 台班

四、人工、材料、机械台班单价组成与确定

（一）人工日工资单价

人工日工资单价是指施工企业平均技术熟练程度的生产工人每个工作日（国家法定工作时间内）按规定从事施工作业应得的日工资总额。

1. 人工日工资单价的组成

人工日工资单价包括计时计件工资、奖金、津贴补贴，以及特殊情况下支付的工资。

（1）计时计件工资：按计时工资标准和工作时间或对已做工作按计件单价支付给个人的劳动报酬。

（2）奖金：对超额劳动和增收节支而支付给个人的劳动报酬，如节约奖、劳动竞赛奖等。

（3）津贴补贴：为了补偿职工特殊或额外的劳动消耗和因其他原因支付给个人的津贴，以及为了保证职工工资水平不受物价影响而支付给个人的物价补贴，如流动施工津贴、特殊地区施工津贴、高温（寒）作业临时津贴等。

（4）特殊情况下支付的工资：根据国家法律、法规和政策规定，因病、工伤、产假、计划生育假、婚丧假、执行国家或社会义务等原因，按计时或计件工资标准的一定比例支付的工资。

2. 人工日工资单价的确定方法

计算人工日工资单价时，首先确定平均每月法定工作日，然后将工资总额按日分摊，即形成人工日工资单价，其计算公式为

$$人工日工资单价 = \frac{\begin{matrix}生产工人平均工资\\（计时、计件）\end{matrix} + 平均月\left(奖金 + 津贴补贴 + \begin{matrix}特殊情况下\\支付的工资\end{matrix}\right)}{年平均每月法定工作日}$$

式中，年平均每月法定工作日＝$\frac{全年日历日－法定假日}{12}$。

（二）材料单价

建筑工程中，材料费占总造价的60%～70%。因此，合理确定材料价格、正确计算材料单价，有利于合理确定和有效控制工程造价。

材料单价是指建筑材料从其来源地运至施工工地仓库直至出库形成的综合单价。

1. 材料单价的组成

材料单价主要包括材料原价（或供应价格）、材料运杂费、运输损耗以及采购及保管费。

(1) 材料原价：国内采购材料的出厂价格，国外采购材料抵达买方边境、港口或车站并交纳完各种手续费、税费（不含增值税）后形成的价格。

(2) 材料运杂费：国内采购材料自来源地、国外采购材料自到岸港至工地仓库或指定堆放地点发生的费用（不含增值税），含外埠中转运输过程中所发生的一切费用和过境过桥费用，包括调车费、泊船费、装卸费及附加工作费等。

(3) 运输损耗费：在材料的运输过程中应考虑一定的场外运输损耗费用，这是指材料在运输装卸过程中不可避免的损耗费用。

(4) 采购及保管费：组织采购、供应和保管材料过程中所需要的各项费用，包括采购费、仓储费、工地保管费及仓储损耗等。

2. 材料单价的计算

(1) 材料原价。确定材料原价时，凡同一种材料因来源地、交货地、供货单位、生产厂家不同而有几种价格（原价）时，根据不同来源地供货数量比例，采用加权平均的方法确定其综合原价，其计算公式为

$$\text{加权平均原价} = \frac{\sum K_i C_i}{\sum K_i}$$

式中，K_i为各不同供应地点的供应量或不同使用地点的需要量，C_i为各不同供应地点的原价。

若材料供货价格为含税价格，则材料原价以购进货物适用的税率或征收率扣减增值税进项税额。

(2) 材料运杂费。同一品种的材料有若干个来源地，应采用加权平均的方法计算材料运杂费，其计算公式为

$$\text{加权平均运杂费} = \frac{\sum K_i T_i}{\sum K_i}$$

式中，K_i为各不同供应地点的供应量或不同使用地点的需要量，T_i为各不同运距的运费。

若运输费用为含税价格，则需要按“两票制”和“一票制”两种支付方式分别调整。

① “两票制”支付方式。所谓“两票制”材料，是指材料供应商就收取的货物销售价款和运杂费向建筑企业分别提供货物销售和交通运输两张发票的材料。在这种方式下，运杂费以接受交通运输与服务使用税率扣减增值税进项税额。

② “一票制”支付方式。所谓“一票制”材料，是指材料供应商就收取的货物销售价款和运杂费合计金额向建筑企业仅提供一张货物销售发票的材料。在这种方式下，运杂费采用与材料原价相同的方式扣减增值税进项税额。

(3) 运输损耗费。运输损耗费的计算公式为

运输损耗费 =（材料原价 + 运杂费）× 运输损耗费率（%）

(4) 采购及保管费。采购及保管费一般按照材料到库价格以费率取定，其计算公式为

采购及保管费 = 材料运到工地仓库价格 × 采购及保管费率（%）

或

采购及保管费 =（材料原价 + 运杂费 + 运输损耗费）× 采购及保管费率（%）

(5) 材料单价。综上所述，材料单价的一般计算公式为

材料单价 = {（供应价格 + 运杂费）× [1 + 运输损耗费率（%）]} × [1 + 采购及保管费率（%）]

由于我国幅员辽阔，建筑材料产地与使用地点的距离各地差异巨大，采购、保管、运输方式也不尽相同，因此材料单价原则上按地区范围进行编制。

例 2-12 某建设项目材料（材料购销适用 16%增值税税率，交通运输适用 10%增值税税率）从两个地方采购，其采购量及有关费用如表 2-3-2 所示，求该工地水泥的单价。（表中原价、运杂费均为含税价格，且材料采用“两票制”支付。）

表 2-3-2 材料采购信息表（含税价格）

采 购 处	采购量/t	原价/（元/t）	运杂费/（元/t）	运输损耗费率/（%）	采购及保管费率/（%）
来源一	300	240	20	0.5	3.5
来源二	200	250	15	0.4	

解 应将含税的原价和运杂费调整为不含税价格，具体如表 2-3-3 所示。

表 2-3-3 材料采购信息表（不含税价格）

采购处	采购量/t	原价/（元/t）	原价（不含税）/（元/t）	运杂费/（元/t）	运杂费（不含税）/（元/t）	运输损耗费率/（%）	采购及保管费率/（%）
来源一	300	240	240/1.16=206.90	20	20/1.1=18.18	0.5	3.5
来源二	200	250	250/1.16=215.52	15	15/1.1=13.64	0.4	

加权平均原价 =（300×206.90+200×215.52）/（200+300）元/t=210.35 元/t

加权平均运杂费 =（300×18.18+200×13.64）/（200+300）元/t=16.36 元/t

来源一的运输损耗费 =（206.90+18.18）×0.5% 元/t=1.13 元/t

来源二的运输损耗费 =（215.52+13.64）×0.4% 元/t=0.92 元/t

加权平均运输损耗费 =（300×1.13+200×0.92）/（300+200）元/t=1.05 元/t

材料单价 =（210.35+16.36+1.05）×（1+3.5%）元/t=235.73 元/t

（三）施工机械台班单价

施工机械使用费是根据施工中耗用的机械台班数量和机械台班单价确定的。根据《建设工程施工机械台班费用编制规则》的规定，施工机械划分为十二个类别：土石方及筑路机械、桩工机械、起重机械、水平运输机械、垂直运输机械、混凝土及砂浆机械、加工机械、泵类机械、焊接机械、动力机械、地下工程机械和其他机械。

1. 施工机械台班单价的组成

施工机械台班单价由七项费用组成，包括折旧费、检修费、维护费、安拆费及场外运费、人工

费、燃料动力费和其他费用。

(1) 折旧费:施工机械在规定的耐用总台班内陆续收回其原值的费用。

(2) 检修费:施工机械在规定的耐用总台班内,按规定的检修间隔进行必要的检修,以恢复其正常功能所需要的费用。

(3) 维护费:施工机械在规定的耐用总台班内,按规定的维护间隔进行各级维护和临时故障排除所需的费用。

(4) 安拆费及场外运费:安拆费是指施工机械在现场进行安装与拆卸所需的人工、材料、机械和试运转费用,以及机械辅助设施的折旧、搭设、拆除等费用;场外运费是指施工机械整体或分体自停放地点运至施工现场,或由一施工地点运至另一施工地点的运输、装卸、辅助材料及架线等费用。

(5) 人工费:机上司机(司炉)和其他操作人员的人工费。

(6) 燃料动力费:施工机械在运转作业中所耗用的燃料及水、电等费用。

(7) 其他费用:施工机械按照国家规定应缴纳的车船税、保险费及检测费等。

2. 施工机械台班单价的计算

1) 折旧费

施工机械台班折旧费按下式计算,即

$$\text{施工机械台班折旧费} = \frac{\text{施工机械预算价格} \times (1 - \text{残值率})}{\text{耐用总台班数}}$$

式中,施工机械预算价格按下式确定,即

$$\text{国产施工机械预算价格} = \text{机械原值} + \text{相关手续费} + \text{一次运杂费} + \text{车辆购置税}$$

$$\begin{aligned}\text{进口施工机械预算价格} = {} & \text{到岸价} + \text{关税} + \text{消费税} + \text{相关手续费} + \text{国内一次运杂费} \\ & + \text{银行财务费} + \text{车辆购置税}\end{aligned}$$

残值率:机械报废时回收的残余价值占施工机械预算价格的百分比,目前各类施工机械的残值率可按 5% 考虑。

耐用总台班数:施工机械从开始投入使用至报废前使用的总台班数。

2) 检修费

检修费按下式计算,即

$$\text{台班检修费} = \frac{\text{一次检修费} \times \text{检修次数}}{\text{耐用总台班数}} \times \text{除税系数}$$

式中,一次检修费是指施工机械一次检修发生的工时费、配件费、辅料费、油燃料费等,除税系数的计算公式为

$$\text{除税系数} = \text{自行维修比例} + \text{委外检修比例} / (1 + \text{税率})$$

3) 维护费

维护费按下式简化计算,即

$$\text{台班维护费} = \text{台班检修费} \times K$$

式中,K 为维护费系数,是指维护费占检修费的百分比。

4) 安拆费及场外运费

安拆费及场外运费根据施工机械的不同采用不同的计算方法。对于安拆简单、移动需要起重及运输机械的轻型施工机械,其安拆费及场外运费计入台班单价,安拆费及场外运费应按下式计算,即

$$\text{台班安拆费及场外运费} = \frac{\text{一次安拆费及场外运费} \times \text{年平均安拆次数}}{\text{年工作台班数}}$$

式中：一次安拆费包括施工现场机械安拆一次所需要的人工费、材料费、机械费、检测费及试运转费；一次场外运费包括运输、装卸、辅助材料的回程等费用；年平均安拆次数按施工机械的相关技术指标结合具体情况综合确定。

5）人工费

人工费可按下式计算，即

$$台班人工费 = 人工消耗量 \times (1 + \frac{年制度工作日 - 年工作台班}{年工作台班数}) \times 人工单价$$

式中，人工消耗量是指机上司机（司炉）和其他操作人员工日消耗量，年制度工作日按国家相关规定执行，人工单价参考工程造价管理机构发布的信息价执行。

6）燃料动力费

燃料动力费可按下式计算，即

$$台班燃料动力费 = \sum (燃料动力消耗量 \times 燃料动力单价)$$

式中，燃料动力消耗量应根据施工机械技术指标等参数及实测资料综合确定，燃料动力单价参考工程造价管理机构发布的不含税信息价执行。

7）其他费用

其他费用可按下式计算，即

$$台班其他费用 = \frac{年车船税 + 年保险费 + 年检测费}{年工作台班数}$$

式中相关税费按国家法律、法规等相关规定执行。

五、预算定额的组成与应用

预算定额是编制施工图预算的主要依据之一。我国地大物博，各地区经济水平、市场规模、行业发展都有所不同。因此，一般不同行政区域所依据的预算定额根据本地区的造价行业特点也有所不同。

（一）预算定额的组成

以江苏省为例，该省目前主要以《江苏省建筑与装饰工程计价定额》（以下简称《江苏定额》）作为编制预算定额的主要参考依据。因此，工程造价人员必须熟悉其内容和相关规定，并且熟练掌握其使用方法。不同省、市的预算定额在具体内容上不尽相同，但其总体组成部分都大同小异。

1. 定额总说明

定额总说明主要说明各分部分项工程共性问题和有关的统一规定，其规定、解释以及说明适用整套定额内容。定额总说明主要包括预算定额的编制目的、适用范围、主要作用，以及一些必要的说明。

2. 目录

《江苏定额》主要包括二十四章及附录：第一至十二章为建筑工程分部分项工程项目，第十三至十八章为装饰装修工程分部分项工程项目，第十九至二十四章为单价措施项目。

3. 章节说明

章节说明主要介绍该章分部分项工程所包括的主要项目内容和编制中有关问题的说明，其中包括量价换算规则、系数调整规则以及特殊情况的处理方法等。章节说明是预算定额的重要组成部分，是执行定额和进行工程量计算的基础，必须熟练掌握。

4. 工程量计算规则

工程量计算规则规定了定额工程量的具体计算规则，详细规定了分部分项工程量的计量单位、计算方法、适用条件、特殊情况处理等内容。定额工程量的计算直接影响工程计价的准确性，因此应严格遵守计算规则。

5. 定额子目表

定额子目表是预算定额的主要组成部分。各分部分项定额子目所包含的内容为定额编码、分项工程名称、分项工程主要工作内容、计量单位、子目综合单价的详细组成。

对于某些特殊分项工程子目，还会在子目最下方单独标注相关注意事项。该附注项目是对定额子目的补充说明，在套价过程中也应严格遵守。某定额子目详细信息表如表 2-3-4 所示。

表 2-3-4　某定额子目详细信息表

工作内容：
1. 砖基础：运料、调铺砂浆、清理基槽坑、砌砖等。
2. 砖柱：清理地槽、运料、调铺砂浆、砌砖。

计量单位：m^3

定额编号					4-1		4-2		4-3		4-4	
项目			单位	单价	砖基础				砖柱			
					直形		圆、弧形		方形		圆形	
					数量	合计	数量	合计	数量	合计	数量	合计
综合单价				元	406.25		429.85		500.48		600.15	
其中	人工费			元	98.40		115.62		158.26		167.28	
	材料费			元	263.38		263.38		275.93		362.07	
	机械费			元	5.89		5.89		5.64		6.50	
	管理费			元	26.07		30.38		40.98		43.45	
	利润			元	12.51		14.58		19.67		20.85	
二类工			工日	82.00	1.20	98.40	1.41	115.62	1.93	158.26	2.04	167.28
材料	04135500	标准砖 240×115×53	百块	42.00	5.22	219.24	5.22	219.24	5.46	229.32	7.35	308.70
	80010104	水泥砂浆 M5	m^3	180.37	0.242	43.65	0.242	43.65				
	80010105	水泥砂浆 M7.5	m^3	182.23	(0.242)	(44.10)	(0.242)	(44.10)				
	80010106	水泥砂浆 M10	m^3	191.53	(0.242)	(46.35)	(0.242)	(46.35)				
	80010104	水泥砂浆 M5	m^3	193.00					(0.231)	(44.58)	(0.264)	(50.95)
	80010105	水泥砂浆 M7.5	m^3	195.20					(0.231)	(45.09)	(0.264)	(51.53)
	80050106	混合砂浆 M10	m^3	199.56					0.231	46.10	0.264	52.68
	31150101	水	m^3	4.70	0.104	0.49	0.104	0.49	0.109	0.51	0.147	0.69
机械	99050503	灰浆搅拌机拌筒容量 200 L	台班	122.64	0.048	5.89	0.048	5.89	0.046	5.64	0.053	6.50

注：基础深度自设计室外地面至砖基础底表面超过 1.5 m，超过部分每 1 m^3 砌体增加人工 0.041 工日。

6. 定额附录(附表)

预算定额的附录(附表)是配合定额使用的重要组成部分。附录(附表)中的内容有以下作用:

(1) 附录(附表)中记录了定额数据编制时所采用的原始数据,如材料损耗率、材料预算单价、砂浆抹灰厚度等,为使用人对定额单价、消耗量的调整提供了原始依据。

(2) 附录(附表)中给出了常用的工程参数,便于工程量的计算,如砖基础大放脚增加面积取定表和钢筋、钢材的工程参数等。

(3) 附录(附表)中提供了适用于快速报价的模板、钢筋含量取定表,便于使用人估算工程量和快速报价。

预算定额的附录(附表)包含以下表格:① 混凝土及钢筋混凝土构件模板及钢筋含量表;② 机械台班预算单价取定表;③ 混凝土及特种混凝土配合比表;④ 砌筑砂浆、抹灰砂浆、其他砂浆配合比表;⑤ 防腐耐酸砂浆配合比表;⑥ 主要建筑材料预算价格取定表;⑦ 抹灰分层厚度及砂浆种类表;⑧ 主要材料、半成品损耗率取定表;⑨ 主要钢材理论重量及形体公式计算表。

(二) 预算定额的应用

在预算定额的套用过程中,有以下几种情况。

1. 定额的直接套用

工程项目的设计要求、材料种类、施工做法、技术特征和技术组织条件与定额项目的工作内容和规定完全相同,且工程量计算单位与定额计量单位相一致,可以直接套用定额。

例 2-13 某基础工程设计为 M5 水泥砂浆砌筑直形砖基础 29 m^3,试根据《江苏定额》取定该分项工程的人工、材料、机械台班消耗量,人工费、材料费、机械台班费和定额综合单价、合价。

解 对于定额 4-1 直形砖基础,经查 4-1 做法与工程要求一致,可直接套用。

直形砖基础定额取定分析表和直形砖基础单价取定分析表如表 2-3-5 和表 2-3-6 所示。

表 2-3-5 直形砖基础定额取定分析表

<table>
<tr><td rowspan="5">4-1 直形砖基础定额消耗量</td><td>人工消耗量</td><td colspan="2">1.20 工日</td></tr>
<tr><td rowspan="3">材料消耗量</td><td>标准砖</td><td>5.22 百块</td></tr>
<tr><td>M5 水泥砂浆</td><td>0.242 m³</td></tr>
<tr><td>水</td><td>0.104 m³</td></tr>
<tr><td>机械消耗量</td><td colspan="2">0.048 台班</td></tr>
</table>

表 2-3-6 直形砖基础单价取定分析表

<table>
<tr><td rowspan="5">4-1 直形砖基础人材机单价</td><td>人工单价</td><td colspan="2">82 元/工日</td></tr>
<tr><td rowspan="3">材料单价</td><td>标准砖</td><td>42 元/百块</td></tr>
<tr><td>M5 水泥砂浆</td><td>180.37 元/m³</td></tr>
<tr><td>水</td><td>4.7 元/m³</td></tr>
<tr><td>机械台班单价</td><td colspan="2">122.64 元/台班</td></tr>
</table>

4-1 定额综合单价为 406.25 元/m^3。

29 m^3直形砖基础合价为

$$406.25 \times 29 \text{ 元} = 11\ 781.25 \text{ 元}$$

2. 定额的调整

工程做法要求与定额内容不完全相符时，按定额规定允许换算的定额项目，可按定额相关规定调整后进行套用。在确定定额消耗量时，对于那些设计和施工中变化多，对工程量、价格影响较大的项目，定额一般都留有允许调整项，可根据实际情况进行调整和换算。

主要的调整换算方式有配合比换算、系数换算、比例换算和其他换算。

需要注意的是，按定额规则调整后的定额单价应在定额编号右下角注写"换"字，以表示该定额单价已经过调整。

1）配合比换算

配合比换算主要适用于砌筑、抹灰砂浆、防腐蚀砂浆、胶泥和混凝土的配合比，设计要求与定额取定不同时，按定额规定进行换算。配合比换算可按下式进行，即

换算后的定额单价 = 原定额基价 +（换入材料的单价 − 换出材料的单价）× 定额材料消耗量

例 2-14 某基础工程设计为 M10 水泥砂浆砌筑直形砖基础，根据《江苏定额》确定该定额子目综合单价。

解 $4\text{-}1_{换} = 406.25 + (191.53 - 180.37) \times 0.242 \text{ 元}/m^3 = 408.95 \text{ 元}/m^3$

2）系数换算

预算定额中的总说明、章节说明或定额子目附注中会规定某些人、材、机消耗量的调整系数和工程量换算系数。系数换算可按下式进行，即

换算后的定额单价 = 调整部分价格 × 调整系数 + 不调整部分原价格

或

换算后的定额单价 = 定额基价 × 调整系数

例 2-15 已知某土壤含水率为 30%，拟采用斗容量为 0.5 m^3的正铲挖掘机挖土装车，根据《江苏定额》确定该工作定额子目综合单价。

解 $1\text{-}198_{换} = (231.00 + 2\ 329.11) \times 1.15 \times (1 + 25\% + 12\%) \text{ 元}/(1\ 000\ m^3)$

$= 4\ 033.45 \text{ 元}/(1\ 000\ m^3)$

注：机械挖土均以天然湿度土壤为准，含水率达到或超过 25%时，定额人工、机械乘以系数 1.15；含水率超过 40%时另行计算。

3）比例换算

比例换算通常适用于厚度换算以及运距换算。比例换算可按下式进行，即

换算后的定额单价 = 基本厚度（运距）的定额基价 ± 增减厚度（运距）的定额基价 × n（n 为厚度或运距增减数）

例 2-16 根据《江苏定额》，确定 1∶2 水泥砂浆 18 厚楼面定额子目综合单价。

解 $13\text{-}22 - 13\text{-}23 \times 0.4 = (165.31 - 30.35 \times 0.4) \text{ 元}/(10\ m^2)$

$$= 153.17\ 元/(10\ m^2)$$

例 2-17 根据《江苏定额》,确定人工挑担运土 60 m 定额子目综合单价。

解

$$1\text{-}86 + 1\text{-}89 \times 2 = (23.21 + 5.27 \times 2)\ 元/(10\ m)$$
$$= 33.75\ 元/(10\ m)$$

4) 其他换算

其他换算包括直接增加工料法和实际材料用量换算等。

例 2-18 M5 水泥砂浆砌筑直形砖基础,基础深度自设计室外地面至砖基础底表面超过 1.5 m,根据《江苏定额》,确定该定额子目综合单价。

解

$$4\text{-}1_{换} = [406.25 + 0.041 \times 82 \times (1 + 25\% + 12\%)]\ 元/m^3$$
$$= 410.86\ 元/m^3$$

注:基础深度自设计室外地面至砖基础底表面超过 1.5 m,超过部分每 1 m^3 砌体增加人工 0.041 工日。

例 2-19 履带式长螺旋钻孔桩,灌注预拌泵送 C30 混凝土,根据《江苏定额》,确定该定额子目综合单价。

解

$$3\text{-}48_{换} = \{(109.34 \times 0.4 + 51.01 + 0.78 + 0.008 \times 1\,767.77) \times (1 + 14\% + 8\%)$$
$$+ [1 \times 1.2 \times (1 + 1.5\% + 0.5\%) \times 288.20 + 4.0]\}\ 元/m^3$$
$$= 490.55\ 元/m^3$$

或

$$3\text{-}48_{换} = [579.53 + 351.03 \times 0.5\% + (0.008 \times 1\,767.77 - 10.35 - 12.54$$
$$- 0.6 \times 109.34) \times (1 + 14\% + 8\%)]\ 元/m^3$$
$$= 490.58\ 元/m^3$$

注:如使用预拌混凝土,混凝土增加损耗 0.5%;如使用泵送混凝土,人工乘以系数 0.4,增加混凝土输送泵车台班 0.008,混凝土搅拌机和机动翻斗车扣除。

3. 补充定额

如果涉及采用某些新材料、新结构、新技术等的分项工程未编入现行定额中,也没有相近的定额项目可以参照,则必须编制补充定额。补充定额通常采用定额代换法或定额编制法编制。

1) 定额代换法

定额代换法就是利用工艺相似、材料大致相同的定额子目,将其进行分解套用或考虑一定系数调整使用。

2) 定额编制法

首先根据定额消耗量确定方法,分别确定人、材、机定额消耗量;再根据人、材、机单价的组成和计算方法确定各自单价,根据定额消耗量乘以各自单价得到直接工程费,并计算出企业管理费和利润;最后将人、材、机、管、利相加,得到补充定额综合单价。

任务4 工程造价计价程序

我国各地区经济发展水平有所差异,因此,建筑安装工程费的各项费用的计算方法不尽相同,但其计价程序基本一致。以江苏省为例,可参考以下计价程序。

根据《江苏省建设工程费用定额》(2014年),承包方式为包工包料方式,江苏省范围内建筑安装工程费的计价程序如表2-4-1所示。

表2-4-1 工程量清单法计价程序(包工包料)

序号	费用名称		计算公式
一	分部分项工程费		清单工程量×除税综合单价
	其中	1.人工费	人工消耗量×人工单价
		2.材料费	材料消耗量×除税材料单价
		3.施工机具使用费	机械消耗量×除税机械单价
		4.管理费	(1+3)×费率或(1)×费率
		5.利润	(1+3)×费率或(1)×费率
二	措施项目费		
	其中	单价措施项目费	清单工程量×除税综合单价
		总价措施项目费	(分部分项工程费+单价措施项目费-除税工程设备费)×费率或以项计费
三	其他项目费		
四	规费		(一+二+三-除税工程设备费)×费率
	其中	1.工程排污费	
		2.社会保障费	
		3.住房公积金	
五	税金		[一+二+三+四-(除税甲供材料费+除税甲供设备费)/1.01]×费率
六	工程造价		一+二+三+四-(除税甲供材料费+除税甲供设备费)/1.01+五

承包方式为包工不包料方式(即清包工工程),可采用简易计税方法,江苏省范围内建筑安装工程费的计价程序如表2-4-2所示。

表2-4-2 工程量清单法简易计税计价程序(包工包料、包工不包料)

序号	费用名称		计算公式
一	分部分项工程费		清单工程量×综合单价
	其中	1.人工费	人工消耗量×人工单价
		2.材料费	材料消耗量×材料单价
		3.施工机具使用费	机械消耗量×机械单价
		4.管理费	(1+3)×费率或(1)×费率
		5.利润	(1+3)×费率或(1)×费率
二	措施项目费		
	其中	单价措施项目费	清单工程量×综合单价
		总价措施项目费	(分部分项工程费+单价措施项目费-工程设备费)×费率或以项计费
三	其他项目费		

续表

序号	费用名称		计算公式
四	规费		(一+二+三−工程设备费)×费率
	其中	1.工程排污费	
		2.社会保障费	
		3.住房公积金	
五	税金		[一+二+三+四−(甲供材料费+甲供设备费)/1.01]×费率
六	工程造价		一+二+三+四−(甲供材料费+甲供设备费)/1.01+五

例 2-20 某施工单位采用包工包料承包方式(部分甲供材)承包某建设工程,其中:分部分项工程费为 3 230 000 元,材料费共计 300 000,其中施工材料采供材料费为 200 000 元,包含可抵扣进项税 30 000 元,甲供材料费为 100 000 元,包含可抵扣进项税 15 000 元,机械费可抵扣进项税为 5 000 元;单价措施项目费为 121 000 元,包含可抵扣进项税 5 200 元;总价措施项目费中,非夜间照明费费率为 0.2%,临时设施费费率为 2.0%,冬雨季施工费费率为 0.1%,安全文明施工费费率为 3.1%;其他项目费中,暂列金为 10 000 元,专业工程暂估价为 152 000 元;规费中,工程排污费费率为 0.1%,社会保障费费率为 3%,住房公积金费率为 0.5%,增值税税率为 10%。以上费用除注明外,均不含可抵扣进项税。施工单位保管甲供材收取 1%的费用作为施工单位的现场保管费。试计算本工程造价。

解 (1) 分部分项工程费为

(3 230 000 − 30 000 − 15 000 − 5 000) 元 = 3 180 000 元

(2) 措施项目费为

(115 800 + 177 973.2) 元 = 293 773.2 元

① 单价措施项目费为

(121 000 − 5 200) 元 = 115 800 元

② 总价措施项目费为

(102 169.8 + 6 591.6 + 65 916 + 3 295.8) 元 = 177 973.2 元

a. 安全文明施工费为

(3 180 000 + 115 800) × 3.1% 元 = 102 169.8 元

b. 非夜间照明费为

(3 180 000 + 115 800) × 0.2% 元 = 6 591.6 元

c. 临时设施费为

(3 180 000 + 115 800) × 2.0% 元 = 65 916 元

d. 冬雨季施工费为

(3 180 000 + 115 800) × 0.1% 元 = 3 295.8 元

(3) 其他项目费为

(10 000 + 152 000) 元 = 162 000 元

① 暂列金为 10 000 元。

② 专业工程暂估价为 152 000 元。

(4) 规费为

(3 635.77 + 109 073.20 + 18 178.87) 元 = 130 887.84 元

① 工程排污费为

$$(3\ 180\ 000+293\ 773.2+162\ 000)\times 0.1\%\ \text{元}=3\ 635.77\ \text{元}$$

② 社会保障费为

$$(3\ 180\ 000+293\ 773.2+162\ 000)\times 3\%\ \text{元}=109\ 073.20\ \text{元}$$

③ 住房公积金为

$$(3\ 180\ 000+293\ 773.2+162\ 000)\times 0.5\%\ \text{元}=18\ 178.87\ \text{元}$$

(5) 税金为

$$[3\ 180\ 000+293\ 773.2+162\ 000+130\ 887.84-(100\ 000-15\ 000)/1.01]\times 10\%\ \text{元}=368\ 250.26\ \text{元}$$

(6) 工程造价为

$$[3\ 180\ 000+293\ 773.2+162\ 000+130\ 887.84-(100\ 000-15\ 000)/1.01+368\ 250.26]\ \text{元}=4\ 050\ 752.88\ \text{元}$$

任务5　建筑业"营改增"专题

一、"营改增"简介

营业税(business tax),是对在中国境内提供应税劳务、转让无形资产或销售不动产的单位和个人,就其所取得的营业额征收的一种税。营业税属于流转税制中的一个主要税种。

增值税(value added tax,VAT),是以商品(含应税劳务)在流转过程中产生的增值额作为计税依据而征收的一种流转税。从计税原理上说,增值税是对商品生产、流通、劳务服务中的多个环节的新增价值或商品的附加值征收的一种流转税。

经国务院批准,财政部、国家税务总局颁布的《关于全面推开营业税改征增值税试点的通知》(财税〔2016〕36 号)文件规定,自 2016 年 5 月 1 日起,在全国范围内全面推开营业税改征增值税(以下简称营改增)试点,建筑业、房地产业、金融业、生活服务业等全部营业税纳税人,纳入试点范围,由缴纳营业税改为缴纳增值税。

从本质上看,营业税是价内税,全额征税;增值税是价外税,差额征税。增值税作为价外税,其税负理论上应由消费者承担,它完全颠覆了原来建筑产品的造价构成,不仅对建筑企业自身产生影响,而且通过企业对整个产业链、上下游产生影响。

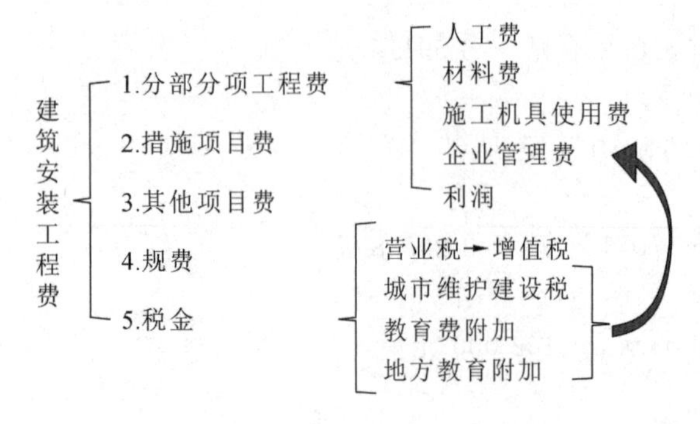

图 2-5-1　"营改增"前后税金的变化

对于建筑业来讲,"营改增"实施以前,税金包括营业税、城市维护建设税、教育费附加以及地方教育附加等;"营改增"实施以后,税金仅指增值税,由于取费方式的改变,附加税纳入企业管理费中计取。"营改增"前后税金的变化如图 2-5-1 所示。

二、工程造价中有关“营改增”的相关税费计算方法

（一）计税方法

增值税计算方法分为简易计税方法和一般计税方法。

1. 简易计税方法

根据《营业税改征增值税试点实施办法》以及《营业税改征增值税试点有关事项的规定》的规定，简易计税方法的适用范围如下：

（1）小规模纳税人发生应税行为适用简易计税方法计税。小规模纳税人通常是指纳税人提供建筑服务的年应征增值税销售额未超过500万元，并且会计核算不健全，不能按规定报送有关税务资料的增值税纳税人。年应征增值税销售额超过500万元但不经常发生应税行为的单位，也可选择按照小规模纳税人计税。

（2）一般纳税人以清包工方式提供建筑服务的，可以选择简易计税方法计税。以清包工方式提供建筑服务，是指施工方不采购建筑工程所需的材料或只采购辅助材料，并收取人工费、管理费或者其他费用的建筑服务。

（3）一般纳税人为甲供工程提供建筑服务的，就可以选择简易计税方法计税。甲供工程是指全部或部分设备、材料、动力由工程发包方自行采购的建筑工程。

（4）一般纳税人为建筑工程老项目提供建筑服务的，可以选择简易计税方法计税。建筑工程老项目包括：①建筑工程施工许可证注明的开工日期在2016年4月30日前的建筑工程项目；②未取得建筑工程施工许可证的，建筑工程承包合同注明的开工日期在2016年4月30日前的建筑工程项目。

简易计税方法的计算公式为

$$增值税 = 税前造价 \times 征收率$$

式中，税前造价为人工费、材料费、施工机具使用费、企业管理费、利润和规费之和，各项费用均以包含增值税进项税的含税价格计算。

2. 一般计税方法

除按规定适用简易计税方法的几种情况外，一般纳税人提供应税服务时应采用一般计税方法计税。一般计税方法的计算公式为

$$增值税 = 税前造价 \times 增值税税率$$

式中，税前造价为人工费、材料费、施工机具使用费、企业管理费、利润和规费之和，各项费用均以不包含增值税可抵扣进项税额的价格计算。

3. 增值税税率及征收率

2018年5月1日，根据《财政部税务总局关于调整增值税税率的通知》（财税〔2018〕32号）的规定，增值税税率及简易计税征收率如表2-5-1所示。

表 2-5-1　2018 年 5 月 1 日起执行的增值税税目税率(征收率)一览表

<table>
<tr><td rowspan="4">小规模纳税人以及允许选择按简易计税方法计税的一般纳税人</td><td colspan="2">简易计税</td><td>征收率</td></tr>
<tr><td colspan="2">销售货物、销售劳务;销售应税服务、无形资产;高速公路通行费;非学历教育;教育辅助服务;提供物业服务(含转售自来水)的差额计税;资管产品管理人的资管产品运营业务;非企业性单位中的一般纳税人提供的研发和技术服务、信息技术服务、鉴证咨询服务;销售技术、著作权等无形资产;技术转让、技术开发,以及与之相关的技术咨询、技术服务</td><td>3%</td></tr>
<tr><td colspan="2">劳务派遣、安全保护差额纳税,销售不动产,租赁不动产(土地使用权),一级、二级公路、桥、闸通行费,一般纳税人提供人力资源外包服务选择简易计税方法,特定的不动产融资租赁,转让“营改增”前取得的土地使用权,中外合作油(气)田(中国海洋石油总公司海上自营油田)开采的原油、天然气</td><td>5%</td></tr>
<tr><td colspan="3">个人出租住房,按照 5%的征收率减按 1.5%计算应纳税额;小规模纳税人(不含其他个人)以及符合规定情形的一般纳税人销售自己使用过的固定资产;纳税人销售旧货,可依 3%征收率减按 2%征收增值税</td></tr>
<tr><td rowspan="14">一般纳税人</td><td colspan="2">原增值税项目</td><td>税率</td></tr>
<tr><td colspan="2">销售或者进口货物(另有列举的货物除外)、销售劳务</td><td>16%</td></tr>
<tr><td colspan="2">销售或者进口:① 粮食等农产品、食用植物油、食用盐;② 自来水、暖气、冷气、热水、煤气、石油液化气、天然气、二甲醚、沼气、居民用煤炭制品;③ 图书、报纸、杂志、音像制品、电子出版物;④ 饲料、化肥、农药、农机、农膜;⑤ 国务院规定的其他货物</td><td>10%</td></tr>
<tr><td colspan="2">购进农产品进项税额扣除率</td><td>扣除率</td></tr>
<tr><td colspan="2">纳税人购进农产品,原适用 11%扣除率的</td><td>10%</td></tr>
<tr><td colspan="2">纳税人购进用于生产、销售或委托加工 16%税率货物的农产品</td><td>12%</td></tr>
<tr><td colspan="2">全面推行营改增试点项目</td><td>税率</td></tr>
<tr><td>交通运输服务</td><td>陆路运输服务、水路运输服务、航空运输服务和管道运输服务(含无运输工具承运业务)</td><td>10%</td></tr>
<tr><td>邮政服务</td><td>邮政普遍服务、邮政特殊服务、其他邮政服务</td><td>10%</td></tr>
<tr><td>电信服务</td><td>基础电信服务(语音通话服务,出租或出售带宽、波长等网络元素)</td><td>10%</td></tr>
<tr><td>建筑服务</td><td>工程服务、安装服务、修缮服务、装饰服务和其他建筑服务</td><td>10%</td></tr>
<tr><td>转让土地使用权</td><td>其中下列行为免税:将土地使用权转让给农业生产者用于农业生产,采取转包、出租、互换、转让、入股等方式将承包地流转给农业生产者用于农业生产;土地所有者出让土地使用权和土地使用者将土地使用权归还给土地所有者;涉及家庭财务分割的个人无偿转让土地使用权</td><td>10%</td></tr>
<tr><td>销售不动产</td><td>转让建筑物、构筑物等不动产所有权(建筑物有限或永久使用权、在建建筑物或构筑物所有权,转让建筑物或构筑物时一并转让其所占土地的使用权)</td><td>10%</td></tr>
</table>

续表

一般纳税人	金融服务	贷款服务(有形动产、不动产融资性售后回租)、直接收费金融服务、保险服务和金融商品转让	6%
	现代服务	研发和技术服务	6%
		信息技术服务	
		文化创意服务	
		物流辅助服务(含快递收派业务)	
		鉴证咨询服务	
		广播影视服务	
		商务辅助服务	
		增值电信服务(短信、彩信、互联网接入、卫星电视信号落地转接服务)	
		有形动产租赁服务(含有形动产融资租赁,飞机、车辆等有形动产广告位出租)	16%
		不动产租赁服务(建筑物、构筑物等不动产广告位出租,车辆停放、道路通行服务,以经营租赁方式出租土地)	10%
	生活服务	文化体育服务	6%
		教育医疗服务	
		旅游娱乐服务	
		餐饮住宿服务	
		居民日常服务	
		其他生活服务	
	销售无形资产	转让技术、商标、著作权、商誉、自然资源和其他权益性无形资产使用权或所有权(不含土地使用权)	6%

(二)材料费、施工机具使用费除税价计算

根据“营改增”之后工程计价程序规则,工程造价最终增值税的计算应以所有工程成本及费用扣除应纳增值税以后的“除税价”之和,即“不含税造价”为基数。工程造价中,材料费、施工机具使用费以及工程设备费都涉及第三方购销或提供服务,因此以上费用在计算增值税时应采用扣除应纳增值税额的“除税价”计算。

1. 材料费除税价计算

企业购销活动中,结算方式有“一票制”结算和“两票制”结算两种。

“一票制”结算就是所购货物实行到厂价格一票制,让销货方统一开增值票,将运输费用包括在其中。

“两票制”结算就是销货方为购货方开具的增值票额为其出厂价,运费则单独由运输方开货运发票给购货方。

根据《江苏省建筑与装饰工程计价定额》(2014版),材料费除税价可按下列公式计算,即

$$单价=原价+采购及保管费$$

式中,原价含有运杂费,如为“两票制”结算,运杂费以接受交通运输与服务使用税率扣减增值税进项税额计算。

含税单价 = 含税原价 + 采购及保管费 = 含税原价 ×(1 + 采购及保管费率)
含税原价 = 除税原价 + 增值税 = 除税原价 ×(1 + 增值税税率)
增值税 = 除税原价 × 增值税税率
采购及保管费 = 含税原价 × 采购及保管费率
除税单价 = 含税单价 - 增值税 = 除税原价 + 采购及保管费

例 2-21 已知某型号钢筋含税单价为 4 020 元/吨，其中采购及保管费率为 2%，增值税税率为 16%，试计算该型号钢筋出厂含税原价、采购及保管费以及除税后材料单价。

解 含税原价＝含税单价/(1＋采购及保管费率)＝4 020/(1＋2%)元/吨
＝3 941.18 元/吨

采购及保管费＝含税单价－含税原价＝(4 020－3 941.18)元/吨＝78.82 元/吨
除税原价＝含税原价/(1＋增值税税率)＝3 941.18/(1＋16%)元/吨＝3 397.57 元/吨
增值税＝除税原价×增值税税率＝3 397.57×16%元/吨＝543.61 元/吨
除税单价＝含税单价－增值税＝(4 020－543.61)元/吨＝3 476.39 元/吨

2. 施工机械使用费及仪器仪表使用费除税价计算

1) 施工机械使用费除税价计算

施工机械台班单价由七项费用组成，包括折旧费、检修费、维护费、安拆费及场外运费、人工费、燃料动力费和其他费用。施工机械台班费用扣减进项税额方法如表 2-5-2 所示。

表 2-5-2 施工机械台班费用扣减进项税额方法

序号	台班单价	扣减进项税额方法
1	机械台班单价	各组成内容按以下方法分别扣减，扣减综合税率小于租赁有形动产适用税率 16%
1.1	台班折旧费	以购进货物适用的税率 16%或相应征收率扣减
1.2	台班检修费	按委外检修比例，以接受检修配劳务适用的税率 16%扣减，自行检修部分不扣减
1.3	台班维护费	按委外检修比例，以接受检修配劳务适用的税率 16%扣减，自行维护部分不扣减
1.4	台班安拆费及场外运费	按委外检修比例，以接受交通运输服务适用的税率 10%扣减，自行安拆及场外运输部分不扣减
1.5	台班人工费	组成内容为工资总额，不予扣减
1.6	台班燃料动力费	以购进货物适用的相应税率或征收率扣减，如汽油、柴油按税率 16%扣减
1.7	其他费用	主要为各类税收费用，不考虑扣减

例 2-22 某施工企业自有自行式铲运机若干台，台班单价为 1 108.63 元，其费用组成(均含可抵扣进项税额)为：折旧费 188.22 元/台班，检修费 59.62 元/台班，维护费 159.77 元/台班，无安拆费及场外运费，人工费 205 元/台班，购买燃油费用为 496.02 元/台班，无其他费用。该机械检修工作的 30%由第三方检修企业承担，维护工作的 20%由第三方维护企业承担，其余工作均由企业自行完成，各类税费率均按国家标准执行，试计算该企业自有自行式铲运机机械台班除税单价。

解 除税折旧费＝188.22/(1＋16%)元/台班＝162.26 元/台班

其中可抵扣进项税额为

(188.22－162.26)元/台班＝25.96 元/台班

除税检修费＝[59.62×70%＋59.62×30%/(1＋16%)]元/台班＝(41.73＋15.42)元/台班＝57.15 元/台班

其中可抵扣进项税额为

(59.62－57.15)元/台班＝2.47 元/台班

除税维护费＝[159.77×80%＋159.77×20%/(1＋16%)]元/台班＝(127.82＋27.55)元/台班＝155.37 元/台班

其中可抵扣进项税额为

(159.77－155.37)元/台班＝4.4 元/台班

安拆费及场外运费＝0

台班人工费＝205 元/台班

除税燃料动力费＝496.02/(1＋16%)元/台班＝427.60 元/台班

其中可抵扣进项税额为

(496.02－427.60)元/台班＝68.42 元/台班

其他费用＝0

故该企业自有自行式铲运机机械台班除税单价为

(162.26＋57.15＋155.37＋0＋205＋427.60＋0)元/台班＝1 007.38 元/台班

或

(1 108.63－25.96－2.47－4.4－68.42)元/台班＝1 007.38 元/台班

2) 仪器仪表使用费除税价计算

施工仪器仪表台班单价主要包括折旧费、维护费、校验费和动力费，其除税单价调整规则如表 2-5-3 所示。

表 2-5-3　施工仪器仪表费用扣减进项税额方法

序　　号	台班单价	扣减进项税额方法
2	仪器仪表台班单价	各组成内容按以下方法分别扣减，扣减综合税率小于租赁有形动产适用税率 16%
2.1	折旧费	以购进货物适用的税率 16%或相应征收率扣减
2.2	维护费	按委外检修比例，以接受检修配劳务适用的税率 16%扣减，自行维护部分不扣减
2.3	校验费	不予扣除
2.4	动力费	(1) 以购进货物适用的相应税率或征收率扣减 (2) 台班消耗电量×除税电价

(三) 建筑安装工程费增值税计算

建筑安装工程费中的增值税，应按税前造价乘以增值税税率确定。

当采用一般计税方法时，建筑业增值税税率为 10%，则增值税的计算公式为

增值税 ＝ 税前造价 × 10%

税前造价为人工费、材料费、施工机具使用费、企业管理费、利润和规费之和，各项费用均以

不包含增值税可抵扣进项税额的价格计算。

当采用简易计税方法时，建筑业增值税税率为3%，则增值税的计算公式为

$$增值税 = 税前造价 \times 3\%$$

税前造价为人工费、材料费、施工机具使用费、企业管理费、利润和规费之和，各项费用均以包含增值税进项税额的含税价格计算。

例 2-23 甲建筑公司为增值税小规模纳税人，2018年6月1日承接了A工程项目，5月30日发包方按进度支付工程价款222万元，该项目当月发生工程成本100万元，其中取得增值税发票注明的金额为50万元，试问甲建筑公司5月需缴纳多少增值税？

注：小规模纳税人采用简易计税方法，其进项税额不能抵扣。

解 该公司5月应缴纳的增值税为

$$222/(1+3\%)\times 3\%万元=6.47万元$$

例 2-24 乙建筑公司为增值税一般纳税人，2018年6月1日承接了B工程项目，6月30日发包方按进度支付工程款，其中人工费150万元、材料费200万元，取得增值税发票注明的金额为50万元，施工机具使用费250万元，取得增值税发票注明的金额为100万元，企业管理费、利润均以人工＋机械为计算基数，企业管理费费率为26%，利润率为12%，规费为200万元(不含可抵扣进项税额)，相关税率按国家标准执行，试问乙建筑公司5月需缴纳多少增值税？

解 计算过程如表2-5-4所示。

表2-5-4　采用一般计税方法计算增值税

1.人工费/万元	150	
2.材料费/万元	含税价 200	除税价 200－50＝150
3.施工机具使用费/万元	含税价 250	除税价 250－100＝150
4.企业管理费/万元	(150＋150)×26%＝78	
5.利润/万元	(150＋150)×12%＝36	
6.规费/万元	200	
7.税前造价(不含可抵扣进项税额)/万元	150＋150＋150＋78＋36＋200＝764	
8.应缴纳增值税/万元	764×10%＝76.4	

一、单项选择题

1.某建设项目，建筑安装工程费300万元，设备及工器具购置费总计200万元，建设项目其他费用200万元，该项目建设期为3年，基本预备费费率2%，则该项目基本预备费为(　)万元。

A.6　　B.4　　C.10　　D.14

2.某新建项目，建设期为3年，分年均衡进行贷款，第一年贷款300万元，第二年贷款600万元，第三年贷款400万元，年利率为12%，建设期内利息只计息不支付，则第二年贷款利息为(　)万元。

A.18　　B.74.16　　C.143.06　　D.235.22

3.下列费用中不属于静态投资的是(　)。

A.建筑安装工程费　B.设备及工器具购置费　C.基本预备费　D.价差预备费

4.广义工程造价不包括(　)。

A.建筑安装工程费　B.工程建设其他费用　C.建设期贷款利息　D.流动资产投资

5.建设投资由(　)组成。

A.建筑安装工程费、工程建设其他费用和预备费

B.工程费用、工程建设其他费用和预备费

C.工程费用

D.建设期贷款利息

6.清单编码共分为五级十二位,其中第二级编码的含义是(　)。

A.专业工程分类码　B.附录分类码　C.分部工程顺序码　D.分项工程顺序码

7.下列措施项目中,属于总价措施项目的是(　)。

A.模板工程　B.脚手架工程　C.冬雨季施工　D.垂直运输工程

8.人工定额的表现形式为时间定额和产量定额,二者的关系是(　)。

A.互为相反数　B.互为倒数　C.二者相加之和为1　D.无关系

9.以下时间不能计入人工定额时间的是(　)。

A.基本工作时间　B.休息时间

C.施工本身造成的停工时间　D.不可避免的中断时间

10.通过计时观察资料得知,人工挖二类土1 m^3的基本工作时间为6小时,辅助工作时间占工序作业时间的2%,准备与结束工作时间、不可避免的中断时间、休息时间分别占工作日的3%、2%、18%,则该人工挖二类土的时间定额是(　)。

A.0.994　B.0.984　C.0.765　D.0.75

11.已知国家劳动定额中1砖圆弧形砖基础的时间定额,按过程测算的数据分别为调制砂浆0.11工日/m^3,运输0.55工日/m^3,砌砖0.47工日/m^3。现某砌筑施工班组有10人,完成一项1砖圆弧形砖基础工程需要10天,根据该劳动定额计算出该砖基础工程的砌体体积为(　)m^3。

A.113　B.58　C.172.42　D.88.5

12.下列关于定额水平的表述正确的是(　)。

A.定额的水平低指单位产量提高,消耗提高,单位产品的造价高

B.定额的水平低指单位产量降低,消耗提高,单位产品的造价高

C.定额的水平低指单位产量降低,消耗降低,单位产品的造价低

D.定额的水平低指单位产量提高,消耗提高,单位产品的造价低

二、多项选择题

1.规费包括(　　)。

A.安全文明施工费　B.工程排污费　C.社会保障费

D.住房公积金　E.增值税

2.以下措施项目中(　　)属于单价措施项目。

A.安全文明施工费　B.夜间施工费　C.模板工程

D.施工排水、降水　E.冬雨季施工

3.工程建设定额按其用途主要分为(　　)。

A.施工定额　B.预算定额　C.概算定额

D.概算指标　E.投资估算指标

4.人工单价费用包括(　　)。

A.计时或计件工资　B.奖金　C.津贴补贴

D. 特殊情况下支付的工资　　E. 管理人员工资

5. 材料单价包括(　　)。

A. 材料原价　　B. 材料运杂费　　C. 运输损耗

D. 采购及保管费　　E. 运输保险费

6. 清单综合单价包括(　　)。

A. 人工费　　B. 材料费　　C. 施工机具使用费

D. 企业管理费及利润　　E. 一定风险费用

7. 按生产要素消耗内容划分，定额可分为(　　)。

A. 劳动消耗定额　　B. 材料消耗定额　　C. 机具消耗定额

D. 施工定额　　E. 预算定额

8. 清单计价规范规定，(　　)不得作为竞争性费用。

A. 分部分项工程费　　B. 安全文明施工费　　C. 暂列金

D. 规费　　E. 税金

三、简答题

1. 简述建设项目总投资包括哪些费用以及其与广义工程造价的关系。

2. 简述按造价形式和按构成要素两种方式划分建筑安装工程费的费用组成。

3. 简述暂列金、暂估价、计日工和总承包服务费的概念。

4. 简述增值税的一般计税方法和简易计税方法。

5. 简述清单编码规则。

6. 简述机械台班单价组成。

四、计算题

1. 某建设工程项目在建设期初期的建筑安装工程费、设备及工器具购置费为 45 000 万元，按本项目实施进度计划，项目建设期为三年，其中开工前期为一年。投资分年使用比例为：第一年 25%，第二年 55%，第三年 20%。建设期内预计年平均价格总水平上涨 5%，建设期贷款利息为 1 395 万元，建设工程项目其他费用为 3 860万元，基本预备费费率为 10%。试计算该项目的基本预备费及价差预备费。

2. 某新建项目，建设期为五年，分年均衡进行贷款，第一年贷款 1 000 万元，第二年贷款 2 000 万元，第三年贷款 500 万元，年贷款利率为 6%，建设期间只计息不支付，试计算每年贷款利息以及三年总利息。

3. 已知某品牌 42.5 级水泥含税单价为 350 元/吨，其中采购及保管费费率为 2%，增值税税率为 16%，试计算该品牌水泥出厂含税原价、采购及保管费以及除税后材料单价。

4. 某工程分部分项工程费 20 000.00 元，其中包含进项税额 500 元，单价措施项目费合计 15 000.00 元，包含可抵扣进项税额 200 元，安全文明施工创建市级标准化示范工地，安全文明施工费基本费率为 3%，省级标准化示范基地另增 0.7%，市级标准化按省级标准化乘以 0.7，夜间施工照明费费率 0.2%，临时设施费费率 1%。其他项目费中，材料暂估价 2 000 元，已包含于分部分项工程费，暂列金 500 元，专业工程暂估价 1 000 元。规费中，工程排污费费率0.1%，社会保障费费率 3%，住房公积金费率 0.5%，增值税税率 10%。以上费用中，除注明外，均不含可抵扣进项税额。试计算本工程造价。

学习情境 3

建筑面积计算

学习目标

(1) 理解建筑面积的概念、分类及作用。

(2) 熟练掌握各类建筑空间建筑面积的计算规则。

(3) 能够根据建筑图纸计算出相应的建筑面积。

任务1 建筑面积简介

目前我国正使用的《建筑工程建筑面积计算规范》为国家标准,编号为 GB/T 50353—2013,自 2014 年 7 月 1 日起实施。

(一) 建筑面积的概念

建筑面积亦称建筑展开面积,是指建筑物外墙勒脚以上的外围水平面积,是各层面积的总和。

(二) 建筑面积的分类

建筑面积包括使用面积、辅助面积以及结构面积,其中,使用面积和辅助面积的总和称为"有效面积"。

使用面积:建筑物各层平面中直接为生产和生活所使用的净面积,如教学楼中的教室,医院中的诊室、手术室等。

辅助面积：建筑物各层平面中为辅助生产或辅助生活所占的净面积，例如居住建筑物中的楼梯、走道、厕所、厨房所占的面积。

结构面积：建筑物各层平面中墙、柱等结构所占的面积。

（三）建筑面积的作用

1. 建筑面积是确定建设规模的重要指标

根据项目立项批准文件所核准的建筑面积，是初步设计阶段的重要控制指标。对于国有投资项目，其施工图阶段设计的建筑面积不得超过初步设计的5%，否则应重新报批。

2. 建筑面积是确定各项技术经济指标的基础

建筑面积与使用面积、辅助面积、结构面积之间存在着一定的比例关系。设计人员在进行建筑或结构设计时，在计算建筑面积的基础上再分别计算出结构面积、有效面积等技术经济指标。常用的技术经济指标有单位面积工程造价、单位建筑面积的材料消耗指标、单位建筑面积的人工用量，其计算公式分别为

$$\text{单位面积工程造价} = \text{工程造价} / \text{建筑面积}$$

$$\text{单位建筑面积的材料消耗指标} = \text{工程材料消耗量} / \text{建筑面积}$$

$$\text{单位建筑面积的人工用量} = \text{工程人工工日消耗量} / \text{建筑面积}$$

3. 建筑面积是评价设计方案的依据

建筑设计和建筑规划过程中，经常使用建筑面积控制某些指标，比如容积率、建筑密度、建筑系数等。在评价设计方案时，通常采用居住面积系数、土地利用系数、有效面积系数、单方造价等指标，它们都与建筑面积密切相关。常用的技术指标有容积率和建筑密度，其计算公式分别为

$$\text{容积率} = \text{建筑总面积} / \text{建筑占地面积} \times 100\%$$

$$\text{建筑密度} = \text{建筑物底层建筑面积} / \text{建筑占地总面积} \times 100\%$$

需要注意的是，计算容积率时不包括地下室、半地下室面积，以及面积不超过标准层建筑面积的10%的屋顶建筑面积。

4. 建筑面积是计算有关分项工程量的依据

在编制一般土建工程预算时，建筑面积是确定一些分项工程量的基本依据，如平整场地，楼地面工程，垂直运输工程，建筑物超高增加人工、机械等。

5. 建筑面积是选择概算指标和编制概算的基础

概算指标通常以建筑面积为计量单位。用概算指标编制概算时，要以建筑面积为计算基础。

（四）与建筑面积有关的术语

与建筑面积有关的术语如表3-1-1所示。

表3-1-1　与建筑面积有关的术语

术　　语	说　　明
建筑面积 construction area	建筑物（包括墙体）所形成的楼地面面积
结构层高 structure story height	上下两层楼面或楼面与地面之间的垂直距离
结构净高 structure net height	楼面或地面结构层上表面至上部结构层下表面之间的垂直距离

续表

术　　语	说　　明
自然层 floor	按楼板、地板结构分层的楼层
架空层 empty space	建筑物深基础或坡地建筑吊脚架空部位不回填土石方而形成的建筑空间
走廊 corridor gallery	建筑物的水平交通空间
挑廊 overhanging corridor	挑出建筑物外墙的水平交通空间
檐廊 eaves gallery	设置在建筑物底层出檐下的水平交通空间
回廊 cloister	在建筑物门厅、大厅内设置在二层或二层以上的回形走廊
门斗 foyer	在建筑物出入口设置的起分隔、挡风、御寒等作用的建筑过渡空间
建筑物通道 passage	为道路穿过建筑物而设置的建筑空间
架空走廊 bridge way	建筑物与建筑物之间，在二层或二层以上专门为水平交通设置的走廊
勒脚 plinth	建筑物的外墙与室外地面或散水接触部位墙体的加厚部分
围护结构 envelop enclosure	围合建筑空间四周的墙体、门、窗等
围护设施 enclosure facilities	为保障安全而设置的栏杆、栏板等围挡
围护性幕墙 enclosing curtain wall	直接作为外墙起围护作用的幕墙
装饰性幕墙 decorative faced curtain wall	设置在建筑物墙体外起装饰作用的幕墙
落地橱窗 french window	突出外墙面根基的落地的橱窗
阳台 balcony	供使用者进行活动和晾晒衣物的建筑空间
雨篷 canopy	设置在建筑物进出口上部的遮雨、遮阳篷
地下室 basement 半地下室 semibasement	房间地平面低于室外地平面的高度超过该房间净高的 1/2 者为地下室；室内地平面低于室外地平面的高度超过室内净高的1/3且不超过1/2者为半地下室
变形缝 deformation joint	防止建筑物在某些因素的作用下引起开裂甚至破坏而预留的构造缝，包括伸缩缝(温度缝)、沉降缝和抗震缝
永久性顶盖 permanent cap	经规划批准设计的永久使用的顶盖
飘窗 bay window	为房间采光和美化造型而设置的突出外墙的窗
骑楼 overhang	楼层部分跨在人行道上的临街楼房
过街楼 arcade	有道路穿过建筑空间的楼房

任务2　建筑面积计算规则

(一) 建筑面积计算的相关规定

(1) 建筑物的建筑面积应按自然层外墙结构外围水平面积之和计算。结构层高在 2.20 m 及以上的，应计算全面积；结构层高在 2.20 m 以下的，应计算 1/2 面积。建筑物层高与净高的区别如图 3-2-1 所示。

(2) 建筑物内设有局部楼层时，对于局部楼层的二层及以上楼层，有围护结构的，应按其围护结构外围水平面积计算，无围护结构的，应按其结构底板水平面积计算，且结构层高在 2.20 m

及以上的，应计算全面积，结构层高在 2.20 m 以下的，应计算 1/2 面积。建筑物局部楼层如图 3-2-2所示。

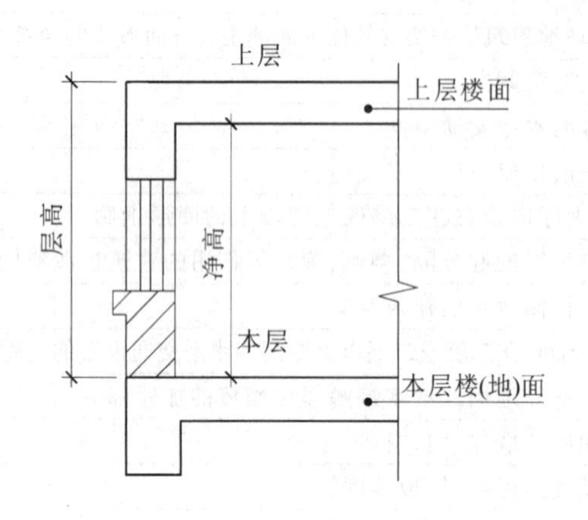

图 3-2-1　建筑物层高与净高的区别

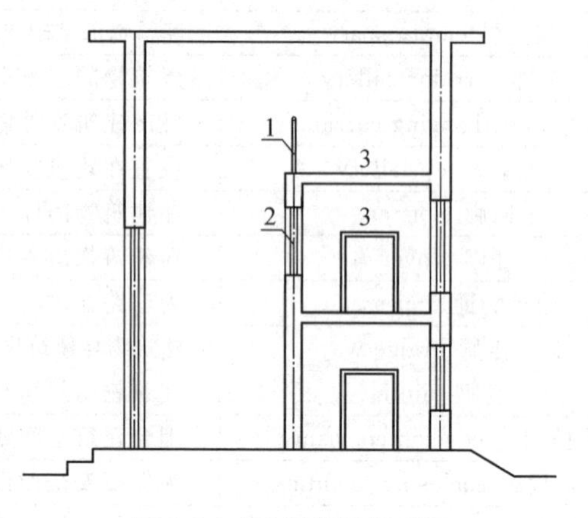

图 3-2-2　建筑物局部楼层

1—围护设施；2—围护结构；3—局部楼层

例 3-1　某单层建筑物含局部楼层，其平面及剖面图如图 3-2-3 所示，墙厚均为 240 mm，试计算该建筑物的建筑面积。

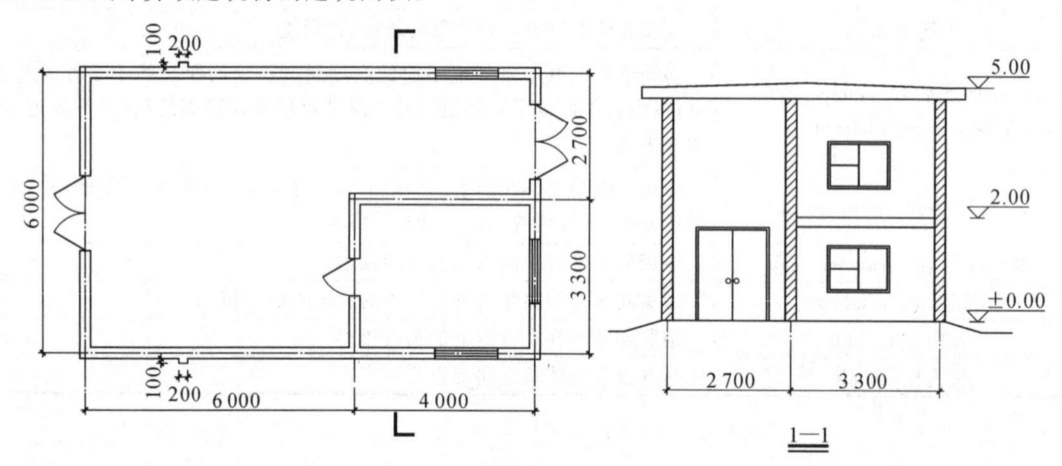

图 3-2-3　例 3-1 图

解　底层建筑面积＝[(6.0＋4.0＋0.24)×(3.30＋2.70＋0.24)－0.5×(4.0＋0.24)×(3.30＋0.24)] m^2＝(63.90－7.50) m^2＝56.40 m^2

局部楼层建筑面积＝(4.0＋0.24)×(3.30＋0.24) m^2＝15.01 m^2

该单层建筑物的建筑面积＝(56.40＋15.01) m^2＝71.41 m^2

(3) 对于形成建筑空间的坡屋顶，结构净高在 2.10 m 及以上的，应计算全面积；结构净高在 1.20 m 及以上至 2.10 m 以下的，应计算 1/2 面积；结构净高在 1.20 m 以下的，不计算建筑面积。坡屋顶空间建筑面积计算示意图如图 3-2-4 所示。

例 3-2　某单层建筑物带可上人阁楼，其平面及剖面图如图 3-2-5 所示，试计算该建筑物的建筑面积。

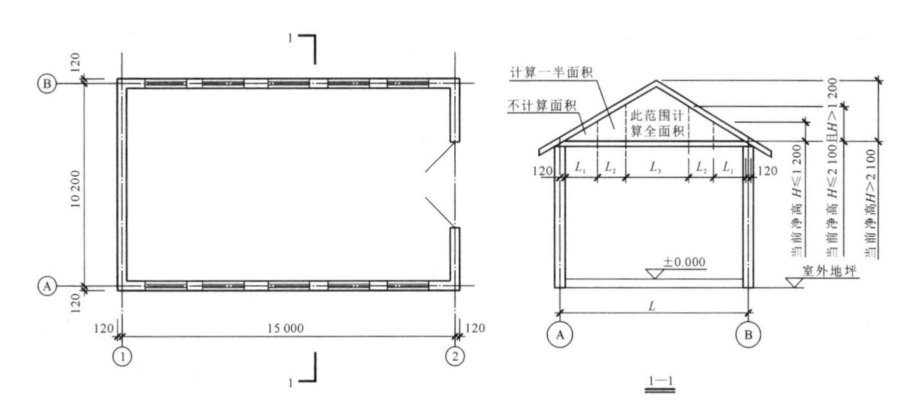

图 3-2-4 坡屋顶空间建筑面积计算示意图

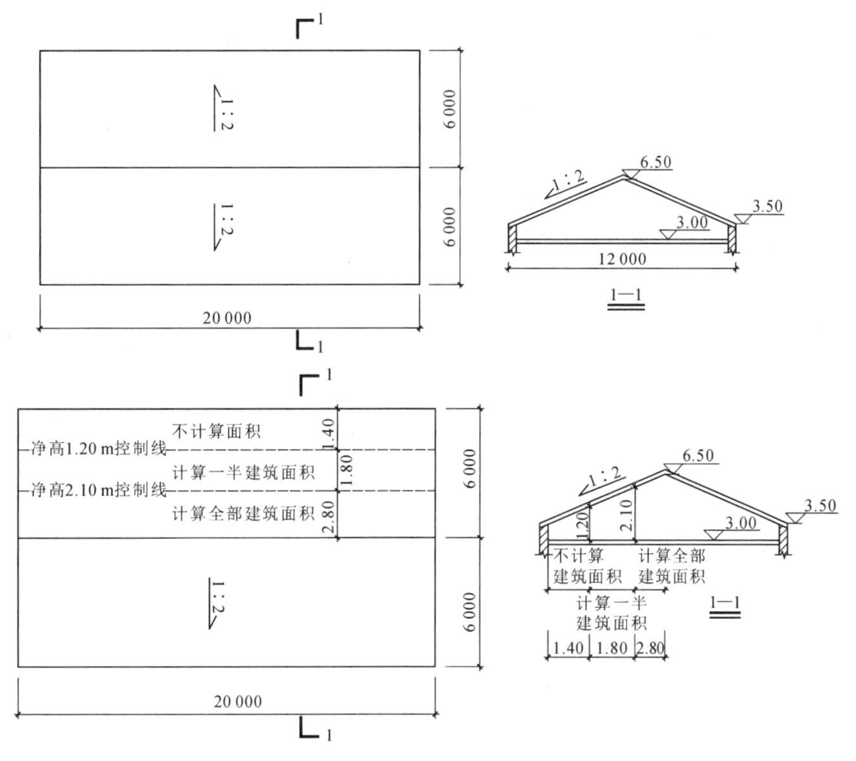

图 3-2-5 例 3-2 图

解 不算建筑面积部分宽度：

计算宽度 b_1＝(1.2－0.5)/0.5 m＝1.40 m

计算一半建筑面积宽度：

计算宽度 b_2＝[(2.10－0.5)/0.5－1.40] m＝1.80 m

计算全部面积宽度：

计算宽度 b_3＝[(6.50－3.50)/0.5－(1.40＋1.80)] m＝2.80 m

故该建筑物的建筑面积＝(1.40×20.00×0＋1.80×20.00×0.5＋2.80×20.00×1)×2 m^2＝148 m^2

(4) 对于场馆看台下的空间建筑，结构净高在 2.10 m 及以上的，应计算全面积；结构净高在 1.20 m 及以上至 2.10 m 以下的，应计算 1/2 面积；结构净高在 1.20 m 以下的，不计算建筑面积。室内单独设置的有围护设施的悬挑看台，应按看台结构底板水平投影面积计算建筑面积。有顶盖无围护结构的场馆看台，应按其顶盖水平投影面积的 1/2 计算面积。场馆看台下的空间建筑面积计算示意图如图 3-2-6 所示。

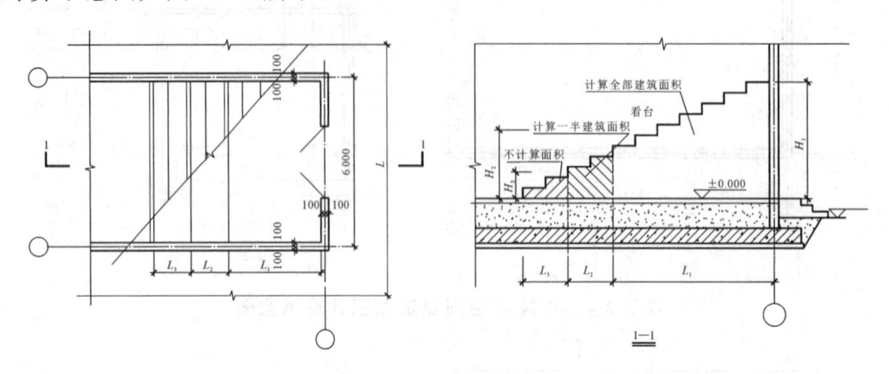

图 3-2-6　场馆看台下的空间建筑面积计算示意图

（5）地下室、半地下室应按其结构外围水平面积计算。结构层高在 2.20 m 及以上的，应计算全面积；结构层高在 2.20 m 以下的，应计算 1/2 面积。

（6）出入口外墙外侧坡道有顶盖的部分，应按其外墙结构外围水平面积的 1/2 计算面积。地下室及出入口建筑面积计算示意图如图 3-2-7 所示。

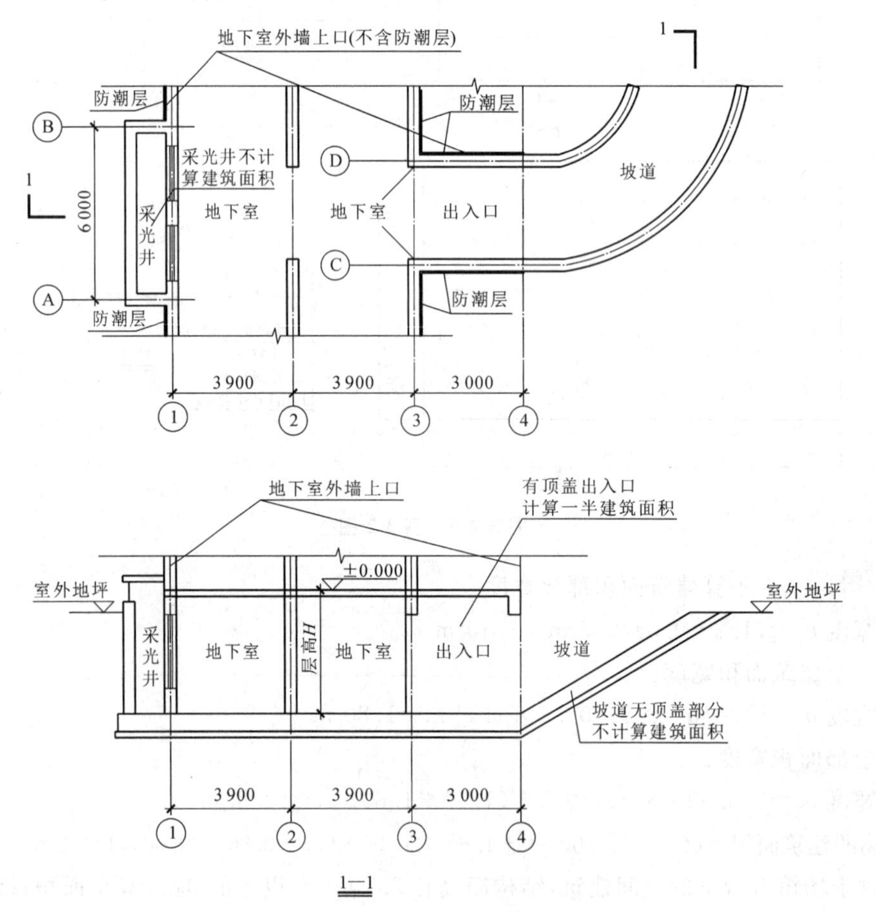

图 3-2-7　地下室及出入口建筑面积计算示意图

(7) 建筑物架空层及坡地建筑物吊脚架空层,应按其顶板水平投影面积计算建筑面积。结构层高在 2.20 m 及以上的,应计算全面积;结构层高在 2.20 m 以下的,应计算 1/2 面积。基础架层如图 3-2-8 所示。

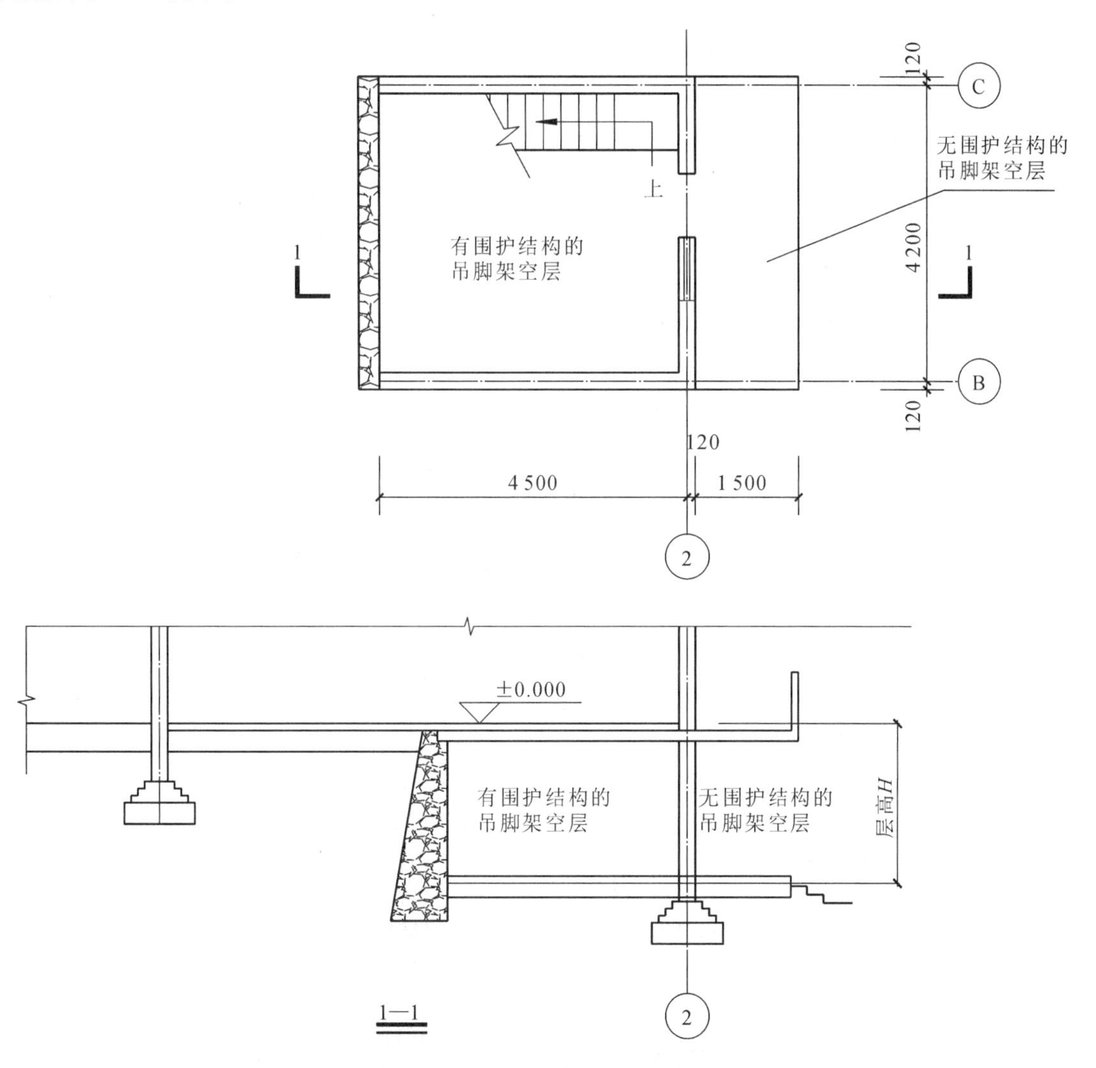

图 3-2-8 基础架层

(8) 建筑物的门厅、大厅应按一层计算建筑面积,门厅、大厅内设置的走廊应按走廊结构底板水平投影面积计算建筑面积。结构层高在2.20 m及以上的,应计算全面积;结构层高在2.20 m以下的,应计算 1/2 面积。大厅回廊如图 3-2-9 所示。

(9) 对于建筑物间的架空走廊,有顶盖和围护设施的,应按其围护结构外围水平面积计算全面积;无围护结构但有围护设施的,应按其结构底板水平投影面积计算 1/2 面积。架空走廊如图 3-2-10 所示。

(10) 对于立体书库、立体仓库、立体车库,有围护结构的,应按其围护结构外围水平面积计算建筑面积;无围护结构但有围护设施的,应按其结构底板水平投影面积计算建筑面积。无结构层的,应按一层计算;有结构层的,应按其结构层面积分别计算。结构层高在 2.20 m 及以上的,应计算全面积;结构层高在 2.20 m 以下的,应计算 1/2 面积。立体书库如图 3-2-11 所示。

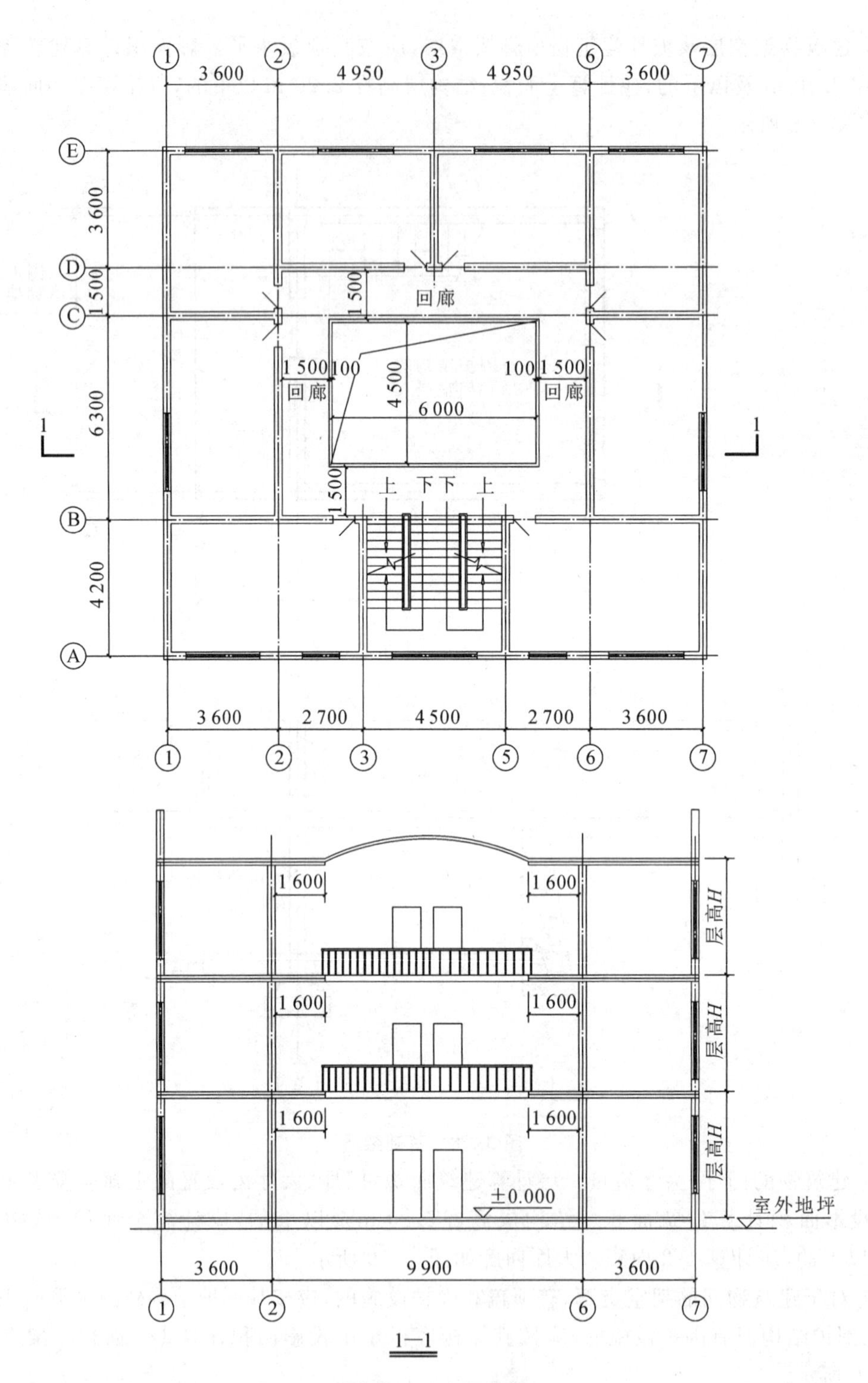

图 3-2-9　大厅回廊

(11) 有围护结构的舞台灯光控制室,应按其围护结构外围水平面积计算。结构层高在 2.20 m及以上的,应计算全面积;结构层高在 2.20 m 以下的,应计算 1/2 面积。舞台灯光控制室如图 3-2-12 所示。

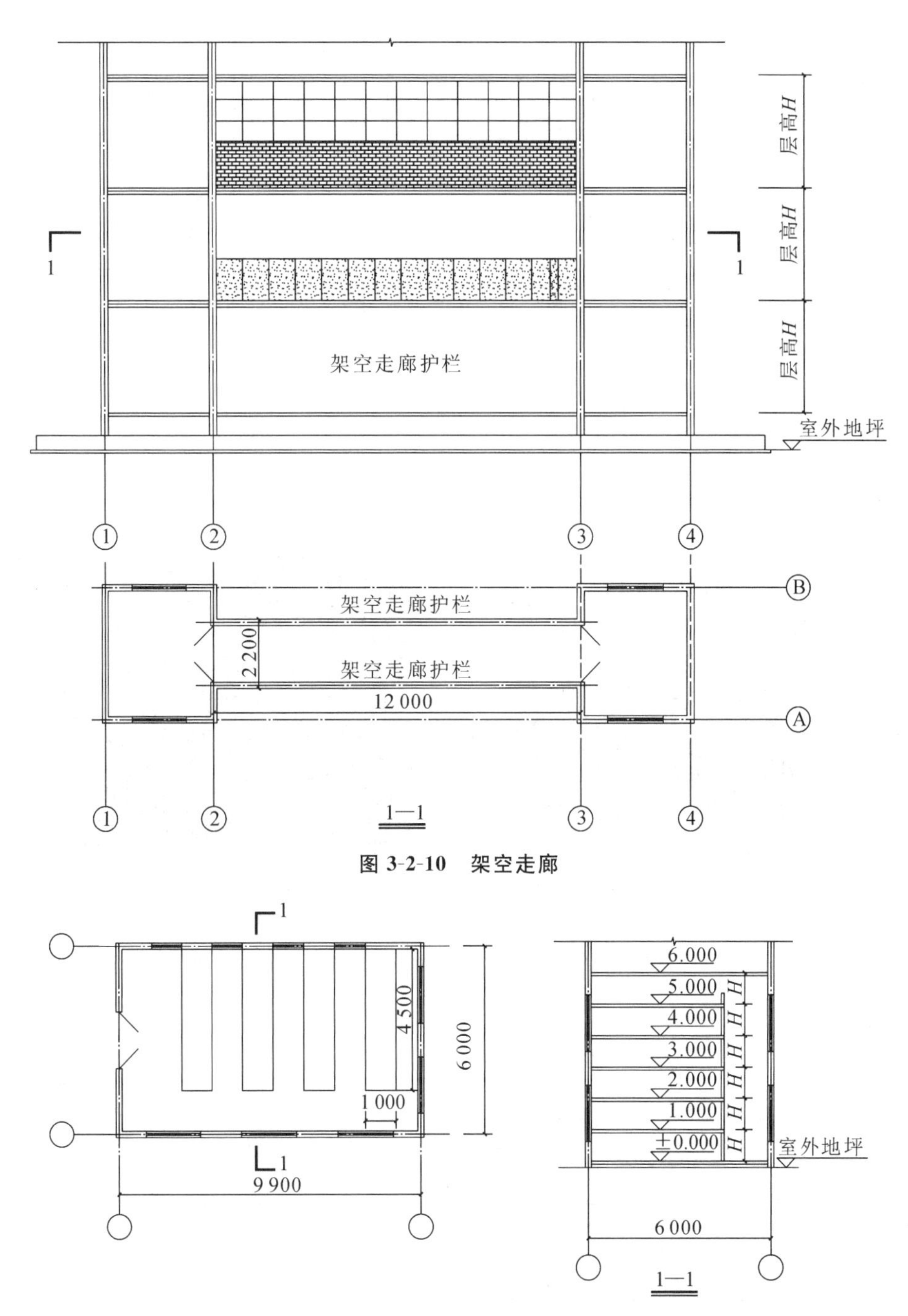

图 3-2-10　架空走廊

图 3-2-11　立体书库

(12) 附属在建筑物外墙的落地橱窗，应按其围护结构外围水平面积计算建筑面积。结构层高在2.20 m及以上的，应计算全面积；结构层高在 2.20 m 以下的，应计算 1/2 面积。落地橱窗如图 3-2-13所示。

(13) 窗台与室内楼地面高度差在 0.45 m 以下且结构净高在 2.10 m 及以上的凸(飘)窗，应按其围护结构外围水平面积计算 1/2 面积。飘窗如图 3-2-14 所示。

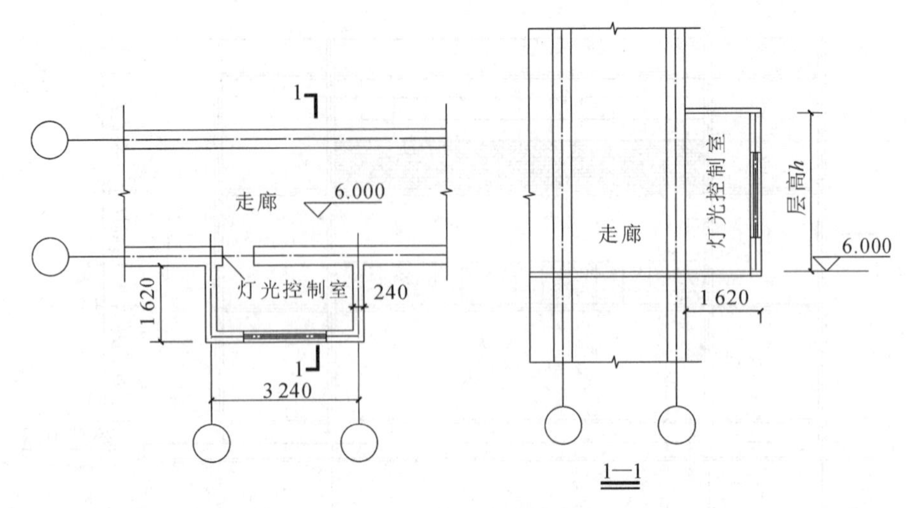

图 3-2-12　舞台灯光控制室

图 3-2-13　落地橱窗

图 3-2-14　飘窗

(14) 有围护设施的室外走廊(挑廊),应按其结构底板水平投影面积计算 1/2 面积;有围护设施(或柱)的檐廊,应按其围护设施(或柱)外围水平面积计算 1/2 面积。室外走廊、挑廊如图 3-2-15所示。

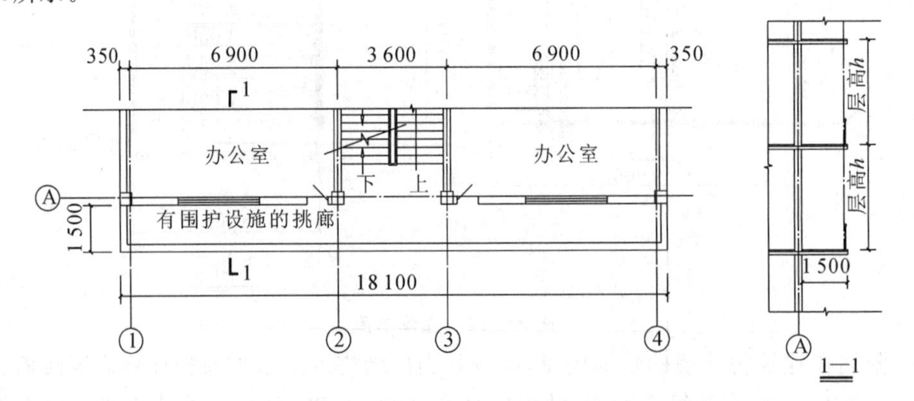

图 3-2-15　室外走廊、挑廊

例 3-3　如图 3-2-16 所示,某办公楼共有四层,首层层高 4.0 m,其余层高 3.2 m,墙厚均为 240 mm,轴线居中。底层为有柱走廊,其余楼层走廊设有维护设施。根据以上条件,试计算该办公楼的建筑面积。

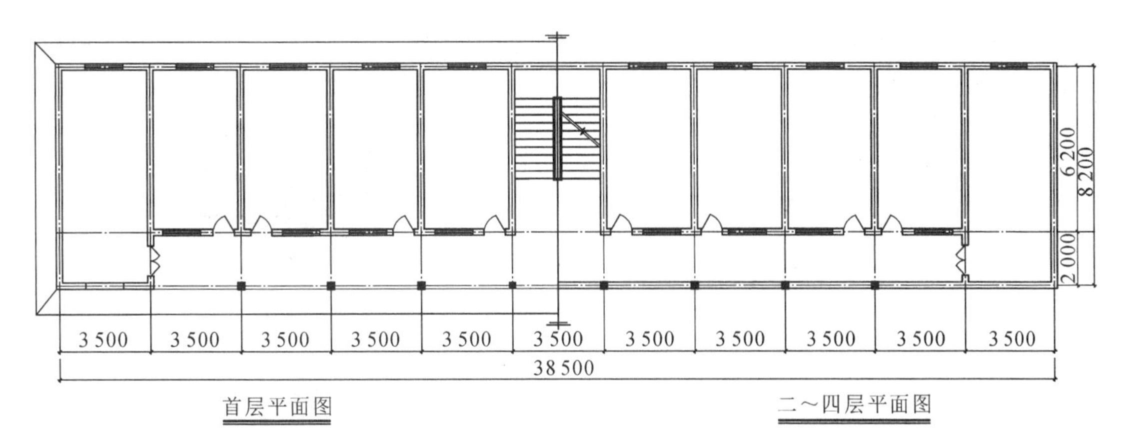

图 3-2-16　例 3-3 图

解　无维护结构的走廊、挑廊应按底板投影面积的 1/2 计算建筑面积，故该办公楼的建筑面积为

$$S=[(38.5+0.24)\times(8.2+0.24)-0.5\times2.0\times(3.5\times9-0.24)]\times4\ \mathrm{m}^2=1\ 182.82\ \mathrm{m}^2$$

(15) 门斗应按其围护结构外围水平面积计算建筑面积，且结构层高在 2.20 m 及以上的，应计算全面积；结构层高在 2.20 m 以下的，应计算 1/2 面积。门斗如图 3-2-17 所示。

(16) 门廊应按其顶板的水平投影面积的 1/2 计算建筑面积；有柱雨篷应按其结构板水平投影面积的 1/2 计算建筑面积；无柱雨篷的结构外边线至外墙结构外边线的宽度在 2.10 m 及以上的，应按雨篷结构板的水平投影面积的 1/2 计算建筑面积。门廊如图 3-2-18 所示。

(17) 设在建筑物顶部的有围护结构的楼梯间、水箱间、电梯机房等，结构层高在 2.20 m 及以上的，应计算全面积；结构层高在 2.20 m 以下的，应计算 1/2 面积。

(18) 围护结构不垂直于水平面的楼层，应按其底板面的外墙外围水平面积计算建筑面积。结构净高在 2.10 m 及以上的，应计算全面积；结构净高在 1.20 m 及以上至 2.10 m 以下的，应计算 1/2 面积；结构净高在 1.20 m 以下的，不计算建筑面积。围护结构不垂直于水平面的楼层如图 3-2-19 所示。

(19) 建筑物的室内楼梯、电梯井、提物井、管道井、通风排气竖井、烟道，应并入建筑物的自然层计算建筑面积。有顶盖的采光井应按一层计算面积，且结构净高在 2.10 m 及以上的，应计算全面积；结构净高在 2.10 m 以下的，应计算 1/2 面积。

(20) 室外楼梯应并入所依附建筑物自然层，并应按其水平投影面积的 1/2 计算建筑面积。室外楼梯如图 3-2-20 所示。

图 3-2-17　门斗

图 3-2-18　门廊

图 3-2-19　围护结构不垂直于水平面的楼层

图 3-2-20　室外楼梯

(21) 在主体结构内的阳台，应按其结构外围水平面积计算全面积；在主体结构外的阳台，应按其结构底板水平投影面积计算 1/2 面积。阳台示意图如图 3-2-21 所示。

(22) 有顶盖无围护结构的车棚、货棚、站台、加油站、收费站等,应按其顶盖水平投影面积的1/2 计算建筑面积。车棚、加油站、收费站分别如图 3-2-22 至图 3-2-24 所示。

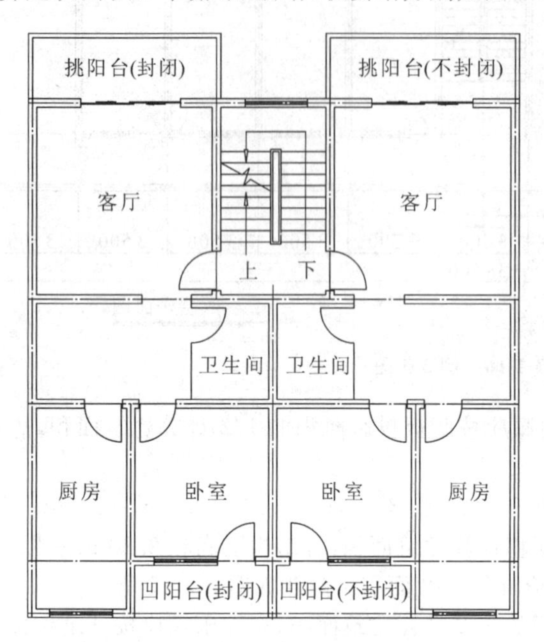

图 3-2-21　阳台示意图

图 3-2-22　车棚

图 3-2-23　加油站

图 3-2-24　收费站

(23) 以幕墙作为围护结构的建筑物,应按幕墙外边线计算建筑面积。幕墙结构示意图如图 3-2-25所示。

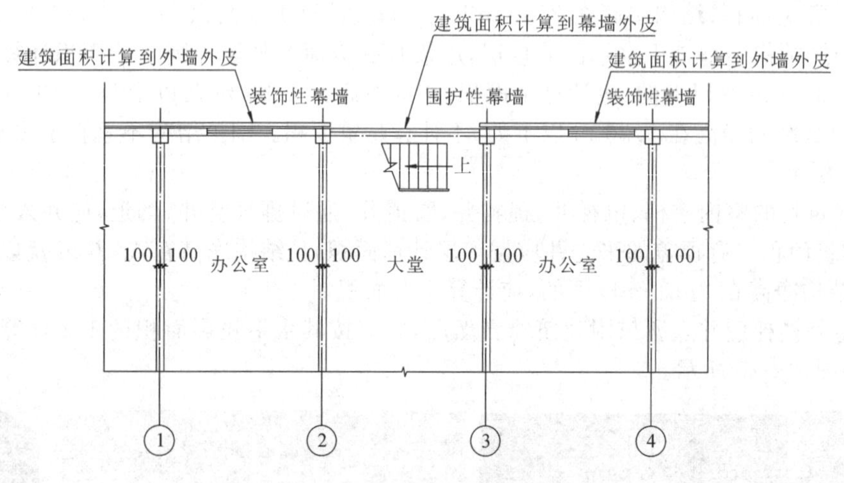

图 3-2-25　幕墙结构示意图

(24) 建筑物的外墙外保温层,应按其保温材料的水平截面积计算建筑面积,并计入自然层建筑面积。

(25) 与室内相通的变形缝,应按其自然层合并在建筑物建筑面积内来计算建筑面积。对于高低联跨的建筑物,当高低跨内部连通时,其变形缝应计算在低跨面积内。变形缝如图 3-2-26 所示。

(26) 对于建筑物内的设备层、管道层、避难层等有结构层的楼层,结构层高在 2.20 m 及以上的,应计算全面积;结构层高在 2.20 m 以下的,应计算 1/2 面积。

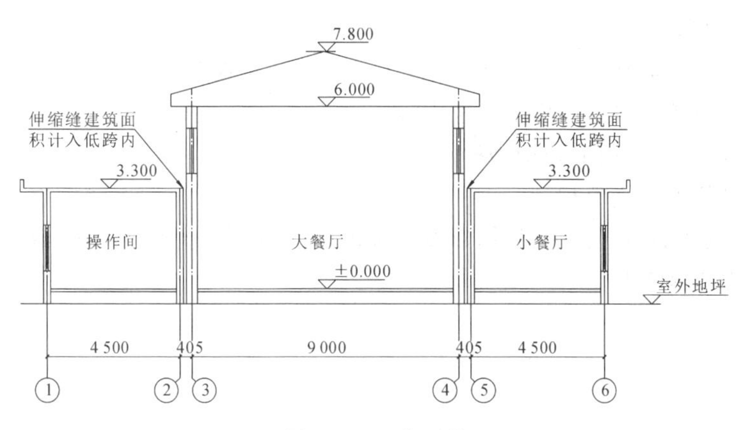

图 3-2-26　变形缝

（二）不计算建筑面积的项目

（1）与建筑物不相连通的建筑部件。

（2）骑楼、过街楼底层的开放公共空间和建筑物通道。骑楼和过街楼分别如图 3-2-27 和图 3-2-28所示。

（3）舞台及后台悬挂幕布和布景的天桥、挑台等。

（4）露台、凉棚、露天游泳池、花架、屋顶的水箱及装饰性结构构件，如图 3-2-29 所示。

图 3-2-27　骑楼

图 3-2-28　过街楼

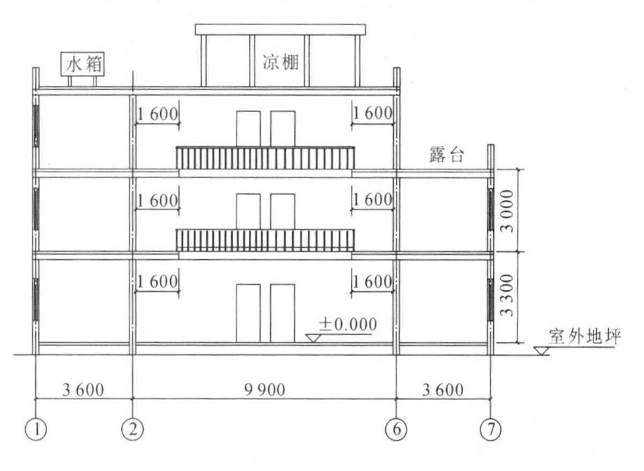

图 3-2-29　露台、凉棚、屋顶的水箱

（5）建筑物内的操作平台、上料平台、安装箱和罐体的平台，如图 3-2-30 所示。

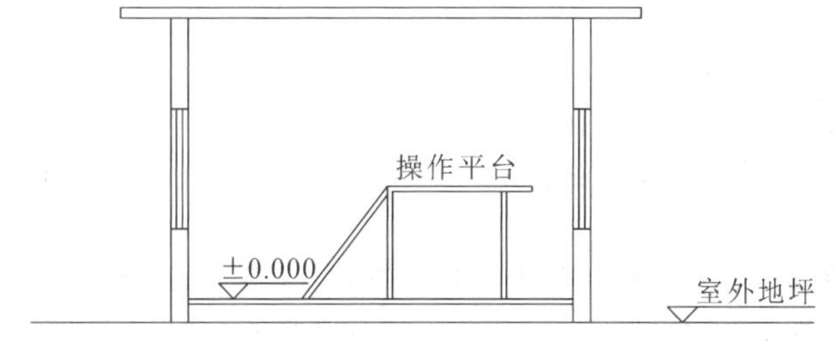

图 3-2-30　建筑物内的操作平台

（6）勒脚、附墙柱、垛、台阶、墙面抹灰、装饰面、镶贴块料面层、装饰性幕墙、主体结构外的空调室外机搁板（箱）、构件、配件，以及挑出宽度在 2.10 m 以下的无柱雨篷和顶盖高度达到或超

过两个楼层的无柱雨篷。

(7) 窗台与室内地面高度差在 0.45 m 以下且结构净高在 2.10 m 以下的凸(飘)窗，以及窗台与室内地面高度差在 0.45 m 及以上的凸(飘)窗。

(8) 室外爬梯、室外专用消防钢楼梯。

(9) 无围护结构的观光电梯。

(10) 建筑物以外的地下人防通道，以及独立的烟囱、烟道、地沟、油(水)罐、气柜、水塔、贮油(水)池、贮仓、栈桥等构筑物。

一、单项选择题

1. 根据《建筑工程建筑面积计算规范》(GB/T 50353—2013)，设计加以利用并有围护结构的基础架空层的建筑面积计算，正确的是(　)。

A. 层高不足 2.20 m 的部位应计算 1/2 面积　　B. 层高在 2.10 m 及以上的部位应计算全面积

C. 层高不足 2.20 m 的部位不计算面积　　D. 按照利用部分的水平投影面积的 1/2 计算

2. 根据《建筑工程建筑面积计算规范》(GB/T 50353—2013)，关于室外楼梯的建筑面积计算，正确的是(　)。

A. 按室外楼梯水平投影面积的 1/2 计入建筑物自然层

B. 最上层楼梯不计算建筑面积，下层楼梯应计算建筑面积

C. 无顶盖最上层楼梯不计算建筑面积

D. 室外消防钢楼梯按投影面积的 1/2 计算

3. 根据《建筑工程建筑面积计算规范》(GB/T 50353—2013)，设有围护结构且不垂直于水平面而超出底板外沿的建筑物的建筑面积应(　)。

A. 按其外墙结构外围水平面积计算　　B. 按其顶盖水平投影面积计算

C. 按维护结构外边线计算　　D. 按其底板面的外围水平面积计算

4. 根据《建筑工程建筑面积计算规范》(GB/T 50353—2013)，半地下室车库建筑面积的计算，正确的是(　)。

A. 不包括外墙防潮层及其保护墙

B. 包括采光井所占面积

C. 层高在 2.10 m 及以上的按全面积计算

D. 层高不足 2.10 m 的应按 1/2 面积计算

5. 根据《建筑工程建筑面积计算规范》(GB/T 50353—2013)，有永久性顶盖但无围护结构的，按其结构底板水平面积的 1/2 计算建筑面积的是(　)。

A. 场馆看台　　B. 收费站　　C. 车棚　　D. 架空走廊

6. 下列选项中，属于建筑面积中的辅助面积的是(　)。

A. 公共走廊　　B. 墙体所占面积　　C. 柱所占面积　　D. 会议室所占面积

二. 多项选择题

1. 根据《建筑工程建筑面积计算规范》(GB/T 50353—2013)，计算建筑面积的是(　　)。

A. 设计但不利用的场馆看台下的空间　　B. 凸出主体的上人阳台

C. 过街楼　　D. 加油站　　E. 半地下室

2. 根据《建筑工程建筑面积计算规范》(GB/T 50353—2013)，按其结构底板水平面积的 1/2 计算建筑面积的项目有(　)。

A. 有永久性顶盖但无围护结构的货棚　　B. 有永久性顶盖但无围护结构的挑廊

C. 有永久性顶盖但无围护结构的场馆看台　　D. 有永久性顶盖但无围护结构的架空走廊

E. 有永久性顶盖但无围护结构的檐廊

3. 根据《建筑工程建筑面积计算规范》(GB/T 50353—2013)，按其结构顶盖水平面积的1/2计算建筑面积的项目有(　　)。

A. 有永久性顶盖但无围护结构的货棚　　B. 门斗　　C. 门廊

D. 有永久性顶盖的场馆看台　　E. 永久性室外楼梯

三、计算题

1. 如图3-1所示，某多层住宅变形缝的宽度为0.20 m，阳台水平投影尺寸为1.80 m×3.60 m(共18个)，雨篷水平投影尺寸为2.60 m×4.00 m，坡屋面阁楼室内净高最高点为3.65 m，坡屋面坡度为1∶2；平屋面女儿墙顶面标高为11.60 m。请按《建筑工程建筑面积计算规范》(GB/T 50353—2013)计算该多层住宅的建筑面积。

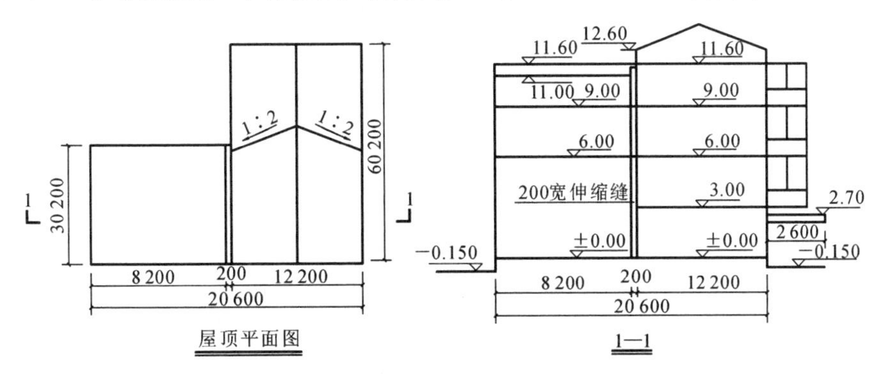

图3-1　题1图

2. 某六层砖混结构住宅楼，二～六层建筑平面图均相同，如图3-2所示，阳台为不封闭阳台，首层无阳台，其他均与二层相同，试计算该住宅楼的建筑面积。

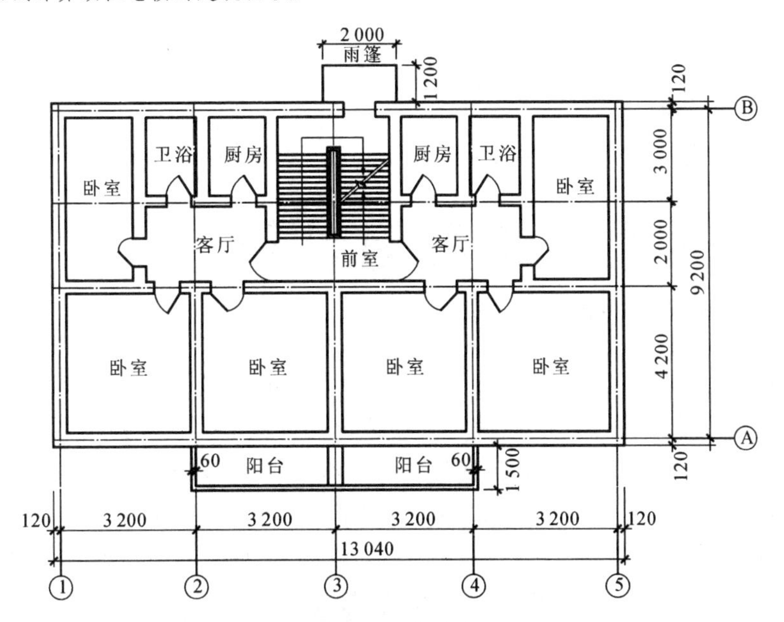

图3-2　题2图

学习情境4

分部分项工程计量与计价

学习目标

（1）了解各个分部分项工程的工艺、材料、技术措施等相关知识。

（2）掌握各个分部分项工程的清单及定额计量规则。

（3）理解预算定额中对各分部分项工程的计价规定、条文解释。

（4）学会利用预算定额计算分部分项工程的工程费用，并能够进行造价分析。

任务1　列项与工程量计算

列项就是划分分项工程项目。分项工程项目是构成单位工程计价费用的最小单位。完整地列出分项工程项目是精确计算工程量及工程造价的基础。需要注意的是，对于同一工程对象，清单列项和定额列项可能有所不同，这是由于二者的列项原理和列项目的有所不同。

工程量是指按建筑工程量计算规则计算，以自然计量单位或物理计量单位表示各分部分项工程或结构、构件的实物数量。常用的计量单位有 10 m^2、10 m、m^3、樘、只、座、个等。

一、列项与工程量计算的依据

列项与工程量计算的依据主要有建筑工程设计文件，国家规范，行业、地区定额，施工组织设计，相关招投标文件等。

二、列项与工程量计算的顺序

一个建筑物或构筑物是由多个分部分项工程组成的，少则数十项，多则上百项。列项与计算工程量时，为避免出现重复列项计算或漏算的情况，必须按照一定的顺序进行。

各部分工程之间工程量的计算顺序一般有以下几种方法。

1. 规范顺序法

规范顺序法即完全按照计量规范或预算定额中分部分项工程的编排顺序进行工程量的计算。其优点是能依据规范或定额的项目划分顺序逐项计算，通过工程项目与规范或定额之间的比照，能有效地防止漏项，适合初学者采用。

2. 施工顺序法

施工顺序法即根据工程项目的施工工艺特点，按其施工的先后顺序，同时考虑计算的方便性，由基层到面层或从基础到屋顶逐层计算。此法打破了规范、定额的章节界限，计算工作顺畅，但对计算者的专业技能要求较高。

3. 统筹原理计算法

统筹原理计算法即通过规范或定额的项目划分和工程量计算规则进行分析，找出各建筑、装饰分项项目之间的内在联系，运用统筹原理，合理安排计算顺序，从而达到以点带面、简化计算、节省时间的目的。此法通过统筹安排，使各分项项目的计算结果互相关联，并将后面要重复使用的基数优先计算出来。

实际工作中，往往综合应用上述三种方法。在建筑分部分项工程量的计算中，可参考下列计算顺序依次进行计算：

门窗构件统计→混凝土及钢筋混凝土工程→砌筑工程→土石方工程→金属结构工程→构件运输及安装工程→屋面工程→防腐保温隔热工程

在装饰装修分部分项工程量的计算中，可参考下列计算顺序依次计算：

门窗构件统计→楼地面工程→天棚工程→墙柱面工程→油漆、涂料、裱糊工程→其他零星工程

三、列项与工程量计算的注意事项

1. 建筑工程计价项目完整性的判断

每个建筑工程的分项工程项目应包含这个工程的全部实物工程量。应从两个方面考量计价项目的完整性：一是判断按施工图计算的分项工程量项目是否完整，即是否包括了实际应完成的工程量；二是判断计算的分项工程量项目的定额项目是否完整地包含了该项目涉及的工作内容以及资源消耗量。

2. 计量单位一致

在计算各分部分项工程量时，所使用的计量单位必须与计量规范或预算定额中相应项目的计量单位统一，且不得任意改变。例如，在统计钢筋工程量时，通常以预算长度计算，但计量规范或预算定额中规定钢筋工程量均以“t”为单位，因此最终计算的钢筋工程量也应换算成以“t”表示。

3. 计算精度一致

计算结果余数的取定会直接影响最终造价的计算精度。因此计算工程量时，各工程量的计算精度要保持一致。一般地，工程量数据保留小数点后两位，对于钢筋、木材、金属结构及实用的贵重材料的项目，其工程量数据可精确到小数点后三位。

4. 计算规则一致

在计算工程量时，必须严格执行计量规范或预算定额中所规定的工程量计算规则，严格按照图纸注明尺寸进行计算，不得任意放大、缩小或修改数据，避免造成工程量计算的误差，影响准确性。

四、工程量计算的常用基数

运用统筹原理计算法计算工程量时，可以借助一些重复使用的参数来实现工程量的简化计算，从而减少工作量，提高效率。计算分项工程量时，重复使用的数据称为计算基数。

在计算工程量时，每个分项工程量的计算都各有特点，但都离不开计算“线”“面”等基数。通过总结大量工程量计算实践经验，工程量计算基数主要有：

(1) 外墙外边线($L_{外}$)：外墙外侧与外侧之间的距离。

(2) 外墙中心线($L_{中}$)：外墙中线与中线之间的距离。

(3) 内墙净长线($L_{内}$)：内墙与外墙或内墙与内墙交点之间的距离。

(4) 底层建筑面积($S_{底}$)。

利用此“三线一面”四个计算基数，可以计算很多工程量，如表 4-1-1 所示。

表 4-1-1 利用“三线一面”四个计算基数可以计算的工程量项目

基　　数	符　　号	可以计算的工程量项目
外墙外边线	$L_{外}$	外墙勒脚、腰线、外墙抹灰、装饰、外墙单项脚手架等
外墙中心线	$L_{中}$	外墙基槽长、外墙基础垫层长、外墙基础长、外墙墙体长等
内墙净长线	$L_{内}$	内墙基槽长、内墙基础垫层长、内墙基础长、内墙墙体长等
底层建筑面积	$S_{底}$	平整场地、楼地面工程、室内回填土、屋面工程等

例 4-1 试计算图 4-1-1 所示的平面图及剖面图中的 $L_{外}$、$L_{中}$、$L_{内}$ 以及 $S_{底}$。

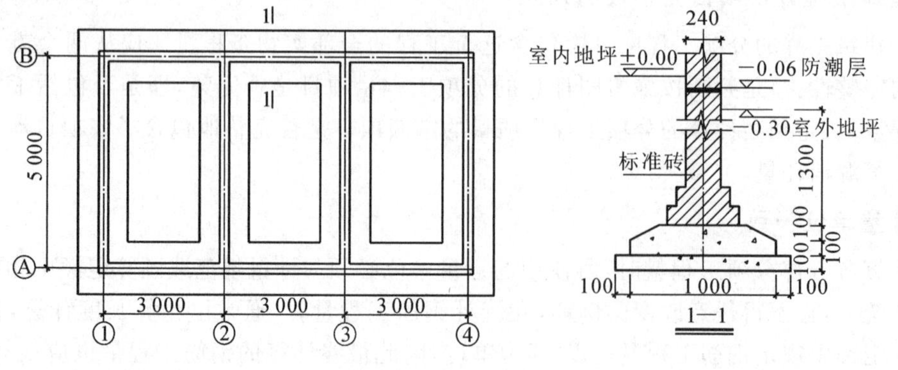

图 4-1-1 例 4-1 图

解 外墙外边线：

$$L_{外}=[(9+0.24)+(5+0.24)]\times 2\ \text{m}=28.96\ \text{m}$$

外墙中心线：

$$L_{中}=(9+5)\times 2\ \text{m}=28\ \text{m}$$

内墙净长线：

$$L_{内}=(5-0.24)\times 2\ \text{m}=9.52\ \text{m}$$

底层建筑面积：

$$S_{底}=(9+0.24)\times(5+0.24)\ \text{m}^2=48.42\ \text{m}^2$$

任务2 土石方工程计量与计价

一、土石方工程施工工艺简介

土石方工程按开挖对象可划分为土方工程和石方工程两大类，如图 4-2-1 和图 4-2-2 所示。

图 4-2-1 土方工程施工

图 4-2-2 石方工程施工

土石方工程是土木工程施工中的重要环节，为了更准确地确定土石方工程的工程量及费用，应理解以下概念。

1. 岩石及土的分类

根据《岩土工程勘察规范(2009 年版)》(GB 50021—2001)规定，土可按粒径大小及塑性指数分为碎石土、砂土、粉土、黏性土，如表 4-2-1 所示。

表 4-2-1 土的分类

土的名称	分类	颗粒级配
碎石土	漂石、块石、卵石、碎石、圆砾、角砾	粒径大于 2 mm 的颗粒含量超过全重的 50%的土
砂土	砾砂、粗砂、中砂、细砂、粉砂	粒径大于 2 mm 的颗粒含量不超过全重的 50%，粒径大于 0.075 mm 的颗粒质量超过总质量的 50%的土
粉土		粒径大于 0.075 mm 的颗粒含量不超过全重的 50%，且塑性指数等于或小于 10 的土
黏性土	粉质黏土、黏土	塑性指数大于 10 的土

根据《岩土工程勘察规范(2009 年版)》(GB 50021—2001)规定，岩石可按坚硬程度划分为坚硬岩、较硬岩、较软岩、软岩、极软岩等，各类岩石与其饱和单轴抗压强度的关系如表 4-2-2 所示。

表 4-2-2 岩石坚硬程度分类

坚硬程度	坚硬岩	较硬岩	较软岩	软岩	极软岩
饱和单轴抗压强度/MPa	$f_r>60$	$30<f_r\leqslant 60$	$15<f_r\leqslant 30$	$5<f_r\leqslant 15$	$f_r\leqslant 5$

在工程计价过程中，为了更准确地描述土石方工程造价，《房屋建筑与装饰工程工程量计算规范》(GB 50854—2013)根据土石方的开挖难易程度，分别将土壤及岩石划分为四类土和三类岩石，如表 4-2-3、表 4-2-4 所示。

表 4-2-3 土壤的分类

土壤分类	土壤名称	开挖方法
一、二类土	粉土、砂土(粉砂、细砂、中砂、粗砂、砾砂)、粉质黏土、弱中盐渍土、软土(淤泥质土、泥炭、泥炭质土)、软塑红黏土、冲填土	用锹，少许用镐、条锄开挖；机械能全部直接铲挖满载者
三类土	黏土、碎石土(圆砾、角砾)、混合土、软塑红黏土、硬塑红黏土、强盐渍土、素填土、压实填土	主要用镐、条锄，少许用锹开挖；机械需部分刨松方能铲挖满载者或可直接铲挖但不能满载者
四类土	碎石土(卵石、碎石、漂石、块石)、坚硬红黏土、超盐渍土、杂填土	全部用镐、条锄挖掘，少许用撬棍挖掘；机械须普遍刨松方能铲挖满载者

注：本表土壤名称及其含义按国家标准《岩土工程勘察规范(2009 年版)》(GB 50021—2001)定义。

表 4-2-4 岩石的分类

<table>
<tr><th colspan="2">岩石分类</th><th>代表性岩石</th><th>开挖方法</th></tr>
<tr><td colspan="2">极软岩</td><td>1.全风化的各种岩石
2.各种半成岩</td><td>部分用手凿工具、部分用爆破法开挖</td></tr>
<tr><td rowspan="2">软质岩</td><td>软岩</td><td>1.强风化的坚硬岩或较硬岩
2.中等风化-强风化的较软岩
3.未风化-微风化的页岩、泥岩、泥质砂岩等</td><td>用风镐和爆破法开挖</td></tr>
<tr><td>较软岩</td><td>1.中等风化-强风化的坚硬岩或较硬岩
2.未风化-微风化的凝灰岩、千枚岩、泥灰岩、砂质泥岩等</td><td>用爆破法开挖</td></tr>
<tr><td rowspan="2">硬质岩</td><td>较硬岩</td><td>1.微风化的坚硬岩
2.未风化-微风化的大理岩、板岩、石灰岩、白云岩、钙质砂岩等</td><td>用爆破法开挖</td></tr>
<tr><td>坚硬岩</td><td>未风化-微风化的花岗岩、闪长岩、辉绿岩、玄武岩、安山岩、片麻岩、石英岩、石英砂岩、硅质砾岩、硅质石灰岩等</td><td>用爆破法开挖</td></tr>
</table>

注：本表依据国家标准《工程岩体分级标准》(GB/T 50218—2014)和《岩土工程勘察规范(2009 年版)》(GB 50021—2001)整理。

2. 土壤的干湿

在土石方施工中，当在地下水位以下开挖时，会涉及人工降水及截水工艺，而且开挖干土和湿土的人材机消耗量也有所不同。因此，施工土壤的干湿会直接影响工程造价。因此，在土石方计量计价过程中，应首先确定施工土壤的干湿情况。根据《江苏省建筑与装饰工程计价定额》(2014 版)的规定，一般地：① 以地质勘测资料为准，无资料时以地下常水位为准，常水位以上为干土，常水位以下为湿土；② 施工中采用人工降水的方法使地下水位降低，干湿土的划分仍以常水位为准。

3. 挖土深度

挖土深度应按自然地面测量标高至设计地坪标高的平均厚度确定。竖向土方、山坡切土开挖深度应按基础垫层底表面标高至交付施工场地标高确定，无交付施工场地标高时，应按自然地面标高确定。挖土深度示意图如图 4-2-3 所示。

4. 挖土(石)方类型

在工程计量计价中，计算挖方时按照《房屋建筑与装饰工程工程量计算规范》(GB 50854—2013)规定，一般根据土石方的施工规模将土石方工程划分为平整场地、挖沟槽、挖基坑以及挖一般土方。

(1) 平整场地：建筑物场地挖、填土方厚度在±300 mm 以内及找平，如图 4-2-4 所示。

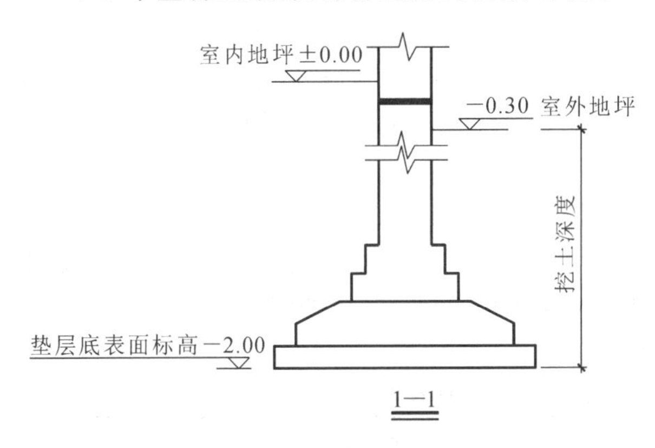

图 4-2-3　挖土深度示意图

图 4-2-4　平整场地

(2) 沟槽：底宽不超过 7 m 且底长超过 3 倍底宽的为沟槽，如图 4-2-5 所示。

(3) 基坑：底长不超过 3 倍底宽且底面积不超过 150 m^{2}的为基坑，如图 4-2-6 所示。

(4) 一般土方：沟槽底宽在 7 m 以上，基坑底面积在 150 m^{2}以上，如图 4-2-7 所示。

(a) 人工挖沟槽

(b) 机械挖沟槽

图 4-2-5　挖沟槽

图 4-2-6　挖基坑

图 4-2-7　挖一般土方

5. 放坡、基坑支护及工作面

当基槽(坑)开挖超过一定深度时，边坡易发生滑坡、坍塌，在土石方作业过程中可采用放坡及支护工艺来预防边坡坍塌，以确保基槽(坑)安全。由此会带来额外的土石方开挖工程量，因此应理解放坡及支护工艺带来的工程量影响。

(1) 放坡：为了防止土壁塌方，确保施工安全，当挖方超过一定深度或填方超过一定高度时，其边沿应放出足够的边坡。土方边坡一般用边坡坡度和坡度系数表示。土壤类别、挖土深度以及施工工艺会影响放坡大小。《房屋建筑与装饰工程工程量计算规范》(GB 50854—2013)中规定了放坡系数的取值规则，如表 4-2-5 所示。

表 4-2-5　放坡系数表

土壤类别	放坡起点/m	人工挖土	机械挖土		
			在坑内作业	在坑上作业	顺沟槽在坑上作业
一、二类土	1.20	1∶0.5	1∶0.33	1∶0.75	1∶0.5
三类土	1.50	1∶0.33	1∶0.25	1∶0.67	1∶0.33
四类土	2.00	1∶0.25	1∶0.10	1∶0.33	1∶0.25

注：1. 沟槽、基坑中的土壤类别不同时，分别按其放坡起点、放坡系数，依不同土壤类别厚度加权平均计算。
2. 计算放坡时，在交接处的重复工程量不予扣除，原槽、坑做基础垫层时，放坡自垫层上表面开始计算。

图 4-2-8　基坑支护

（2）基坑支护：为保证地下结构的安全施工及基坑周边环境的安全，对基坑侧壁及周边环境采用支挡、加固与保护措施，如图 4-2-8 所示。如基坑采用支护结构，在挖方过程中应考虑为完成必要的支护结构而额外开挖的工程量。

（3）工作面：工人在施工中所需的工作空间。当设计未注明工作面宽度时，可按《房屋建筑与装饰工程工程量计算规范》(GB 50854—2013)中的规定取值，如表 4-2-6、表 4-2-7 所示。

表 4-2-6　基础施工所需工作面宽度计算表

基础材料	每边各增加工作面宽度/mm
砖基础	200
浆砌毛石、条石基础	150
混凝土基础垫层支模板	300
混凝土基础支模板	300
基础垂直面做防水层	1 000(防水层面)

注：本表按《全国统一建筑工程预算工程量计算规则》(GJDGZ 101—1995)整理。

表 4-2-7　管沟施工每侧所需工作面宽度计算表

管沟材料/管道结构宽/mm	≤500	≤1 000	≤2 500	>2 500
混凝土及钢筋混凝土管道/mm	400	500	600	700
其他材质管道/mm	300	400	500	600

注：1. 本表按《全国统一建筑工程预算工程量计算规则》(GJDGZ 101—1995)整理。
2. 管道结构宽：有管座的按基础外缘，无管座的按管道外径。

6. 土壤(石方)体积折算

土壤及岩石在不同状态下其体积会发生变化，如按其实际体积计算工程量，会给计量计价带来误差。因此，根据《房屋建筑与装饰工程工程量计算规范》(GB 50854—2013)，工程计量与计价中土方体积应按挖掘前的天然密实体积计算。当需要按天然密实体积折算时，土壤、石方应分别按表 4-2-8、表 4-2-9 执行。

表 4-2-8 土壤体积折算表

天然密实体积	虚 方 体 积	夯实后体积	松 填 体 积
0.77	1.00	0.67	0.83
1.00	1.30	0.87	1.08
1.15	1.50	1.00	1.25
0.92	1.20	0.80	1.00

注：1.土方体积应按挖掘前的天然密实体积计算。当需要按天然密实体积折算时，按本表执行。
2.虚方是指未经碾压、堆积时间不超过1年的土壤。

表 4-2-9 石方体积折算表

石 方 类 别	天然密实体积	虚 方 体 积	松 填 体 积	码 方
石方	1.0	1.54	1.31	
块石	1.0	1.75	1.43	1.67
砂夹石	1.0	1.07	0.94	

注：石方体积应按挖掘前的天然密实体积计算。当需要按天然密实体积折算时，按本表执行。

二、土石方工程清单工程量计算规则

《房屋建筑与装饰工程工程量计算规范》(GB 50854—2013)中的土石方工程清单工程量计算规则如下。

土石方工程工程量计算主要涉及平整场地、挖基坑、挖沟槽、挖一般土(石)方以及回填方等分部分项工程，如表4-2-10至表4-2-12所示。

表 4-2-10 土方工程(编号:010101)

项 目 编 码	项 目 名 称	项 目 特 征	计量单位	工程量计算规则	工 作 内 容
010101001	平整场地	1.土壤类别 2.弃土运距 3.取土运距	m^2	按设计图示尺寸以建筑物首层建筑面积计算	1.土方挖填 2.场地找平 3.运输
010101002	挖一般土方	1.土壤类别 2.挖土深度 3.弃土运距	m^3	按设计图示尺寸以体积计算	1.排地表水 2.土方开挖 3.围护(挡土板)及拆除 4.基底钎探 5.运输
010101003	挖沟槽土方			按设计图示尺寸以基础垫层底面积乘以挖土深度计算	
010101004	挖基坑土方				
010101005	冻土开挖	1.冻土厚度 2.弃土运距		按设计图示尺寸开挖面积乘以厚度以体积计算	1.爆破 2.开挖 3.清理 4.运输
010101006	挖淤泥、流砂	1.挖掘深度 2.弃淤泥、流砂距离		按设计图示位置、界限以体积计算	1.开挖 2.运输

续表

项目编码	项目名称	项目特征	计量单位	工程量计算规则	工作内容
010101007	挖管沟土方	1. 土壤类别 2. 管外径 3. 挖沟深度 4. 回填要求	1. m 2. m^3	1. 以米计量，按设计图示尺寸以管道中心线长度计算 2. 以立方米计量，按设计图示管底垫层面积乘以挖土深度计算；无管底垫层的，按管外径的水平投影面积乘以挖土深度计算。不扣除各类井的长度，井的土方并入	1. 排地表水 2. 土方开挖 3. 围护(挡土板)、支撑 4. 运输 5. 回填

表 4-2-11　石方工程(编号:010102)

项目编码	项目名称	项目特征	计量单位	工程量计算规则	工作内容
010102001	挖一般石方	1. 岩石类别 2. 开凿深度 3. 弃渣运距	m^3	按设计图示尺寸以体积计算	1. 排地表水 2. 凿石 3. 运输
010102002	挖沟槽石方			按设计图示尺寸沟槽底面积乘以挖石深度以体积计算	
010102003	挖基坑石方			按设计图示尺寸基坑底面积乘以挖石深度以体积计算	
010102004	挖管沟石方	1. 岩石类别 2. 管外径 3. 挖沟深度	1. m 2. m^3	1. 以米计量，按设计图示尺寸以管道中心线长度计算 2. 以立方米计量，按设计图示截面积乘以长度计算	1. 排地表水 2. 凿石 3. 回填 4. 运输

表 4-2-12　回填(编号:010103)

项目编码	项目名称	项目特征	计量单位	工程量计算规则	工作内容
010103001	回填方	1. 密实度要求 2. 填方材料品种 3. 填方粒径要求 4. 填方来源、运距	m^3	按设计图示尺寸以体积计算： 1. 场地回填：回填面积乘以平均回填厚度 2. 室内回填：主墙面积乘以回填厚度，不扣除间隔墙 3. 基础回填：按挖方清单项目工程量减去自然地坪以下埋设的基础体积(包括基础垫层及其他构筑物)	1. 运输 2. 回填 3. 压实
010103002	余方弃置	1. 废弃料品种 2. 运距		按挖方清单项目工程量减去利用回填方体积(正数)计算	余方点装料运输至弃置点

土石方工程工程量计算规则说明如下。

1. 平整场地

按设计图示尺寸以首层建筑面积计算。

2. 挖沟槽

$$V_{沟槽} = S \times L$$

式中，L 为沟槽长度(m)，S 为沟槽截面积(m^2)。

(1) 关于 S 的计算方法，有以下几种情况：

① 不考虑工作面、放坡等施工工艺：

$$S = a \times H$$

式中，a 为沟槽内垫层底净宽度(m)，H 为沟槽挖深(m)，如图 4-2-9 所示。

② 考虑工作面、放坡等施工工艺，垫层及基础支模板：

$$S = (a + 2c + KH) \times H$$

式中，a 为沟槽内垫层底净宽度(m)，c 为工作面宽度(m)，K 为放坡系数，H 为沟槽挖深(m)，如图 4-2-10 所示。

③ 考虑工作面、放坡等施工工艺，原槽、坑做基础垫层：

$$S = at + (a + 2c + KH') \times H'$$

式中：a 为沟槽内垫层底净宽度(m)；c 为工作面宽度(m)；t 为垫层厚度(m)；K 为放坡系数；H' 为挖深减垫层厚度(m)，即 $H' = H - t$；如图 4-2-11 所示。

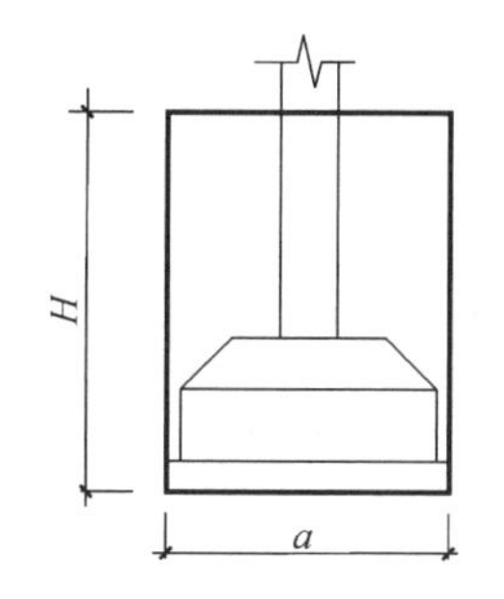

图 4-2-9　不考虑工作面、放坡等施工工艺，沟槽截面积计算示意图

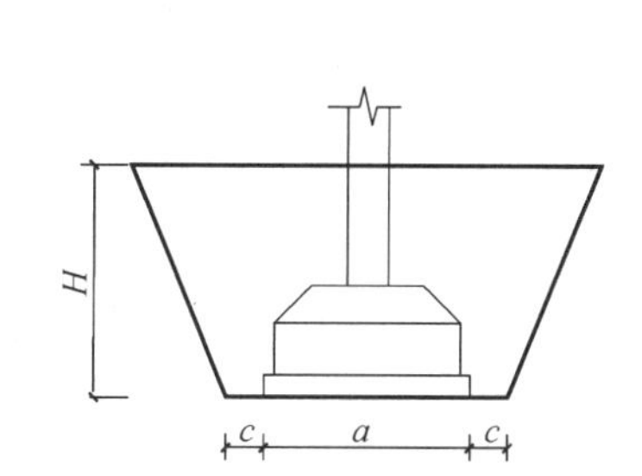

图 4-2-10　考虑工作面、放坡等施工工艺，垫层及基础支模板，沟槽截面积计算示意图

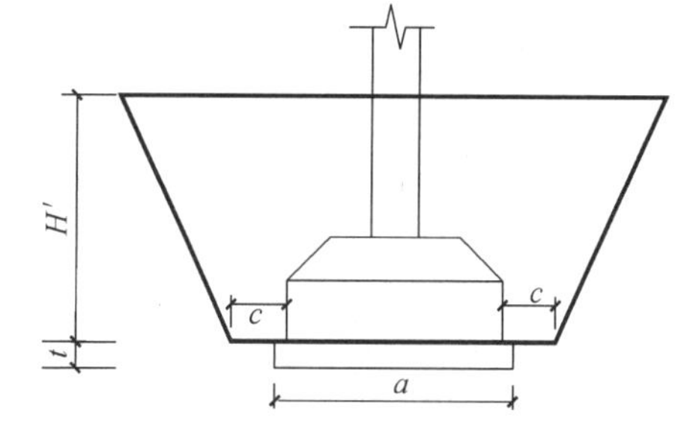

图 4-2-11　考虑工作面、放坡等施工工艺，原槽、坑做基础垫层，沟槽截面积计算示意图

④ 考虑工作面、支挡等施工工艺：

$$S = (a + 2c + 2d) \times H$$

式中，a 为沟槽内垫层底净宽度(m)，c 为工作面宽度(m)，d 为支护结构厚度(m)，H 为沟槽挖深(m)，如图 4-2-12 所示。

(2) 关于 L，按下述规则确定：

① 外墙取外沟槽中心线 $L_{中}$；

② 内墙取内沟槽净长线 $L_{内}$。

例 4-2　某工程±0.00 以下基础施工图如图 4-2-13 所示，室内外标高差为 450 mm。

基础垫层为非原槽浇筑，垫层支模，混凝土强度等级为C10，条形基础、独立基础垫层出边距离均为100 mm，地圈梁混凝土强度等级为C20；砖基础为普通页岩标准砖，M5.0水泥砂浆砌筑；独立柱基及柱为C20混凝土，混凝土及砂浆为现场搅拌；回填夯实，弃土运距为1.5 km；土壤类别为三类土。请根据以上信息编制分部分项工程量清单。

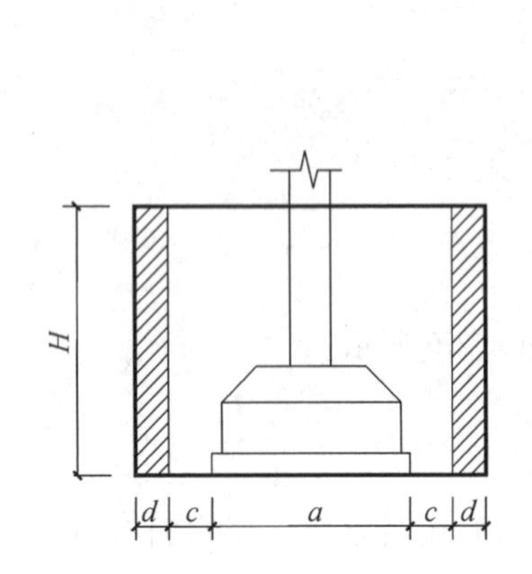

图 4-2-12　考虑工作面、支挡等施工工艺，沟槽截面积计算示意图

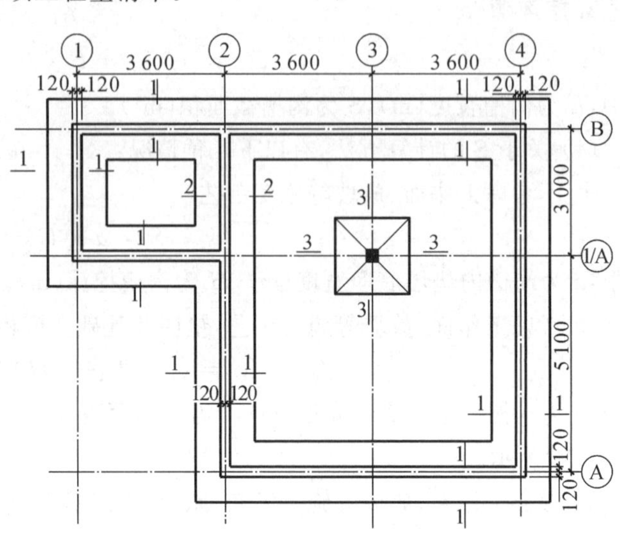

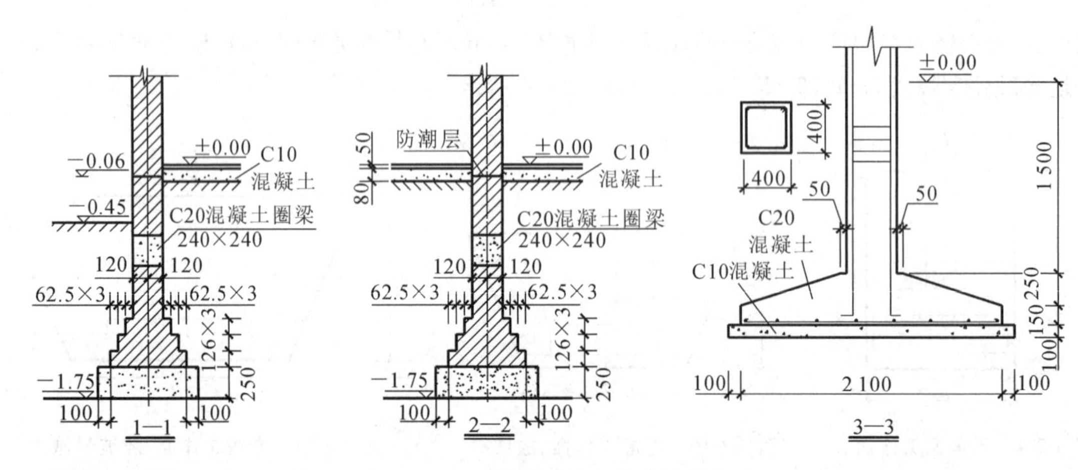

图 4-2-13　基础平面图、基础剖面图

解　计算结果如表4-2-13所示。

表 4-2-13　清单工程量计算表

编号	清单项目编码	项 目 名 称	项 目 特 征	计量单位	工程量	计 算 式
1	010101001001	平整场地	三类土	m^2	73.71	$S=[(3.6\times3+0.12\times2)\times(3.00+0.24)+(3.60+0.12)\times2\times5.10]\ m^2$ $=(11.04\times3.24+7.44\times5.10)\ m^2$ $=73.71\ m^2$

续表

编号	清单项目编码	项 目 名 称	项 目 特 征	计量单位	工程量	计 算 式
2	010101003001	挖沟槽土方	1. 三类土 2. 挖深 1.3 m	m^3	42.36	$L_{中}=(3.6\times3+3+5.1)\times2$ m $=37.8$ m $L_{内}=[3.0-(0.24+0.0625\times6+0.1\times2)]$ m $=(3.0-0.815)$ m $=2.185$ m $V=(37.8+2.185)\times0.815\times1.3\ m^3$ $=42.36\ m^3$
3	010101004001	挖基坑土方	1. 三类土 2. 挖深 1.55 m	m^3	8.20	$V=(2.10+0.20)\times(2.10+0.20)\times1.55\ m^3$ $=8.20\ m^3$
4	010103002001	土方回填		m^3	24.10	1. 沟槽回填： $V_{垫层}=(37.8+2.185)\times0.815\times0.25\ m^3$ $=8.147\ m^3$ $V_{室外地坪下砖基础(含地圈梁)}=(37.8+2.76)\times(1.3\times0.24+0.0625\times0.126\times12)\ m^3$ $=16.488\ m^3$ $V_{沟槽回填}=(42.36-8.147-16.488)\ m^3$ $=17.73\ m^3$ 2. 基坑回填： $V_{垫层}=2.3\times2.3\times0.1\ m^3=0.529\ m^3$ $V_{地坪下独立基础}=\{1/6\times0.25\times[0.5^2+2.1^2+(0.5+2.1)^2]+2.1^2\times0.15\}\ m^3$ $=1.137\ m^3$ $V_{地坪下柱}=0.4^2\times(1.5-0.45)\ m^3$ $=0.168\ m^3$ $V_{基础回填}=(8.20-0.529-1.137-0.168)\ m^3$ $=6.37\ m^3$ $V_{土方回填}=(17.73+6.37)\ m^3$ $=24.10\ m^3$
5	010103002001	余方弃置	弃土运距 1.5 km	m^3	22.85	$V=[42.36+8.20-24.10\times1.15$(压实后利用的土方量)$]\ m^3=22.85\ m^3$

3. 挖基坑及一般土方

与挖沟槽类似，挖基坑及一般土方的计算按施工工艺的不同也可分为以下几种情况：

(1) 不考虑工作面、放坡等施工工艺：

$$V_{基坑、一般土方}=a\times b\times H$$

式中，a、b 分别为基坑、一般土方的长和宽(m)，H 为挖深(m)，如图 4-2-14 所示。

(2) 考虑工作面、放坡等施工工艺，垫层及基础支模板：

$$V=\frac{1}{6}\times H\times[a'b'+(a'+A)(b'+B)+AB]$$

式中：a'、b' 分别为基坑、一般土方槽底长度及宽度(m)，即 $a'=a+2c$，$b'=b+2c$；A、B 为基坑、一般土方槽口长度及宽度(m)，即 $A=a+2c+2KH$，$B=b+2c+2KH$；如图 4-2-15 所示。

(3) 考虑工作面、放坡等施工工艺，原槽、坑做基础垫层：

$$V=\frac{1}{6}\times H'\times[a'b'+(a'+A)(b'+B)+AB]+abt$$

式中：a'、b' 分别为基坑、一般土方槽底长度及宽度(m)，即 $a'=a+2c$，$b'=b+2c$；A、B 为基坑、一般土方槽口长度及宽度(m)，即 $A=a+2c+2KH'$，$B=b+2c+2KH'$；t 为垫层厚度(m)；H' 为挖深减垫层厚度(m)，即 $H'=H-t$；如图 4-2-16 所示。

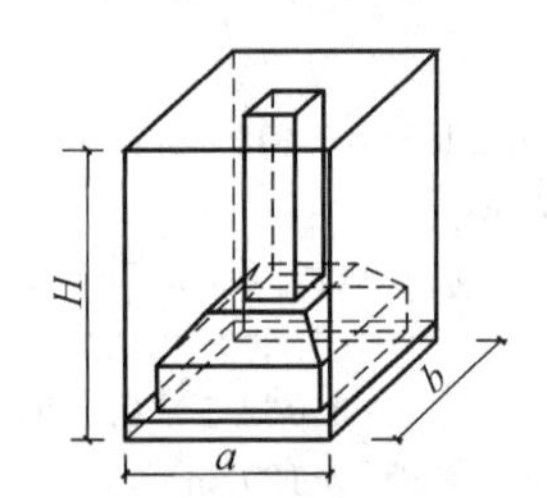

图 4-2-14 不考虑工作面、放坡等施工工艺，基坑、一般土方计算示意图

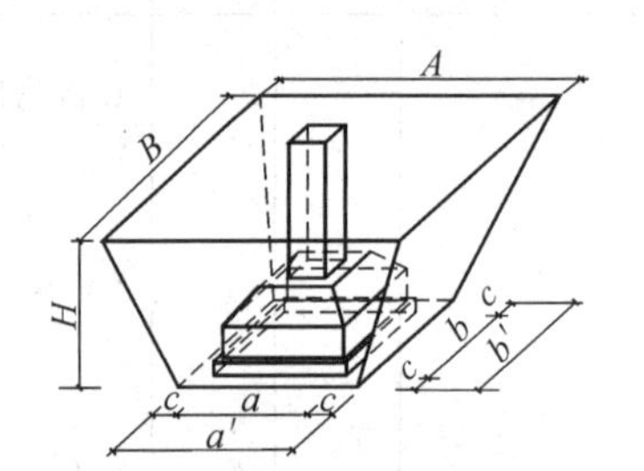

图 4-2-15 考虑工作面、放坡等施工工艺，垫层及基础支模板，基坑、一般土方计算示意图

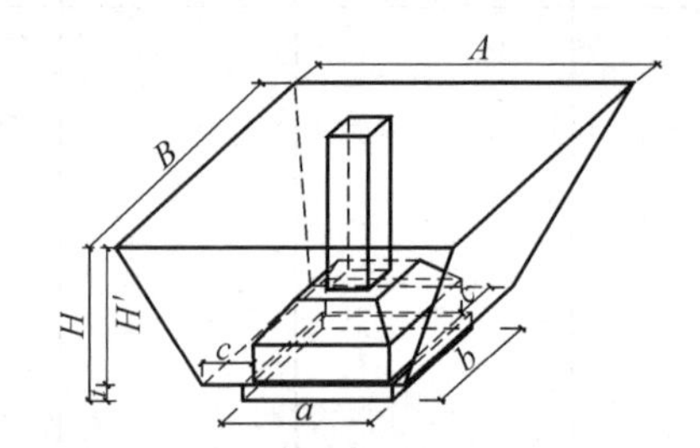

图 4-2-16 考虑工作面、放坡等施工工艺，原槽、坑做基础垫层，基坑、一般土方计算示意图

4. 回填方

一般回填土石方分为场地回填、基础回填及房心回填。

此外，计算土方调运时，当计算值为正数时，需考虑余方弃置；反之，需考虑缺方内运。

(1) 场地回填：

场地回填土体积＝挖土(石)方量－地下基础及垫层体积

(2) 基础回填：

基础回填土体积＝基础挖方量－室外地坪以下埋设物体积

(3) 房心回填：

房心回填土体积＝主墙间净面积×回填厚度＝(地层建筑面积－墙柱所占面积)×回填厚度

其中，回填厚度＝室内外高度差－地面做法厚度，主墙是指结构厚度在 120 mm 以上的各类墙体。

5. 土方调运

土方调运：

土方调运体积 ＝ 总需方量 － 总外运量

注：当土方调运体积为正时，说明总需方量大于总外运量，土方内调；反之，当土方调运体积为负时，说明总需方量小于总外运量，土方外运。

三、土石方工程计价定额规则

《江苏省建筑与装饰工程计价定额》(2014 版)中，土石方工程按挖方方式可分为人工土石方和机械土石方两大类。

1. 章节说明(摘录)

(1) 土、石方的体积除定额中另有规定外，均按天然密实体积(自然方)计算。

(2) 挖土深度以设计室外标高为起点，如实际自然地面标高与设计地面标高不同，工程量在竣工结算时调整。

(3) 运余松土或挖堆积期在一年以内的堆积土，除按运土方定额执行外，另增加挖一类土的定额项目(工程量按实方计算，若为虚方，按工程量计算规则的折算方法折算成实方)。取自然土回填时，按土壤类别执行挖土定额。

(4) 支挡土板不分密撑、疏撑，均按定额执行，实际施工中材料不同时均不调整。

(5) 桩间挖土按打桩后坑内挖土相应定额执行。桩间挖土是指桩(不分材质和成桩方式)顶设计标高以下及桩顶设计标高以上 0.50 m 范围内的挖土。

(6) 定额中机械土方按三类土取定。如实际土壤类别不同，定额中机械台班量乘以表 4-2-14中的系数。

表 4-2-14　土壤系数表

项　　目	三　类　土	一、二类土	四　类　土
推土机推土方	1.00	0.84	1.18
铲运机铲运土方	1.00	0.84	1.26
自行式铲运机铲运土方	1.00	0.86	1.09
挖掘机挖土方	1.00	0.84	1.14

(7) 土、石方体积均按天然密实体积(自然方)计算；推土机、铲运机推、铲未经压实的堆积土，按三类土定额项目乘以系数 0.73。

(8) 推土机推土、石，铲运机运土重车上坡时，如坡度大于 5%，运距按坡度区段斜长乘以表 4-2-15 中的系数。

表 4-2-15　坡度系数表

坡度	10%以内	15%以内	20%以内	25%以内
系数	1.75	2.00	2.25	2.50

(9) 机械挖土方工程量，按机械实际完成工程量计算。机械确实挖不到的地方，用人工修边坡、整平的土方工程量按人工挖一般土方相应(最多不得超过挖方量的 10%)定额项目人工乘以系数 2。机械挖土、石方单位工程量小于 2 000 m^3或在桩间挖土、石方，按相应定额乘以系数 1.10。

(10) 机械挖土均以天然湿度土壤为准，含水率达到或超过 25%时，定额人工、机械乘以系数 1.15；含水率超过 40%时另行计算。

(11) 支撑下挖土定额适用于有横支撑的深基坑开挖。

(12) 本定额中的自卸汽车运土,对道路的类别及自卸汽车吨位已分别进行综合计算。

(13) 自卸汽车运土,按正铲挖掘机挖土考虑,如为反铲挖掘机装车,则自卸汽车运土台班量乘以系数1.10;如为拉铲挖掘机装车,自卸汽车运土台班量乘以系数1.20。

(14) 挖掘机在垫板上作业时,其人工、机械乘以系数1.25,垫板铺设所需的人工、材料、机械消耗另行计算。

(15) 推土机推土或铲运机铲土,推土区土层平均厚度小于300 mm时,推土机台班乘以系数1.25,铲运机台班乘以系数1.17。

(16) 装载机装原状土,需由推土机破土时,另增加推土机推土项目。

(17) 爆破石方定额是按炮眼法松动爆破编制的,不分明炮或闷炮,如实际采用闷炮法爆破的,其覆盖保护材料另行计算。

(18) 爆破石方定额是按电雷管导电起爆编制的,如采用火雷管起爆,雷管数量不变,单价换算,胶质导线扣除,但导火索应另外增加(导火索长度按每个雷管2.12 m计算)。

(19) 石方爆破中已综合了不同开挖深度、坡面开挖、放炮找平因素,如设计规定爆破有粒径要求时,需增加的人工、材料、机械应由甲乙双方协商处理。

2. 定额工程量计算规则(摘录)

(1) 平整场地工程量按下列规定计算:

① 平整场地是指建筑物场地挖、填土方厚度在±300 mm以内及找平。

② 平整场地工程量按建筑物外墙外边线每边各加2 m以面积计算。

(2) 沟槽、基坑土石方工程量按下列规定计算:

① 沟槽、基坑划分:

底宽不超过7 m且底长大于3倍底宽的为沟槽。套用定额计价时,应根据底宽的不同,分别按底宽3~7 m或者3 m以内,套用对应的定额子目。

底长不超过3倍底宽且底面积不超过150 m^2的为基坑。套用定额计价时,应根据底面积的不同,分别按底面积为20~150 m^2或者20 m^2以内,套用对应的定额子目。

凡沟槽底宽在7 m以上,基坑底面积在150 m^2以上的,按挖一般土方或挖一般石方计算。

② 沟槽工程量按沟槽长度乘以沟槽截面积计算。

沟槽长度:外墙按图示基础中心线长度计算,内墙按图示基础底宽加工作面宽度之间的净长度计算,沟槽宽按设计宽度加基础施工所需工作面宽度计算,凸出墙面的附墙烟囱、垛等的体积并入沟槽土方工程量内。

③ 挖沟槽、基坑、一般土方需放坡时,按施工组织设计规定计算。

④ 沟槽、基坑需支挡土板时,挡土板面积按槽、坑边实际支挡土板面积(即每块挡土板的最长边乘以挡土板的最宽边之积)计算。

⑤ 管沟土方按立方米计算,管沟按图示中心线长度计算,不扣除各类井的长度,井的土方并入。沟底宽度设计有规定的,按设计规定计算;设计未规定的,按管道结构宽加工作面宽度计算。

(3) 建筑物场地厚度在±300 mm以外的竖向布置挖土或山坡切土,均按挖一般土方计算。

(4) 岩石开凿及爆破工程量,区别石质按下列规定计算:

① 人工凿岩石按图示尺寸以体积计算。

② 爆破岩石按图示尺寸以体积计算;基槽、坑深度允许超挖:软质岩200 mm,硬质岩

150 mm。超挖部分岩石并入相应工程量内。爆破后的清理、修整执行人工清理定额。

(5) 回填土区分夯填、松填以体积计算。

① 基槽、坑回填土工程量＝挖土体积－设计室外地坪以下埋设体积(包括基础垫层、墙基础及柱等)。

② 室内回填土工程量按主墙间净面积乘以填土厚度计算,不扣除附垛及附墙烟囱等的体积。

③ 管道沟槽回填土工程量,以挖方体积减去管外径所占体积计算。管外径小于或等于500 mm时,不扣除管道所占体积。

(6) 余土外运、缺土内运工程量按公式“运土工程量＝挖土工程量－回填土工程量”计算。正值为余土外运,负值为缺土内运。

(7) 机械土、石方运距按下列规定计算:

① 推土机推距:按挖方区重心至回填区重心之间的直线距离计算。

② 铲运机运距:按挖方区重心至卸土区重心加转向距离 45 m 计算。

③ 自卸汽车运距:按挖方区重心至填土区(或堆放地点)重心的最短距离计算。

(8) 建筑场地原土碾压以面积计算,填土碾压按图示填土厚度以体积计算。

例 4-3 某工程满堂整板基础如图 4-2-17 和图 4-2-18 所示,设计室外地坪标高－0.3 m,轴线均居梁的中心线,基础梁顶标高－1.8 m,基础底板顶面与梁顶平齐,基础梁、基础底板均设 150 mm 素混凝土垫层,垫层每边出边距离均为 150 mm。垫层采用支模浇筑,基础底板、基础梁采用标准半砖侧模(M5 混合砂浆砌筑,1∶2 水泥砂浆抹灰)施工,半砖侧模(厚度按 115 mm 计算)砌筑在垫层上。土壤类别为四类土,地下常水位为－2.70 m,反铲挖掘机(斗容量为 1 m^3)坑内作业,挖土装车,机械开挖的土方由自卸汽车外运 10 km,人工修边坡、清底的土方(工程量按基坑总挖方量的 10%计算)和基础梁土方(人工开挖)坑边堆放不外运。基础混凝土采用预拌防水 P6(泵送型)C30 砼,垫层采用预拌泵送 C15 砼,企业管理费费率和利润费率分别按 26%、12%执行,试按 2014 年计价定额计算土方开挖、外运的定额工程量和定额合价(不考虑回填,材料费按计价定额材料含税价取费,暂不考虑进项税除税处理)。

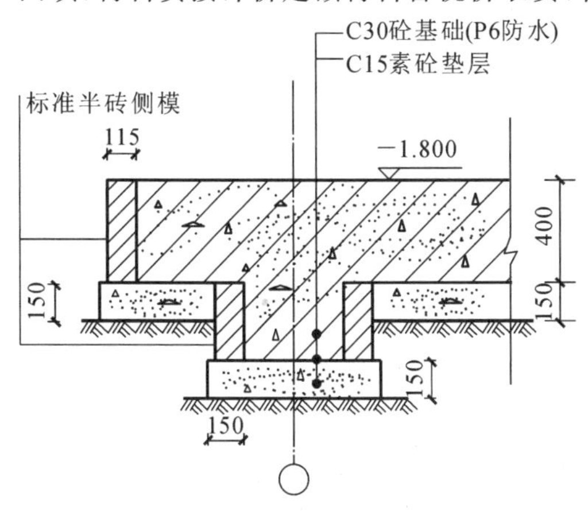

图 4-2-17 砖侧模施工示意图

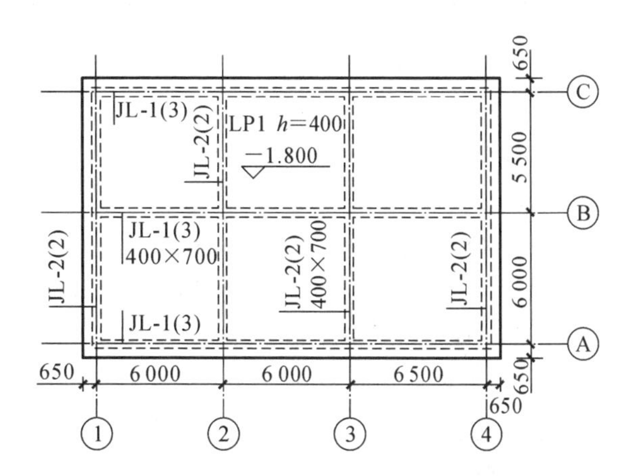

图 4-2-18 基础底板、基础梁示意图

解 (1) 定额工程量计算过程。

定额工程量计算表如表 4-2-16 所示。

表 4-2-16　定额工程量计算表 1

序号	项　　目	计　算　式	计算单位	数　　量
1	机械挖一般土方	1. 计算参数： (1) 挖土深度：$H=(1.8+0.4+0.15-0.3)$ m=2.05 m (2) 放坡系数：$K=0.1$ (3) 工作面宽度：$c=300$ mm 2. 计算过程： $a'=(6+6+6.5+0.65\times2+0.15\times2+0.3\times2)$ m=20.7 m $b'=(5.5+6+0.65\times2+0.15\times2+0.3\times2)$ m=13.7 m $A=(20.7+2.05\times0.1\times2)$ m=21.11 m $B=(13.7+2.05\times0.1\times2)$ m=14.11 m $V=\frac{1}{6}\times H\times[a'b'+(a'+A)(b'+B)+AB]$ $=\frac{1}{6}\times2.05\times[20.7\times13.7+(20.7+21.11)\times(13.7+14.11)$ $+21.11\times14.11]$ m³ $=595.93$ m³	m³	595.93
		人工清底：595.93×10% m³=59.59 m³	m³	59.59
		机械挖土量：595.93×90% m³=536.34 m³	m³	536.34
2	基础梁人工挖土方	1. 计算参数： (1) 挖土深度：$H=(0.7-0.4)$ m=0.3 m (2) 工作面宽度：$c=300$ mm 2. 计算过程： 槽宽：$b=(0.4+0.15\times2+0.3\times2)$ m=1.3 m 外梁槽长：$l_{外}=[(6+6+6.5)+(5.5+6)]\times2$ m=60 m 内梁槽长：$l_{内}=[(11.5-1.3)\times2+(18.5-1.3\times3)]$ m $=(20.4+14.6)$ m=35 m 沟槽体积：$V=SL=1.3\times0.3\times(60+35)$ m³=37.05 m³	m³	37.05
3	土方外运	机械挖方部分土方外运 536.34 m³	m³	536.34

(2) 定额计价计算过程。

① 列项。

a. 1-204　挖掘机挖土方。

b. 1-4　人工清底(挖一般土方)。

c. 1-266　自卸汽车外运 10 km。

d. 1-32　人工挖深度 3 m 以内四类干土。

② 综合单价计算表。

综合单价计算表如表 4-2-17 所示。

表 4-2-17　综合单价计算表

定额编号	子目名称	单　　位	数　　量	单　　价	合　　价
1-204换	挖掘机挖土方	1 000 m³	0.54	6 334.74	3 420.76
1-204换=(3 457.97×1.14+231)×(1+26%+12%)×1.1 元=6 334.74 元 (1. 四类土挖掘机挖土按土壤系数表乘以系数；2. 单位工程机械挖方量小于 2 000 m³ 乘以系数)					

续表

定额编号	子目名称	单位	数量	单价	合价
1-4换	人工清底(挖一般土方)	m^3	59.59	82.88	4 938.82
1-4换=30.03×(1+26%+12%)×2 元=82.88 元 (人工挖方量小于总挖方量的10%,单价乘以系数2)					
1-266换	自卸汽车外运 10 km	1 000 m^3	0.54	32 513.08	17 557.06
1-266换=[40.42+(0+243.90+21 170.01×1.1)×(1+26%+12%)]元=32 513.08 元 (反铲挖掘机挖土装车,自卸汽车台班量乘以系数1.1)					
1-32	人工挖深度3 m以内四类干土	m^3	37.05	77.57	2 873.97
1-32=56.21×(1+26%+12%)元=77.57 元					

注:根据《财政部 国家税务总局关于全面推开营业税改征增值税试点的通知》(财税〔2016〕36号)文件,采用一般计税方法计算建筑业工程造价增值税时,应当以不含增值税可抵扣进项税的税前造价为基数。因此,计算各分部分项工程费时涉及的材料费、机械费等,均应以不含增值税可抵扣进项税的除税价计算。

本书主要以《江苏省建筑与装饰工程计价定额》(2014版)为计价依据,该计价定额中的材料费、机械费均为含税价,因此理论上涉及的所有综合单价均应做除税处理后才能套用。由于相关费用的除税处理方法已在本书前述内容中介绍,故限于篇幅因素,本例题以及后续章节中的例题,除特殊说明外,均暂不考虑除税处理,以《江苏省建筑与装饰工程计价定额》(2014版)中规定的含税单价为计价参考。但在阅读本书和实际生产工作中,应意识到关于相关费用的除税问题。

例 4-4 某建筑物地下室如图4-2-19所示,该工程为三类工程,设计室外地坪标高为−0.30 m,地下室的室内地坪标高为−1.5 m。地下室C25钢筋混凝土满堂基础下为C10素混凝土垫层,均为自拌混凝土,地下室外壁做防水层,原槽做垫层。施工组织设计确定用反铲挖掘机(斗容量为1 m^3)挖土,土壤为四类土,机械挖土坑上作业,不装车,机械挖土用人工找平部分按总挖方量的10%计算。现场土方80%集中堆放在距挖土中心200 m处,用拖式铲运机(斗容量为3 m^3)铲运,其余土方堆放在坑边,余土不计。施工组织设计确定深度超过1.5 m起放坡,放坡系数为0.33,工作面宽度从防水层放1 000 mm。请完成该土方工程的清单组价。

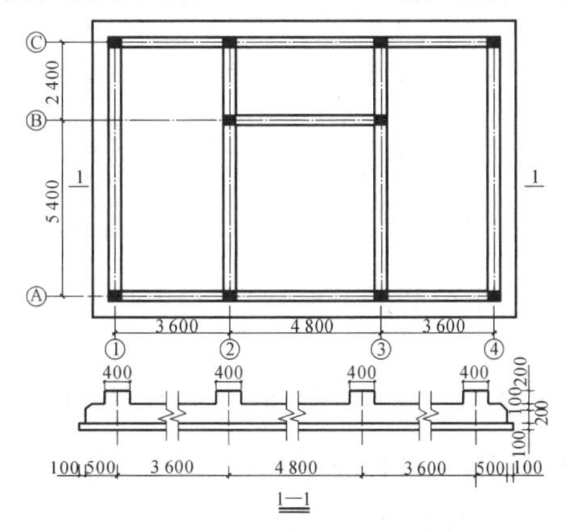

图 4-2-19 筏板基础平面图、剖面图

解 (1) 编制未标价工程量清单。

① 列项。

010101002001 挖一般土方。

② 计算工程量。

010101002001 挖一般土方：

{[(0.1+0.5+3.6)×2+4.8]×(5.4+2.4+0.5×2+0.1×2)}×(1.9−0.3) m³=118.8×1.6 m³=190.08 m³

③ 列清单。

工程量清单表如表 4-2-18 所示。

表 4-2-18 工程量清单表

序 号	项目编码	项目名称	项目特征	计量单位	工 程 量
1	010101002001	挖一般土方	1.土壤类别:四类土 2.弃土运距:200 m 3.挖土深度:1.6 m	m³	190.08

(2) 计价。

① 定额列项。

a. 1-205 反铲挖掘机(斗容量为 1 m³),挖土不装车。

b. 1-8 人工挖基坑(挖深 1.5 m 以内,四类土)。

c. 1-13 人工挖基坑(挖深超过 1.5 m 增加费)。

d. 1-163 拖式铲运机(斗容量为 3 m³)推距 200 m。

② 计算定额工程量。

a. 1-205 反铲挖掘机(斗容量为 1 m³),挖土不装车。

$$V_{挖}=V_1+V_2$$

$$V_1=[(0.1+0.5+3.6)\times2+4.8]\times(5.4+2.4+0.5\times2+0.1\times2)\times0.1\ \text{m}^3=11.88\ \text{m}^3$$

$$V_2=\frac{1}{6}\times H'\times[ab+(a+A)(b+B)+AB]$$

其中：

$$H'=(1.5+0.3-0.3)\ \text{m}=1.5\ \text{m}$$

$$a=(3.6+4.8+3.6+0.1\times2+1\times2)\ \text{m}=14.2\ \text{m}$$

$$b=(5.4+2.4+0.1\times2+1\times2)\ \text{m}=10\ \text{m}$$

$$A=a+2KH'=(14.2+2\times1.5\times0.33)\ \text{m}=15.19\ \text{m}$$

$$B=b+2KH'=(10+2\times1.5\times0.33)\ \text{m}=10.99\ \text{m}$$

$$V_2=\frac{1}{6}\times1.5\times[14.2\times10+(14.2+15.19)\times(10+10.99)+15.19\times10.99]\ \text{m}^3$$

$$=\frac{1}{6}\times1.5\times(142+616.90+166.94)\ \text{m}^3=231.46\ \text{m}^3$$

$$V_{挖}=V_1+V_2=(11.88+231.46)\ \text{m}^3=243.34\ \text{m}^3$$

由于反铲挖掘机挖土量为总挖方量的 90%,故有

$$V=243.34\times90\%\ \text{m}^3=219.01\ \text{m}^3$$

b. 1-8　人工挖基坑(挖深 1.5 m 以内,四类土)。

人工挖土量为总挖方量的 10%,故有

$$V=243.34\times10\%\ \text{m}^3=24.33\ \text{m}^3$$

c. 1-13　人工挖基坑(挖深超过 1.5 m 增加费)。

同人工挖基坑(挖深 1.5 m 以内,四类土),即

$$V=24.33\ \text{m}^3$$

d. 1-163　拖式铲运机(斗容量为 3 m^3)推距 200 m。

拖式铲运机铲运土为总挖方量的 80%,故有

$$V=243.34\times80\%\ \text{m}^3=194.67\ \text{m}^3$$

③ 单价调整、套价。

a. $1\text{-}205_{换}$　反铲挖掘机(斗容量为 1 m^3),挖土不装车。

$1\text{-}205_{换}=[4\ 007.54+0.14\times2\ 694.21\times(1+25\%+12\%)]$元/(1 000 m^3)

$=4\ 524.29$ 元/(1 000 m^3)

注:定额中机械土方按三类土确定,如实际土壤类别不同,定额中机械台班量要乘以相应的系数。

合价$=219.01\times4\ 524.29/1\ 000$ 元$=990.86$ 元

b. 1-8　人工挖基坑(挖深 1.5 m 以内,四类土)。

$1\text{-}8_{换}=[49.58+36.19\times(1+25\%+12\%)]$ 元/$\text{m}^3$$=99.16$ 元/m^3

注:机械挖土方工程量,按机械实际完成工程量计算。机械确实挖不到的地方,用人工修边坡、整平的土方工程量按人工挖一般土方相应(最多不得超过挖方量的 10%)定额项目人工乘以系数 2。

合价$=24.33\times99.16$ 元$=2\ 412.56$ 元

c. 1-13　人工挖基坑(挖深超过 1.5 m 增加费)。

$1\text{-}13_{换}=[4.22+3.08\times(1+25\%+12\%)]$元/$\text{m}^3$$=8.44$ 元/m^3

合价$=24.33\times8.44$ 元$=205.35$ 元

d. 拖式铲运机(斗容量为 3 m^3)推距 200 m。

$1\text{-}163_{换}=[11\ 338.17-0.16\times7\ 801.00\times(1+25\%+12\%)]$元/(1 000 m^3)

$=9\ 628.19$ 元/(1 000 m^3)

注:定额中机械土方按三类土确定,如实际土壤类别不同,定额中机械台班量要乘以相应的系数。

合价$=194.67\times9\ 628.19/1\ 000$ 元$=1\ 874.32$ 元

(3) 编制已标价工程量清单。

综合单价分析表如表 4-2-19 所示。

表 4-2-19　综合单价分析表 1

序号	项目编码	项目名称	项目特征	计量单位	工程量	综合单价	合价
1	010101002001	挖一般土方	1. 土壤类别:四类土 2. 弃土运距:200 m 3. 挖土深度:1.6 m	m^3	190.08	28.85	5 483.09

续表

序号	项目编码	项目名称	项目特征	计量单位	工程量	综合单价	合价
组价分析							
1	1-205	反铲挖掘机(斗容量为1 m^3),挖土不装车	—	1 000 m^3	0.22	4 524.29	990.86
2	1-8换	人工挖基坑(挖深1.5 m以内,四类土)	—	m^3	24.33	99.16	2 412.56
3	1-13换	人工挖基坑(挖深超过1.5 m增加费)	—	m^3	24.33	8.44	205.35
4	1-163换	拖式铲运机(斗容量为3 m^3)推距200 m	—	1 000 m^3	0.20	9 628.19	1 874.32

例 4-5 某单位传达室基础平面图及剖面图如图 4-1-1 所示,土壤为三类土、干土,基础垫层支模板,场内运土 150 m,室内地面厚度为 200 mm,地下埋设砖基础体积为 15.64 m^3,混凝土基础体积为 6.48 m^3,垫层体积为 4.27 m^3,请完成土方工程清单列项、工程量计算及清单组价。

解 (1) 工程量清单计算表。

工程量清单及工程量计算表如表 4-2-20 所示。

表 4-2-20 工程量清单及工程量计算表

序号	项目编码	项目名称	项目特征	单位	工程数量	工程量计算式
1	010101001001	平整场地	土壤类别:三类干土	m^2	48.42	$S=S_{底}=48.42\ m^2$
2	010101003001	挖沟槽土方	1.外墙基础 2.土壤类别:三类干土 3.挖土深度:1.6 m 4.弃土运距:就地堆放	m^3	104.16	$H=(1.9-0.3)\ m=1.6\ m>1.5\ m$,需要放坡,$K=0.33$; 工作面宽度 $c=300$ mm; $S=(a+2c+2KH)\times H$ $=(1.2+2\times0.3+0.33\times1.6)\times1.6\ m^2$ $=3.72\ m^2$ $V=SL_{中}=3.72\times28\ m^3=104.16\ m^3$
3	010101003002	挖沟槽土方	1.内墙基础 2.土壤类别:三类干土 3.挖土深度:1.6 m 4.弃土运距:就地堆放	m^3	23.81	$L_{内基净长}=(5-1.2-2\times0.3)\times2\ m$ $=6.4\ m$ $V=SL_{内基净长}=3.72\times6.4\ m^3$ $=23.81\ m^3$
4	010103001001	回填方	1.房心回填 2.夯填	m^3	3.94	$S=(3-0.24)\times(5-0.24)\times3\ m^2$ $=39.41\ m^2$ $H=(0.3-0.2)\ m=0.1\ m$ $V=SH=39.41\times0.1\ m^3=3.94\ m^3$

续表

序号	项目编码	项目名称	项目特征	单位	工程数量	工程量计算式
5	010103001002	回填方	1. 基础回填 2. 夯填	m^3	101.58	$V_{基础回填}=V_{挖}-V_{设计室外地下埋设物}$ =[104.16+23.81−15.64(砖基础)−6.48(混凝土)−4.27(垫层)] m^3 =101.58 m^3
6	010103002001	余方弃置	运距 150 m	m^3	22.45	余方弃置 $=V_{挖}-V_{回填}$ =(104.16+23.81−3.94−101.58) m^3=22.45 m^3

(2) 定额工程量计算。

定额工程量计算表如表 4-2-21 所示。

表 4-2-21　定额工程量计算表 2

序　　号	定额编号	项目名称	单　　位	工程数量	工程量计算式
1	1-98	平整场地	10 m^2	12.23	S=(9+0.24+4)×(5+0.24+4)/10 (10 m^2)=12.23 (10 m^2)
2	1-28	挖沟槽(外墙基础)	m^3	104.16	同工程量清单
3	1-28	挖沟槽(内墙基础)	m^3	23.81	同工程量清单
4	1-102	房心回填	m^3	3.94	同工程量清单
5	1-104	基础回填	m^3	101.58	同工程量清单
6	[1-92]+ [1-95]×2	人力车运土 150 m	m^3	22.45	同工程量清单

(3) 分部分项工程清单组价过程。

综合单价分析表如表 4-2-22 所示。

表 4-2-22　综合单价分析表 2

序号	项目编码 (定额编号)	项目名称	单位	工程数量	综合单价	合　　价
1	010101001001	平整场地	m^2	48.42	735.39/48.42=15.19	735.39
	1-98	平整场地	10 m^2	12.23	60.13	735.39
2	010101003001	挖沟槽土方	m^3	104.16	53.80	5 603.81
	1-28	挖外墙基础沟槽	m^3	104.16	53.80	5 603.81
3	010101003002	挖沟槽土方	m^3	23.81	53.80	1 280.98
	1-28	挖内墙基础沟槽	m^3	23.81	53.80	1 280.98
4	010103001001	回填方	m^3	3.94	28.40	111.90
	1-102	房心回填	m^3	3.94	28.40	111.90
5	010103001002	回填方	m^3	101.58	31.17	3 166.25
	1-104	基础回填	m^3	101.58	31.17	3 166.25
6	010103002001	余方弃置	m^3	22.45	28.49	639.60
	[1-92]+[1-95]×2	人力车运土 150 m	m^3	22.45	20.05+4.22×2=28.49	639.60

任务3　地基处理与边坡支护工程计量与计价

一、地基处理与边坡支护工程施工工艺简介

1. 地基处理工程

地基处理就是按照上部结构对地基的要求，对地基进行必要的加固或改良，提高地基土的承载力，保证地基稳定，减少房屋的沉降或不均匀沉降，消除湿陷性黄土的湿陷性及提高抗液化能力。常见的地基处理有换填地基、夯实地基、挤密桩地基、深层密实地基、旋喷桩复合地基、注浆加固、预压地基、土工合成材料地基等方法，如图 4-3-1 所示。

(a) 换垫层法

(b) 强夯法

(c) 高压旋喷桩

(d) 振冲地基

(e) 水泥粉煤灰碎石桩(CFG)

(f) 压密注浆

图 4-3-1　各类地基处理技术

1) 高压旋喷桩

旋喷注浆桩地基简称旋喷桩地基，它是利用钻机，把带有特殊喷嘴的注浆管钻进至土层的预定位置后，利用高压脉冲泵，将水泥浆液通过钻杆下端的喷射装置，向四周以高速水平喷入土体，借助流体的冲击力切削土层，使喷流射程内的土体遭受破坏；与此同时，钻杆一面以一定的速度(20 r/min)旋转，一面以低速(15～30 cm/min)徐徐提升，使土体与水泥浆充分混合，胶结硬化后即在地基中形成直径比较均匀、具有一定强度(0.5～8.0 MPa)的圆柱体(成为旋喷桩)，从而使地基得到加固。根据喷射方式的不同，可形成不同的加固结构体，如图 4-3-2 所示。高压旋喷桩的工艺流程如图 4-3-3 所示。

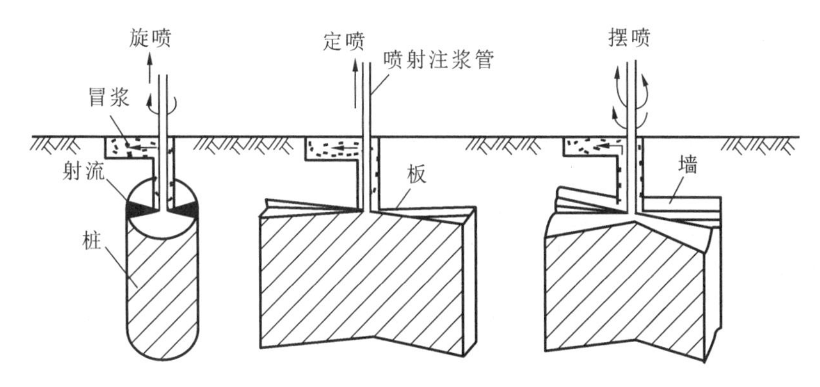

图 4-3-2　高压喷射注浆的三种形式

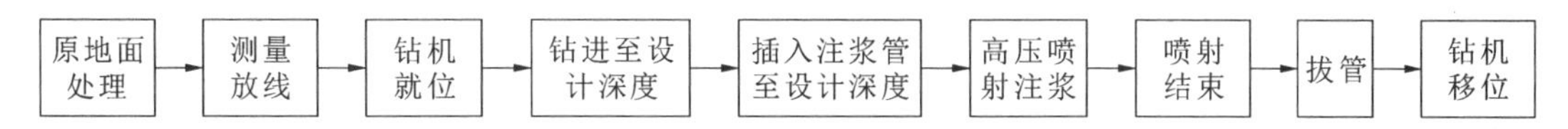

图 4-3-3　高压旋喷桩的工艺流程

2）深层搅拌密实桩

深层搅拌密实桩又称水泥土搅拌桩，它是利用水泥做固化剂，通过深层搅拌机在地基深部就地将软土和固化剂（浆体或粉体）强制拌和，利用固化剂和软土发生一系列物理、化学反应，使其凝结成具有整体性、水稳性好和较高强度的水泥加固体，与天然地基形成复合地基。目前，深层搅拌密实桩按主要使用的施工方法分为单轴搅拌桩、双轴搅拌桩和三轴搅拌桩，如图 4-3-4 所示，其工艺流程如图 4-3-5 所示。

(a) 三轴搅拌桩

(b) 双轴搅拌桩

图 4-3-4　深层搅拌密实桩的类型

3）压密注浆

压密注浆是利用较大的压力灌入浓度较大的水泥浆或化学浆液，注浆开始时浆液总是先充填较大的空隙，然后在较大的压力下渗入土体孔隙。随着土层孔隙水压力的升高，土体开始被挤压，直至出现剪切裂缝，产生劈裂，浆液随之充填裂缝，形成浆脉，使得土体内形成新的网状骨架结构。浆脉在形成过程中由于占据了土体的一部分空间，加上土层内孔隙被浆液所渗透，从而将土体挤密，构成新的浆脉复合地基，改善了土体的强度和防渗性能，同时也改变了土体物理力学性质，提高了软土地基的承载力。压密注浆的主要工艺流程可概括为：布孔—钻孔—下注浆管—灰浆配制—压浆—压浆孔封堵—清理现场。压密注浆原理图如图 4-3-6 所示。

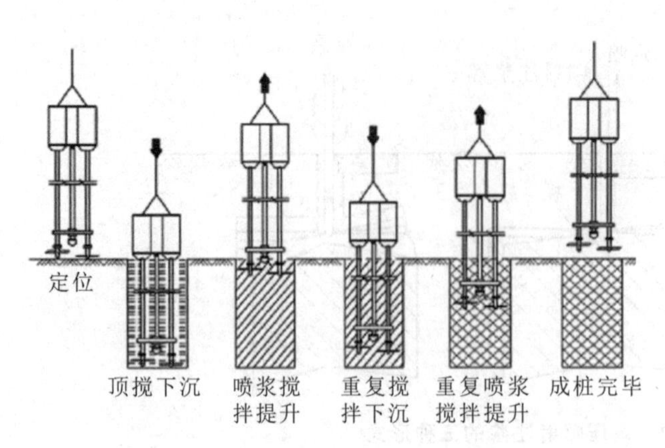

图 4-3-5 深层搅拌密实桩的工艺流程

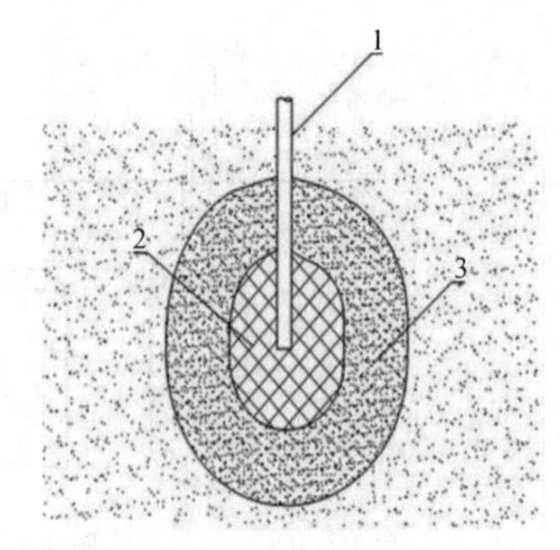

图 4-3-6 压密注浆原理图

1—注浆管；2—球状浆泡；3—压密带

2. 边坡支护工程

建筑工程中的边坡支护一般指基坑支护。《建筑基坑支护技术规程》(JGJ 120—2012)对基坑支护的定义为：基坑支护是为保护地下主体结构施工和基坑周边环境的安全，对基坑采用的临时性支挡、加固、保护与地下水控制的措施。基坑支护形式繁多，一般可根据护坡深度将其分为浅基坑支护和深基坑支护两类，如图 4-3-7 所示。

1）喷射混凝土+边坡加固

喷射混凝土是借助喷射机械，利用压缩空气做动力，将水泥、大砂、石子、水配合的拌和料，通过高压管以高速喷射到受喷面上硬化而成的。依靠高速喷射时集料的反复连续撞击来压密混凝土，使混凝土、砖石、钢材有很高的黏结强度。与钢筋网联合使用，可很好地在接合面上传递拉应力和剪应力，能大幅度地提高砌体的承载力，加强整体性。喷射混凝土支护如图 4-3-8 所示。

2）型钢桩横挡板支撑

型钢桩横挡板支撑是一种浅基坑的支护方式，沿挡土位置预先打入钢轨、工字钢或 H 形钢，间距为 1～1.5 m，然后边挖方边将 3～6 cm 厚的挡土板塞进钢桩之间挡土，并在横向挡板与型钢桩之间打上楔子，使横向挡板与土体紧密接触。型钢桩横挡板支撑适用于地下水位较低、不是很深的一般黏性或砂土层中使用，如图 4-3-9 所示。

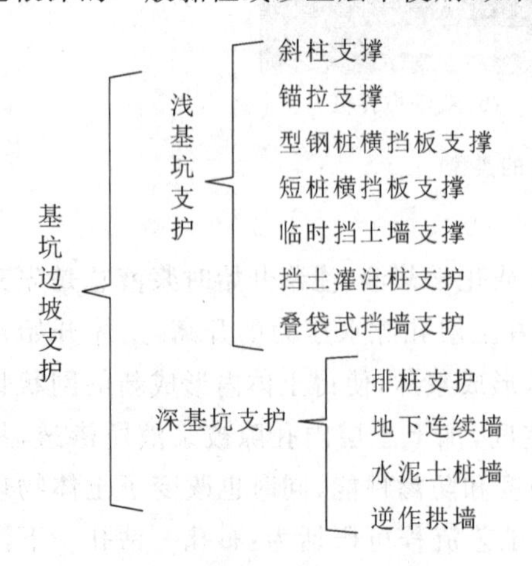

图 4-3-7 基坑支护的主要形式

图 4-3-8 喷射混凝土支护

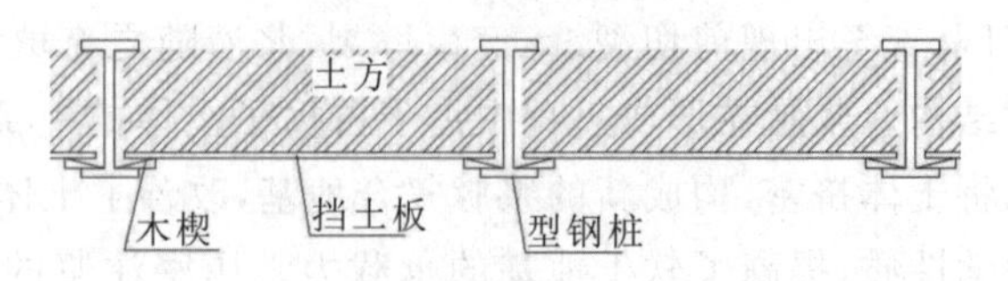

图 4-3-9 型钢桩横挡板支撑

3）排桩支护

排桩支护通常由支护桩、支撑（或土层锚杆）及防渗帷幕等组成。排桩可根据工程情况分为悬臂式支护结构、拉锚式支护结构、内撑式支护结构和锚杆式支护结构。排桩支护如图 4-3-10 所示。

4）地下连续墙

地下连续墙是基础工程在地面上采用一种挖槽机械，沿着开挖工程的周边轴线，在泥浆护壁条件下，开挖出一条狭长的深槽，清槽后在槽内吊放钢筋笼，然后用导管法灌筑水下混凝土，筑成一个单元槽段，如此逐段进行，在地下筑成一道连续的钢筋混凝土墙壁，作为截水、防渗、承重、挡水结构，如图 4-3-11 所示，其施工工艺流程图如图 4-3-12 所示。

图 4-3-10　排桩支护

图 4-3-11　地下连续墙

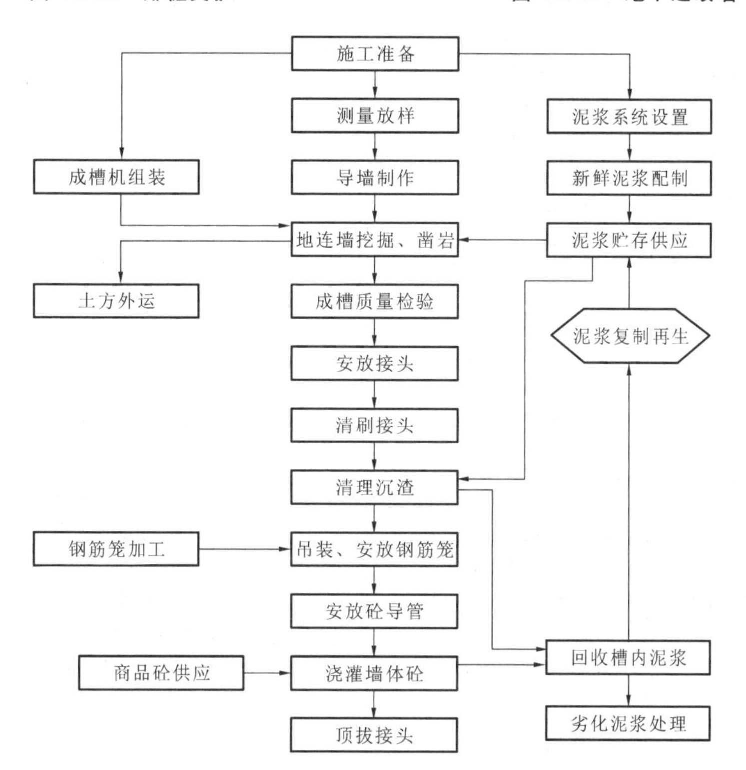

图 4-3-12　地下连续墙的施工工艺流程图

二、地基处理与边坡支护工程清单工程量计算规则

《房屋建筑与装饰工程工程量计算规范》（GB 50854—2013）中的地基处理与边坡支护工程

清单工程量计算规则如表4-3-1和表4-3-2所示。

表4-3-1　地基处理(编号:010201)

项目编码	项目名称	项目特征	计量单位	工程量计算规则	工作内容
010201001	换填垫层	1.材料种类及配比 2.压实系数 3.掺加剂品种	m^3	按设计图示尺寸以体积计算	1.分层铺填 2.碾压、振密或夯实 3.材料运输
010201002	铺设土工合成材料	1.部位 2.品种 3.规格	m^2	按设计图示尺寸以面积计算	1.挖填锚固沟 2.铺设 3.固定 4.运输
010201003	预压地基	1.排水竖井种类、断面尺寸、排列方式、间距、深度 2.预压方法 3.预压荷载、时间 4.砂垫层厚度		按设计图示处理范围以面积计算	1.设置排水竖井、盲沟、滤水管 2.铺设砂垫层、密封膜 3.堆载、卸载或抽气设备安拆、抽真空 4.材料运输
010201004	强夯地基	1.夯击能量 2.夯击遍数 3.夯击点布置形式、间距 4.地耐力要求 5.夯填材料种类			1.铺设夯填材料 2.强夯 3.夯填材料运输
010201005	振冲密实(不填料)	1.地层情况 2.振密深度 3.孔距			1.振冲加密 2.泥浆运输
010201006	振冲桩(填料)	1.地层情况 2.空桩长度、桩长 3.桩径 4.填充材料种类	1.m 2.m^3	1.以米计量,按设计图示尺寸以桩长计算 2.以立方米计量,按设计桩截面乘以桩长以体积计算	1.振冲成孔、填料、振实 2.材料运输 3.泥浆运输
010201007	砂石桩	1.地层情况 2.空桩长度、桩长 3.桩径 4.成孔方法 5.材料种类、级配		1.以米计量,按设计图示尺寸以桩长(包括桩尖)计算 2.以立方米计量,按设计桩截面乘以桩长(包括桩尖)以体积计算	1.成孔 2.填充、振实 3.材料运输
010201008	水泥粉煤灰碎石桩	1.地层情况 2.空桩长度、桩长 3.桩径 4.成孔方法 5.混合料强度等级	m	按设计图示尺寸以桩长(包括桩尖)计算	1.成孔 2.混合料制作、灌注、养护 3.材料运输

续表

项目编码	项目名称	项目特征	计量单位	工程量计算规则	工作内容
010201009	深层搅拌桩	1.地层情况 2.空桩长度、桩长 3.桩截面尺寸 4.水泥强度等级、掺量	m	按设计图示尺寸以桩长计算	1.预搅下钻、水泥浆制作、喷浆搅拌提升成桩 2.材料运输
010201010	粉喷桩	1.地层情况 2.空桩长度、桩长 3.桩径 4.粉体种类、掺量 5.水泥强度等级、石灰粉要求		按设计图示尺寸以桩长计算	1.预搅下钻、喷粉搅拌提升成桩 2.材料运输
010201011	夯实水泥土桩	1.地层情况 2.空桩长度、桩长 3.桩径 4.成孔方法 5.水泥强度等级 6.混合料配比		按设计图示尺寸以桩长(包括桩尖)计算	1.成孔、夯底 2.水泥土拌和、填料、夯实 3.材料运输
010201012	高压喷射注浆桩	1.地层情况 2.空桩长度、桩长 3.桩截面 4.注浆类型、方法 5.水泥强度等级		按设计图示尺寸以桩长计算	1.成孔 2.水泥浆制作、高压喷射注浆 3.材料运输
010201013	石灰桩	1.地层情况 2.空桩长度、桩长 3.桩径 4.成孔方法 5.掺和料种类、配合比	m	按设计图示尺寸以桩长(包括桩尖)计算	1.成孔 2.混合料制作、运输、夯填
010201014	灰土(土)挤密桩	1.地层情况 2.空桩长度、桩长 3.桩径 4.成孔方法 5.灰土级配			1.成孔 2.灰土拌和、运输、填充、夯实
010201015	柱锤冲扩桩	1.地层情况 2.空桩长度、桩长 3.桩径 4.成孔方法 5.桩体材料种类、配合比		按设计图示尺寸以桩长计算	1.安、拔套管 2.冲孔、填料、夯实 3.桩体材料制作、运输
010201016	注浆地基	1.地层情况 2.空钻深度、注浆深度 3.注浆间距 4.浆液种类及配比 5.注浆方法 6.水泥强度等级	1.m 2.m^3	1.以米计量,按设计图示尺寸以钻孔深度计算 2.以立方米计量,按设计图示尺寸以加固体积计算	1.成孔 2.注浆导管制作、安装 3.浆液制作、压浆 4.材料运输

续表

项目编码	项目名称	项目特征	计量单位	工程量计算规则	工作内容
010201017	褥垫层	1.厚度 2.材料品种及比例	1. m^2 2. m^3	1.以平方米计量，按设计图示尺寸以铺设面积计算 2.以立方米计量，按设计图示尺寸以体积计算	材料拌和、运输、铺设、压实

注：1.地层情况根据岩土工程勘察报告按单位工程各地层所占比例(包括范围值)进行描述。对于无法准确描述的地层情况，可注明由投标人根据岩土工程勘察报告自行决定报价。

2.项目特征中的桩长应包括桩尖，空桩长度＝孔深－桩长，孔深为自然地面至设计桩底的深度。

3.高压喷射注浆类型包括旋喷、摆喷、定喷，高压喷射注浆方法包括单管法、双重管法、三重管法。

4.如采用泥浆护壁成孔，工作内容包括土方、废泥浆外运；如采用沉管灌注成孔，工作内容包括桩尖制作、安装。

表 4-3-2　基坑与边坡支护(编码:010202)

项目编码	项目名称	项目特征	计量单位	工程量计算规则	工作内容
010202001	地下连续墙	1.地层情况 2.导墙类型、截面 3.墙体厚度 4.成槽深度 5.混凝土种类、强度等级 6.接头形式	m^3	按设计图示墙中心线长乘以厚度乘以槽深以体积计算	1.导墙挖填、制作、安装、拆除 2.挖土成槽、固壁、清底置换 3.混凝土制作、运输、灌注、养护 4.接头处理 5.土方、废泥浆外运 6.打桩场地硬化及泥浆池、泥浆沟
010202002	咬合灌注桩	1.地层情况 2.桩长 3.桩径 4.混凝土种类、强度等级 5.部位	1. m 2.根	1.以米计量，按设计图示尺寸以桩长计算 2.以根计量，按设计图示数量计算	1.成孔、固壁 2.混凝土制作、运输、灌注、养护 3.套管压拔 4.土方、废泥浆外运 5.打桩场地硬化及泥浆池、泥浆沟
010202003	圆木桩	1.地层情况 2.桩长 3.材质 4.尾径 5.桩倾斜度			1.工作平台搭拆 2.桩机移位 3.桩靴安装 4.沉桩
010202004	预制钢筋混凝土板桩	1.地层情况 2.送桩深度、桩长 3.桩截面 4.沉桩方法 5.连接方式 6.混凝土强度等级			1.工作平台搭拆 2.桩机移位 3.沉桩 4.板桩连接

续表

项目编码	项目名称	项目特征	计量单位	工程量计算规则	工作内容
010202005	型钢桩	1.地层情况或部位 2.送桩深度、桩长 3.规格型号 4.桩倾斜度 5.防护材料种类 6.是否拔出	1.t 2.根	1.以吨计量，按设计图示尺寸以质量计算 2.以根计量，按设计图示数量计算	1.工作平台搭拆 2.桩机移位 3.打(拔)桩 4.接桩 5.刷防护材料
010202006	钢板桩	1.地层情况 2.桩长 3.板桩厚度	1.t 2.m^2	1.以吨计量，按设计图示尺寸以质量计算 2.以平方米计量，按设计图示墙中心线长乘以桩长以面积计算	1.工作平台搭拆 2.桩机移位 3.打拔钢板桩
010202007	锚杆(锚索)	1.地层情况 2.锚杆(索)类型、部位 3.钻孔深度 4.钻孔直径 5.杆体材料品种、规格、数量 6.预应力 7.浆液种类、强度等级	1.m 2.根	1.以米计量，按设计图示尺寸以钻孔深度计算 2.以根计量，按设计图示数量计算	1.钻孔、浆液制作、运输、压浆、 2.锚杆(锚索)制作、安装 3.张拉锚固 4.锚杆(锚索)施工平台搭设、拆除
010202008	其他锚杆、土钉	1.地层情况 2.钻孔深度 3.钻孔直径 4.置入方法 5.杆体材料品种、规格、数量 6.浆液种类、强度等级			1.钻孔、浆液制作、运输、压浆 2.土钉制作、安装 3.土钉施工平台搭设、拆除
010202009	喷射混凝土、水泥砂浆	1.部位 2.厚度 3.材料种类 4.混凝土(砂浆)类别、强度等级	m^2	按设计图示尺寸以面积计算	1.修整边坡 2.混凝土(砂浆)制作、运输、喷射、养护 3.钻排水孔、安装排水管 4.喷射施工平台搭设、拆除
010202010	钢筋混凝土支撑	1.部位 2.混凝土种类 3.混凝土强度等级	m^3	按设计图示尺寸以体积计算	1.模板(支架或支撑)制作、安装、拆除、堆放、运输，以及清理模内杂物、刷隔离剂等 2.混凝土制作、运输、浇筑、振捣、养护

续表

项目编码	项目名称	项目特征	计量单位	工程量计算规则	工作内容
010202011	钢支撑	1.部位 2.钢材品种、规格 3.探伤要求	t	按设计图示尺寸以质量计算,不扣除孔眼质量,焊条、铆钉、螺栓等不另增加质量	1.支撑、铁件制作(摊销、租赁) 2.支撑、铁件安装 3.探伤 4.刷漆 5.拆除 6.运输

注:1.地层情况按本规范中的表 A.1-1 和表 A.2-1 的规定,并根据岩土工程勘察报告按单位工程各地层所占比例(包括范围值)进行描述。对于无法准确描述的地层情况,可注明由投标人根据岩土工程勘察报告自行决定报价。

2.土钉置入方法包括钻孔置入、打入或射入等。

3.混凝土种类是指清水混凝土、彩色混凝土等,如在同一地区既使用预拌(商品)混凝土,又允许现场搅拌混凝土,也应注明(下同)。

4.地下连续墙和喷射混凝土(砂浆)的钢筋网、咬合灌注桩的钢筋笼及钢筋混凝土支撑的钢筋制作、安装,按本规范附录 E 中的相关项目列项。本分部未列的基坑与边坡支护的排桩按本规范附录 C 中的相关项目列项。水泥土墙、坑内加固按本规范中的表 B.1 中的相关项目列项。砖、石挡土墙、护坡按本规范附录 D 中的相关项目列项。混凝土挡土墙按本规范附录 E 中的相关项目列项。

例 4-6 某工程满堂基坑支护工程止水幕采用三轴水泥土搅拌桩,截面形式为Φ850@1200,桩截面积为 1.495 m^2,搭接形式为套接一孔两搅一喷法。已知桩顶标高-2.60 m,桩底标高-19.60 m,自然地面标高-0.60 m,设计采用 PO42.5 级普通硅酸盐水泥,水泥掺入比为20%,水灰比为 1∶2,桩数 210 根。请根据以上信息编制分部分项工程量清单。

解 计算结果如表 4-3-3 所示。

表 4-3-3 深层搅拌桩工程量清单

编号	项目编码	项目名称	项目特征	计量单位	工程量	计算式
1	010201009001	深层搅拌桩	1.桩长:14.3 m 2.桩截面:1.495 m^2 3.水泥强度等级:PO42.5级普通硅酸盐水泥 4.水泥掺入比:20%	m	3 570	(19.6-2.6)×210 m =3 570 m

例 4-7 某工程采用压密注浆法进行复合地基加固,压密注浆孔孔径为 50 mm,孔顶标高-1.0 m,孔底标高-6.00 m,自然地面标高-0.5 m,水泥用量按定额用量不调整,孔间距为 1.0 m×1.0 m,沿基础满布,压密注浆每孔加固范围按 1 m^2 计算,注浆孔数量 230 个,请根据以上信息编制分部分项工程量清单。

解 计算结果如表 4-3-4 所示。

表 4-3-4　注浆地基工程量清单

编号	项目编码	项目名称	项目特征	计量单位	工程量	计算式
1	010201016001	注浆地基	1. 压密注浆孔孔径为50 mm 2. 孔顶标高－1.0 m，孔底标高－6.0 m，自然地面标高－0.5 m 3. 注浆孔数量230个 4. 水泥用量按定额用量不调整，孔间距为1.0 m×1.0 m，沿基础满布 5. 压密注浆每孔加固范围按1 m^2计算	m	1 265.00	(6－0.5)×230 m ＝1 265.00 m

例 4-8　某工程地基为可塑黏土，不满足设计承载力要求，采用水泥粉煤灰碎石桩进行地基处理，桩径为400 mm，桩体强度等级为C20，桩数为50根，设计桩长为12 m，桩端进入硬塑黏土层不少于1.5 m，桩顶在地面以下1.5～2 m，采用振动沉管灌注桩施工，桩顶用200 mm厚人工级配砂石，最大粒径为30 mm，砂：碎石＝3：7，尺寸为1 800 mm×1 600 mm，共10个。请根据以上信息编制分部分项工程量清单。

解　计算结果如表4-3-5所示。

表 4-3-5　水泥粉煤灰碎石桩工程量清单

编号	项目编码	项目名称	项目特征	计量单位	工程量	计算式
1	010201008001	水泥粉煤灰碎石桩	1. 地层情况：三类土 2. 空桩长度、桩长：1.5～2 m、12 m 3. 桩径：400 mm 4. 成孔方法：振动沉管 5. 混合料强度等级：C20	m	600	50×12 m＝600 m
2	010201017001	褥垫层	1. 厚度：200 mm 2. 材料品种及比例：人工级配砂石，最大粒径为30 mm，砂：碎石＝3：7	m^2	28.8	1.8×1.6×10 m^2＝28.8 m^2

三、地基处理与边坡支护工程计价定额规则

《江苏省建筑与装饰工程计价定额》(2014版)中，地基处理与边坡支护工程由地基处理和基坑与边坡支护两部分组成。

1. 章节说明

1) 地基处理

(1) 本定额适用于一般工业与民用建筑工程的地基处理及边坡支护。

(2) 换填垫层适用于软弱地基的换填材料加固。

(3) 强夯法加固地基是在天然地基土上或在填土地基上进行作业的，不包括强夯前的试夯

工作和费用。如设计要求试夯，可按设计要求另行计算。

(4) 深层搅拌桩不分桩径大小，执行相应子目。设计水泥量不同时可换算，其他不调整。

(5) 深层搅拌桩(三轴除外)和粉喷桩是按四搅二喷施工编制的，设计为二搅一喷，定额人工、机械乘以系数0.7；设计为六搅三喷，定额人工、机械乘以系数1.4。

(6) 高压旋喷桩、压密注浆的浆体材料用量可按设计含量调整。

2) 基坑与边坡支护

(1) 斜拉锚桩是指深基坑围护中锚接围护桩体的斜拉桩。

(2) 基坑钢管支撑为周转摊销材料，其场内运输、回库保养均已包括在内。支撑处需挖运土方、围檩与基坑护壁的填充混凝土未包括在内，发生时应按实另行计算。场外运输按金属Ⅲ类构件计算。

(3) 打、拔钢板桩单位工程打桩工程量小于50 t时，人工、机械乘以系数1.25。场内运输超过300 m时，应按相应构件运输子目执行，并扣除打桩子目中的场内运输费。

(4) 采用桩进行地基处理时，按第三章相应子目执行。

(5) 本章未列混凝土支撑，若发生，按相应混凝土构件定额执行。

2. 定额工程量计算规则

1) 地基处理

(1) 强夯加固地基，以夯锤底面积计算，并根据设计要求的夯击能量和每点夯击数执行相应定额。

(2) 深层搅拌桩、粉喷桩加固地基，按设计长度另加500 mm(设计有规定的按设计要求)乘以设计截面积以立方米计算(重叠部分面积不得重复计算)，群桩间的搭接不扣除。

(3) 高压旋喷桩钻孔长度按自然地面至设计桩底标高以长度计算，喷浆按设计加固桩的截面积乘以设计桩长以体积计算。

(4) 灰土挤密桩按设计图示尺寸以桩长(包括桩尖)计算。

(5) 压密注浆钻孔按设计长度计算。注浆工程量按以下方式计算：设计图纸注明加固土体体积的，按注明的加固土体体积计算；设计图纸按布点形式标示土体加固范围的，则按两孔间距的一半作为扩散尺寸，以布点边线各加扩散半径形成计算平面来计算注浆体积；如果设计图纸上注浆点在钻孔灌注桩之间，则按两注浆孔距的一半作为每孔的扩散半径，以此圆柱体体积计算。

2) 基坑及边坡支护

(1) 基坑锚喷护壁成孔、斜拉锚桩成孔及孔内注浆按设计图示尺寸以长度计算，护壁喷射混凝土按设计图示尺寸以面积计算。

(2) 土钉支护钉土锚杆按设计图示尺寸以长度计算，挂钢筋网按设计图示尺寸以面积计算。

(3) 基坑钢管支撑以坑内的钢立柱、支撑、围檩、活络接头、法兰盘、预埋铁件的合并质量计算。

(4) 打、拔钢板桩按设计钢板桩质量计算。

例4-9 已知条件如例4-6，试根据《江苏省建筑与装饰工程计价定额》，完成清单综合单价及合价的计算。

解 (1) 定额列项。

2-12 三轴深层搅拌桩。

(2) 计算定额工程量。

$$(19.6-2.6+0.5)\times 1.495\times 210\ \text{m}^3=5\ 494.13\ \text{m}^3$$

(3) 单价调整、套价。

$$2\text{-}12_{换}=\left(146.42-76.73+219.24\times\frac{20\%}{12\%}\times 0.35\right)\text{元}/\text{m}^3=197.58\ \text{元}/\text{m}^3$$

注:深层搅拌桩水泥掺入比按12%计算,粉喷桩水泥掺入比按15%计算,设计要求的掺入比与定额不同时,水泥用量可以调整,其他不变。

合价计算:

$$5\ 494.13\times 197.58\ \text{元}=1\ 085\ 530.21\ \text{元}$$

(4) 深层搅拌桩综合单价分析表如表4-3-6所示。

表4-3-6　深层搅拌桩综合单价分析表

编号	项目编码	项目名称	项目特征	计量单位	工程量	综合单价	合价
1	010201009001	深层搅拌桩	1. 桩长:14.3 m 2. 桩截面:1.495 m^2 3. 水泥强度等级:PO42.5级普通硅酸盐水泥 4. 水泥掺入比:20%	m	3 570	304.07	1 085 530.21
组价分析							
编号	定额子目	子目名称		计量单位	工程量	综合单价	合价
1	$2\text{-}12_{换}$	三轴深层搅拌桩		m^3	5 494.13	197.58	1 085 530.21

例4-10　已知条件如例4-7,试根据《江苏省建筑与装饰工程计价定额》,完成清单综合单价及合价的计算。

解　(1) 定额列项。

① 2-21　压密注浆钻孔。

② 2-22　压密注浆。

(2) 计算定额工程量。

① 压密注浆钻孔:

$$L=(6-0.5)\times 230\ \text{m}=1\ 265.00\ \text{m}$$

② 压密注浆:

$$V=1\times(6-1)\times 230\ \text{m}^3=1\ 150\ \text{m}^3$$

(3) 单价调整、套价。

① 压密注浆钻孔合价计算:

$$1\ 265.00\times 33.97\ \text{元}=42\ 972.05\ \text{元}$$

② 压密注浆合价计算:

$$1\ 150.00\times 84.36\ \text{元}=97\ 014.00\ \text{元}$$

(4) 注浆地基综合单价分析表如表4-3-7所示。

表 4-3-7　注浆地基综合单价分析表

编号	项目编码	项目名称	项目特征	计量单位	工程量	综合单价	合价
1	010201016001	注浆地基	1. 压密注浆孔孔径为 50 mm 2. 孔顶标高－1.0 m,孔底标高－6.0 m,自然地面标高－0.5 m 3. 注浆孔数量 230 个 4. 水泥用量按定额用量不调整,孔间距为 1.0 m×1.0 m,沿基础满布 5. 压密注浆每孔加固范围按 1 m^2 计算	m	1 265.00	110.66	139 986.05
组价分析							
编号	定额子目	子目名称		计量单位	工程量	综合单价	合价
1	2-21	压密注浆钻孔		m	1 265.00	33.97	42 972.05
2	2-22	压密注浆		m^3	1 150.00	84.36	97 014.00

任务4　桩基工程计量与计价

一、桩基工程施工工艺简介

当浅层地基不能满足建筑物对地基承载力和变形的要求,而又不适宜采取地基处理措施时,就要考虑以下部坚实土层或岩层作为持力层的深基础。桩基应用最为广泛。桩基是指用各种材料做成的方形、圆形或其他形状的细而长的且埋在地下的桩。桩基通常由桩和桩顶上的承台两部分组成,并通过承台将上部较大的荷载传至较为坚硬的深层地基中。桩基的作用是将荷载通过桩传给埋藏较深的坚硬土层,或通过桩周围的摩擦力传给地基,多用于高层建筑。桩基的分类如图 4-4-1 所示。

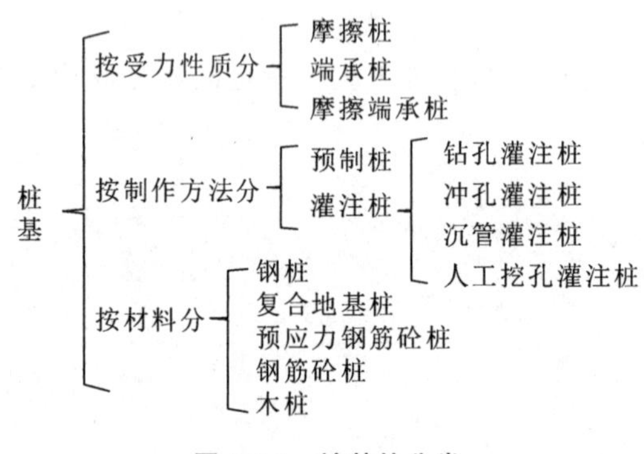

图 4-4-1　桩基的分类

《房屋建筑与装饰工程工程量计算规范》(GB 50854—2013)中,根据制作方法将桩按预制桩和灌注桩进行项目划分。

1. 预制桩

预制桩是指在工厂或施工现场制成的各种材料、各种形式的桩(如木桩、混凝土方桩、预应力混凝土管桩、钢桩等),用沉桩设备将桩打入、压入或振入土中。中国建筑施工领域采用较多的预制桩主要是混凝土预制桩和钢桩两大类。按预制桩的截面形状,可将预制桩分成预制管桩、预制方桩,如图 4-4-2 所示。

根据打(沉)桩方法的不同,钢筋混凝土预制桩基础的施工方法有锤击沉桩法、静力压桩法及振动法等,以锤击沉桩法和静力压桩法应用最为普遍。

1) 锤击沉桩法

锤击沉桩法利用桩锤下落产生的冲击力克服土对桩的阻力,使桩沉到设计深度,如图 4-4-3 所示。

锤击沉桩法的主要施工程序为:

确定桩位和沉桩顺序→桩基就位→吊桩喂桩→校正→锤击沉桩→接桩→再锤击沉桩→送桩→收锤→切割桩头

打桩:正常打桩宜"重锤低击,低锤重打",这样可取得良好的效果。

接桩:当桩需接长时,接头个数不宜超过 3 个,尽量避免桩尖落到厚黏土层中接桩,常用的接桩方式主要有焊接法、法兰螺栓连接法和硫黄胶泥锚接法,如图 4-4-4 所示。

(a) 预制管桩

(b) 预制方桩

图 4-4-2　预制桩的分类

图 4-4-3　锤击沉桩法

(a) 焊接法接桩

(b) 硫磺胶泥锚接法接桩

图 4-4-4　接桩方式

送桩:在打桩工程中,被打的桩顶设计标高低于自然地面标高,用送桩器连接桩顶,直到把桩顶打到设计标高,然后把送桩器拔出来,桩顶从自然地面到设计标高这段距离叫作送桩。

截桩:桩基施工的时候,为了保证桩头质量,桩顶标高一般都要高出设计标高,例如灌注桩,因为在灌注混凝土时,桩底的沉渣和灌注过程中泥浆中沉淀的杂质会在混凝土表面形成一定厚度,一般称之为浮浆,那么当混凝土凝固以后,就要将超灌部分凿除,将桩顶标高以上的主筋(钢筋)露出来,进行桩基检测,合格后再进行承台的施工。

2) 静力压桩法

静力压桩法是指通过静力压桩机的压桩机构,将预制钢筋混凝土桩分节压入地基土层中成桩,如图 4-4-5 所示。一般都采用分段压入、逐段接长的方法。静力压桩法的主要施工程序为:

测量定位→压桩机就位→吊桩、插桩→桩身对中调直→静压沉桩→接桩→再静压沉桩→送桩→终止压桩→检查验收→转移桩机

图 4-4-5　静力压桩法

2. 灌注桩

钢筋混凝土灌注桩是一种直接在现场桩位上就地成孔,然后在孔内浇筑混凝土或安放钢筋笼再浇筑混凝土而成的桩,按其成孔方法的不同,可分为钻孔灌注桩、沉管灌注桩、人工挖孔和挖孔扩底灌注桩等。

1）钻孔灌注桩

钻孔灌注桩是指利用钻孔机械钻出桩孔，并在孔中浇筑混凝土（或先在孔中吊放钢筋笼）而成的桩。钻孔灌注桩一般采用泥浆护壁工艺，其施工工艺流程主要为：

场地平整→桩位放线→开挖浆池、浆沟→护筒埋设→钻机就位、孔位校正→成孔、泥浆循环、清除废浆和泥渣→清孔换浆→终孔验收→下钢筋笼和钢导管→浇筑水下混凝土→成桩（见图 4-4-6）

2）沉管灌注桩

沉管灌注桩是指利用锤击打桩法或振动打桩法，将带有活瓣式桩尖或预制钢筋混凝土桩靴的钢套管沉入土中，然后边浇筑混凝土（或先在管内放入钢筋笼）边锤击或边振动边拔管而成的桩，前者称为锤击沉管灌注桩或套管夯扩灌注桩，后者称为振动沉管灌注桩。

沉管灌注桩成桩过程可概括为：

桩机就位→锤击（振动）沉管→上料→边锤击（振动）边拔管，并继续浇筑混凝土→下钢筋笼，继续浇筑混凝土及拔管→成桩（见图 4-4-7）

图 4-4-6　钻孔灌注桩施工工艺流程

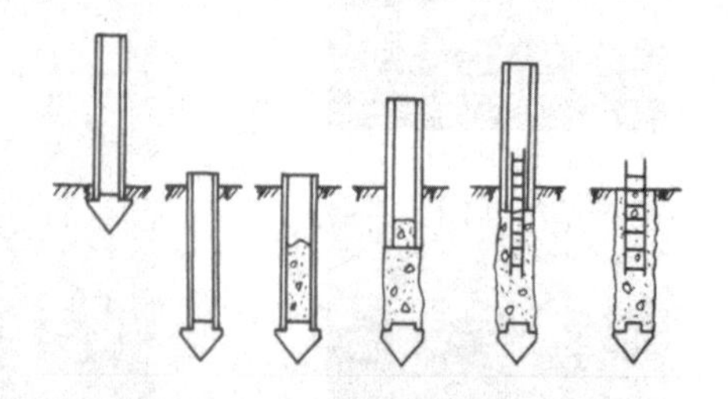

图 4-4-7　沉管灌注桩成桩过程

二、桩基工程清单工程量计算规则

《房屋建筑与装饰工程工程量计算规范》（GB 50854—2013）中，桩基工程主要按成桩方式分为预制桩和灌注桩两类，其工程清单工程量计算规则如表 4-4-1 和表 4-4-2 所示。

表 4-4-1　打桩（编号：010301）

项目编码	项目名称	项目特征	计量单位	工程量计算规则	工作内容
010301001	预制钢筋混凝土方桩	1.地层情况 2.送桩深度、桩长 3.桩截面积 4.桩倾斜度 5.沉桩方法 6.接桩方式 7.混凝土强度等级	1.m 2.根	1.以米计量，按设计图示尺寸以桩长（包括桩尖）计算 2.以立方米计量，按设计图示截面积乘以桩长（包括桩尖）以体积计算 3.以根计量，按设计图示数量计算	1.工作平台搭拆 2.桩机竖拆、移位 3.沉桩 4.接桩 5.送桩
010301002	预制钢筋混凝土管桩	1.地层情况 2.送桩深度、桩长 3.桩外径、壁厚 4.桩倾斜度 5.沉桩方法 6.桩尖类型 7.混凝土强度等级 8.填充材料种类 9.防护材料种类			1.工作平台搭拆 2.桩机竖拆、移位 3.沉桩 4.接桩 5.送桩 6.桩尖制作、安装 7.填充材料、刷防护材料

续表

项目编码	项目名称	项目特征	计量单位	工程量计算规则	工作内容
010301003	钢管桩	1. 地层情况 2. 送桩深度、桩长 3. 材质 4. 管径、壁厚 5. 桩倾斜度 6. 沉桩方法 7. 填充材料种类 8. 防护材料种类	1. t 2. 根	1. 以吨计量，按设计图示尺寸以质量计算 2. 以根计量，按设计图示数量计算	1. 工作平台搭拆 2. 桩机竖拆、移位 3. 沉桩 4. 接桩 5. 送桩 6. 切割钢管、精割盖帽 7. 管内取土 8. 填充材料、刷防护材料
010301004	截(凿)桩头	1. 桩类型 2. 桩头截面积、高度 3. 混凝土强度等级 4. 有无钢筋	1. m^3 2. 根	1. 以立方米计量，按设计桩截面积乘以桩头长度以体积计算 2. 以根计量，按设计图示数量计算	1. 截(切割)桩头 2. 凿平 3. 废料外运

注：1. 地层情况按表4-2-3和表4-2-4的规定，并根据岩土工程勘察报告按单位工程各地层所占比例（包括范围值）进行描述。对于无法准确描述的地层情况，可注明由投标人根据岩土工程勘察报告自行决定报价。
2. 项目特征中的桩截面、混凝土强度等级、桩类型等可直接用标准图代号或设计桩型进行描述。
3. 预制钢筋混凝土方桩、预制钢筋混凝土管桩项目以成品桩编制，应包括成品桩购置费；如果采用现场预制桩，应包括现场预制桩的所有费用。
4. 打试验桩和打斜桩应按相应项目单独列项，并应在项目特征中注明试验桩或斜桩（斜率）。
5. 截(凿)桩头项目适用于本规范附录B、附录C所列桩的桩头截(凿)。
6. 预制钢筋混凝土管桩桩顶与承台的连接构造按本规范附录E相关项目列项。

表4-4-2　灌注桩(编号:010302)

项目编码	项目名称	项目特征	计量单位	工程量计算规则	工作内容
010302001	泥浆护壁成孔灌注桩	1. 地层情况 2. 空桩长度、桩长 3. 桩径 4. 成孔方法 5. 护筒类型、长度 6. 混凝土种类、强度等级	1. m 2. m^3 3. 根	1. 以米计量，按设计图示尺寸以桩长(包括桩尖)计算 2. 以立方米计量，按不同截面在桩上范围内以体积计算 3. 以根计量，按设计图示数量计算	1. 护筒埋设 2. 成孔、固壁 3. 混凝土制作、运输、灌注、养护 4. 土方、废泥浆外运 5. 打桩场地硬化及泥浆池、泥浆沟
010302002	沉管灌注桩	1. 地层情况 2. 空桩长度、桩长 3. 复打长度 4. 桩径 5. 沉管方法 6. 桩尖类型 7. 混凝土种类、强度等级			1. 打(沉)拔钢管 2. 桩尖制作、安装 3. 混凝土制作、运输、灌注、养护
010302003	干作业成孔灌注桩	1. 地层情况 2. 空桩长度、桩长 3. 桩径 4. 扩孔直径、高度 5. 成孔方法 6. 混凝土种类、强度等级			1. 成孔、扩孔 2. 混凝土制作、运输、灌注、振捣、养护

续表

项目编码	项目名称	项目特征	计量单位	工程量计算规则	工作内容
010302004	挖孔桩土(石)方	1.地层情况 2.挖孔深度 3.弃土(石)运距	m^3	按设计图示尺寸(含护壁)截面积乘以挖孔深度以体积计算	1.排地表水 2.挖土、凿石 3.基底钎探 4.运输
010302005	人工挖孔灌注桩	1.桩芯长度 2.桩芯直径、扩底直径、扩底高度 3.护壁厚度、高度 4.护壁混凝土种类、强度等级 5.桩芯混凝土种类、强度等级	1. m^3 2.根	1.以立方米计量,按桩芯混凝土体积计算 2.以根计量,按设计图示数量计算	1.护壁制作 2.混凝土制作、运输、灌注、振捣、养护
010302006	钻孔压浆桩	1.地层情况 2.空钻长度、桩长 3.钻孔直径 4.水泥强度等级	1.m 2.根	1.以米计量,按设计图示尺寸以桩长计算 2.以根计量,按设计图示数量计算	钻孔、下注浆管、投放骨料,浆液制作、运输、压浆
010302007	灌注桩后压浆	1.注浆导管材料、规格 2.注浆导管长度 3.单孔注浆量 4.水泥强度等级	孔	按设计图示以注浆孔数计算	1.注浆导管制作、安装 2.浆液制作、运输、压浆

注:1.地层情况按表4-2-3和表4-2-4的规定,并根据岩土工程勘察报告按单位工程各地层所占比例(包括范围值)进行描述。对于无法准确描述的地层情况,可注明由投标人根据岩土工程勘察报告自行决定报价。
2.项目特征中的桩长应包括桩尖,空桩长度=孔深-桩长,孔深为自然地面至设计桩底的深度。
3.项目特征中的桩截面(桩径)、混凝土强度等级、桩类型等可直接用标准图代号或设计桩型进行描述。
4.泥浆护壁成孔灌注桩是指在泥浆护壁条件下成孔,采用水下灌注混凝土的桩,其成孔方法包括冲击钻成孔、冲抓锥成孔、回旋钻成孔、潜水钻成孔、泥浆护壁的旋挖成孔等。
5.沉管灌注桩的沉管方法包括锤击沉管法、振动沉管法、振动冲击沉管法、内夯沉管法等。
6.干作业成孔灌注桩是指不用泥浆护壁和套管护壁的情况下,用钻机成孔后下钢筋笼、灌注混凝土的桩,适用于地下水位以上的土层,其成孔方法包括螺旋钻成孔、螺旋钻成孔扩底、干作业的旋挖成孔等。
7.混凝土种类是指清水混凝土、彩色混凝土、水下混凝土等,如在同一地区既使用预拌(商品)混凝土,又允许现场搅拌混凝土时,也应注明(下同)。
8.混凝土灌注桩的钢筋笼制作、安装,按本规范附录E中相关项目编码列项。

例 4-11 某工程需用图4-4-8所示的预制钢筋混凝土方桩230根,每截桩长2 m。已知混凝土强度等级为C35,土壤类别为二类土,锤击法沉桩,将桩全部送入地下3.5 m,包钢板焊接接桩,成品方桩3 000元/根,运输距离为3 km。请根据以上信息编制打桩工程分部分项工程量清单。

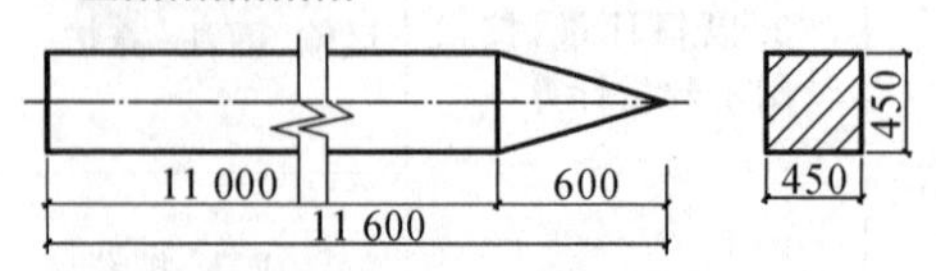

图 4-4-8 预制钢筋混凝土方桩示意图

解 计算结果如表4-4-3所示。

表 4-4-3 预制钢筋混凝土方桩工程量清单

编号	项目编码	项目名称	项目特征	计量单位	工程量	计算式
1	010301001001	预制钢筋混凝土方桩	1. 地层情况：二类土 2. 送桩深度：3.5 m；桩长：11.6 m 3. 桩截面积：0.203 m^2 4. 桩倾斜度：垂直桩 5. 沉桩方法：锤击法 6. 接桩方法：包钢板焊接接桩 7. 混凝土强度等级：C35	m	2 668	11.6×230 m =2 668 m

例 4-12 某打桩工程设计桩型为 T-PHC-AB700-650(110)-13、13a，管桩数量 250 根，管桩示意图如图 4-4-9 所示，桩外径为 700 mm，壁厚为 110 mm，自然地面标高－0.3 m，桩顶标高－3.6 m，螺栓加焊接接桩，管桩接桩接点周围设计用钢板，该型号管桩成品价为1 800 元/m^3，a 型空心桩尖市场价为 180 元/个。采用静力压桩施工方法，管桩场内运输按 250 m 考虑。请根据以上信息编制打桩工程分部分项工程量清单。

解 计算结果如表 4-4-4 所示。

表 4-4-4 预制钢筋混凝土管桩清单工程量

编号	项目编码	项目名称	项目特征	计量单位	工程量	计算式
1	010301002001	预制钢筋混凝土管桩	1. 送桩深度：3.3 m；桩长：26.35 m 2. 桩截面积：0.385 m^2 3. 桩倾斜度：垂直桩 4. 沉桩方法：静力压桩 5. 接桩方法：包钢板焊接接桩	m	6 587.5	26.35×250 m =6 587.5 m

例 4-13 某工程桩基础是钻孔灌注混凝土桩，C25 混凝土现场搅拌，土孔中混凝土充盈系数为 1.25，自然地面标高－0.45 m，桩顶标高－3.00 m，设计桩长 12.00 m，桩进入岩层 1 m，桩直径为 600 mm，共计 100 根，泥浆外运 5 km，请根据以上信息编制灌注桩工程分部分项工程量清单。

解 计算结果如表 4-4-5 所示。

表 4-4-5 泥浆护壁成孔灌注桩工程量清单

编号	项目编码	项目名称	项目特征	计量单位	工程量	计算式
1	010302001001	泥浆护壁成孔灌注桩	1. 设计桩长：12 m 2. 桩直径 600 mm，共计 100 根 3. C25 混凝土现场搅拌 4. 自然地面标高：－0.45 m 5. 桩顶标高：－3.00 m 6. 桩入岩层深度：1 m 7. 泥浆外运 5 km	m	1 200	12×100 m=1 200 m

例 4-14 某桩基工程，地勘资料显示从室外地面至持力层范围均为三类黏土。根据打桩记录，实际完成钻孔灌注桩数量为 201 根，采用 C35 预拌泵送砼，桩顶设计标高为－5.0 m，桩底设计标高为－23.0 m，桩径为 700 mm，场地自然地坪标高为－0.45 m，如图 4-4-10 所示。打桩过程中以自身黏土及灌入自来水进行护壁，砖砌泥浆池按桩体积 2 元/m^3 计算，泥浆外运距离为 15 km，现场打桩采用回旋钻机，每根桩设置两根 ϕ32×2.5 mm 无缝钢管进行桩底后注浆。已知该打桩工程实际灌入砼总量为 1 772.55 m^3（该砼量中未计入操作损耗），每根桩的后注浆用量为 42.5 级水泥 1.8 t。施工合同约定桩砼充盈系数按实际灌入量调整，凿桩头和钢筋笼不考虑。请根据以上信息编制相关工程分部分项工程量清单。

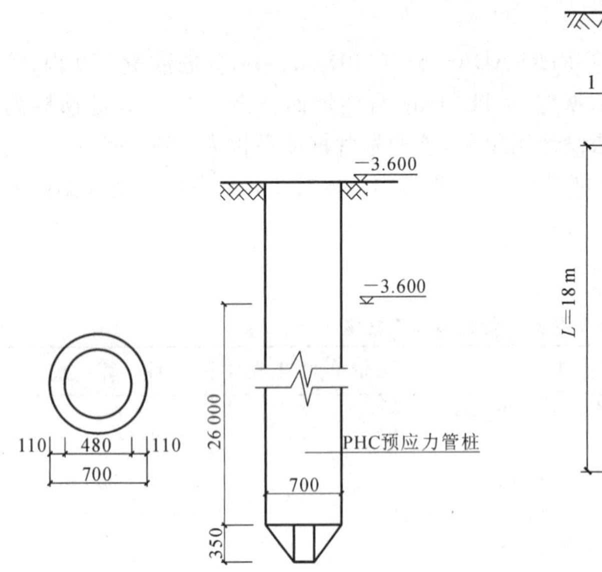

图 4-4-9 高强度预应力管桩示意图

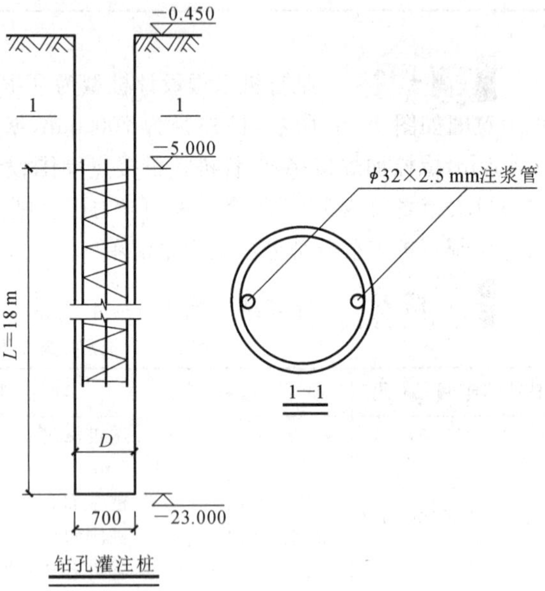

图 4-4-10 泥浆护壁钻孔灌注桩示意图

解 计算结果如表 4-4-6 所示。

表 4-4-6 泥浆护壁钻孔灌注桩工程量清单

编号	项目编码	项目名称	项目特征	计量单位	工程量	计算式
1	010302001001	泥浆护壁成孔灌注桩	1. 地层情况：三类黏土 2. 空桩长度：4.55 m；桩长：18 m 3. 桩径：700 mm 4. 成孔方法：回旋钻机成孔 5. 混凝土种类、强度等级：泵送商品砼 C35 6. 泥浆外运距离：15 km	m^3	1 391.66	0.25×3.14×0.7^2×18×201 m^3＝1 391.66 m^3
2	010302007001	灌注桩后压浆	1. 注浆导管材质、规格：无缝钢管 ϕ32×2.5 mm 2. 注浆导管长度：22.75 m 3. 单孔注浆盘：0.9 t 4. 水泥强度等级：42.5 级	孔	402	201×2＝402

三、桩基工程计价定额规则

《江苏省建筑与装饰工程计价定额》(2014版)中,桩基工程由打桩工程和灌注桩两部分组成。

1. 章节说明

(1) 本定额适用于一般工业与民用建筑工程的桩基础,不适用于支架上、室内打桩。打试桩时可按相应定额项目的人工、机械乘以系数2,试桩期间的停置台班结算时应按实调整。

(2) 本定额打桩机的类别、规格在执行过程中不换算。打桩机及为打桩机配套的施工机械的进(退)场费和组装、拆卸费用,另按实际进场机械的类别、规格计算。

(3) 打桩工程:

① 预制钢筋混凝土桩的制作费,另按相关章节规定计算。打桩时如设计有接桩,另按接桩定额执行。

② 本定额土壤级别已综合考虑,执行过程中不换算。子目中的桩长是指包括桩尖及接桩后的总长度。

③ 电焊接桩钢材用量,设计与定额不同时,按设计用量乘以系数1.05调整,人工、材料、机械消耗量不变。

④ 每个单位工程的打(灌注)桩工程量小于表4-4-7规定的数量时,其人工、机械(包括送桩)按相应定额项目乘以系数1.25。

表4-4-7　单位打桩工程工程量

项　　目	工程量
预制钢筋混凝土方桩	150 m^3
预制钢筋混凝土离心管桩(空心方桩)	50 m^3
打孔灌注混凝土桩	60 m^3
打孔灌注砂桩、碎石桩、砂石桩	100 m^3
钻孔灌注混凝土桩	60 m^3

⑤ 本定额以打直桩为准,若打斜桩,斜度在1∶6以内,按相应定额项目人工、机械乘以系数1.25;若斜度大于1∶6,按相应定额项目人工、机械乘以系数1.43。

⑥ 地面打桩坡度以小于15°为准,打桩坡度大于15°的打桩按相应定额项目人工、机械乘以系数1.15。如在基坑(基坑深度大于1.15 m)内打桩或在地坪上打坑槽(坑槽深度大于1.0 m)内桩时,按相应定额项目人工、机械乘以系数1.11。

⑦ 本定额打桩(包括方桩、管桩)已包括300 m内的场内运输,实际超过300 m时,应按相应构件运输定额执行,并扣除定额内的场内运输费。

(4) 灌注桩:

① 各种灌注桩的材料用量预算暂按表4-4-8中的充盈系数和操作损耗率计算,结算时充盈系数按打桩记录灌入量进行调整,操作损耗率不变。

表4-4-8　灌注桩充盈系数及操作损耗率

项目名称	充盈系数	操作损耗率/(%)
打孔沉管灌注混凝土桩	1.20	1.50
打孔沉管灌注砂(碎石)桩	1.20	2.00
打孔沉管灌注砂石桩	1.20	2.00

续表

项目名称	充盈系数	操作损耗率/(%)
钻孔灌注混凝土桩(土孔)	1.20	1.50
钻孔灌注混凝土桩(岩石孔)	1.10	1.50
打孔沉管夯扩灌注混凝土桩	1.15	2.00

各种灌注桩中设计钢筋笼时,按相应定额执行。

设计混凝土强度、等级或砂、石级配与定额取定不同时,应按设计要求调整材料,其他不变。

② 钻孔灌注桩的钻孔深度是按 50 m 内综合编制的,超过 50 m 的桩,钻孔人工、机械乘以系数 1.10。人工挖孔灌注混凝土桩的挖孔深度是按 15 m 内综合编制的,超过 15 m 的桩,挖孔人工、机械乘以系数 1.20。

若钻孔灌注桩钻土孔含极软岩,钻入岩石以软岩为准(参照岩石分类表)。当钻入较软岩时,人工、机械乘以系数 1.15;当钻入较硬岩以上时,应另行调整人工、机械用量。

③ 打孔沉管灌注桩分单打、复打,第一次按单打桩定额执行,若在单打的基础上再次打,按复打桩定额执行。打孔夯扩灌注桩一次夯扩执行一次夯扩定额,再次夯扩时,应执行二次夯扩定额,最后在管内灌注混凝土到设计高度,按一次夯扩定额执行。使用预制钢筋混凝土桩尖时,钢筋混凝土桩尖另加,定额中活瓣桩尖摊销费应扣除。

④ 注浆管埋设定额按桩底注浆考虑,如设计采用侧向注浆,则人工、机械乘以系数 1.2。

⑤ 灌注桩后压浆的注浆管、声测管埋设时,如注浆管、声测管的材质、规格不同,可以换算,其余不变。

(5) 本定额不包括打桩、送桩后场地隆起土的清除、清孔及填桩孔的处理(包括填桩孔的材料),现场实际发生时,应另行计算。

(6) 凿出后的桩端部钢筋与底板或承台钢筋的焊接应按相应定额执行。

(7) 坑内钢筋混凝土支撑需截断时,按截断桩定额执行。

(8) 因设计修改而要在桩间补打桩时,补打桩按相应打桩定额子目人工、机械乘以系数 1.15。

2. 定额工程量计算规则

1) 打桩工程

(1) 打桩:打预制钢筋混凝土桩的体积,按设计桩长(包括桩尖,不扣除桩尖虚体积)乘以桩截面积计算,管桩(空心方桩)的空心体积应扣除,管桩(空心方桩)的空心部分要求灌注混凝土或其他填充材料时应另行计算。

(2) 接桩:按每个接头计算。

(3) 送桩:以送桩长度(自桩顶面至自然地坪另加 500 mm)乘以桩截面积以体积计算。

2) 灌注桩

(1) 泥浆护壁成孔灌注桩:

① 钻土孔与钻岩石孔的工程量应分别计算。土与岩石地层的分类详见土壤分类表和岩石分类表。钻土孔自自然地面至岩石表面的深度乘以设计桩截面积以体积计算,钻岩石孔以入岩深度乘以桩截面积以体积计算。

② 混凝土灌入量以设计桩长(含桩尖)另加一个直径(设计有规定的,按设计规定计算)乘以桩截面积以体积计算,地下室基础超灌高度按现场具体情况另行计算。

③ 泥浆外运的体积按钻孔的体积计算。

(2) 长螺旋或钻盘式钻机钻孔灌注桩的单桩体积，按设计桩长(含桩尖)另加 500 mm(设计有规定的，按设计规定计算)再乘以螺旋外径或设计截面积以体积计算。

(3) 打孔沉管、夯扩灌注桩：

① 灌注混凝土、砂、碎石桩使用活瓣桩尖时，单打、复打桩体积均按设计桩长(包括桩尖)另加 250 mm(设计有规定的，按设计规定计算)乘以标准管外径以体积计算。使用预制钢筋混凝土桩尖时，单打、复打桩体积均按设计桩长(不包括预制桩尖)另加 250 mm 乘以标准管外径以体积计算。

② 打孔、沉管灌注桩空沉管部分，按空沉管的实体积计算。

③ 夯扩桩体积分别按每次设计夯扩前投料长度(不包括预制桩尖)乘以标准管内径以体积计算，最后管内灌注混凝土按设计桩长另加 250 mm 乘以标准管外径以体积计算。

④ 打孔灌注桩、夯扩桩使用预制钢筋混凝土桩尖的，桩尖个数另列项计算，单打、复打的桩尖按单打、复打次数之和计算，桩尖费用另计。

(4) 注浆管、声测管按打桩前的自然地坪标高至设计桩底标高的长度另加 0.2 m 以长度计算。

(5) 灌注桩后压浆按设计注入水泥用量以质量计算。

(6) 人工挖孔灌注混凝土桩中的挖井坑土、挖井坑岩石、砖砌井壁、混凝土井壁、井壁内灌注混凝土均按设计图示尺寸以体积计算。如设计要求超灌，则另行增加超灌工程量。

(7) 凿灌注混凝土桩头按体积计算，凿、截断预制方(管)桩均以根计算。

例 4-15 已知条件如例 4-11，试根据《江苏省建筑与装饰工程计价定额》(2014 版)，完成清单综合单价及合价的计算。

解 (1) 定额列项。

① 3-1 锤击法打方桩。

② 3-5 方桩送桩。

③ 3-26 方桩焊接包钢板。

④ 成品方桩 3 000 元/m^3。

⑤ 8-2 Ⅰ类预制混凝土构件运输 3 km。

(2) 计算定额工程量。

① 3-1 锤击法打方桩：

$$V=11.6\times0.45^2\times230\ m^3=540.27\ m^3$$

② 3-5 方桩送桩：

$$V=(3.5+0.5)\times0.45^2\times230\ m^3=186.3\ m^3$$

③ 3-26 方桩焊接包钢板：

(11/2－1)向上取整，即取值 5，于是有

$$5\times230\ 个=1\ 150\ 个$$

④ 成品方桩：230 根。

⑤ 8-2 Ⅰ类预制混凝土构件运输 3 km：

$$V=11.6\times0.45^2\times230\ m^3=540.27\ m^3$$

(3) 单价调整、套价。

① $$3\text{-}1_{换}=(283.64-61.76)\ 元/m^3=221.88\ 元/m^3$$

注：本定额打桩(包括方桩、管桩)已包括 300 m 内的场内运输，实际超过 300 m 时，应按相

应运输定额执行，并扣除定额内的场内运输费用。

锤击法打方桩合价：

$$540.27\times221.88\text{ 元}=119\ 875.11\text{ 元}$$

② 方桩送桩合价：

$$186.3\times259.94\text{ 元}=48\ 426.82\text{ 元}$$

③ $3\text{-}26_{换}=[595.02+(1\ 143.91-1\ 466.02)\times0.108\times(1+11\%+6\%)]$元/个 $=554.32$ 元/个

注：使用本项目时，接桩的打桩机械应与打桩时的打桩机械锤重相匹配。

方桩焊接包钢板合价：

$$1\ 150\times554.32\text{ 元}=637\ 468\text{ 元}$$

④ 成品方桩合价：

$$230\times3\ 000\text{ 元}=690\ 000\text{ 元}$$

⑤ Ⅰ类预制混凝土构件运输 3 km 合价：

$$540.27\times150.19\text{ 元}=81\ 143.15\text{ 元}$$

(4) 预制钢筋混凝土方桩综合单价分析表如表 4-4-9 所示。

表 4-4-9　预制钢筋混凝土方桩综合单价分析表

编号	项目编码	项目名称	项目特征	计量单位	工程量	综合单价	合价
1	010301001001	预制钢筋混凝土方桩	1.土壤类别：二类土 2.送桩深度：3.5 m；桩长：11.6 m 3.桩截面积：0.203 m² 4.桩倾斜度：垂直桩 5.沉桩方法：锤击法 6.接桩方法：包钢板焊接接桩 7.混凝土强度等级：C35	m	2 668	591.05	1 576 913.08
组价分析							
编号	定额子目	子目名称		计量单位	工程量	综合单价	合价
1	$3\text{-}1_{换}$	锤击法打方桩		m³	540.27	221.88	119 875.11
2	3-5	方桩送桩		m³	186.3	259.94	48 426.82
3	$3\text{-}26_{换}$	方桩焊接包钢板		个	1 150	554.32	637 468
4		成品方桩		根	230	3 000	690 000
5	8-2	Ⅰ类预制混凝土构件运输 3 km		m³	540.27	150.19	81 143.15

例 4-16　已知条件如例 4-12，试根据《江苏省建筑与装饰工程计价定额》(2014 版)，完成清单综合单价及合价的计算。

解　(1) 定额列项。

① 3-22　静力压桩。

② 3-27　接桩。

③ 3-24　送桩。

④ 成品管桩。

⑤ a 型桩尖。

(2) 计算定额工程量。

① 3-22　静力压桩：

$$V=3.14\times(0.35^2-0.24^2)\times26.35\times250\ m^3=1\ 342.44\ m^3$$

② 3-27　接桩：250 个。

③ 3-24　送桩：

$$V=3.14\times(0.35^2-0.24^2)\times(3.6-0.3+0.5)\times250\ m^3=193.60\ m^3$$

④ 成品管桩：

$$V=3.14\times(0.35^2-0.24^2)\times26.35\times250\ m^3=1\ 342.44\ m^3$$

⑤ a 型桩尖：250 个。

(3) 单价调整、套价。

① $3\text{-}22_{换}=[379.18+0.01\times(1\ 800-1\ 300)]$元/$m^3$=384.18 元/$m^3$

注：成品方桩单价不同，应换算。

静力压桩合价：

$$1\ 342.44\times384.18\ 元=515\ 738.60\ 元$$

② $3\text{-}27_{换}=[55.91+9.64\times(1+11\%+6\%)]$元/个=67.19 元/个

注：静力压桩 12 m 内的接桩按本定额执行，12 m 以上的接桩，其人工及打桩机械已包括在相应打桩项目内，但接桩的材料费及电焊机按本定额执行。

接桩合价：

$$67.19\times250\ 元=16\ 797.50\ 元$$

③ 送桩合价：

$$193.60\times458.47\ 元=88\ 759.79\ 元$$

④ 成品管桩合价：

$$1\ 342.44\times1\ 800\ 元=2\ 416\ 392\ 元$$

⑤ a 型桩尖合价：

$$250\times180\ 元=45\ 000\ 元$$

(4) 预制钢筋混凝土管桩综合单价分析表如表 4-4-10 所示。

表 4-4-10　预制钢筋混凝土管桩综合单价分析表

编号	项目编码	项目名称	项目特征	计量单位	工程量	综合单价	合价
1	010301002001	预制钢筋混凝土管桩	1. 送桩深度：3.3 m；桩长：26.35 m 2. 桩截面积：0.385 m^2 3. 桩倾斜度：垂直桩 4. 沉桩方法：静力压桩 5. 接桩方法：包钢板焊接接桩	m	6 587.5	467.96	3 082 687.89

续表

组价分析							
编号	定额子目	子目名称		计量单位	工程量	综合单价	合价
1	$3\text{-}22_{换}$	静力压桩		m^3	1 342.44	384.18	515 738.60
2	$3\text{-}27_{换}$	接桩		个	250	67.19	16 797.50
3	3-24	送桩		m^3	193.60	458.47	88 759.79
4		成品管桩		m^3	1 342.44	1 800	2 416 392
5		a型桩尖		个	250	180	45 000

例 4-17 已知条件如例 4-13，试根据《江苏省建筑与装饰工程计价定额》(2014 版)，完成清单综合单价及合价的计算。

解 (1) 定额列项。

① 3-28 钻土孔。

② 3-31 钻岩石孔。

③ 3-39 土孔灌 C25 混凝土。

④ 3-40 岩石孔灌 C25 混凝土。

⑤ 砖砌泥浆池。

⑥ 3-41 泥浆外运。

(2) 计算定额工程量。

① 3-28 钻土孔：

$$V=(3-0.45+11)\times 3.14\times 0.3^2\times 100\ m^3=382.92\ m^3$$

② 3-31 钻岩石孔：

$$V=1\times 3.14\times 0.3^2\times 100\ m^3=28.26\ m^3$$

③ 3-39 土孔灌 C25 混凝土：

$$V=(11+0.6)\times 3.14\times 0.3^2\times 100\ m^3=327.82\ m^3$$

④ 3-40 岩石孔灌 C25 混凝土：

$$V=1\times 3.14\times 0.3^2\times 100\ m^3=28.26\ m^3$$

⑤ 砖砌泥浆池：

$$V=(327.82+28.26)\ m^3=356.08\ m^3$$

⑥ 3-41 泥浆外运：

$$V=(382.92+28.26)\ m^3=411.18\ m^3$$

(3) 单价调整、套价。

① 钻土孔合价：

$$382.92\times 300.96\ 元=115\ 243.60\ 元$$

② 钻岩石孔合价：

$$28.26\times 1\ 298.80\ 元=36\ 704.09\ 元$$

③ $3\text{-}39_{换}=\{458.83+[286.27\times(1+1.5\%)\times 1.25-351.03]\}元/m^3=471.01\ 元/m^3$

注:(1) 各种灌注桩的材料用量预算暂按表 4-4-8 中的充盈系数和操作损耗率计算,结算时充盈系数按打桩记录灌入量进行调整,操作损耗率不变。

(2) 混凝土标号不同时,单价应换算。

土孔灌 C25 混凝土合价:

$$327.82\times471.01\ 元=154\ 406.50\ 元$$

④ 3-40$_{换}$ $=[421.18+286.27\times(1+1.5\%)\times1.25-321.92]$元/m^3 $=462.47$ 元/m^3

注:(1) 各种灌注桩的材料用量预算暂按表 4-4-8 中的充盈系数和操作损耗率计算,结算时充盈系数按打桩记录灌入量进行调整,操作损耗率不变。

(2) 混凝土标号不同时,单价应换算。

岩石孔灌 C25 混凝土合价:

$$28.26\times462.47\ 元=13\ 069.40\ 元$$

⑤ 砖砌泥浆池合价:

$$356.08\times2\ 元=712.16\ 元$$

注:砖砌泥浆池所耗用的人工、材料暂按 2.0 元/m^3 计算,结算时按实调整。

⑥ 泥浆外运合价:

$$411.18\times112.21\ 元=46\ 138.51\ 元$$

(4) 泥浆护壁成孔灌注桩综合单价分析表如表 4-4-11 所示。

表 4-4-11　泥浆护壁成孔灌注桩综合单价分析表

编号	项目编码	项目名称	项目特征	计量单位	工程量	综合单价	合价
1	010302001001	泥浆护壁成孔灌注桩	1.设计桩长:12 m 2.桩直径 600 mm,共计100根 3.C25 混凝土现场搅拌 4.自然地面标高:−0.45 m 5.桩顶标高:−3.00 m 6.桩入岩层深度 1 m 7.泥浆外运 5 km	m	1 200	305.23	366 274.26
组价分析							
编号	定额子目	子目名称		计量单位	工程量	综合单价	合价
1	3-28	钻土孔		m^3	382.92	300.96	115 243.60
2	3-31	钻岩石孔		m^3	28.26	1 298.80	36 704.09
3	3-39$_{换}$	土孔灌 C25 混凝土		m^3	327.82	471.01	154 406.50
4	3-40$_{换}$	岩石孔灌 C25 混凝土		m^3	28.26	462.47	13 069.40
5		砖砌泥浆池		m^3	356.08	2	712.16
6	3-41	泥浆外运		m^3	411.18	112.21	46 138.51

例 4-18　已知条件如例 4-14,试根据《江苏省建筑与装饰工程计价定额》(2014 版),完成清单综合单价及合价的计算。

解 (1) 定额列项。

① 3-28 钻土孔。

② 3-43 土孔泵送预拌砼。

③ 砖砌泥浆池。

④ 3-41 泥浆运输 5 km 以内。

⑤ 3-42 泥浆运输距离每增加 1 km。

⑥ 3-82 注浆管埋设。

⑦ 3-84 桩底后注浆。

(2) 计算定额工程量。

① 3-28 钻土孔：

$$V=3.14\times0.35^2\times(18+5-0.45)\times201\ m^3=1\ 743.45\ m^3$$

② 3-43 土孔泵送预拌砼：

$$V=3.14\times0.35^2\times(18+0.7)\times201\ m^3=1\ 445.78\ m^3$$

③ 砖砌泥浆池：

$$V=3.14\times0.35^2\times(18+0.7)\times201\ m^3=1\ 445.78\ m^3$$

④ 泥浆运输 5 km 以内：

$$V=3.14\times0.35^2\times(18+5-0.45)\times201\ m^3=1\ 743.45\ m^3$$

⑤ 泥浆运输距离每增加 1 km：

$$V=3.14\times0.35^2\times(18+5-0.45)\times201\ m^3=1\ 743.45\ m^3$$

⑥ 注浆管埋设：

$$(18+5-0.45+0.2)\times201\times2\ m=9\ 146\ m=91.46\ (100\ m)$$

⑦ 桩底后注浆：

$$1.8\times201\ t=361.8\ t$$

(3) 单价调整、套价。

① 钻土孔合价：

$$1\ 743.45\times300.96\ 元=524\ 708.71\ 元$$

② $3\text{-}43_{换}=[492.79-443.09+(1\ 772.55\times1.02/1\ 445.78)\times518.95]元/m^3$
$=698.67\ 元/m^3$

注：(1) 各种灌注桩的材料用量预算暂按表 4-4-8 中的充盈系数和操作损耗率计算，结算时充盈系数按打桩记录灌入量进行调整，操作损耗率不变。

(2) 施工合同约定桩以砼充盈系数按实际灌入量调整。

土孔泵送预拌砼合价：

$$1\ 445.78\times698.67\ 元=1\ 010\ 123.11\ 元$$

③ 砖砌泥浆池合价：

$$1\ 445.78\times2\ 元=2\ 891.56\ 元$$

注：砖砌泥浆池所耗用的人工、材料暂按 2.0 元/m^3 计算，结算时按实调整。

④ 泥浆运输 5 km 以内合价：

$$1\ 743.45\times112.21\ 元=195\ 632.52\ 元$$

⑤ $3\text{-}42_{换}=3.47\times10\ 元/m^3=34.7\ 元/m^3$

泥浆运输距离每增加 1 km 合价：

1 743.45×34.7 元=60 497.72 元

⑥ 注浆管埋设合价：

91.46×1 690.08 元=154 574.72 元

⑦ 3-84换=[(0.35×1 000−310)+1 049.36]元/t=1 089.36 元/t

注:42.5 级水泥替换 32.5 级水泥。

桩底后注浆合价：

361.8×1 089.36 元=394 130.45 元

(4) 泥浆护壁钻孔灌注桩综合单价分析表如表 4-4-12 所示。

表 4-4-12 泥浆护壁钻孔灌注桩综合单价分析表

编号	项目编码	项目名称	项目特征	计量单位	工程量	综合单价	合价
1	010302001001	泥浆护壁成孔灌注桩	1. 地层情况:三类黏土 2. 空桩长度:4.55 m;桩长:18 m 3. 桩径:700 mm 4. 成孔方法:回旋钻机成孔 5. 混凝土种类、强度等级:泵送商品砼 C35 6. 泥浆外运距离:15 km	m³	1 391.66	1 289.00	1 793 853.62
组价分析							
编号	定额子目	子目名称		计量单位	工程量	综合单价	合价
1	3-28	钻土孔		m³	1 743.45	300.96	524 708.71
2	3-43换	土孔泵送预拌砼		m³	1 445.78	698.67	1 010 123.11
3		砖砌泥浆池		m³	1 445.78	2	2 891.56
4	3-41	泥浆运输 5 km 以内		m³	1 743.45	112.21	195 632.52
5	3-42	泥浆运输距离每增加 1 km		m³	1 743.45	34.7	60 497.72

灌注桩后压浆综合单价分析表如表 4-4-13 所示。

表 4-4-13 灌注桩后压浆综合单价分析表

编号	项目编码	项目名称	项目特征	计量单位	工程量	综合单价	合价
2	010302007001	灌注桩后压浆	1. 注浆导管材质、规格:无缝钢管 ϕ32×2.5 mm 2. 注浆导管长度:22.75 m 3. 单孔注浆盘:0.9 t 4. 水泥强度等级:42.5 级	孔	402	1 364.94	548 705.17
组价分析							
编号	定额子目	子目名称		计量单位	工程量	综合单价	合价
1	3-82	注浆管埋设		100 m	91.46	1 690.08	154 574.72
2	3-84换	桩底后注浆		t	361.8	1 089.36	394 130.45

任务5 砌筑工程计量与计价

一、砌筑工程简介

砌筑工程又叫砌体工程，是指在建筑工程中使用普通黏土砖、承重黏土空心砖、蒸压灰砂砖、粉煤灰砖、各种中小型砌块和石材等材料进行砌筑的工程。

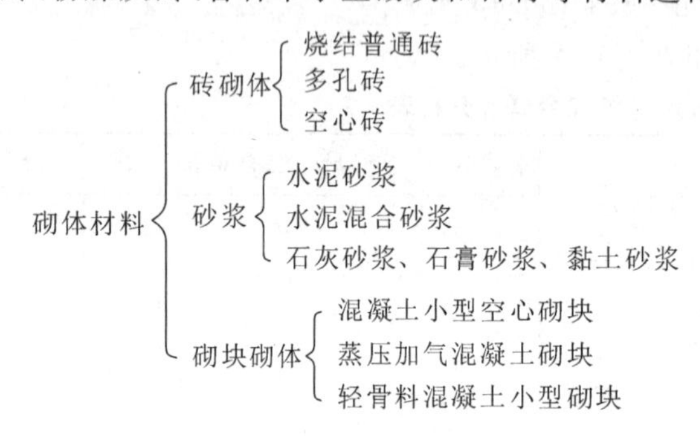

图 4-5-1　砌体材料

1. 砌体材料

砌体材料主要分为砖砌体、砌块砌体，以及作为砌体间黏结作用的各类砂浆，如图 4-5-1 所示。

1）*砖砌体*

常用的砌筑用砖有烧结普通砖、多孔砖、混凝土多孔砖、混凝土实心砖、蒸压灰砂砖、蒸压粉煤灰砖等种类。国家标准《烧结普通砖》(GB/T 5101—2017)规定，凡以黏土、页岩、煤矸石和粉煤灰等为主要原料，经成型、焙烧而成的实心或孔洞率不大于 15%的砖，称为烧结普通砖。多孔砖是以黏土、页岩、粉煤灰等为原料，经成型、焙烧而成的，孔洞率为 15%～30%的砖。空心砖常用于非承重部位，其孔洞率大于或等于 35%。砖砌体的分类如图 4-5-2 所示。

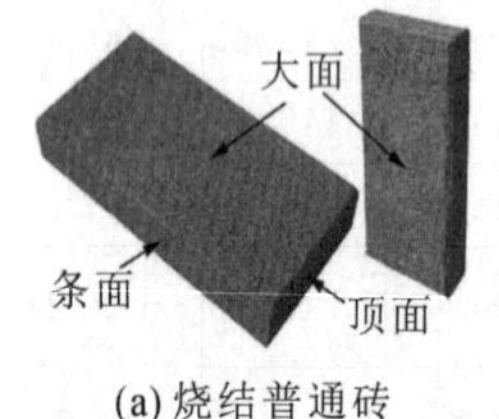

(a) 烧结普通砖

(b) 多孔砖

(c) 空心砖

图 4-5-2　砖砌体的分类

2）*砌块砌体*

砌块砌体是利用混凝土、工业废料（炉渣、粉煤灰等）或地方材料制成的人造块材，其外形尺寸比砖大。砌块系列中主要规格的长度、宽度或高度有一项或一项以上分别超过365 mm、240 mm或 115 mm，但砌块高度一般不大于长度或宽度的 6 倍，长度不超过高度的 3 倍。常见的砌块砌体有混凝土小型空心砌块、蒸压加气混凝土砌块以及轻骨料混凝土小型砌块等。

3）*砂浆*

砂浆是建筑工程中砌砖使用的黏结物质，由一定比例的沙子和胶结材料（水泥、石灰膏、黏土等）加水和成，也叫灰浆。常用的砂浆有水泥砂浆、混合砂浆（或叫水泥混合砂浆）、石灰砂浆、石膏砂浆和黏土砂浆。

2. 砌体工程构件

根据砌筑主体的不同，砌体工程可分为砖砌体工程、砌块砌体工程、石砌体工程以及配筋砌体工程等。砖砌体工程主要包括砖基础、砖砌桩孔护壁、砖墙、砖柱、零星砌砖以及其他构件等，砌块砌体工程主要包括砌块墙和砌块柱，石砌体工程主要包括各类石砌构件。

下面以砖砌体工程为例，简要介绍砖砌体工程的各类构件。

1）砖基础

砖基础主要指由烧结普通砖和毛石砌筑而成的基础，属于刚性基础范畴。这种基础的特点是抗压性能好，整体性、抗拉性能、抗弯性能、抗剪性能较差，材料易得，施工操作简便，造价较低，适用于地基坚实、均匀，上部荷载较小，七层和七层以下的一般民用建筑和墙承重的轻型厂房基础工程。为满足砖基础刚性角的要求，常见的砌筑方法为“两皮一收”或“一皮一收与两皮一收相间”，又称为等高式大放脚、间隔式大放脚，如图 4-5-3 所示。

2）砖墙

根据材料的不同，砖墙可分为实心砖墙、空心砖墙、多孔砖墙以及砌块墙等；根据砌墙形式的不同，砖墙可分为空斗墙、空花墙以及填充墙等。

空斗墙是指用砖侧砌或平、侧交替砌筑而成的空心墙体，是一种优良轻型墙体，与同厚度的普通实心墙相比，可节约砖材、砂浆和劳动力，同时由于墙内形成空气隔层，提高了隔热和保温性能，如图 4-5-4 所示。

空花墙是一种镂空的墙体结构，是指用砖砌成各种镂空花式的墙，一般用于古典式围墙、封闭或半封闭走廊、公共厕所的外墙等处，也有大面积的镂空围墙，如图 4-5-5 所示。

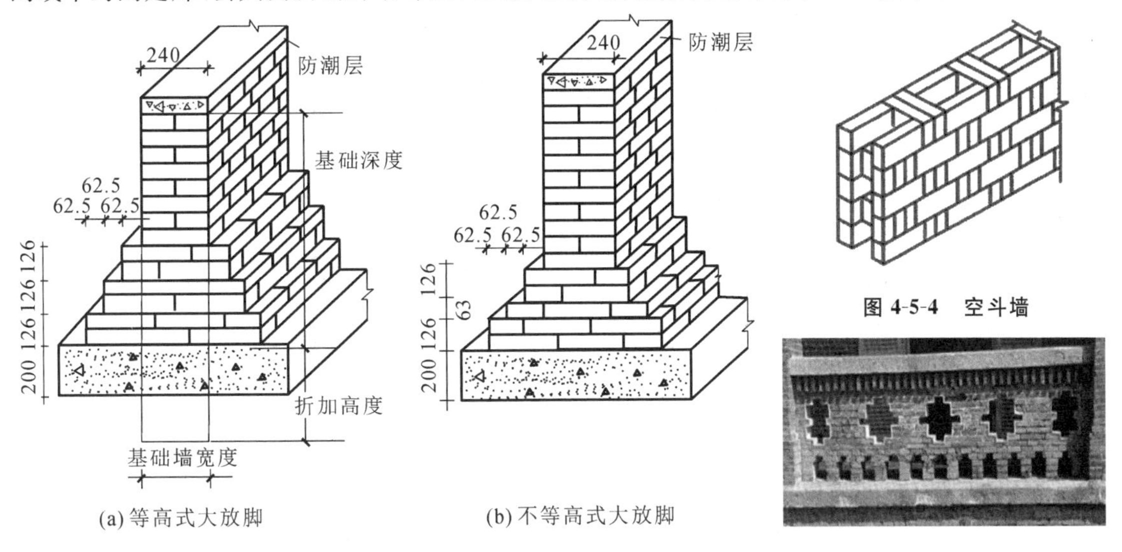

图 4-5-3　砖基础

图 4-5-4　空斗墙

图 4-5-5　空花墙

填充墙一般指框架或框剪结构中柱子之间或柱与剪力墙之间的非承重墙。

3）砖过梁、钢筋砖过梁

当墙体上开设门窗洞口且墙体洞口大于 300 mm 时，为了支撑洞口上部砌体所传来的各种荷载，并将这些荷载传给门窗等洞口两边的墙，常在门窗洞口上设置横梁，该梁称为过梁。采用砌体材料制成的过梁称为砖过梁，砖过梁可分为砖平碹（砖砌平拱）、砖砌弧拱，如图 4-5-6 和图 4-5-7所示。如砖过梁配有钢筋，则为钢筋砖过梁，如图 4-5-8 所示。

4）砌体工程其他构件

砖砌检查井，又称窨井，是指为地下基础设施（如供电、给水、排水、通信、有线电视、煤气管道、路灯线路等)的维修、安装而设置的各类检查井、阀门井、碰头井、排气井、观察井、消防井，以及用于清掏、清淤、维修的各类作业井，如图 4-5-9 所示，其功能是方便设备检查、维修、安装。

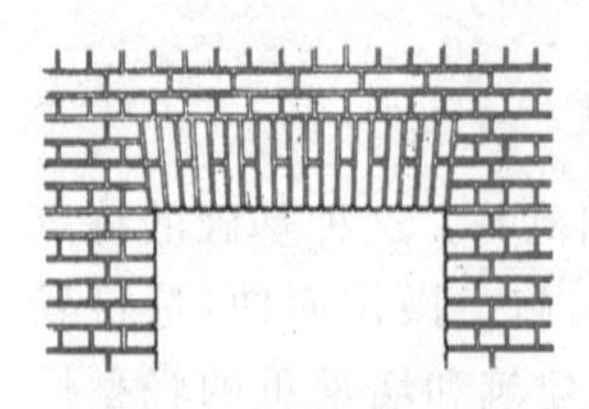

图 4-5-6　砖砌平拱

图 4-5-7　砖砌弧拱

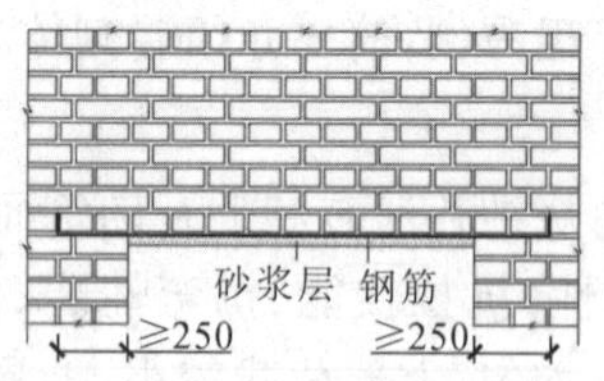

图 4-5-8　钢筋砖过梁

图 4-5-9　砖砌检查井

砌体工程其他构件还包括砖砌地垄墙、砖砌台阶、砖砌水池等零星砌筑构件等，如图 4-5-10 所示。

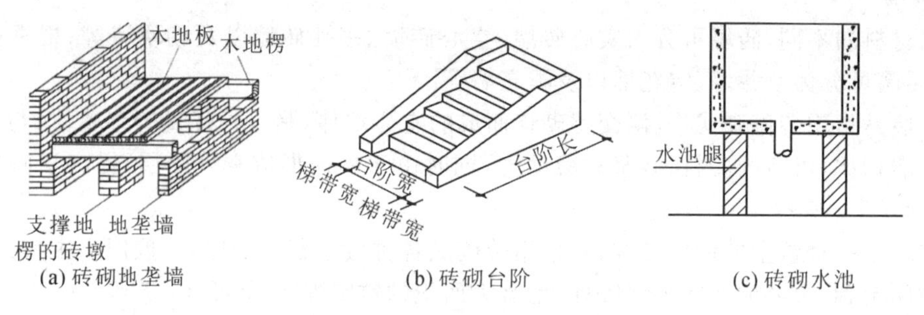

图 4-5-10　砌体工程其他构件

二、砌筑工程清单工程量计算规则

砌筑工程主要包括砖砌体、砌块砌体、石砌体、垫层四个部分。《房屋建筑与装饰工程工程量计算规范》(GB 50854—2013)中，砌筑工程清单工程量计算规则如表 4-5-1 至表 4-5-3 所示。

表 4-5-1　砖砌体(编号:010401)

项目编码	项目名称	项目特征	计量单位	工程量计算规则	工作内容
010401001	砖基础	1. 砖品种、规格、强度等级 2. 基础类型 3. 砂浆强度等级 4. 防潮层材料种类	m^3	按设计图示尺寸以体积计算，包括附墙垛基础超出部分体积，扣除地梁(圈梁)、构造柱所占体积，不扣除基础大放脚 T 形接头处的重叠部分及嵌入基础内的钢筋、铁件、管道、基础砂浆防潮层和单个面积不超过 0.3 m^2 的孔洞所占体积，靠墙暖气沟的挑檐不增加。 基础长度:外墙按外墙中心线，内墙按内墙净长线计算	1. 砂浆制作、运输 2. 砌砖 3. 防潮层铺设 4. 材料运输
010401002	砖砌挖孔桩护壁	1. 砖品种、规格、强度等级 2. 砂浆强度等级		按设计图示尺寸以体积计算	1. 砂浆制作、运输 2. 砌砖 3. 材料运输

续表

项目编码	项目名称	项目特征	计量单位	工程量计算规则	工作内容
010401003	实心砖墙	1.砖品种、规格、强度等级 2.墙体类型 3.砂浆强度等级、配合比	m^3	按设计图示尺寸以体积计算，扣除门窗、洞口、嵌入墙内的钢筋混凝土柱、梁、圈梁、挑梁、过梁，以及凹进墙内的壁龛、管槽、暖气槽、消火栓箱所占体积，不扣除梁头、板头、檩头、垫木、木楞头、沿缘木、木砖、门窗走头、砖墙内加固钢筋、木筋、铁件、钢管，以及单个面积不超过 0.3 m^3 的孔洞所占的体积。凸出墙面的腰线、挑檐、压顶、窗台线、虎头砖、门窗套的体积亦不增加。凸出墙面的砖垛并入墙体体积内计算。 1.墙长度：外墙按中心线，内墙按净长线计算。 2.墙高度： (1)外墙：斜(坡)屋面无檐口天棚者，算至屋面板底；有屋架且室内外均有天棚者，算至屋架下弦底另加 200 mm；无天棚者，算至屋架下弦底另加 300 mm；出檐宽度超过600 mm时，按实砌高度计算；有钢筋混凝土楼板隔层者，算至板顶；平屋顶算至钢筋混凝土板底。 (2)内墙：位于屋架下弦者，算至屋架下弦底；无屋架者，算至天棚底另加 100 mm；有钢筋混凝土楼板隔层者，算至楼板顶；有框架梁时，算至梁底。 (3)女儿墙：从屋面板上表面算至女儿墙顶面(如有混凝土压顶时，算至压顶下表面)。 (4)内、外山墙：按其平均高度计算。 3.框架间墙：不分内、外墙，按墙体净尺寸以体积计算。 4.围墙：高度算至压顶上表面(如有混凝土压顶时，算至压顶下表面)，围墙柱并入围墙体积内计算	1.砂浆制作、运输 2.砌砖 3.刮缝 4.砖压顶砌筑 5.材料运输
010401004	多孔砖墙				
010401005	空心砖墙				

续表

项目编码	项目名称	项目特征	计量单位	工程量计算规则	工作内容
010401006	空斗墙	1. 砖品种、规格、强度等级 2. 墙体类型 3. 砂浆强度等级、配合比	m^3	按设计图示尺寸以空斗墙外形体积计算，墙角、内外墙交接处、门窗洞口立边、窗台砖、屋檐处的实砌部分体积并入空斗墙体积内	1. 砂浆制作、运输 2. 砌砖 3. 装填充材料 4. 刮缝 5. 材料运输
010401007	空花墙			按设计图示尺寸以空花部分的外形体积计算，不扣除空洞部分体积	
010401008	填充墙			按设计图示尺寸以填充墙外形体积计算	
010401009	实心砖柱	1. 砖品种、规格、强度等级 2. 柱类型 3. 砂浆强度等级、配合比		按设计图示尺寸以体积计算，扣除混凝土及钢筋混凝土梁垫、梁头、板头所占体积	1. 砂浆制作、运输 2. 砌砖 3. 刮缝 4. 材料运输
010401010	多孔砖柱				
010401011	砖检查井	1. 井截面积、深度 2. 砖品种、规格、强度等级 3. 垫层材料种类、厚度 4. 底板厚度 5. 井盖安装 6. 混凝土强度等级 7. 砂浆强度等级 8. 防潮层材料种类	座	按设计图示以数量计算	1. 砂浆制作、运输 2. 铺设垫层 3. 底板混凝土制作、运输、浇筑、振捣、养护 4. 砌砖 5. 刮缝 6. 井池底、壁抹灰 7. 抹防潮层 8. 材料运输
010401012	零星砌砖	1. 零星砌砖名称、部位 2. 砖品种、规格、强度等级 3. 砂浆强度等级、配合比	1. m^3 2. m^2 3. m 4. 个	1. 以立方米计量，按设计图示尺寸以截面积乘以长度计算 2. 以平方米计量，按设计图示尺寸以水平投影面积计算 3. 以米计量，按设计图示尺寸以长度计算 4. 以个计量，按设计图示以数量计算	1. 砂浆制作、运输 2. 砌砖 3. 刮缝 4. 材料运输

续表

项目编码	项目名称	项目特征	计量单位	工程量计算规则	工作内容
010401013	砖散水、地坪	1.砖品种、规格、强度等级 2.垫层材料种类、厚度 3.散水、地坪厚度 4.面层种类、厚度 5.砂浆强度等级	m^2	按设计图示尺寸以面积计算	1.土方挖、运、填 2.地基找平、夯实 3.铺设垫层 4.砌砖散水、地坪 5.抹砂浆面层
010401014	砖地沟、明沟	1.砖品种、规格、强度等级 2.沟截面尺寸 3.垫层材料种类、厚度 4.混凝土强度等级 5.砂浆强度等级	m	以米计量,按设计图示以中心线长度计算	1.土方挖、运、填 2.铺设垫层 3.底板混凝土制作、运输、浇筑、振捣、养护 4.砌砖 5.刮缝、抹灰 6.材料运输

注:1.砖基础项目适用于各种类型的砖基础,如柱基础、墙基础、管道基础等。

2.基础与墙(柱)身使用同一种材料时,以设计室内地面为界(有地下室者,以地下室室内设计地面为界),以下为基础,以上为墙(柱)身;基础与墙(柱)身使用不同材料时,位于设计室内地面高度不超过±300 mm时,以不同材料为分界线,高度超过±300 mm时,以设计室内地面为分界线。

3.砖围墙以设计室外地坪为界,以下为基础,以上为墙身。

4.框架外表面的镶贴砖部分,按零星项目编码列项。

5.附墙烟囱、通风道、垃圾道应按设计图示尺寸以体积(扣除孔洞所占体积)计算,且并入所依附的墙体体积内。当设计规定孔洞内需抹灰时,应按本规范附录L中的零星抹灰项目编码列项。

6.空斗墙的窗间墙、窗台下、楼板下、梁头下等的实砌部分,按零星砌砖项目编码列项。

7.空花墙项目适用于各种类型的空花墙,使用混凝土花格砌筑的空花墙,其实砌墙体与混凝土花格应分别计算,混凝土花格按混凝土及钢筋混凝土中预制构件相关项目编码列项。

8.台阶、台阶挡墙、梯带、锅台、炉灶、蹲台、池槽、池槽腿、砖胎模、花台、花池、楼梯栏板、阳台栏板、地垄墙、不超过0.3 m^2 的孔洞填塞等,应按零星砌砖项目编码列项。砖砌锅台与炉灶可按外形尺寸以个计算,砖砌台阶可按水平投影面积以平方米计算,小便槽、地垄墙可按长度计算,其他工程以立方米计算。

9.砖砌体内的钢筋加固,应按本规范附录E中的相关项目编码列项。

10.砖砌体勾缝按本规范附录L中的相关项目编码列项。

11.检查井内的爬梯按本附录E中的相关项目编码列项,井内的混凝土构件按本规范附录E中的混凝土及钢筋混凝土预制构件编码列项。

12.当施工图设计标注做法见标准图集时,应在项目特征描述中注明标准图集的编码、页号及节点大样。

表 4-5-2　砌块砌体(编号:010402)

项目编码	项目名称	项目特征	计量单位	工程量计算规则	工作内容
010402001	砌块墙	1. 砌块品种、规格、强度等级 2. 墙体类型 3. 砂浆强度等级	m^3	按设计图示尺寸以体积计算,扣除门窗、洞口、嵌入墙内的钢筋混凝土柱、梁、圈梁、挑梁、过梁,以及凹进墙内的壁龛、管槽、暖气槽、消火栓箱所占体积,不扣除梁头、板头、檩头、垫木、木楞头、沿缘木、木砖、门窗走头、砖墙内加固钢筋、木筋、铁件、钢管,以及单个面积不超过 0.3 m^3 的孔洞所占的体积。凸出墙面的腰线、挑檐、压顶、窗台线、虎头砖、门窗套的体积亦不增加。凸出墙面的砖垛并入墙体体积内计算。 1. 墙长度:外墙按中心线,内墙按净长线计算。 2. 墙高度: (1) 外墙:斜(坡)屋面无檐口天棚者,算至屋面板底;有屋架且室内外均有天棚者,算至屋架下弦底另加 200 mm;无天棚者,算至屋架下弦底另加 300 mm;出檐宽度超过600 mm时,按实砌高度计算;有钢筋混凝土楼板隔层者,算至板顶;平屋顶算至钢筋混凝土板底。 (2) 内墙:位于屋架下弦者,算至屋架下弦底;无屋架者,算至天棚底另加 100 mm;有钢筋混凝土楼板隔层者,算至楼板底;有框架梁时,算至梁底。 (3) 女儿墙:从屋面板上表面算至女儿墙顶面(如有混凝土压顶时,算至压顶下表面)。 (4) 内、外山墙:按其平均高度计算。 3. 框架间墙:不分内、外墙,按墙体净尺寸以体积计算。 4. 围墙:高度算至压顶上表面(如有混凝土压顶时,算至压顶下表面),围墙柱并入围墙体积内计算	1. 砂浆制作、运输 2. 砌砖、砌块 3. 勾缝 4. 材料运输
010402002	砌块柱	1. 砖品种、规格、强度等级 2. 墙体类型 3. 砂浆强度等级		按设计图示尺寸以体积计算,扣除混凝土及钢筋混凝土梁垫、梁头、板头所占体积	

注:1. 砌体内加筋,墙体拉结的制作、安装,应按本规范附录 E 中的相关项目编码列项。
2. 砌块排列应上下错缝搭砌,如果错缝长度满足不了规定的压搭要求,应采取压砌钢筋网片的措施,具体构造要求按设计规定。若设计无规定,则应注明由投标人根据工程实际情况自行考虑。钢筋网片按本规范附录 F 中的相应编码列项。
3. 砌体垂直灰缝宽超过 30 mm 时,采用 C20 细石混凝土灌实,灌注的混凝土应按本规范附录 E 中的相关项目编码列项。

表 4-5-3　垫层(编号:010404)

项目编码	项目名称	项目特征	计量单位	工程量计算规则	工作内容
010404001	垫层	垫层材料种类、配合比、厚度	m^3	按设计图示尺寸以立方米计算	1. 垫层材料拌制 2. 垫层铺设 3. 材料运输

注:除混凝土垫层应按本规范附录 E 中的相关项目编码列项外,没有包括垫层要求的清单项目应按本表垫层项目编码列项。

标准砖尺寸应为 240 mm×115 mm×53 mm,标准砖墙计算厚度应按表 4-5-4 计算。

表 4-5-4　标准砖墙计算厚度表

砖数(厚度)	1/4	1/2	3/4	1	1.5	2	2.5	3
计算厚度/mm	53	115	180	240	365	490	615	740

砌筑工程工程量计算规则说明如下。

1. 砖基础

砖基础工程量按设计图示尺寸以体积计算,即

$$\text{条形砖基础工程量} = \text{基础截面积} \times \text{基础长度}$$

1) 基础与墙身的划分

(1) 基础与墙(柱)身使用同一种材料时,以设计室内地面为界(有地下室者,以地下室内设计地面为界),以下为基础,以上为墙(柱)身。

(2) 基础与墙(柱)身使用不同材料时,位于设计室内地面高度不超过±300 mm 时,以不同材料为分界线,高度超过±300 mm 时,以设计室内地面为分界线,如图 4-5-11 所示。

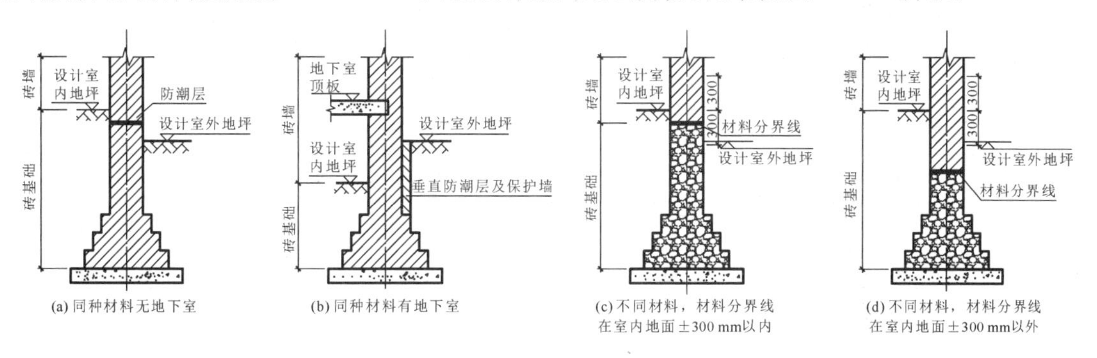

图 4-5-11　基础与墙身的划分

(3) 砖围墙以设计室外地坪为界,以下为基础,以上为墙身。

2) 砖基础大放脚增加面积的计算

砖基础根据砖的规格尺寸和刚性角要求，砌成特定的台阶形断面，称为大放脚。大放脚的形式有两种：等高式和间隔式。

在等高式大放脚和间隔式大放脚中，每步大放脚宽度始终等于1/4砖长，即(砖长240＋灰缝10)×1/4＝62.5 mm。一种大放脚高度等于二皮砖加两条灰缝，即(53×2＋10×2) mm＝126 mm；另一种大放脚高度等于一皮砖加一条灰缝，即(53＋10) mm＝63 mm。等高式大放脚高度都等于126 mm，间隔式大放脚高度为126 mm与63 mm相间隔，如图4-5-12所示。

计算砖基础大放脚增加面积，可采用以下方法：

(1) 数方格法。

根据大放脚的构造特点，可将砖基础大放脚增加面积划分成若干个规格为62.5 mm×63 mm的矩形单元格，如图4-5-13所示。每个单元格的面积 $\Delta s=62.5\times63\ \text{mm}^2=3\ 937.5\ \text{mm}^2=3.937\ 5\times10^{-3}\ \text{m}^2$。数出大放脚包含单元格的数量 n，则大放脚增加面积可由 $\Delta S=n\times\Delta s$ 得出。

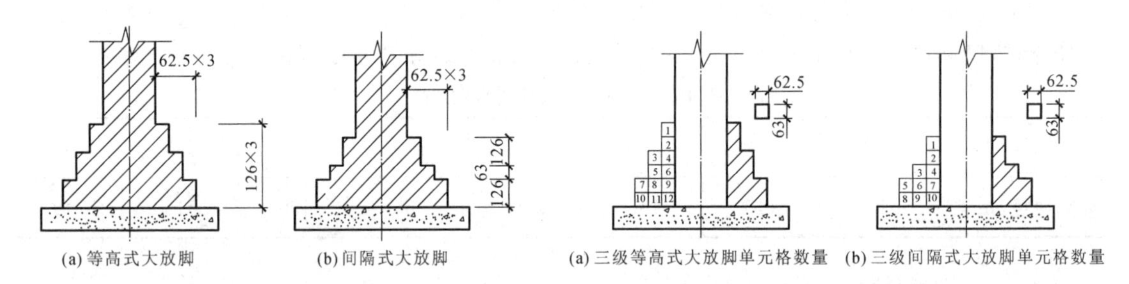

图 4-5-12 砖基础大放脚的形式

图 4-5-13 砖基础大放脚增加面积计算方法

如图4-5-13所示，三级等高式大放脚增加面积 $\Delta S=12\times2\times3.937\ 5\times10^{-3}\ \text{m}^2=0.094\ 5\ \text{m}^2$，三级间隔式大放脚增加面积 $\Delta S=10\times2\times3.937\ 5\times10^{-3}\ \text{m}^2=0.078\ 8\ \text{m}^2$。

(2) 折加高度法。

可将大放脚增加面积用公式 $\Delta S=t\times h$ 表示，式中：t 表示砖基础宽度；h 表示砖基础大放脚折加高度，可以通过大放脚折加高度表格查询确定，如表4-5-5和表4-5-6所示。

表 4-5-5 等高式大放脚折加高度及增加面积表

大放脚层数	折算为高度/m						折算为断面积/m²
	0.5砖(0.115)	1砖(0.240)	1.5砖(0.365)	2砖(0.490)	2.5砖(0.615)	3砖(0.740)	
一	0.137	0.066	0.043	0.032	0.026	0.021	0.015 75
二	0.411	0.197	0.129	0.096	0.077	0.064	0.047 25
三	0.822	0.394	0.259	0.193	0.154	0.128	0.094 50
四	1.369	0.656	0.432	0.321	0.256	0.213	0.157 50
五	2.054	0.985	0.647	0.482	0.384	0.319	0.236 30
六	2.876	1.378	0.906	0.675	0.538	0.447	0.330 80
七	3.835	1.838	1.208	0.900	0.717	0.596	0.441 00
八	4.930	2.363	1.553	1.157	0.922	0.766	0.567 00

续表

大放脚层数	折算为高度/m						折算为断面积/m^2
	0.5砖(0.115)	1砖(0.240)	1.5砖(0.365)	2砖(0.490)	2.5砖(0.615)	3砖(0.740)	
九	6.163	2.953	1.942	1.447	1.153	0.958	0.708 80
十	7.553	3.610	2.373	1.768	1.409	1.171	0.866 30

注:1. 本表折算墙基高度均以标准砖双面放脚为准。每层大放脚高度为两皮砖,每层放出1/4砖(单面)。
2. 折算高度(m)=大放脚断面积(m^2)/墙厚(m)

表4-5-6　间隔式大放脚折加高度及增加面积表

大放脚层数	折算为高度/m						折算为断面积/m^2
	0.5砖(0.115)	1砖(0.240)	1.5砖(0.365)	2砖(0.490)	2.5砖(0.615)	3砖(0.740)	
一(一低)	0.069	0.033	0.022	0.016	0.013	0.011	0.007 88
二(一高一低)	0.342	0.164	0.108	0.080	0.064	0.053	0.039 38
三(二高一低)	0.685	0.328	0.216	0.161	0.128	0.106	0.078 75
四(二高二低)	1.096	0.525	0.345	0.257	0.205	0.170	0.126 00
五(三高二低)	1.643	0.788	0.518	0.386	0.307	0.255	0.189 00
六(三高三低)	2.260	1.083	0.712	0.530	0.423	0.351	0.259 90
七(四高三低)	3.005	1.440	0.947	0.705	0.562	0.467	0.345 60
八(四高四低)	3.836	1.838	1.208	0.900	0.717	0.596	0.441 10
九(五高四低)	4.794	2.297	1.510	1.125	0.896	0.745	0.551 30
十(五高五低)	5.821	2.789	1.834	1.366	1.088	0.905	0.669 40

注:本表层数中的"高"是两皮砖,"低"是一皮砖,每层放出1/4砖。

查表4-5-5可知:1砖墙三级等高式大放脚折加高度为0.394 m,故$\Delta S=0.24\times0.394\ m^2=0.094\ 6\ m^2$;1砖墙三级间隔式大放脚折加高度为0.328 m,故$\Delta S=0.24\times0.328\ m^2=0.078\ 7\ m^2$。

(3) 查表法。

可根据大放脚增加面积表直接查出大放脚相应增加面积。由表4-5-5可知,三级等高式大放脚增加面积为0.094 5 m^2;由表4-5-6可知,三级间隔式大放脚增加面积为0.078 8 m^2。

3) 条形砖基础长度的确定

(1) 砌筑工程条形基础长度:

$$L=L_{中}+L_{内}$$

式中:L为条形基础长度,$L_{中}$为外条基中心线,$L_{内}$为内条基净长线。

(2) 独立基础间的条形基础。

独立基础间的条形基础,按独立基础边到边净长线计算。

例4-19　某建筑采用M5水泥砂浆砌砖基础,其平面图及剖面图如图4-5-14所示,采用MU10页岩实心砖,墙厚240 mm,请根据以上信息编制相关工程分部分项工程量清单。

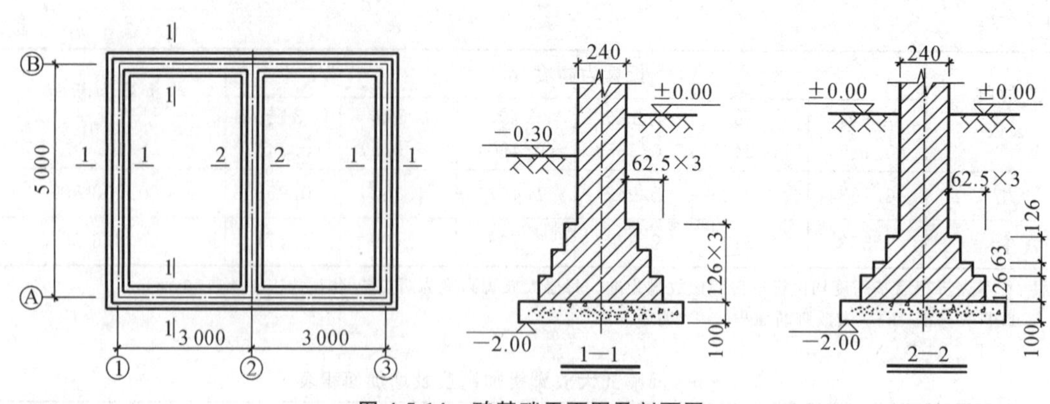

图 4-5-14　砖基础平面图及剖面图

解　砖基础工程量清单如表 4-5-7 所示。

表 4-5-7　砖基础工程量清单

编号	项目编码	项目名称	项目特征	计量单位	工程量	计算式
1	010401001001	砖基础	1. 砖品种：MU10 页岩实心砖 2. 砖规格：240 mm×115 mm×53 mm 3. 外墙基础 4. 砂浆强度等级：M5 水泥砂浆	m^3	12.11	$L_{中}=(3.0\times2+5.0)\times2$ m $=22$ m $h=(2.0-0.1)$ m $=1.9$ m $t=0.24$ m $\Delta S=0.0945$ m^2 $S=ht+\Delta S=(1.9\times0.24+0.0945)$ m^2 $=0.5505$ m^2 $V=SL_{中}=0.5505\times22$ m^3 $=12.11$ m^3
2	010401001002	砖基础	1. 砖品种：MU10 页岩实心砖 2. 砖规格：240 mm×115 mm×53 mm 3. 内墙基础 4. 砂浆强度等级：M5 水泥砂浆	m^3	2.55	$L_{内}=(5.0-0.24)$ m $=4.76$ m $h=(2.0-0.1)$ m $=1.9$ m $t=0.24$ m $\Delta S=0.0788$ m^2 $S=ht+\Delta S=(1.9\times0.24+0.0788)$ m^2 $=0.5348$ m^2 $V=SL_{内}=0.5348\times4.76$ m^3 $=2.55$ m^3

2. 砖墙

砖墙、砌体墙工程量＝墙高×墙长×墙厚－墙内应扣构件体积

1）墙高的确定

（1）外墙：斜（坡）屋面无檐口天棚者，算至屋面板底；有屋架且室内外均有天棚者，算至屋架下弦底另加 200 mm；无天棚者，算至屋架下弦底另加 300 mm；出檐宽度超过 600 mm 时，按实砌高度计算；有钢筋混凝土楼板隔层者，算至板顶；平屋顶算至钢筋混凝土板底。

（2）内墙：位于屋架下弦者，算至屋架下弦底；无屋架者，算至天棚底另加 100 mm；有钢筋混凝土楼板隔层者，算至楼板顶；有框架梁时算至梁底。

(3) 女儿墙:从屋面板上表面算至女儿墙顶面(如有混凝土压顶时,算至压顶下表面)。

(4) 内、外山墙:按其平均高度计算。

(5) 框架间填充墙,按其实砌高度计算。

砌体墙高的确定如图 4-5-15 所示。

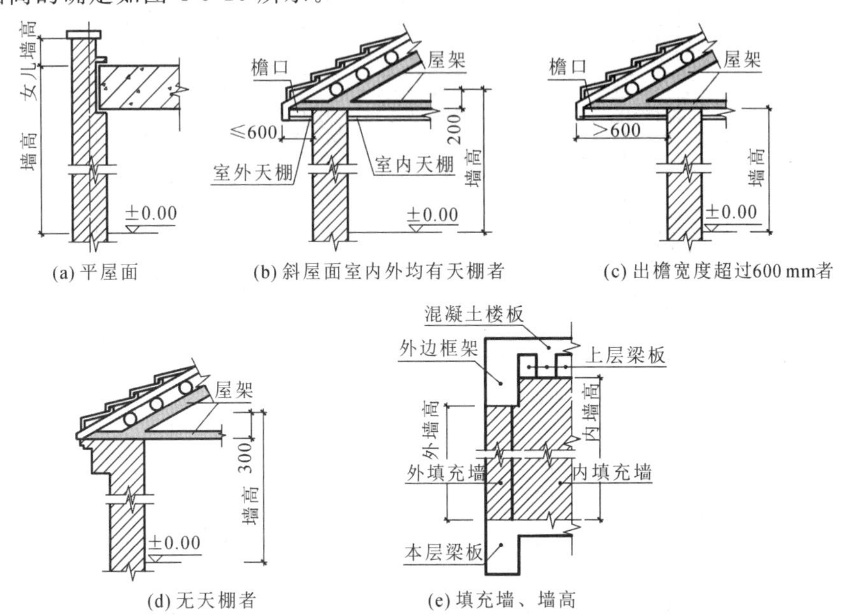

图 4-5-15　砌体墙高的确定

2) 墙长的确定

$$L = L_{中} + L_{内}$$

式中,L 为墙的计算长度,$L_{中}$ 为外墙中心线,$L_{内}$ 为内墙净长线。对于框架间填充墙,其长度为框架间净长度。

3) 应扣构件体积

应扣构件体积包括门窗、洞口、嵌入墙内的钢筋混凝土柱、梁、圈梁、挑梁、过梁,以及凹进墙内的壁龛、管槽、暖气槽、消火栓箱所占体积,应注意的是,当嵌砌构件或孔洞的垂直面积不超过 0.3 m^2 时,不扣除,如图 4-5-16 所示。

3. 砖平碹、钢筋砖过梁

砖平碹、钢筋砖过梁按图示尺寸以立方米计算。如设计无规定,砖平碹按门窗、洞口宽度两端共加 100 mm 乘以高度(门窗、洞口宽度小于 1 500 mm 时,高度为 240 mm;大于 1 500 mm 时,高度为 365 mm)计算,钢筋砖过梁按门窗、洞口宽度两端共加 500 mm、高度按 440 mm 计算,如图 4-5-17 所示。

例 4-20　某办公室平面图及剖面图如图 4-5-18 所示,有关尺寸如表 4-5-8 所示。已知内、外墙厚度均为 240 mm,层高 3.3 m,板厚 100 mm,内、外墙上均设 QL,与板顶平,洞口上部设置 GL(洞口宽度在 1 m 以内的,采用钢筋砖过梁;洞口宽度在 1 m 以上的,采用钢筋混凝土 GL),外墙转角设置 GZ,±0.00 以下采用烧结普通砖、M10 水泥砂浆,±0.00 以上采用页岩模数多孔砖、M5 混合砂浆。请根据以上信息编制相关工程分部分项工程量清单。

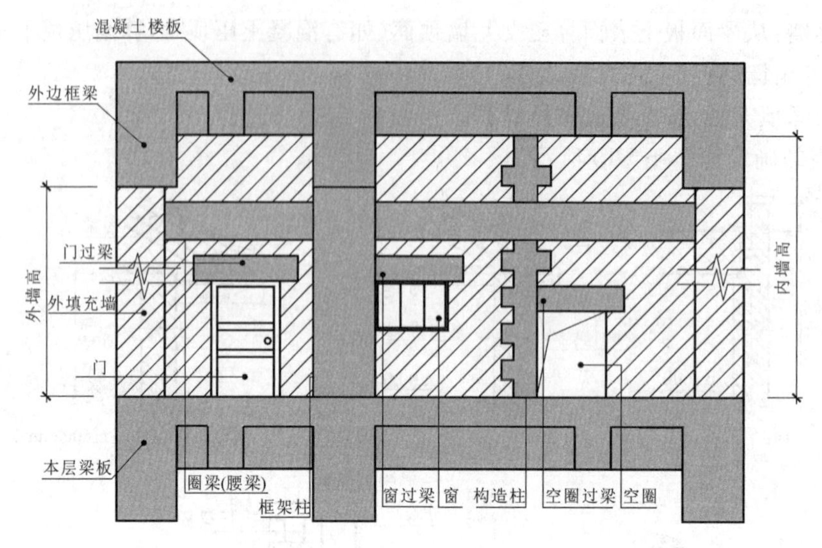

图 4-5-16 砌体内各类嵌砌构件

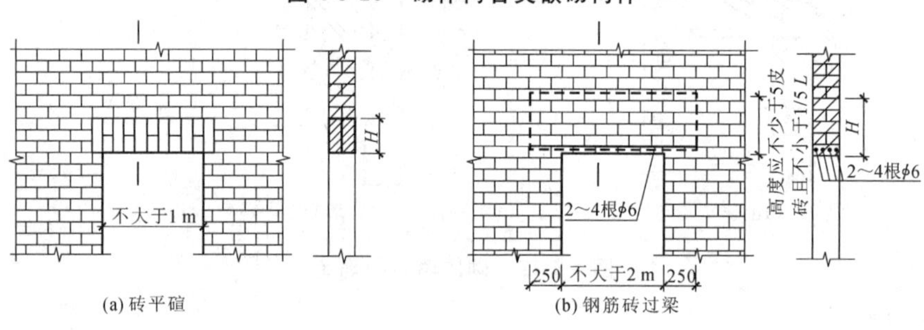

图 4-5-17 砖平碹及钢筋砖过梁

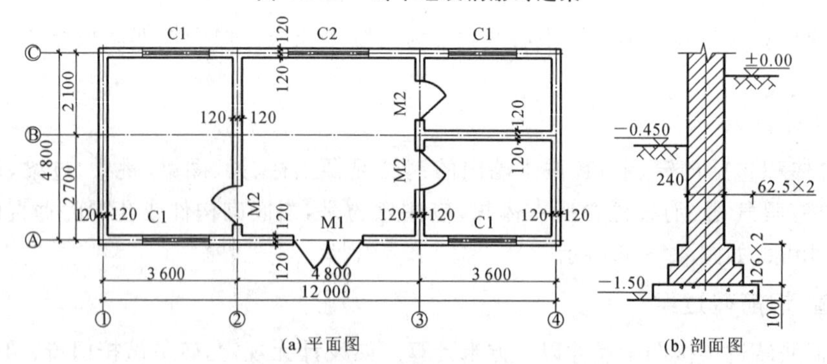

图 4-5-18 砌筑工程平面图及剖面图

表 4-5-8 砌筑工程有关尺寸

<table>
<tr><th>门窗名称</th><th>洞口尺寸</th><th colspan="2">构件名称</th><th>构件尺寸或体积</th></tr>
<tr><td>M1</td><td>1 800×2 400</td><td colspan="2">QL 底 GZ</td><td>0.10 m³/根(±0.00 以下)
0.22 m³/根(±0.00 以上)</td></tr>
<tr><td>M2</td><td>1 000×2 400</td><td rowspan="2">板底 QL</td><td>外墙</td><td>$L_{中}$×0.24×0.2</td></tr>
<tr><td>C1</td><td>1 800×1 800</td><td>内墙</td><td>$L_{内}$×0.24×0.2</td></tr>
<tr><td>C2</td><td>2 100×1 800</td><td colspan="2">钢筋砼 GL</td><td>(洞口宽+0.5)×0.24×0.18</td></tr>
</table>

解 该砌筑工程工程量清单如表 4-5-9 所示。

表 4-5-9 砌筑工程工程量清单 1

编号	项目编码	项目名称	项目特征	计量单位	工程量	计算式
1	010401001001	砖基础	1. 页岩实心砖 2. 规格:240 mm×115 mm×53 mm 3. 条形基础 4. M10 水泥砂浆	m^3	17.26	1. 计算基数: $L_{中}$=(12+4.8)×2 m=33.6 m $L_{内}$=[(4.8−0.24)×2+(3.6−0.24)] m =12.48 m 2. 外墙砖基础工程量: 33.6×[0.24×(1.5−0.1)+0.047 3] m^3 =12.88 m^3 3. 内墙砖基础工程量: 12.48×[0.24×(1.5−0.1)+0.047 3] m^3 =4.78 m^3 4. 砖基础工程量: (12.88+4.78−0.1×4) m^3=17.26 m^3 [其中 GZ:(0.24+0.03×2)×0.24×(1.5−0.1) m^3=0.10 m^3]
2	010401004001	多孔砖	1. 页岩模数多孔砖 2. 规格:240 mm×115 mm×53 mm 3. 外墙 4. M5 混合砂浆	m^3	18.45	1. 计算实体体积: V=33.6×3.3×0.24 m^3=26.61 m^3 2. 计算应扣构件体积: (1) 应扣门窗洞: M1:1.8×2.4 m^2=4.32 m^2 C1:1.8×1.8×4 m^2=12.96 m^2 C2:2.1×1.8 m^2=3.78 m^2 应扣门窗洞小计: (4.32+12.96+3.78)×0.24 m^3 =5.05 m^3 (2) 应扣钢筋混凝土 GL: M1:(1.8+0.5)×0.24×0.18 m^3 =0.1 m^3 C1:2.3×0.24×0.18×4 m^3=0.4 m^3 C2:2.6×0.24×0.18 m^3=0.11 m^3 应扣钢筋混凝土 GL 小计: (0.1+0.4+0.11) m^3=0.61 m^3 (3) 应扣 GZ: (0.24+0.03×2)×0.24×(3.3−0.2)×4 m^3=0.89 m^3 (4) 应扣 QL: 33.6×0.24×0.2 m^3=1.61 m^3 应扣构件体积总计: $V_{应扣}$=(5.05+0.61+0.89+1.61) m^3=8.16 m^3 3. 外墙工程量: (26.61−8.16) m^3=18.45 m^3

续表

编号	项目编码	项目名称	项目特征	计量单位	工程量	计算式
3	010401004002	多孔砖	1. 页岩模数多孔砖 2. 规格：240 mm×115 mm×53 mm 3. 内墙 4. M5 混合砂浆	m^3	7.07	1. 计算实体体积： $V=12.48\times3.3\times0.24\ m^3=9.88\ m^3$ 2. 计算应扣构件体积： (1) 应扣门窗洞： M2：$1.0\times2.4\times0.24\times3\ m^3=1.73\ m^3$ (2) 应扣钢筋砖过梁： M2：$(1+0.5)\times0.44\times0.24\times3\ m^3=0.48\ m^3$ (3) 应扣 GZ：0 (4) 应扣 QL： $12.48\times0.24\times0.2\ m^3=0.6\ m^3$ 应扣构件体积总计： $V_{应扣}=(1.73+0.48+0.6)\ m^3=2.81\ m^3$ 3. 内墙工程量： $(9.88-2.81)\ m^3=7.07\ m^3$
4	010401012001	零星砌砖	钢筋砖过梁	m^3	0.48	$(1+0.5)\times0.44\times0.24\times3\ m^3=0.48\ m^3$

例 4-21 某单层框架结构办公用房如图 4-5-19 所示，柱、梁、板均为现浇砼。外墙厚 190 mm，采用页岩模数多孔砖(190 mm×240 mm×90 mm)；内墙厚 200 mm，采用蒸压灰加气混凝土砌块。属于无水房间，底无混凝土坎台。砌筑所用页岩模数多孔砖、蒸压灰加气混凝土砌块的强度等级均满足国家相关质量规范要求。内、外墙均采用 M5 混合砂浆砌筑。外墙体中的 C20 砼构造柱的体积为 0.56 m^3(含马牙槎)，C20 砼圈梁的体积为 1.2 m^3。内墙体中的 C20 砼构造柱的体积为 0.4 m^3(含马牙槎)，C20 砼圈梁的体积为 0.42 m^3。圈梁兼作门窗过梁，基础与墙身使用不同材料，分界线位置为设计室内地面，标高为±0.000。已知门窗尺寸为 M1：1 200 mm×2 200 mm，M2：1 000 mm×2 200 mm，C1：1 200 mm×1 500 mm。请根据以上信息编制相关工程分部分项工程量清单。

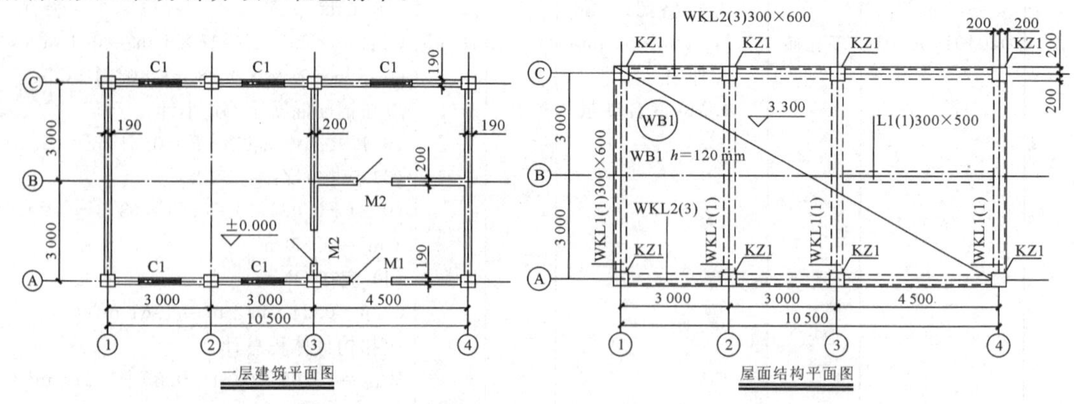

说明：1.本层屋面板标高未注明者均为H=3.3 m。
2.本层梁顶标高未注明者均为H=3.3 m。
3.梁、柱定位未注明者均关于轴线居中设置。

图 4-5-19 一层建筑平面图及屋面结构平面图

解 砌筑工程工程量清单如表 4-5-10 所示。

表 4-5-10 砌筑工程工程量清单 2

编号	项目编码	项目名称	项目特征	计量单位	工程量	计算式
1	010401004001	多孔砖	1. 页岩模数多孔砖 2. 规格:190 mm×240 mm×90 mm 3. 外墙 4. M5 混合砂浆	m^3	11.32	1. 外墙面积: {[(10.5－0.4×3)＋(6－0.4)]×2×(3.3－0.6)－1.2×1.5×5(扣 C1)－1.2×2.2(扣 M1)} m^2＝(80.46－9－2.64) m^2＝68.82 m^2 2. 外墙体积: [68.82×0.19－0.56(扣外墙构造柱)－1.2(扣外墙上圈梁)] m^3＝(13.08－0.56－1.2) m^3＝11.32 m^3
2	010402001001	砌块墙	1. 蒸压灰加气混凝土砌块 2. 规格:200 mm厚 3. 内墙 4. M5 混合砂浆	m^3	3.73	1. 内墙面积: [(6－0.4)×(3.3－0.6)＋(4.5－0.2/2－0.19/2)×(3.3－0.5)－2×1×2.2(扣 M2)] m^2＝(27.17－4.4) m^2＝22.77 m^2 2. 内墙体积: [22.77×0.2－0.4(扣内墙中的构造柱)－0.42(扣内墙中的圈梁)] m^3＝3.73 m^3

三、砌筑工程计价定额规则

《江苏省建筑与装饰工程计价定额》(2014 版)中，砌筑工程由砌体、砌块墙、砌石、构筑物以及基础垫层组成。

1. 章节说明(摘录)

(1) 标准砖墙不分清、混水墙及艺术形式复杂程度。砖券、砖过梁、砖圈梁、腰线、砖垛、砖挑檐、附墙烟囱等已综合在定额内，不得另列项计算。阳台砖隔断按相应内墙定额执行。

(2) 砌体使用配砖与定额不同时，不做调整。

(3) 空斗墙中的门窗立边、门窗过梁、窗台、墙角、檩条下、楼板下、踢脚线部分和屋檐处的实砌砖已包含在定额内，不得另列项计算。空斗墙中有实砌钢筋砖圈梁及单面附垛时，应另列项按零星砌砖定额执行。

(4) 砌块墙、多孔砖墙中，窗台虎头砖、腰线、门窗洞边接茬用标准砖已包含在定额内。

(5) 门窗洞口侧预埋混凝土块，定额中已综合考虑，实际施工不同时，不做调整。

(6) 各种砖砌体的砖、砌块是按砖、砌块规格表编制的，规格不同时，可以换算。

(7) 除标准砖墙外，本定额的其他品种砖弧形墙的弧形部分每立方米砌体按相应定额人工增加 15%，砖增加 5%，其他不变。

(8) 砌砖、块定额中已包含了门、窗框与砌体的原浆勾缝，砌筑砂浆强度等级应按设计规定分别套用。

(9) 砖砌体内的钢筋加固及转角、内外墙的搭接钢筋，按设计图示钢筋长度乘以单位理论质量计算，执行第五章中的“砌体、板缝内加固钢筋”子目。

(10) 砖砌挡土墙以顶面宽度按相应墙厚内墙定额执行，顶面宽度超过一砖的，按砖基础定额执行。

(11) 零星砌筑是指砖砌门蹲、房上烟囱、地垅墙、水槽、水池脚、垃圾箱、台阶面上的矮墙、花台、煤箱、垃圾箱、容积在 3 m^3 内的水池、大小便槽(包括踏步)、阳台栏板等砌体。

(12) 砖砌围墙如设计为空斗墙、砌块墙，应按相应定额执行，其基础与墙身除定额注明外，应分别套用定额。

(13) 蒸压加气混凝土砌块根据施工方法的不同，分为普通砂浆砌筑加气砼砌块墙(指主要靠普通砂浆或专用砌筑砂浆黏结，砂浆灰缝厚度不超过 15 mm)和薄层砂浆砌筑加气砼砌块墙(简称薄灰砌筑法，使用专用黏结砂浆和专用铁件连接，砂浆灰缝一般为 3～4 mm 宽)。定额分别按蒸压加气混凝土砌块和蒸压砂加气混凝土砌块列入子目，实际砌块种类与定额不同时，可以替换。

2. 定额工程量计算规则(摘录)

1) 砌筑工程量一般规则

(1) 计算墙体工程量时，应扣除门窗、洞口、嵌入墙内的钢筋混凝土柱、梁、圈梁、挑梁、过梁，以及凹进墙内的壁龛、管槽、暖气槽、消火栓箱所占体积，不扣除梁头、板头、檩头、垫木、木楞头、沿缘木、木砖、门窗走头、砖墙内加固钢筋、木筋、铁件、钢管，以及单个面积不大于 0.3 m^2 的孔洞所占的体积，凸出墙面的腰线、挑檐、压顶、窗台线、虎头砖、门窗套的体积亦不增加，凸出墙面的砖垛并入墙体体积内计算。

(2) 附墙烟囱、通风道、垃圾道按其外形体积并入所依附的墙体积内合并计算，不扣除每个横截面在 0.1 m^2 以内的孔洞体积。

2) 墙体厚度计算规定

(1) 多孔砖、空心砖墙、加气混凝土、硅酸盐砌块、小型空心砌块墙均按砖或砌块的厚度计算，不扣除砖或砌块本身的空心部分体积。

(2) 标准砖墙计算厚度如表 4-5-4 所示。

3) 基础与墙身的划分

(1) 砖墙：基础与墙(柱)身使用同一种材料时，以设计室内地面为界(有地下室者，以地下室内设计地面为界)，以下为基础，以上为墙(柱)身。基础与墙身使用不同材料时，位于设计室内地面高度±300 mm 以内时，以不同材料为分界线；位于设计室内地面高度±300 mm 以外时，以设计室内地面为分界线。

(2) 石墙：外墙以设计室外地坪，内墙以设计室内地坪为界，以下为基础，以上为墙身。

(3) 砖、石围墙以设计室外地坪为分界线，以下为基础，以上为墙身。

4) 砖、石基础长度的确定

(1) 外墙墙基按外墙中心线长度计算。

(2) 内墙墙基按内墙墙基最上一步净长度计算。基础大放脚 T 形接头处重叠部分以及嵌入基础的钢筋、铁件、管道、基础防水砂浆防潮层、通过基础且单个面积在 0.3 m^2 以内的孔洞所占的体积不扣除，靠墙暖气沟的挑檐亦不增加。附墙垛基础超出部分的体积，并入所依附的基础工程量内。

5）墙身长度的确定

外墙按中心线、内墙按净长度计算，弧形墙按中心线处长度计算。

6）墙身高度的确定

设计有明确高度时，以设计高度计算；没有明确高度时，按下列规定计算。

(1) 外墙：斜(坡)屋面无檐口天棚者，算至屋面板底；有屋架且室内外均有天棚者，算至屋架下弦底另加 200 mm；无天棚者，算至屋架下弦底另加 300 mm；出檐宽度超过 600 mm 时，按实砌高度计算；有现浇钢筋混凝土平板楼层者，算至平板底面。

(2) 内墙：位于屋架下弦者，算至屋架下弦底；无屋架者，算至天棚底另加 100 mm；有钢筋混凝土楼板隔层者，算至楼板底；有框架梁时，算至梁底。

(3) 女儿墙：从屋面板上表面算至女儿墙顶面(如有混凝土压顶时，算至压顶下表面)。

7）框架间墙

不分内、外墙，按墙体净尺寸以体积计算。框架外表面镶贴砖部分，按零星砌砖子目计算。

8）空斗墙、空花墙、围墙

(1) 空斗墙：按设计图示尺寸以空斗墙外形体积计算，墙角、内外墙交接处、门窗洞口立边、窗台砖、屋檐处的实砌部分体积并入空斗墙体积内。空斗墙的窗间墙、窗台下、楼板下、梁头下等的实砌部分，按零星砌砖定额计算。

(2) 空花墙：按设计图示尺寸以空花部分的外形体积计算，不扣除空洞部分体积。空花墙外有实砌墙时，其实砌部分应以体积另列项目计算。

(3) 围墙：按设计图示尺寸以体积计算，其围墙附垛、围墙柱及砖压顶应并入墙身体积内；砖围墙上有混凝土花格、混凝土压顶时，混凝土花格及混凝土压顶应按第六章中的相应子目计算，其围墙高度算至混凝土压顶下表面。

9）填充墙

按设计图示尺寸以填充墙外形体积计算，其实砌部分及填充材料已包括在定额内，不另计算。

10）砖柱

按设计图示尺寸以体积计算，扣除混凝土及钢筋混凝土梁垫、梁头、板头所占体积。砖柱基、柱身不分断面，均以设计体积计算，柱身、柱基工程量合并套砖柱定额。柱基与柱身砌体品种不同时，应分开计算并分别套用相应定额。

11）砖砌地下室墙身及基础

按设计图示尺寸以体积计算，内、外墙身工程量合并计算，按相应内墙定额执行，墙身外侧面砌贴砖按设计厚度以体积计算。

12）钢筋砖过梁

加气混凝土、硅酸盐砌块、小型空心砌块墙砌体中设计有钢筋砖过梁时，应另行计算，套零星砌砖定额。

例 4-22 已知条件如例 4-19，试根据《江苏省建筑与装饰工程计价定额》(2014 版)，完成清单综合单价及合价的计算。

解 (1) 定额列项。

① 4-1 直形砖基础。

② 4-1　直形砖基础。

(2) 计算定额工程量。

① 4-1　直形砖基础：

同清单工程量，即

$$V=12.11\ \text{m}^3$$

② 4-1　直形砖基础

同清单工程量，即

$$V=2.55\ \text{m}^3$$

(3) 单价调整、套价。

① 外墙直形砖基础合价：

12.11×406.25 元=4 919.69 元

② 内墙直形砖基础合价：

2.55×406.25 元=1 035.94 元

(4) 外墙砖基础、内墙砖基础综合单价分析表分别如表 4-5-11 和表 4-5-12 所示。

表 4-5-11　外墙砖基础综合单价分析表

编号	项目编码	项目名称	项目特征	计量单位	工程量	综合单价	合价
1	010401001001	砖基础	1. 砖品种：MU10 页岩实心砖 2. 砖规格：240 mm×115 mm×53 mm 3. 外墙基础 4. 砂浆强度等级：M5 水泥砂浆	m^3	12.11	406.25	4 919.69
组价分析							
编号	定额子目	子目名称		计量单位	工程量	综合单价	合价
1	4-1	直形砖基础		m^3	12.11	406.25	4 919.69

表 4-5-12　内墙砖基础综合单价分析表

编号	项目编码	项目名称	项目特征	计量单位	工程量	综合单价	合价
2	010401001001	砖基础	1. 砖品种：MU10 页岩实心砖 2. 砖规格：240 mm×115 mm×53 mm 3. 内墙基础 4. 砂浆强度等级：M5 水泥砂浆	m^3	2.55	406.25	1 035.94
组价分析							
编号	定额子目	子目名称		计量单位	工程量	综合单价	合价
1	4-1	直形砖基础		m^3	2.55	406.25	1 035.94

例 4-23 已知条件如例 4-20，试根据《江苏省建筑与装饰工程计价定额》(2014 版)，完成清单综合单价及合价的计算。

解 (1) 定额列项。

① 4-1 直形砖基础。

② 4-31 页岩模数多孔砖。

③ 4-31 页岩模数多孔砖

④ 4-58 零星砌砖。

(2) 计算定额工程量。

① 4-1 直形砖基础：

同清单工程量，即

$$V=17.26\ m^3$$

② 4-31 页岩模数多孔砖：

同清单工程量，即

$$V=18.45\ m^3$$

③ 4-31 页岩模数多孔砖：

同清单工程量，即

$$V=7.07\ m^3$$

④ 4-58 零星砌砖：

同清单工程量，即

$$V=0.48\ m^3$$

(3) 单价调整、套价。

① 直形砖基础合价：

$$17.26\times 406.25\ 元=7\ 011.88\ 元$$

② 外墙页岩模数多孔砖合价：

$$18.45\times 424.69\ 元=7\ 835.53\ 元$$

③ 内墙页岩模数多孔砖合价：

$$7.07\times 424.69\ 元=3\ 002.56\ 元$$

④ 零星砌砖合价：

$$0.48\times 410.24\ 元=196.92\ 元$$

(4) 砖基础、外墙多孔砖、内墙多孔砖、零星砌砖综合单价分析表如表 4-5-13 至表 4-5-16 所示。

表 4-5-13 砖基础综合单价分析表

编号	项目编码	项目名称	项目特征	计量单位	工程量	综合单价	合价
1	010401001001	砖基础	1. 页岩实心砖 2. 规格：240 mm×115 mm×53 mm 3. 条形基础 4. M10 水泥砂浆	m^3	17.26	406.25	7 011.88

续表

组价分析							
编号	定额子目	子目名称		计量单位	工程量	综合单价	合价
1	4-1	直形砖基础		m^3	17.26	406.25	7 011.88

表 4-5-14　外墙多孔砖综合单价分析表

编号	项目编码	项目名称	项目特征	计量单位	工程量	综合单价	合价
2	010401004001	多孔砖	1. 页岩模数多孔砖 2. 规格：240 mm×115 mm×53 mm 3. 外墙 4. M5 混合砂浆	m^3	18.45	424.69	7 835.53
组价分析							
编号	定额子目	子目名称		计量单位	工程量	综合单价	合价
1	4-31	页岩模数多孔砖		m^3	18.45	424.69	7 835.53

表 4-5-15　内墙多孔砖综合单价分析表

编号	项目编码	项目名称	项目特征	计量单位	工程量	综合单价	合价
3	010401004002	多孔砖	1. 页岩模数多孔砖 2. 规格：240 mm×115 mm×53 mm 3. 内墙 4. M5 混合砂浆	m^3	7.07	424.69	3 002.56
组价分析							
编号	定额子目	子目名称		计量单位	工程量	综合单价	合价
1	4-31	页岩模数多孔砖		m^3	7.07	424.69	3 002.56

表 4-5-16　零星砌砖综合单价分析表

编号	项目编码	项目名称	项目特征	计量单位	工程量	综合单价	合价
4	010401012001	零星砌砖	1. 页岩模数多孔砖 2. 规格：240 mm×115 mm×53 mm 3. 外墙 4. M5 混合砂浆	m^3	0.48	410.24	196.92
组价分析							
编号	定额子目	子目名称		计量单位	工程量	综合单价	合价
1	4-58	零星砌砖		m^3	0.48	410.24	196.92

例 4-24　已知条件如例 4-21，试根据《江苏省建筑与装饰工程计价定额》(2014 版)，

完成清单综合单价及合价的计算。

解 (1) 定额列项。

① 4-32　页岩模数多孔砖:墙厚 190 mm(M5 混合砂浆)。

② 4-7　蒸压灰加气混凝土砌块:墙厚 200 mm(M5 混合砂浆)。

(2) 计算定额工程量。

① 4-32　页岩模数多孔砖:

同清单工程量,即

$$V=11.32\ \text{m}^3$$

② 4-7　蒸压灰加气混凝土砌块:

同清单工程量,即

$$V=3.73\ \text{m}^3$$

(3) 单价调整、套价。

① 页岩模数多孔砖合价:

$$11.32\times440.54\ \text{元}=4\ 986.91\ \text{元}$$

② 蒸压灰加气混凝土砌块合价:

$$3.73\times359.41=1\ 340.60\ \text{元}$$

(4) 外墙多孔砖、内墙砌块墙综合单价分析表分别如表 4-5-17 和表 4-5-18 所示。

表 4-5-17　外墙多孔砖综合单价分析表

编号	项目编码	项目名称	项目特征	计量单位	工程量	综合单价	合价
1	010401004001	多孔砖	1. 页岩模数多孔砖 2. 规格:190 mm×240 mm×90 mm 3. 外墙 4. M5 混合砂浆	m³	11.32	440.54	4 986.91
组价分析							
编号	定额子目	子目名称		计量单位	工程量	综合单价	合价
1	4-32	页岩模数多孔砖		m³	11.32	440.54	4 986.91

表 4-5-18　内墙砌块墙综合单价分析表

编号	项目编码	项目名称	项目特征	计量单位	工程量	综合单价	合价
2	010402001001	砌块墙	1. 蒸压灰加气混凝土砌块 2. 规格:200 mm 厚 3. 内墙 4. M5 混合砂浆	m³	3.73	359.41	1 340.60
组价分析							
编号	定额子目	子目名称		计量单位	工程量	综合单价	合价
1	4-7	蒸压灰加气混凝土砌块		m³	3.73	359.41	1 340.6

任务6 混凝土工程计量与计价

一、混凝土工程简介

混凝土简称“砼”，是指由胶凝材料将骨料胶结成整体的工程复合材料的统称。通常说的混凝土是指用水泥作为胶凝材料，砂、石作为骨料，与水(可含外加剂和掺和料)按一定比例配合，经搅拌而得的水泥混凝土，也称为普通混凝土，它广泛应用于土木工程。混凝土具有良好的抗压性能，而钢筋具有较高的抗拉及抗压性能，同时二者具有相近的温度变形模量，因此建筑工程中常将二者结合共同工作，形成钢筋混凝土构件。

混凝土构件按不同标准的分类如图 4-6-1 所示。

1. 按生产工艺划分

1） 现浇混凝土构件

现浇混凝土构件是指在现场原位支模并整体浇筑而成的混凝土结构，如图 4-6-2 所示。现有混凝土结构多为现浇混凝土结构，其优点是结构的整体性能与刚度较好，适用于抗震设防及整体性要求较高的建筑；其缺点主要有：必须在现场施工、工序繁多、需要养护、施工工期长、大量使用模板等。现浇混凝土还有一个显著的缺点就是易开裂，尤其在混凝土体积大、养护情况不佳的情况下，易导致大面积开裂。此外，在工程计量计价中，一般在计算现浇混凝土构件数量和价格时，还应同时考虑其模板及其支撑架的措施项目费用。

2） 预制混凝土构件

混凝土构件预制工艺是在工厂或工地预先加工制作建筑物或构筑物的混凝土部件的工艺。采用预制混凝土构件进行装配化施工，具有节约劳动力、克服季节影响、便于常年施工等优点。推广使用预制混凝土构件，是实现建筑工业化的重要途径之一。预制钢筋混凝土梁吊装如图 4-6-3所示。

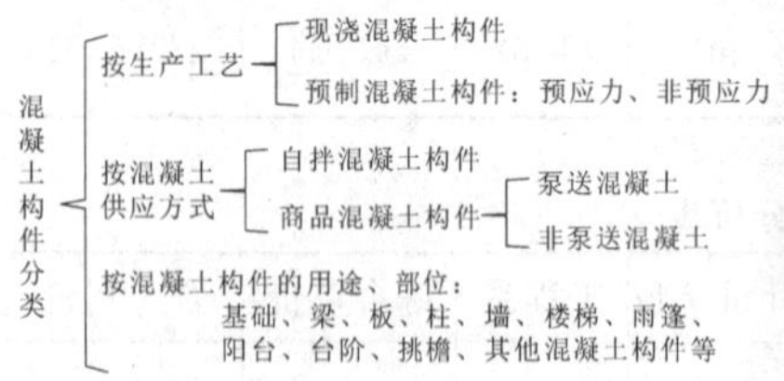

图 4-6-1 混凝土构件的分类

图 4-6-2 现场浇筑混凝土构件

图 4-6-3 预制钢筋混凝土梁吊装

2. 按混凝土供应方式划分

1） 自拌混凝土构件

自拌混凝土是指在施工现场将混凝土原料——石、砂、水泥及水按规定的配合比进行现场投料搅拌，并将完成搅拌的混凝土直接应用于现场工程中。自拌混凝土具有造价较低、免去混凝土长距离运输、混凝土材料周转时间短等优点，但是现场搅拌混凝土难以准确控制配合比，易造成自拌混凝土质量不稳定，带来安全隐患；又由于自拌混凝土作业具有劳动强度大、现场环境污染大、管理要求高等缺点，因此在追求高效率的现代建筑工业背景下，在各类大中型项目中，混凝土供应已经较少采用现场自拌方式。

2）商品混凝土物件

商品混凝土，又称预拌混凝土，简称“商砼”，俗称灰或料，是由水泥、骨料、水，以及根据需要掺入的外加剂、矿物掺和料等组分，按照一定比例在搅拌站经计量、拌制后出售，并采用运输车在规定时间内运送到使用地点的混凝土拌和物。目前，商品混凝土的浇筑方式主要采用泵送混凝土浇筑，泵送混凝土时使用混凝土输送泵将混凝土输送到施工浇筑部位。

3. 按混凝土构件的用途、部位划分

混凝土构件按受力形式可分为主要受力构件和附属构件。各类钢筋混凝土结构主要受力构件有基础、梁、板、柱、剪力墙等，附属构件包括楼梯、构造柱、圈梁、过梁、阳台、雨篷、台阶、散水、坡道等。框架结构部分混凝土构件示意图如图4-6-4所示。

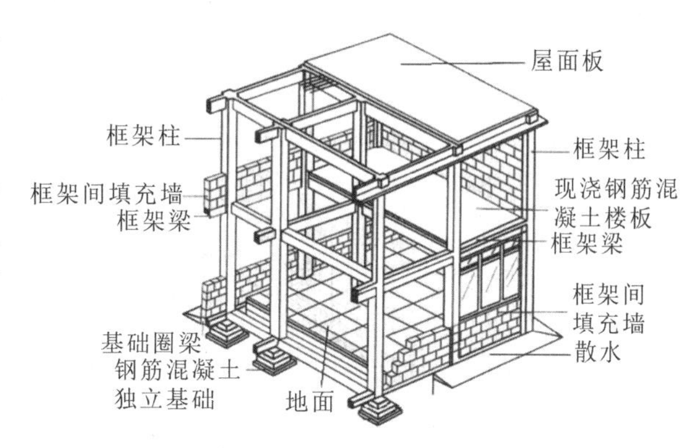

图 4-6-4 框架结构部分混凝土构件示意图

二、混凝土工程清单工程量计算规则（摘录）

《房屋建筑与装饰工程工程量计算规范》(GB 50854—2013)中，混凝土及钢筋混凝土工程主要有现浇混凝土构件以及预制混凝土构件，其中现浇混凝土构件工程清单工程量计算规则（摘录）如表 4-6-1 至表 4-6-8 所示。

表 4-6-1 现浇混凝土基础（编号:010501）

项目编码	项目名称	项目特征	计量单位	工程量计算规则	工作内容
010501001	垫层	1. 混凝土种类 2. 混凝土强度等级	m^3	按设计图示尺寸以体积计算，不扣除构件内钢筋、预埋铁件和伸入承台基础的桩头所占体积	1. 模板及支撑制作、安装、拆除、堆放、运输，以及清理模内杂物、刷隔离剂等 2. 混凝土制作、运输、浇筑、振捣、养护
010501002	带形基础				
010501003	独立基础				
010501004	满堂基础				
010501005	桩承台基础				
010501006	设备基础	1. 混凝土种类 2. 混凝土强度等级 3. 灌浆材料、灌浆材料强度等级			

注：1. 有肋带形基础、无肋带形基础应按本表中的相关项目列项，并注明肋高。
2. 箱式满堂基础中的柱、梁、墙、板按表 4-6-2、表 4-6-3、表 4-6-4、表 4-6-5 相关项目分别编码列项，箱式满堂基础底板按本表中的满堂基础项目列项。
3. 框架式设备基础中的柱、梁、墙、板分别按表 4-6-2、表 4-6-3、表 4-6-4、表 4-6-5 相关项目分别编码列项，基础部分按本表中的相关项目编码列项。
4. 如为毛石混凝土基础，项目特征应描述毛石所占比例。

表 4-6-2　现浇混凝土柱(编号:010502)

项目编码	项目名称	项目特征	计量单位	工程量计算规则	工作内容
010502001	矩形柱	1.混凝土种类 2.混凝土强度等级	m^3	按设计图示尺寸以体积计算,不扣除构件内钢筋、预埋铁件所占体积,型钢混凝土柱扣除构件内型钢所占体积。 柱高: (1) 有梁板的柱高,应以柱基上表面(或楼板上表面)至上一层楼板上表面之间的高度计算。 (2) 无梁板的柱高,应以柱基上表面(或楼板上表面)至柱帽下表面之间的高度计算。 (3) 框架柱的柱高,应以柱基上表面至柱顶之间的高度计算。 (4) 构造柱按全高计算,嵌接墙体部分(马牙槎)并入柱身体积。 (5) 依附柱上的牛腿和升板的柱帽,并入柱身体积	1.模板及支架(撑)制作、安装、拆除、堆放、运输,以及清理模内杂物、刷隔离剂等 2.混凝土制作、运输、浇筑、振捣、养护
010502002	构造柱				
010502003	异形柱	1.柱形状 2.混凝土种类 3.混凝土强度等级			

注:混凝土种类是指清水混凝土、彩色混凝土等,如在同一地区既使用预拌(商品)混凝土,又允许现场搅拌混凝土,应注明。

表 4-6-3　现浇混凝土梁(编号:010503)

项目编码	项目名称	项目特征	计量单位	工程量计算规则	工作内容
010503001	基础梁	1.混凝土种类 2.混凝土强度等级	m^3	按设计图示尺寸以体积计算,伸入墙内的梁头、梁垫并入梁体积内,型钢混凝土柱扣除构件内型钢所占体积。 梁长: (1) 梁与柱连接时,梁长算至柱侧面。 (2) 主梁与次梁连接时,次梁长算至主梁侧面	1.模板及支架(撑)制作、安装、拆除、堆放、运输,以及清理模内杂物、刷隔离剂等 2.混凝土制作、运输、浇筑、振捣、养护
010503002	矩形梁				
010503003	异形梁				
010503004	圈梁				
010503005	过梁				
010503006	弧形、拱形梁	1.混凝土种类 2.混凝土强度等级	m^3	按设计图示尺寸以体积计算,伸入墙内的梁头、梁垫并入梁体积内。 梁长: (1) 梁与柱连接时,梁长算至柱侧面。 (2) 主梁与次梁连接时,次梁长算至主梁侧面	1.模板及支架(撑)制作、安装、拆除、堆放、运输,以及清理模内杂物、刷隔离剂等 2.混凝土制作、运输、浇筑、振捣、养护

表 4-6-4　现浇混凝土墙(编号:010504)

项目编码	项目名称	项目特征	计量单位	工程量计算规则	工作内容
010504001	直形墙	1. 混凝土种类 2. 混凝土强度等级	m^3	按设计图示尺寸以体积计算,扣除门窗、洞口,以及单个面积超过 0.3 m^2 的孔洞所占体积,墙垛及突出墙面部分并入墙体体积内	1. 模板及支架(撑)制作、安装、拆除、堆放、运输,以及清理模内杂物、刷隔离剂等 2. 混凝土制作、运输、浇筑、振捣、养护
010504002	弧形墙				
010504003	短肢剪力墙				
010504004	挡土墙				

注:短肢剪力墙是指截面厚度不大于 300 mm、各肢截面高度与厚度之比的最大值大于 4 但不大于 8 的剪力墙,各肢截面高度与厚度之比的最大值不大于 4 的剪力墙按柱项目编码列项。

表 4-6-5　现浇混凝土板(编号:010505)

项目编码	项目名称	项目特征	计量单位	工程量计算规则	工作内容
010505001	有梁板	1. 混凝土种类 2. 混凝土强度等级	m^3	按设计图示尺寸以体积计算,不扣除单个面积不超过 0.3 m^2 的柱、垛以及孔洞所占体积,压型钢板混凝土楼板扣除构件内压型钢板所占体积。 有梁板(包括主、次梁与板)按梁、板体积之和计算,无梁板按板和柱帽体积之和计算,各类板伸入墙内的板头并入板体积内,薄壳板的肋、基梁并入薄壳板体积内计算	1. 模板及支架(撑)制作、安装、拆除、堆放、运输,以及清理模内杂物、刷隔离剂等 2. 混凝土制作、运输、浇筑、振捣、养护
010505002	无梁板				
010505003	平板				
010505004	拱板				
010505005	薄壳板				
010505006	栏板				
010505007	天沟(檐沟)、挑檐板			按设计图示尺寸以体积计算	
010505008	雨篷、悬挑板、阳台板			按设计图示尺寸以墙外部分体积计算,包括伸出墙外的牛腿和雨篷反挑檐的体积	
010505009	空心板			按设计图示尺寸以体积计算,空心板(GBF 高强薄壁蜂巢芯板等)应扣除空心部分体积	
010505010	其他板			按设计图示尺寸以体积计算	

注:现浇挑檐、天沟板、雨篷、阳台与板(包括屋面板、楼板)连接时,以外墙外边线为分界线;与圈梁(包括其他梁)连接时,以梁外边线为分界线。外边线以外为挑檐、天沟、雨篷或阳台。

表 4-6-6　现浇混凝土楼梯(编号:010506)

项目编码	项目名称	项目特征	计量单位	工程量计算规则	工作内容
010506001	直形楼梯	1. 混凝土种类 2. 混凝土强度等级	1. m^2 2. m^3	1. 以平方米计量,按设计图示尺寸以水平投影面积计算,不扣除宽度不超过 500 mm 的楼梯井,伸入墙内部分不计算 2. 以立方米计量,按设计图示尺寸以体积计算	1. 模板及支架(撑)制作、安装、拆除、堆放、运输,以及清理模内杂物、刷隔离剂等 2. 混凝土制作、运输、浇筑、振捣、养护
010506002	弧形楼梯				

注:整体楼梯(包括直形楼梯、弧形楼梯)水平投影面积包括休息平台、平台梁、斜梁和楼梯的连接梁。当整体楼梯与现浇楼板无梯梁连接时,以楼梯的最后一个踏步边缘加 300 mm 为界。

表 4-6-7　现浇混凝土其他构件(编号:010507)

项目编码	项目名称	项目特征	计量单位	工程量计算规则	工作内容
010507001	散水、坡道	1. 垫层材料种类、厚度 2. 面层厚度 3. 混凝土种类 4. 混凝土强度等级 5. 变形缝填塞材料种类	m^2	按设计图示尺寸以水平投影面积计算,不扣除单个体积不超过0.3 m^3的孔洞所占面积	1. 地基夯实 2. 铺设垫层 3. 模板及支撑制作、安装、拆除、堆放、运输,以及清理模内杂物、刷隔离剂等 4. 混凝土制作、运输、浇筑、振捣、养护 5. 变形缝填塞
010507002	室外地坪	1. 地坪厚度 2. 混凝土强度等级			
010507003	电缆沟、地沟	1. 土壤类别 2. 沟截面净空尺寸 3. 垫层材料种类、厚度 4. 混凝土种类 5. 混凝土强度等级 6. 防护材料种类	m	按设计图示以中心线长度计算	1. 挖填、运土石方 2. 铺设垫层 3. 模板及支撑制作、安装、拆除、堆放、运输,以及清理模内杂物、刷隔离剂等 4. 混凝土制作、运输、浇筑、振捣、养护 5. 刷防护材料

续表

<table>
<tr><th>项目编码</th><th>项目名称</th><th>项目特征</th><th>计量单位</th><th>工程量计算规则</th><th>工作内容</th></tr>
<tr><td>010507004</td><td>台阶</td><td>1.踏步高、宽
2.混凝土种类
3.混凝土强度等级</td><td>1.m²
2.m³</td><td>1.以平方米计量,按设计图示尺寸以水平投影面积计算
2.以立方米计量,按设计图示尺寸以体积计算</td><td>1.模板及支架(撑)制作、安装、拆除、堆放、运输,以及清理模内杂物、刷隔离剂等
2.混凝土制作、运输、浇筑、振捣、养护</td></tr>
<tr><td>010507005</td><td>扶手、压顶</td><td>1.断面尺寸
2.混凝土种类
3.混凝土强度等级</td><td>1.m
2.m²</td><td>1.以米计量,按设计图示尺寸以中心延长米计算
2.以立方米计量,按设计图示尺寸以体积计算</td><td rowspan="3">1.模板及支架(撑)制作、安装、拆除、堆放、运输,以及清理模内杂物、刷隔离剂等
2.混凝土制作、运输、浇筑、振捣、养护</td></tr>
<tr><td>010507006</td><td>化粪池、检查井</td><td>1.部位
2.混凝土强度等级
3.防水、抗渗要求</td><td>1.m³
2.座</td><td rowspan="2">1.按设计图示尺寸以体积计算
2.以座计量,按设计图示数量计算</td></tr>
<tr><td>010507007</td><td>其他构件</td><td>1.构件类型
2.构件规格
3.部位
4.混凝土种类
5.混凝土强度等级</td><td>m³</td></tr>
</table>

注:1.现浇混凝土小型池槽、垫块、门框等,应按本表其他构件项目编码列项。
2.架空式混凝土台阶,按现浇混凝土楼梯计算。

表 4-6-8　后浇带(编号:010508)

项目编码	项目名称	项目特征	计量单位	工程量计算规则	工作内容
010508001	后浇带	1.混凝土种类 2.混凝土强度等级	m³	按设计图示尺寸以体积计算	1.模板及支架(撑)制作、安装、拆除、堆放、运输,以及清理模内杂物、刷隔离剂等 2.混凝土制作、运输、浇筑、振捣、养护,以及混凝土交接面、钢筋等的清理

混凝土工程工程量计算规则说明如下。

1. 基础

1）独立基础

（1）阶形独立基础（见图 4-6-5(a)）：

$$V = a_1 \times b_1 \times h_1 + a_2 \times b_2 \times h_2 + \cdots + a_n \times b_n \times h_n$$

（2）锥形独立基础（见图 4-6-5(b)）：

$$V = V_{上} + V_{下} = [a_1 \times b_1 + (a_1 + a_2) \times (b_1 + b_2) + a_2 \times b_2] \times h_2/6 + a_1 \times b_1 \times h_1$$

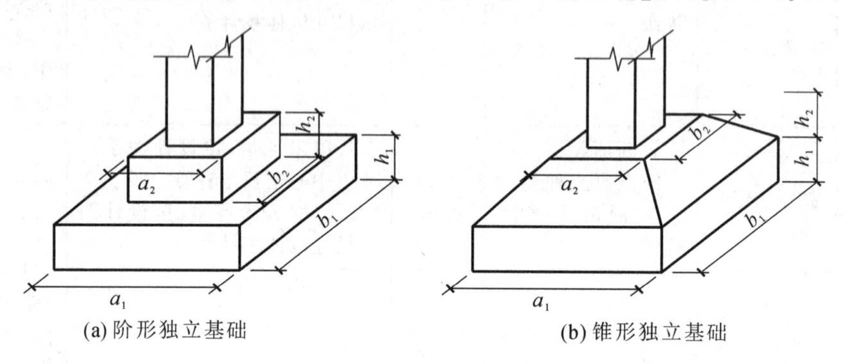

(a) 阶形独立基础　　(b) 锥形独立基础

图 4-6-5　独立基础的形式

2）条形基础

有梁带形混凝土基础，其梁的高宽比在 4∶1 以内时，按有梁式带形基础计算（带形基础高是指梁底部到上部的高度）；超过 4∶1 时，其基础底按无梁式带形基础计算，其底部按无梁式基础计算，上部按墙计算。条形基础宽高示意图如图 4-6-6 所示。

$$条形基础体积 = 基础断面积 \times 基础长度 = SL$$

L：外墙基础按“$L_{中}$——外墙中心线”，内墙基础按“$L_{内}$——基础净长”计算。

直面部分：算至接头直面的净长。

斜面部分：算至接头斜面的中心线净长，如图 4-6-7 所示。

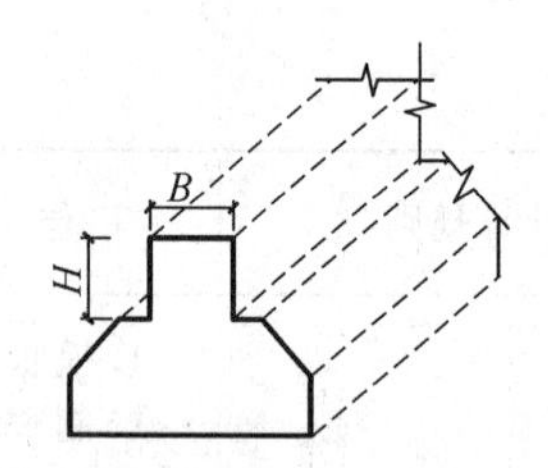

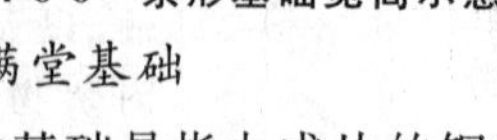

图 4-6-6　条形基础宽高示意图

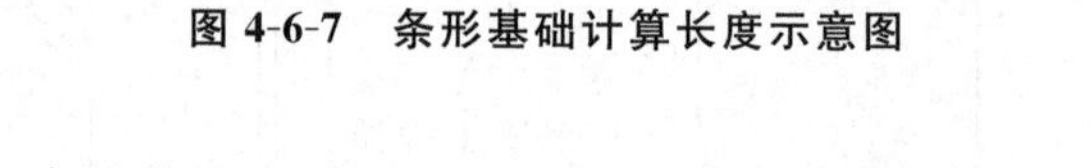

图 4-6-7　条形基础计算长度示意图

3）满堂基础

满堂基础是指由成片的钢筋混凝土板支承着整个建筑，一般分为无梁式满堂基础、有梁式满堂基础和箱式满堂基础三种形式。

（1）无梁式满堂基础。

无梁式满堂基础又称为板式基础，如图 4-6-8(a)所示。有扩大或角锥形柱墩时，应并入无梁式满堂基础内计算。

无梁式满堂基础的工程量可用下式计算，即

$$V = 板长 \times 板宽 \times 板厚 + \sum 柱墩体积$$

(2) 有梁式满堂基础。

有梁式满堂基础又称为梁板式基础，相当于倒置的有梁板或井格形板，如图 4-6-8(b)所示，其工程量按板和梁体积之和计算，即

$$V=板长\times板宽\times板厚+\sum(梁断面积\times梁长)$$

(3) 箱式满堂基础。

箱式满堂基础(见图 4-6-9)是指由顶板、底板及纵横墙板连成整体的基础，通常定额未直接编列项目，工程量按图示几何形状，应分别按无梁式满堂基础、柱、墙、梁、板有关规定以体积计算。

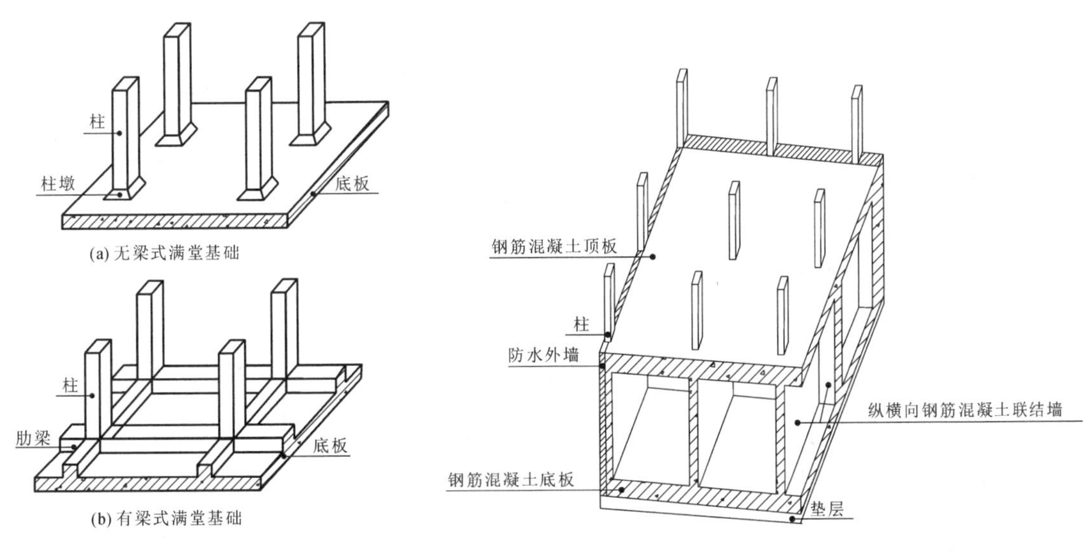

图 4-6-8　满堂基础　　**图 4-6-9　箱式满堂基础**

2. 柱

现浇混凝土柱包括矩形柱、构造柱、异形柱等，按设计图示尺寸以体积计算，不扣除构件内钢筋、预埋铁件所占体积。

柱高按以下规定计算：

(1) 有梁板的柱高，应以柱基上表面(或楼板上表面)至上一层楼板上表面之间的高度计算，如图 4-6-10(a)所示。

(2) 无梁板的柱高，应以柱基上表面(或楼板上表面)至柱帽下表面之间的高度计算，如图 4-6-10(b)所示。

(3) 框架柱的柱高应以柱基上表面至柱顶高度计算，如图 4-6-10(c)所示。

(4) 构造柱按全高计算，嵌接墙体部分(马牙槎)并入柱身体积。构造柱按接槎数可分为单边型马牙槎、一字形马牙槎、L 形马牙槎、T 形马牙槎以及十字形马牙槎，如图 4-6-11 所示。构造柱混凝土工程量的计算公式为

$$V=(B\times B+n\times B\times 0.03)\times H$$

式中，V 为构造柱混凝土工程量(m^3)，B 为构造柱对应墙厚(m)，n 为马牙槎接槎数，H 为构造柱计算高度(m)。

(5) 依附柱上的牛腿和升板的柱帽，并入柱身体积。

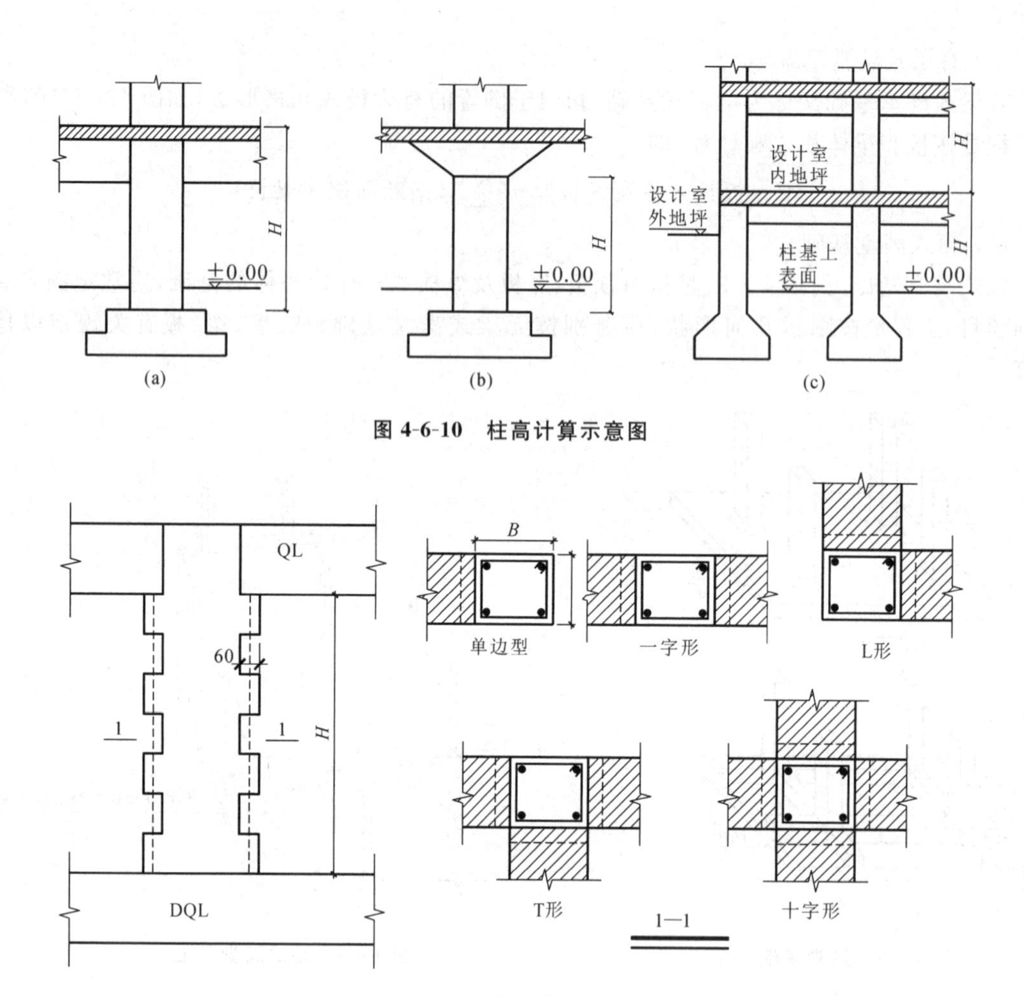

图 4-6-10　柱高计算示意图

图 4-6-11　构造柱示意图

3. 梁

梁包括基础梁、矩形梁、异形梁、圈梁、过梁、弧形梁、拱形梁，按设计图示尺寸以体积计算，不扣除构件内的钢筋、预埋铁件所占体积，伸入墙内的梁头、梁垫并入梁体积内。

梁长：梁与柱相连时，梁长算至柱侧面；主梁与次梁连接时，次梁长算至主梁侧面。梁长计算示意图如图 4-6-12 所示。

4. 墙

按设计图示尺寸以体积计算，不扣除构件内的钢筋、预埋铁件所占体积，扣除门窗、洞口及单个面积超过 0.3 m^2 的孔洞所占体积，墙垛及突出墙面部分并入墙体体积内。

短肢剪力墙是指截面厚度不大于 300 mm、各肢截面高度与厚度之比的最大值大于 4 但不大于 8 的剪力墙，各肢截面高度与厚度之比的最大值不大于 4 的剪力墙按柱列项。

5. 板

(1) 有梁板(包括主、次梁与板)按梁、板体积之和计算，无梁板按板和柱帽体积之和计算，平板按图示尺寸以体积计算，各类板伸入墙内的板头并入板体积内，薄壳板的肋、基梁并入薄壳板体积内计算。有梁板与无梁板如图 4-6-13 所示。

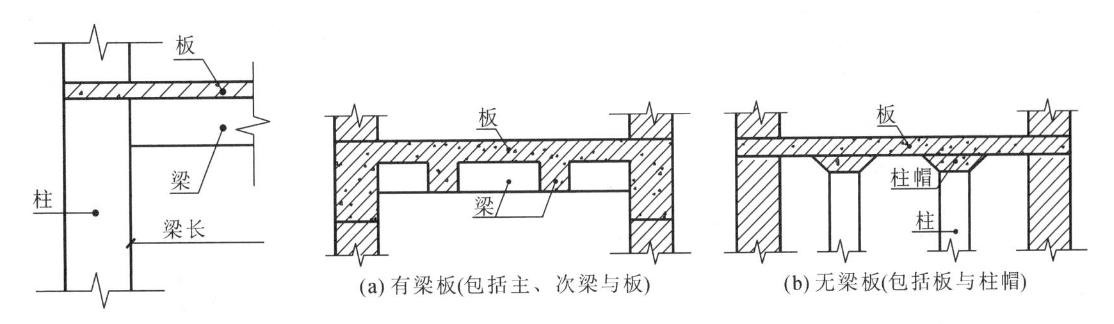

图 4-6-12　梁长计算示意图　　**图 4-6-13　有梁板与无梁板**

(2) 现浇挑檐、天沟板、雨篷、阳台与板(包括屋面板、楼板)连接时,以外墙外边线为分界线;与圈梁(包括其他梁)连接时,以梁外边线为分界线。外边线以外为挑檐、天沟、雨篷或阳台。挑檐示意图如图 4-6-14 所示。

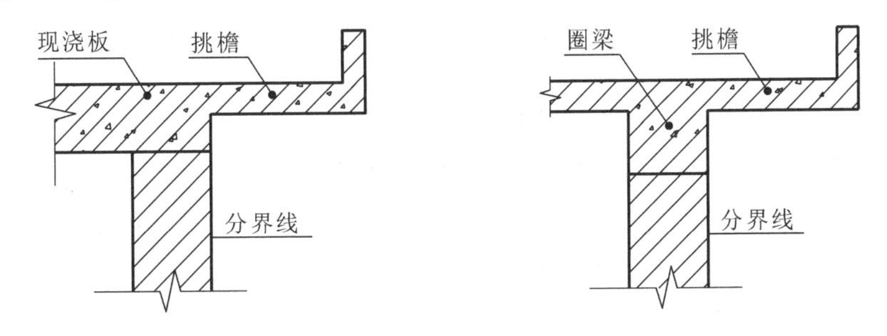

图 4-6-14　挑檐示意图

6. 楼梯

按设计图示尺寸以水平投影面积计算,不扣除宽度不超过 500 mm 的楼梯井,伸入墙内部分不计算,或者按设计图示尺寸以体积计算。

楼梯包括直形楼梯、弧形楼梯。整体楼梯(包括直形楼梯、弧形楼梯)水平投影面积包括休息平台、平台梁、斜梁和楼梯的连接梁。当整体楼梯与现浇楼板无梯梁连接时,以楼梯的最后一个踏步边缘加 300 mm 为界。楼梯平面图及剖面图如图 4-6-15 所示。

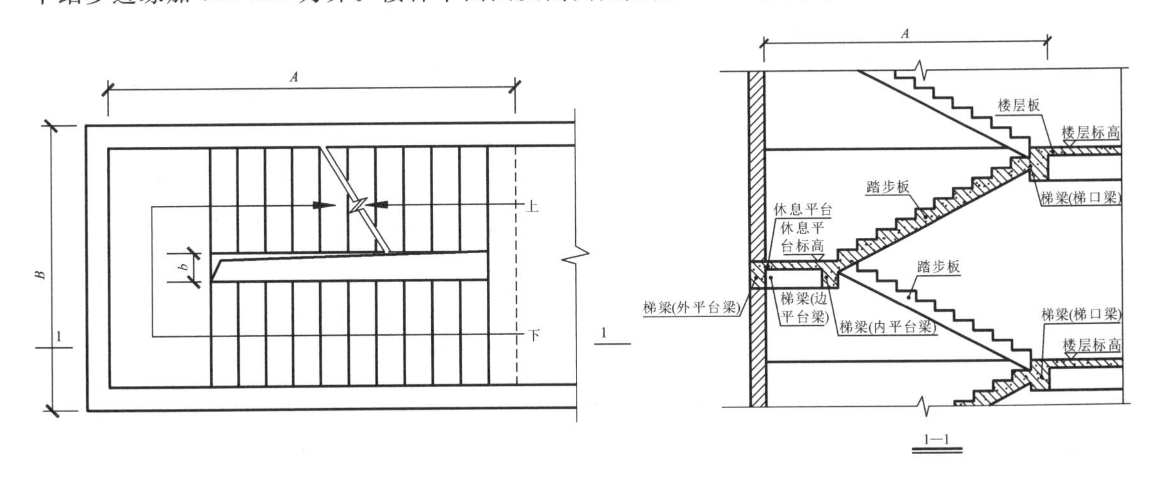

图 4-6-15　楼梯平面图及剖面图

例 4-25 某建筑物基础采用C20预拌泵送钢筋混凝土，其平面图及剖面图如图4-6-16所示，请根据以上信息编制有关混凝土工程分部分项工程量清单。（图中基础的轴心线与中心线重合，括号内为内墙尺寸）

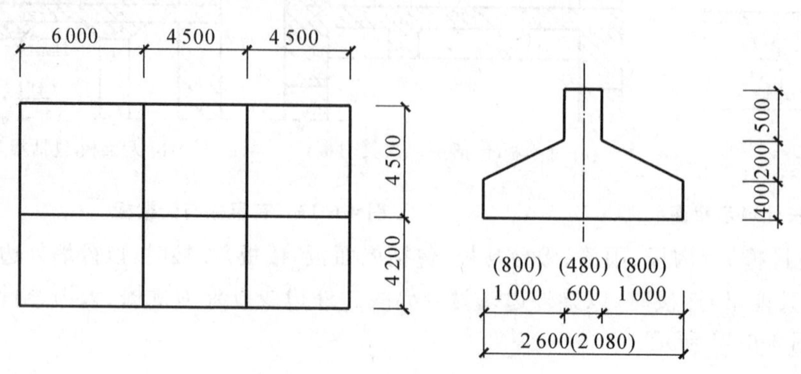

图 4-6-16 基础平面图及剖面图

解 带形基础工程量清单如表 4-6-9 所示。

表 4-6-9 带形基础工程量清单

编号	项目编码	项目名称	项目特征	计量单位	工程量	计算式
1	010501002001	带形基础	1. 预拌泵送混凝土 2. 混凝土强度等级为C20	m^3	109.21	1. 外墙条基： $S=[0.5\times0.6+(0.6+2.6)\times0.2/2+0.4\times2.6]\ m^2=1.66\ m^2$ $L_{中}=(6+4.5+4.5+4.5+4.2)\times2\ m=47.4\ m$ $V_{外}=1.66\times47.4\ m^3=78.68\ m^3$ 2. 内墙条基： $S_{上}=0.48\times0.5\ m^2=0.24\ m^2$ $L_{内,上}=[6+4.5\times2-0.6+(4.5-0.6/2-0.48/2)\times2+(4.2-0.6/2-0.48/2)\times2]\ m=29.64\ m$ $S_{中}=(0.48+2.08)\times0.2/2\ m^2=0.256\ m^2$ $L_{内,上}=[6+4.5\times2-1.6+(4.5-1.6/2-1.28/2)\times2+(4.2-1.6/2-1.28/2)\times2]\ m=25.04\ m$ $S_{下}=2.08\times0.4\ m^2=0.832\ m^2$ $L_{内,上}=[6+4.5\times2-2.6+(4.5-2.6/2-2.08/2)\times2+(4.2-2.6/2-2.08/2)\times2]\ m=20.44\ m$ $V_{内}=(0.24\times29.64+0.256\times25.04+0.832\times20.44)\ m^3=30.53\ m^3$ 3. 条基合计： $(78.68+30.53)\ m^3=109.21\ m^3$

例 4-26 某框架结构建筑，柱、梁、板均采用非泵送预拌C30混凝土，模板采用复合木模板，其中二层楼面结构如图4-6-17所示。已知柱截面尺寸均为600 mm×600 mm，一层楼面

结构标高为−0.03 m，二层楼面结构标高为4.470 m，现浇楼板厚120 mm，轴线尺寸为柱中心线尺寸。请根据以上信息编制有关混凝土工程分部分项工程量清单。

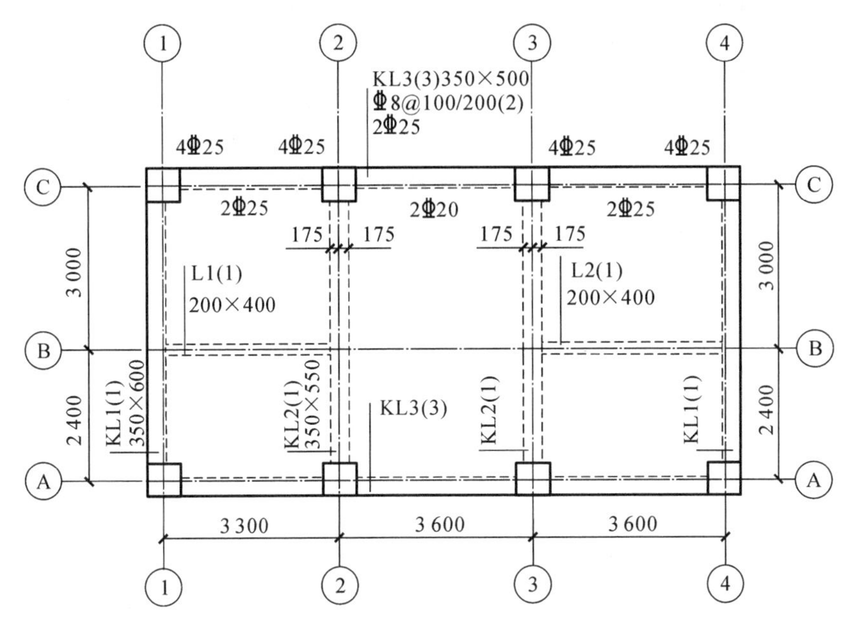

图 4-6-17　二层楼面结构图

解　矩形柱、有梁板工程量清单如表4-6-10所示。

表 4-6-10　矩形柱、有梁板工程量清单

编号	项目编码	项目名称	项目特征	计量单位	工程量	计算式
1	010502001001	矩形柱	1.非泵送混凝土 2.混凝土强度等级为C30	m^3	12.96	$0.6\times0.6\times(4.47+0.03)\times8\ m^3=12.96\ m^3$
2	010505001001	有梁板	1.非泵送混凝土 2.混凝土强度等级为C30	m^3	13.36	KL1：$0.35\times(0.6-0.12)\times(2.4+3-0.6)\times2\ m^3=1.61\ m^3$ KL2：$0.35\times(0.55-0.12)\times(2.4+3-0.6)\times2\ m^3=1.44\ m^3$ KL3：$0.35\times(0.5-0.12)\times(3.3+3.6+3.6-0.6\times3)\times2\ m^3=2.31\ m^3$ L1：$0.2\times(0.4-0.12)\times(3.3-0.05-0.175)\ m^3=0.17\ m^3$ L2：$0.2\times(0.4-0.12)\times(3.6-0.05-0.175)\ m^3=0.19\ m^3$ 板：$(3.3+3.6\times2+0.6)\times(2.4+3+0.6)\times0.12\ m^3=7.99\ m^3$ 扣柱头：$-0.6\times0.6\times0.12\times8\ m^3=-0.35\ m^3$ 合计：$(1.61+1.44+2.31+0.17+0.19+7.99-0.35)\ m^3=13.36\ m^3$

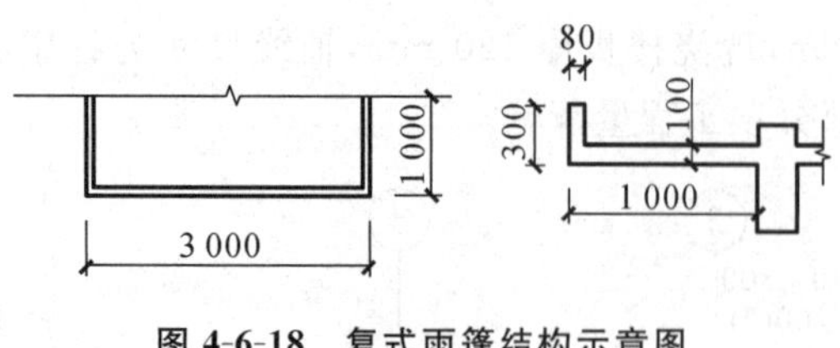

图 4-6-18　复式雨篷结构示意图

例 4-27　已知某复式雨篷结构示意图如图 4-6-18 所示，采用 C25 自拌混凝土，请根据以上信息编制雨篷工程量清单。

解　雨篷工程量清单如表 4-6-11 所示。

表 4-6-11　雨篷工程量清单

编号	项目编码	项目名称	项目特征	计量单位	工程量	计算式
1	010505008001	雨篷	1. 自拌混凝土 2. 混凝土强度等级为 C25	m^3	0.38	$3\times1\times0.1+(0.3-0.1)\times0.08\times(3+2-0.08\times2)\ m^3=0.38\ m^3$

例 4-28　某办公楼楼梯混凝土采用自拌混凝土，强度等级为 C30，框架柱尺寸为 500 mm×500 mm，轴线均居柱中，楼梯平面图及剖面图如图 4-6-19 所示，请根据以上信息编制一、二层楼梯工程量清单。

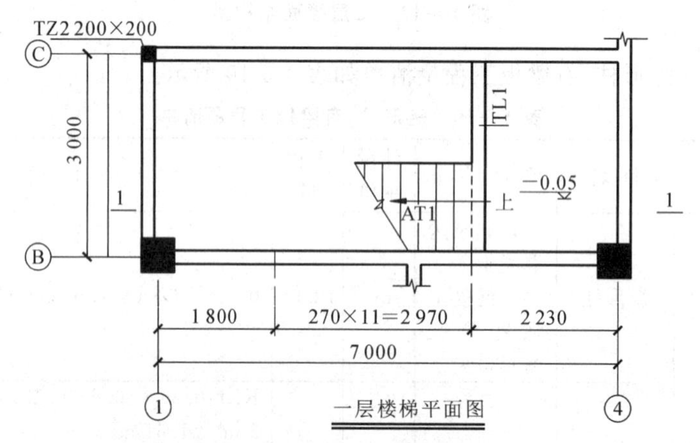

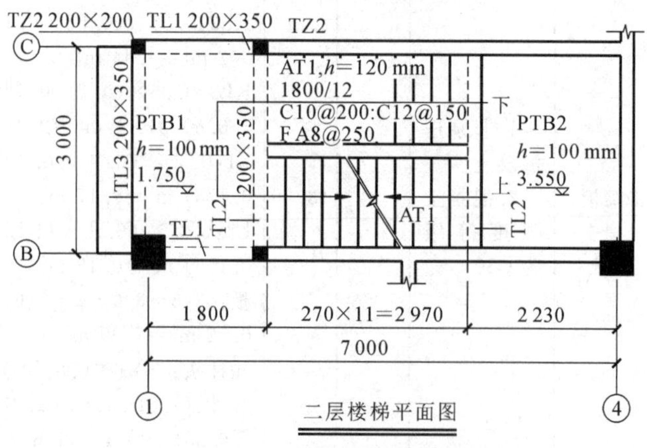

图 4-6-19　楼梯平面图及剖面图

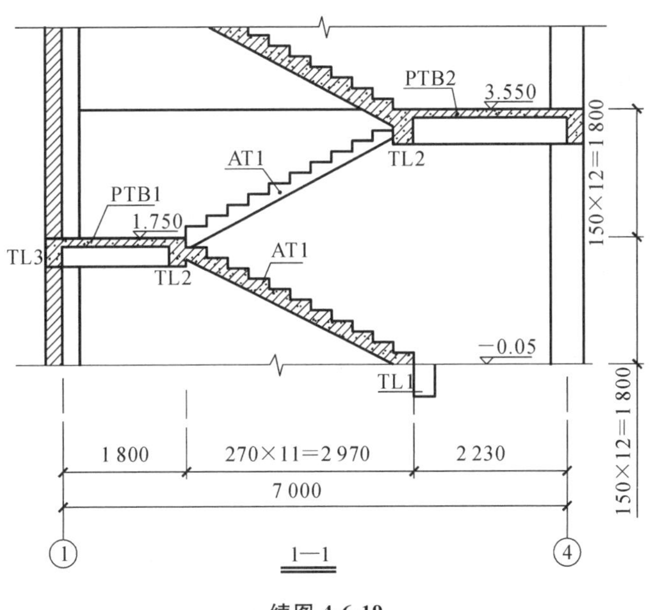

续图 4-6-19

解 直形楼梯工程量清单如表 4-6-12 所示。

表 4-6-12 直形楼梯工程量清单

编号	项目编码	项目名称	项目特征	计量单位	工程量	计算式
1	010506001001	直形楼梯	1. 自拌混凝土 2. 混凝土强度等级为 C30	m^2	14.06	(3.0−0.1×2)×(2.97+1.8+0.25−0.2+0.2) m^2 =14.06 m^2

三、混凝土工程计价定额规则

《江苏省建筑与装饰工程计价定额》(2014 版)中，混凝土构件分为自拌混凝土构件、商品混凝土泵送构件、商品混凝土非泵送构件三部分，各部分又包括现浇构件、现场预制构件、加工厂预制构件、构筑物等。

1. 定额说明

(1) 混凝土石子粒径的取定：设计有规定的，按设计规定；无设计规定的，按表 4-6-13 规定计算。

表 4-6-13 混凝土构件石子粒径表

石子粒径	构件名称
5～16 mm	预制板类构件、预制小型构件
5～31.5 mm	现浇构件：矩形柱(构造柱除外)、圆柱、多边形柱(L 形、T 形、十字形柱除外)、框架梁、单梁、连续梁、地下室防水混凝土墙。 预制构件：柱、梁、桩

续表

石子粒径	构件名称
5～20 mm	除以上构件外均用此粒径
5～40 mm	基础垫层、各种基础、道路、挡土墙、地下室墙、大体积混凝土

(2) 毛石混凝土中的毛石掺量是按15%计算的，构筑物中的毛石混凝土中的毛石掺量是按20%计算的，如设计要求不同，可按比例换算毛石、混凝土数量，其余不变。

(3) 现浇柱、墙定额中，均已按规范综合考虑了底部铺垫1∶2水泥砂浆的用量。

(4) 室内净高超过8 m的现浇柱、梁、墙、板(各种板)的人工工日分别乘以下列系数：净高在12 m以内乘以1.18，净高在18 m以内乘以1.25。

(5) 现场预制构件，如在加工厂制作，混凝土配合比按加工厂配合比计算；加工厂构件及商品混凝土改在现场制作，混凝土配合比按现场配合比计算；其工料、机械台班不调整。

(6) 加工厂预制构件其他材料费中已综合考虑了掺入早强剂的费用，现浇构件和现场预制构件未考虑使用早强剂费用，设计需使用时，可以另行计算早强剂增加费用。

(7) 加工厂预制构件采用蒸汽养护时，立窑、养护池的养护费用另行计算。

(8) 小型混凝土构件是指单体体积在0.05 m^3以内的未列出定额的构件。

(9) 构筑物中的混凝土、抗渗混凝土已按常用的强度等级列入基价，设计与定额取定不符时，综合单价调整。

(10) 钢筋混凝土水塔、砖水塔基础采用毛石混凝土、混凝土基础的，按烟囱相应定额执行。

(11) 构筑物中的混凝土、钢筋混凝土地沟是指建筑物室外的地沟，室内钢筋混凝土地沟按现浇构件相应定额执行。

(12) 泵送混凝土定额中已综合考虑了输送泵车台班、布拆管及清洗人工、泵管摊销费、冲洗费。当输送高度超过30 m时，输送泵车台班(含30 m以内)乘以1.10；当输送高度超过50 m时，输送泵车台班(含50 m以内)乘以1.25；当输送高度超过100 m时，输送泵车台班(含100 m以内)乘以1.35；当输送高度超过150 m时，输送泵车台班(含150 m以内)乘以1.45；当输送高度超过200 m时，输送泵车台班(含200 m以内)乘以1.55。

(13) 现场集中搅拌混凝土按现场集中搅拌混凝土配合比执行，混凝土拌和楼的费用另行计算。

2. 定额工程量计算规则(摘录)

混凝土工程量除另有规定外，均按设计图示尺寸以体积计算，不扣除构件内钢筋、支架、螺栓孔、螺栓、预埋铁件，以及墙、板中面积不超过0.3 m^2的孔洞所占体积，留洞所增加的人工、材料不再另增费用。

1) 混凝土基础垫层

(1) 混凝土基础垫层是指砖、石、混凝土、钢筋混凝土等基础下的混凝土垫层，按设计图示尺寸以体积计算，不扣除伸入承台基础的桩头所占体积。

(2) 外墙基础垫层长度按外墙中心线长度计算，内墙基础垫层长度按内墙基础垫层净长计算。

2) 基础

按设计图示尺寸以体积计算，不扣除伸入承台基础的桩头所占体积。

(1) 带形基础长度：外墙下条形基础按外墙中心线长度、内墙下带形基础按基底、有斜坡的按斜坡间的中心线长度、有梁部分按梁净长计算，独立柱基间的带形基础按基底净长计算。

(2) 有梁带形混凝土基础，其梁高与梁宽之比在 4∶1 以内的，按有梁式带形基础计算(带形基础梁高是指梁底部到梁上部的高度)；超过 4∶1 时，其基础底按无梁式带形基础计算，上部按墙计算。

(3) 满堂(板式)基础分为有梁式(包括反梁)和无梁式两种，应分别计算；仅带有边肋者，按无梁式满堂基础套用定额。

(4) 设备基础除块体以外，其他类型的设备基础分别按基础、梁、柱、板、墙等有关规定计算，套用相应的定额。

(5) 独立柱基、桩承台按设计图示尺寸实体积以体积计算至基础扩大顶面。

(6) 杯形基础套用独立柱基定额。杯口外壁高度大于杯口外长边的杯形基础，套用高颈杯形基础定额。

3) 柱

按设计图示断面尺寸乘以柱高以体积计算，应扣除构件内的型钢体积。柱高按下列规定确定：

(1) 有梁板的柱高，应以柱基上表面(或楼板上表面)至上一层楼板上表面之间的高度计算，不扣除板厚。

(2) 无梁板的柱高，应以柱基上表面(或楼板上表面)至柱帽下表面之间的高度计算。

(3) 有预制板的框架柱的柱高应以柱基上表面至柱顶之间的高度计算。

(4) 构造柱按全高计算，与砖墙嵌接部分的混凝土体积并入柱身体积内。

(5) 依附柱上的牛腿和升板的柱帽，并入相应柱身体积内。

(6) L形、T形、十字形柱，按L形、T形、十字形柱相应定额执行；当两边之和超过2 000 mm时，按直形墙相应定额执行。

4) 梁

按设计图示断面尺寸乘以梁长以体积计算。梁长按下列规定确定：

(1) 梁与柱连接时，梁长算至柱侧面。

(2) 主梁与次梁连接时，次梁长算至主梁侧面。伸入砖墙内的梁头、梁垫的体积并入梁体积内计算。

(3) 圈梁、过梁应分别计算，过梁长度按设计图示尺寸计算，图纸无明确表示时，按门窗、洞口外围宽另加 500 mm 计算。平板与砖墙上的混凝土圈梁相交时，圈梁高应算至板底面。

(4) 依附于梁、板、墙(包括阳台梁、圈过梁、挑檐板、混凝土栏板、混凝土墙外侧)上的混凝土线条(包括弧形线条)，按小型构件定额执行(梁、板、墙宽算至线条内侧)。

(5) 现浇挑梁按挑梁计算，其压入墙身部分按圈梁计算；挑梁与单梁、框架梁连接时，挑梁应并入相应梁内计算。

(6) 花篮梁二次浇捣部分执行圈梁定额。

5) 板

按设计图示面积乘以板厚以体积计算(梁板交接处不得重复计算)，不扣除单个面积在 0.3 m^2 以内的柱、垛以及孔洞所占体积，应扣除构件中压型钢板所占体积。其中：

(1) 有梁板按梁(包括主、次梁)、板体积之和计算，有后浇板带时，后浇板带(包括主、次梁)应扣除。厨房间、卫生间墙下设计有素混凝土防水坎时，工程量并入板内，执行有梁板定额。

(2) 无梁板按板和柱帽之和以体积计算。

(3) 平板按体积计算。

(4) 现浇挑檐、天沟与板(包括屋面板、楼板)连接时,以外墙面为分界线,与圈梁(包括其他梁)连接时,以梁外边线为分界线。外墙边线以外或梁外边线以外为挑檐、天沟。天沟底板与侧板工程量应分别计算,底板按板式雨篷以板底水平投影面积计算,侧板按天沟、檐沟竖向挑板以体积计算。

(5) 飘窗的上、下挑板按板式雨篷以板底水平投影面积计算。

(6) 各类板伸入墙内的板头并入板体积内计算。

(7) 预制板缝宽度在 100 mm 以上的现浇板缝按平板计算。

(8) 后浇墙、板带(包括主、次梁)按设计图示尺寸以体积计算。

(9) 现浇砼空心楼板混凝土按设计图示面积乘以板厚以体积计算,其中空心管、箱体及空心部分体积扣除。

(10) 现浇砼空心楼板内筒芯按设计图示中心线长度计算,无机阻燃型箱体按设计图示数量计算。

6) 墙

外墙按设计图示中心线(内墙按净长)乘以墙高、墙厚以体积计算,应扣除门窗、洞口,以及面积超过 0.3 m^2的孔洞所占的体积。单面墙垛的突出部分并入墙体体积内计算,双面墙垛(包括墙)按柱计算。弧形墙按弧线长度乘以墙高、墙厚以体积计算,地下室墙有后浇墙带时,后浇墙带应扣除。梯形断面墙按上口与下口的平均宽度计算。墙高按下列规定确定:

(1) 当墙与梁平行重叠时,墙高算至梁顶面;当设计梁宽超过墙宽时,梁、墙分别按相应定额计算。

(2) 当墙与板相交时,墙高算至板底面。

(3) 屋面混凝土女儿墙按直(圆)形墙以体积计算。

7) 整体楼梯

整体楼梯包括休息平台、平台梁、斜梁及楼梯梁,按水平投影面积计算,不扣除宽度在500 mm以内的楼梯井,伸入墙内部分不另增加,楼梯与楼板连接时,楼梯算至楼梯梁外侧面。当现浇楼板无梯梁连接时,以楼梯的最后一个踏步边缘加 300 mm 为界。圆弧形楼梯包括圆弧形梯段、圆弧形边梁及与楼板连接的平台,按楼梯的水平投影面积计算。

8) 阳台、雨篷

阳台、雨篷按伸出墙外的板底水平投影面积计算,伸出墙外的牛腿不另计算。

9) 阳台、檐廊栏杆

阳台、檐廊栏杆的轴线柱、下嵌、扶手以扶手的长度按延长米计算;混凝土栏板、竖向挑板以体积计算;栏板的斜长如图纸无规定,则按水平长度乘以系数 1.18 计算;地沟底、壁应分别计算,沟底按基础垫层定额执行。

10) 预制钢筋混凝土框架的梁、柱现浇接头

预制钢筋混凝土框架的梁、柱现浇接头按设计断面以体积计算,套用柱接柱接头定额。

11) 台阶

按水平投影面积计算,设计混凝土用量超过定额含量时,应调整。台阶与平台的分界线以最上层台阶的外口增加 300 mm 宽度为准,台阶宽以外部分并入地面工程量计算。

12) 空调板

按板式雨篷以板底水平投影面积计算。

例 4-29 已知条件如例 4-26，试根据《江苏省建筑与装饰工程计价定额》(2014 版)，完成清单综合单价及合价的计算。

解 (1) 定额列项。

① 6-313 矩形柱。

② 6-331 有梁板。

(2) 计算定额工程量。

① 6-313 矩形柱：

同清单工程量，即

$$V=12.96\ \mathrm{m}^3$$

② 6-331 有梁板：

同清单工程量，即

$$V=13.36\ \mathrm{m}^3$$

(3) 单价调整、套价。

① 矩形柱合价：

$$12.96\times498.23\ 元=6\ 457.06\ 元$$

② 加气砌块合价：

$$13.36\times452.21\ 元=6\ 041.53\ 元$$

(4) 矩形柱、有梁板综合单价分析表如表 4-6-14 和表 4-6-15 所示。

表 4-6-14 矩形柱综合单价分析表

编号	项目编码	项目名称	项目特征	计量单位	工程量	综合单价	合价
1	010502001001	矩形柱	1. 非泵送混凝土 2. 混凝土强度等级为 C30	m^3	12.96	498.23	6 457.06
组价分析							
编号	定额子目	子目名称		计量单位	工程量	综合单价	合价
1	6-313	矩形柱		m^3	12.96	498.23	6 457.06

表 4-6-15 有梁板综合单价分析表

编号	项目编码	项目名称	项目特征	计量单位	工程量	综合单价	合价
2	010505001001	有梁板	1. 非泵送混凝土 2. 混凝土强度等级为 C30	m^3	13.36	452.21	6 041.53
组价分析							
编号	定额子目	子目名称		计量单位	工程量	综合单价	合价
1	6-331	有梁板		m^3	13.36	452.21	6 041.53

例 4-30 已知条件如例 4-27，试根据《江苏省建筑与装饰工程计价定额》(2014 版)，完成雨篷清单综合单价及合价的计算。

解 (1) 定额列项。

① 6-48 复式雨篷。

② 6-50　雨篷砼含量调整。

(2) 计算定额工程量。

① 6-48　复式雨篷：

$$S=3\times1/10\ m^2=0.3\ m^2$$

② 6-50　雨篷砼含量调整：

$$V_{设计用量}=[3\times1\times0.1+(0.3-0.1)\times0.08\times(3+2-0.08\times2)]\ m^3=0.377\ m^3$$

$$V_{计算用量}=0.377\times(1+1.5\%)\ m^3=0.383\ m^3$$

$$设计消耗量=0.383/0.3\ m^3/(10\ m^2)=1.28\ m^3/(10\ m^2)$$

$$定额消耗量=1.11\ m^3/(10\ m^2)$$

故每 10 m^2设计消耗量比定额消耗量多

$$(1.28-1.11)\ m^3/(10\ m^2)=0.17\ m^3/(10\ m^2)$$

$$V_{调整}=0.17\times0.3\ m^3=0.05\ m^3$$

注：雨篷三个檐边上翻为复式雨篷，楼梯、雨篷的混凝土按设计用量加 1.5%损耗按相应定额进行调整。

(3) 单价调整、套价。

① 复式雨篷：

$$6\text{-}48_{换}=(575.12+299.11-282.74)\ 元/(10\ m^2)=591.49\ 元/(10\ m^2)$$

注：混凝土标号不同时应调整。

合价：

$$0.3\times591.49\ 元=177.45\ 元$$

② 雨篷砼含量调整：

$$6\text{-}50_{换}=(499.41+269.47-254.72)元/(10\ m^2)=514.16\ 元/(10\ m^2)$$

注：混凝土标号不同时应调整。

合价：

$$0.05\times514.16\ 元=25.71\ 元$$

(4) 雨篷综合单价分析表如表 4-6-16 所示。

表 4-6-16　雨篷综合单价分析表

编号	项目编码	项目名称	项目特征	计量单位	工程量	综合单价	合价
1	010505008001	雨篷	1. 自拌混凝土 2. 混凝土强度等级为 C25	m^3	0.38	534.63	203.16
组价分析							
编号	定额子目	子目名称		计量单位	工程量	综合单价	合价
1	$6\text{-}48_{换}$	复式雨篷		10 m^2	0.3	591.49	177.45
2	$6\text{-}50_{换}$	雨篷砼含量调整		m^3	0.05	514.16	25.71

例 4-31　已知条件如例 4-28，试根据《江苏省建筑与装饰工程计价定额》(2014 版)，完成直形楼梯综合单价及合价的计算。

解　(1) 定额列项。

① 6-45　直形楼梯。

② 6-50　楼梯砼含量调整。

(2) 计算定额工程量。

① 6-45　直形楼梯：

同清单工程量，即

$$S=14.06\ \text{m}^2$$

② 6-50　楼梯砼含量调整：

楼梯混凝土计算用量：

$$V_{\text{TL2}}=0.2\times0.35\times(3.0-0.1\times2)\times2\ \text{m}^3=0.392\ \text{m}^3\text{（楼层处、平台处各一）}$$

$$V_{\text{踏步板}}=[\frac{1}{2}\times0.27\times0.15\times11+0.12\times\sqrt{2.97^2+(0.15\times11)^2}]\times2\ \text{m}^3=1.261\ \text{m}^3$$

$$V_{\text{PTB1}}=(3.0-0.1\times2)\times(1.8+0.25-0.2-0.2)\times0.1\ \text{m}^3=0.462\ \text{m}^3$$

$$V_{\text{楼梯}}=V_{\text{TL2}}+V_{\text{踏步板}}+V_{\text{PTB1}}=(0.392+1.261+0.462)\ \text{m}^3=2.115\ \text{m}^3$$

$$V_{\text{计算用量}}=2.115\times(1+1.5\%)\ \text{m}^3=2.147\ \text{m}^3$$

$$\text{设计消耗量}=2.147/1.406\ \text{m}^3/(10\ \text{m}^2)=1.53\ \text{m}^3/(10\ \text{m}^2)$$

$$\text{定额消耗量}=2.06\ \text{m}^3/(10\ \text{m}^2)$$

故每 10 m^2设计消耗量比定额消耗量多

$$(1.53-2.06)\ \text{m}^3/(10\ \text{m}^2)=-0.53\ \text{m}^3/(10\ \text{m}^2)$$

$$V_{\text{调整}}=-0.53\times1.406\ \text{m}^3=-0.745\ \text{m}^3$$

(3) 单价调整、套价。

① 直形楼梯：

$$6\text{-}45_{\text{换}}=(1\ 026.32+561.39-524.72)\text{元}/(10\ \text{m}^2)=1\ 062.99\ \text{元}/(10\ \text{m}^2)$$

注：混凝土标号不同时应调整。

合价：

$$1.406\times1\ 062.99\ \text{元}=1\ 494.56\ \text{元}$$

② 楼梯砼含量调整：

$$6\text{-}50_{\text{换}}=(499.41+272.52-254.72)\text{元}/(10\ \text{m}^2)=517.21\ \text{元}/(10\ \text{m}^2)$$

注：混凝土标号不同时应调整。

合价：

$$-0.745\times517.21\ \text{元}=-385.32\ \text{元}$$

直形楼梯综合单价分析表如表 4-6-17 所示。

表 4-6-17　直形楼梯综合单价分析表

编号	项目编码	项目名称	项目特征	计量单位	工程量	综合单价	合价
1	010506001001	直形楼梯	1. 自拌混凝土 2. 混凝土强度等级为 C30	m^2	14.06	78.89	1 109.24
组价分析							
编号	定额子目	子目名称		计量单位	工程量	综合单价	合价
1	$6\text{-}45_{\text{换}}$	直形楼梯		10 m^2	1.406	1 062.99	1 494.56
2	$6\text{-}50_{\text{换}}$	楼梯砼含量调整		m^3	−0.745	517.21	−385.32

任务7　钢筋工程计量与计价

一、钢筋工程基础知识简介

钢材强度高，塑性、韧性好，被普遍应用于建筑工业中，其与混凝土是钢筋混凝土及预应力混凝土结构中最主要的两种材料。建筑钢材可分为钢结构用钢材制品、钢筋混凝土结构用钢材制品和建筑装饰用钢材制品。钢筋通常指的就是钢筋混凝土及预应力混凝土结构用钢。为更好地了解钢筋计量与计价计算，应掌握以下基础知识。

1. 钢筋预算长度

不管在清单规则下还是在各地方计价定额规则中，钢筋预算工程量一般都以重量计算。因此，钢筋计算的主要思路为：根据《混凝土结构施工图平面整体表示方法制图规则和构造详图（现浇混凝土框架、剪力墙、梁、板）》（16G101-1）、《混凝土结构施工图平面整体表示方法制图规则和构造详图（现浇混凝土板式楼梯）》（16G101-2）、《混凝土结构施工图平面整体表示方法制图规则和构造详图（独立基础、条形基础、筏形基础、桩基础）》（16G101-3）（以下简称平法图集）的规则，从识读结构施工图钢筋标注出发，根据结构的特点和钢筋部位，计算钢筋的长度和根数，再乘以钢筋线密度，从而得到钢筋的重量。与施工下料长度按钢筋中心线计算有所不同，在钢筋预算长度的计算中，一般以设计图示标注长度计算，即按钢筋外皮标注长度考虑。

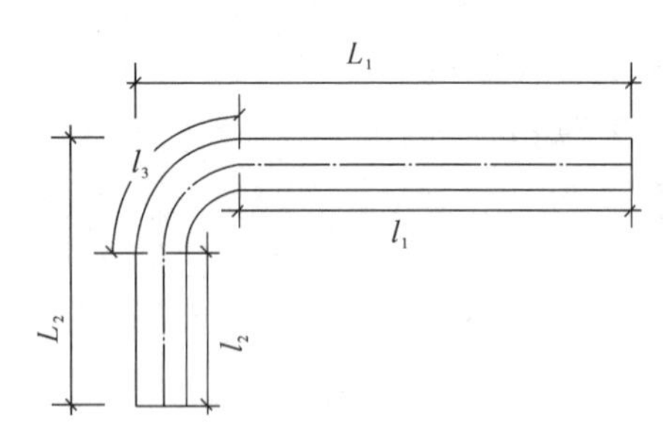

图 4-7-1　钢筋长度示意图

如图 4-7-1 所示，该钢筋预算长度为 $L=L_1+L_2$，其下料长度为 $l=l_1+l_2+l_3$。

2. 钢筋符号及标注

1）钢筋符号

根据《混凝土结构工程施工质量验收规范》（GB 50204—2015）及平法图集的规定，钢筋分为HPB300、HRB335、HRB400以及HRB500四种等级。为方便表示，结构施工图中分别以Φ、Φ、Φ、Φ表示。

2）钢筋标注

在结构施工图中，构件的钢筋标注有以下规则：

（1）标注钢筋的根数、直径和等级，如4 Φ22：4表示钢筋根数，22表示钢筋直径，Φ表示钢筋等级为HRB400。

（2）标注钢筋的等级、直径和钢筋排布间距，如Φ10@100：10表示钢筋直径，@为钢筋间距符号，100表示相邻钢筋中心的排布距离，Φ表示钢筋等级为HPB300。

3. 钢筋的混凝土保护层厚度

为保护钢筋在混凝土内部不被侵蚀，并保证钢筋与混凝土之间的黏结力，钢筋混凝土构件都必须设置保护层。钢筋保护层厚度是指外缘钢筋外皮至构件表面的距离。影响混凝土保护层厚度的因素有环境类别、构件类型、混凝土强度等级以及结构设计年限等。环境类别的确定及混凝土保护层最小厚度分别如表 4-7-1 和表 4-7-2 所示。

表 4-7-1 混凝土结构的环境类别

环境类别	条件
一	室内正常环境
二a	室内潮湿环境； 非严寒和非寒冷地区的露天环境； 非严寒和非寒冷地区与无侵蚀性的水或土壤直接接触的环境； 严寒和寒冷地区的冰冻线以下与无侵蚀性的水或土壤直接接触的环境
二b	干湿交替环境； 水位预警变动环境； 严寒和寒冷地区的露天环境； 严寒和寒冷地区冰冻线以上与无侵蚀性的水或土壤直接接触的环境
三a	严寒和寒冷地区冬季水位变动区环境； 受除冰盐影响的环境； 海风环境
三b	盐渍土环境； 受除冰盐作用的环境； 海岸环境
四	海水环境
五	受人为或自然的侵蚀性物质影响的环境

注：1. 室内潮湿环境是指构件表面经常处于结露或湿润状态的环境。
2. 严寒和寒冷地区的划分应符合现行国家标准《民用建筑热工设计规范(含光盘)》(GB 50176—2016)的有关规定。
3. 海岸环境和海风环境宜根据当地情况，考虑主导风向及结构所处迎风、背风部位等因素的影响，由调查研究和工程经验确定。
4. 受除冰盐影响的环境是指受到除冰盐盐雾影响的环境，受除冰盐作用的环境是指被除冰盐溶液溅射的环境，也适用于除冰盐地区的洗车房、停车楼等建筑。

表 4-7-2 混凝土保护层最小厚度 单位：mm

环境类别	板、墙、壳	梁、柱、杆
一	15	20
二a	20	25
二b	25	35
三a	30	40
三b	40	50

注：1. 表中混凝土保护层厚度是指最外层钢筋外边缘至混凝土表面的距离，适用于设计使用年限为 50 年的混凝土结构。
2. 构件中受力钢筋的保护层厚度应不小于钢筋的公称直径。
3. 一类环境中，设计使用年限为 100 年的结构，其最外层钢筋的保护层厚度应不小于表中数值的 1.4 倍；二、三类环境中，设计使用年限为 100 年的结构，应采取专门的有效措施。
4. 混凝土强度等级不大于 C25 时，表中混凝土保护层厚度数值应增加 5 mm。
5. 基础底面钢筋的保护层厚度，有混凝土垫层时，应从垫层顶算起，且应不小于 40 mm。

4. 钢筋的锚固

为使钢筋充分受力而不被从混凝土中拔出，钢筋要伸入支座内，伸入支座内的钢筋称为锚固。钢筋的锚固长度一般指梁、板、柱等构件的受力钢筋伸入支座或基础中的总长度，可分为直线锚固长度和弯折锚固长度。弯折锚固长度包括直线段和弯折段。锚固长度除满足设计要求外，还应不小于平法图集规定的最小基本锚固长度。受拉钢筋的锚固长度以及抗震锚固长度分别如表 4-7-3 和表 4-7-4 所示。

表 4-7-3　受拉钢筋的锚固长度 l_a

钢筋种类	混凝土强度等级																
	C20	C25		C30		C35		C40		C45		C50		C55		≥C60	
	$d\leqslant$ 25 mm	$d\leqslant$ 25 mm	$d>$ 25 mm	$d\leqslant$ 25 mm	$d>$ 25 mm	$d\leqslant$ 25 mm	$d>$ 25 mm	$d\leqslant$ 25 mm	$d>$ 25 mm	$d\leqslant$ 25 mm	$d>$ 25 mm	$d\leqslant$ 25 mm	$d>$ 25 mm	$d\leqslant$ 25 mm	$d>$ 25 mm	$d\leqslant$ 25 mm	$d>$ 25 mm
HPB300	39d	34d	—	30d	—	28d	—	25d	—	24d	—	23d	—	22d	—	21d	—
HRB335 HRBF335	38d	33d	—	29d	—	27d	—	25d	—	23d	—	22d	—	21d	—	21d	—
HRB400 HRBF400 RRB400	—	40d	44d	35d	39d	32d	35d	29d	32d	28d	31d	27d	30d	26d	29d	25d	28d
HRB500 HRBF500	—	48d	53d	43d	47d	39d	43d	36d	40d	34d	37d	32d	35d	31d	34d	30d	33d

表 4-7-4　受拉钢筋的抗震锚固长度 l_{aE}

钢筋种类及抗震等级		混凝土强度等级																
		C20	C25		C30		C35		C40		C45		C50		C55		≥C60	
		$d\leqslant$ 25 mm	$d\leqslant$ 25 mm	$d>$ 25 mm	$d\leqslant$ 25 mm	$d>$ 25 mm	$d\leqslant$ 25 mm	$d>$ 25 mm	$d\leqslant$ 25 mm	$d>$ 25 mm	$d\leqslant$ 25 mm	$d>$ 25 mm	$d\leqslant$ 25 mm	$d>$ 25 mm	$d\leqslant$ 25 mm	$d>$ 25 mm	$d\leqslant$ 25 mm	$d>$ 25 mm
HPB300	一、二级	45d	39d	—	35d	—	32d	—	29d	—	28d	—	26d	—	25d	—	24d	—
	三级	41d	36d	—	32d	—	29d	—	26d	—	25d	—	24d	—	23d	—	22d	—
HRB335 HRBP335	一、二级	44d	38d	—	33d	—	31d	—	29d	—	26d	—	25d	—	24d	—	24d	—
	三级	40d	35d	—	30d	—	28d	—	26d	—	24d	—	23d	—	22d	—	22d	—
HRB400 HRBF400	一、二级	—	46d	51d	40d	45d	37d	40d	33d	37d	32d	36d	31d	35d	30d	33d	29d	32d
	三级	—	42d	46d	37d	41d	34d	37d	30d	34d	29d	33d	28d	32d	27d	30d	26d	29d
HRB500 HRBF500	一、二级	—	55d	61d	49d	54d	45d	49d	41d	46d	39d	43d	37d	40d	36d	39d	35d	38d
	三级	—	50d	56d	45d	49d	41d	45d	38d	42d	36d	39d	34d	37d	23d	36d	32d	35d

注：1. 当为环氧树脂涂层带肋钢筋时，表中数据应乘以 1.25。

2. 当纵向受拉钢筋在施工过程中易受扰动时，表中数据应乘以 1.1。

3. 当锚固长度范围内纵向受力钢筋周边保护层厚度为 $3d$、$5d$（d 为锚固钢筋的直径）时，表中数据可分别乘以 0.8、0.7，中间时按内插法取值。

4. 当纵向受拉普通钢筋的锚固长度修正系数（注 1～注 3）多于一项时，可按连乘计算。

5. 受拉钢筋的锚固长度 l_a、l_{aE} 的计算值应不小于 200 mm。

6. 四级抗震时 $l_a=l_{aE}$。

7. 当锚固钢筋的保护层厚度不大于 $5d$ 时，锚固钢筋长度范围内应设置横向构造钢筋，其直径应不小于 $d/4$（d 为锚固钢筋的最大直径）。对于梁、柱等构件，其间距应不大于 $5d$；对于板、墙等构件，其间距应不大于 $10d$（d 为锚固钢筋的最小直径），且均应不大于 100 mm。

5. 钢筋的连接

在施工过程中，当设计钢筋长度大于单根钢筋出厂长度（被称为定尺长度，一般可以取 9 m、12 m、15 m 等）时，就需要对多根钢筋进行连接，以达到设计长度。钢筋的主要连接方式有三种：绑扎连接、机械连接以及焊接。为了保证钢筋受力可靠，对钢筋连接接头有以下规定：

（1）当受拉钢筋的直径大于 25 mm 及受压钢筋的直径大于 28 mm 时，不宜采用绑扎连接。

(2) 轴心受拉及小偏心受拉构件中的纵向受力钢筋不应采用绑扎连接。

(3) 纵向受力钢筋的连接位置宜避开梁端、柱端箍筋加密区。如必须再次连接，应采用机械连接或焊接。

6. 钢筋重量

钢筋的工程量一般都以重量表示。因此，当计算出钢筋预算长度后，还应乘以钢筋相应的线密度，以计算出钢筋重量。钢筋每米长度理论质量表如表 4-7-5 所示。

表 4-7-5　钢筋每米长度理论质量表

直径/mm	理论质量/(kg/m)	横截面积/m^2	直径/mm	理论质量/(kg/m)	横截面积/m^2
4	0.099	0.126	6.5	0.260	0.332
5	0.154	0.196	8	0.395	0.503
6	0.222	0.283	10	0.617	0.785
12	0.888	1.131	24	3.551	4.524
14	1.208	1.539	25	3.850	4.909
16	1.578	2.011	28	4.830	5.153
18	1.998	2.545	30	5.550	7.069
20	2.466	3.142	32	6.310	8.043
22	2.984	3.801	40	9.865	12.561

钢材的密度一般约为 7 850 kg/m^3。因此，当无表可查时，可以根据下列公式近似计算钢筋的线密度，即

$$\rho_l = \frac{1}{4}\pi d^2 \cdot \rho_v = 0.25 \times 3.14 \times 7\ 850 \times d^2 = 6\ 162.25\ d^2$$

式中：ρ_l 为钢筋近似线密度(kg/m^3)；ρ_v 为钢筋密度，取 $\rho_v = 7\ 850\ kg/m^3$；d 为钢筋直径(m)。

二、钢筋工程清单工程量计算规则(摘录)

《房屋建筑与装饰工程工程量计算规范》(GB 50854—2013)中，钢筋工程清单工程量计算规则(摘录)如表 4-7-6 所示。

表 4-7-6　钢筋工程(编号:010515)

项目编码	项目名称	项目特征	计量单位	工程量计算规则	工作内容
010515001	现浇构件钢筋	钢筋种类、规格	t	按设计图示钢筋(网)长度(面积)乘以单位理论质量计算	1. 钢筋制作 2. 钢筋安装 3. 焊接
010515002	钢筋网片				1. 钢筋网制作、运输 2. 钢筋网安装 3. 焊接
010515003	钢筋笼				1. 钢筋笼制作、运输 2. 钢筋笼安装 3. 焊接

注：1. 现浇构件中伸入构件的锚固钢筋应并入钢筋工程量内。除设计(包括规范规定)标明的搭接外，其他施工搭接不计算工程量，在综合单价中综合考虑。

2. 现浇构件中固定位置的支撑钢筋、双层钢筋用的“铁马”在编制工程量清单时，其工程数量可为暂估量，结算时按现场签证数量计算。

钢筋工程工程量计算方法如下。

1. 梁钢筋的计算方法

1）梁钢筋的类型

梁钢筋通常包括纵向钢筋、箍筋、拉筋等，如图 4-7-2 所示。

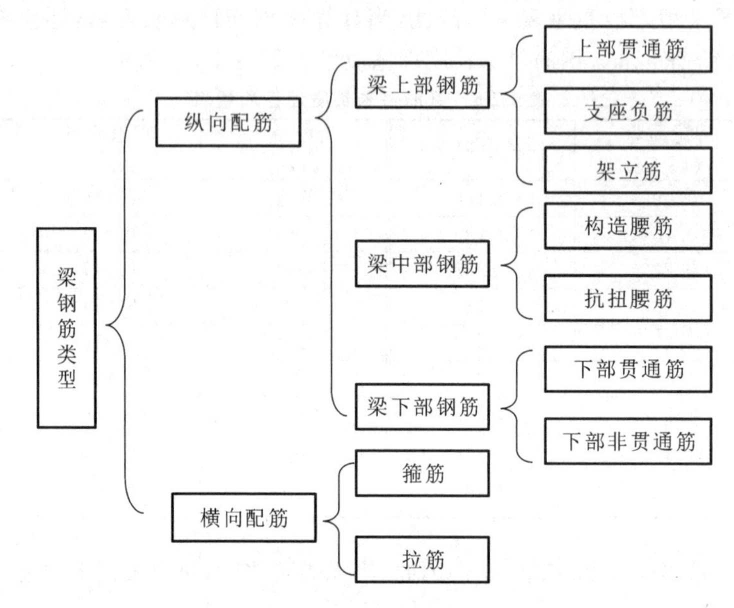

图 4-7-2 梁钢筋的类型

2）梁钢筋的构造

根据《混凝土结构施工图平面整体表示方法制图规则和构造详图（现浇混凝土框架、剪力墙、梁、板）》（16G101-1）的相关规定，梁钢筋的构造如图 4-7-3 至图 4-7-8 所示。

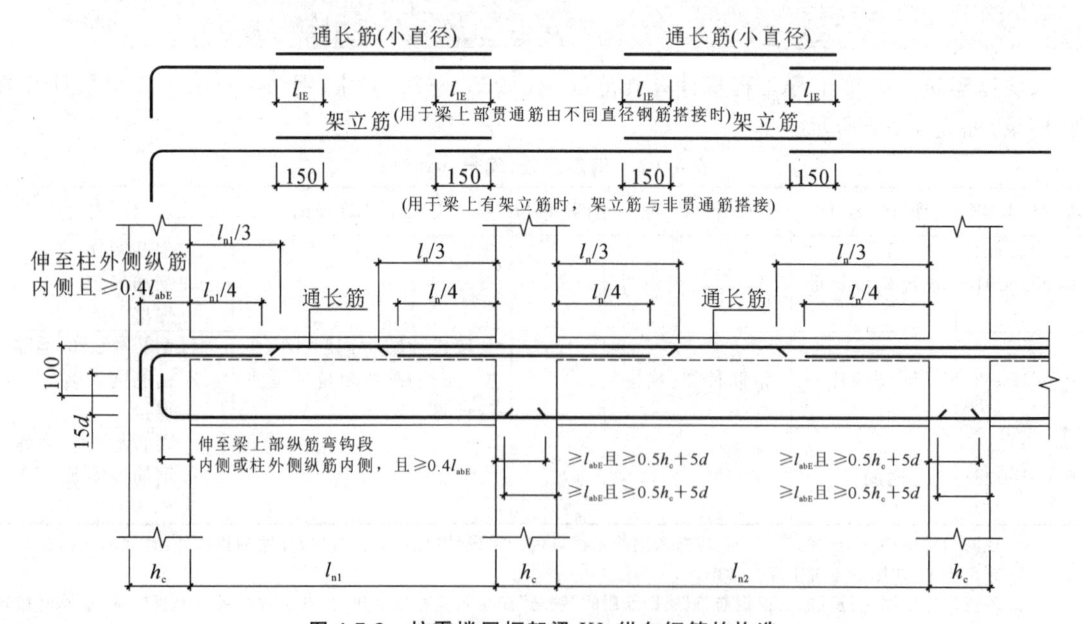

图 4-7-3 抗震楼层框架梁 KL 纵向钢筋的构造

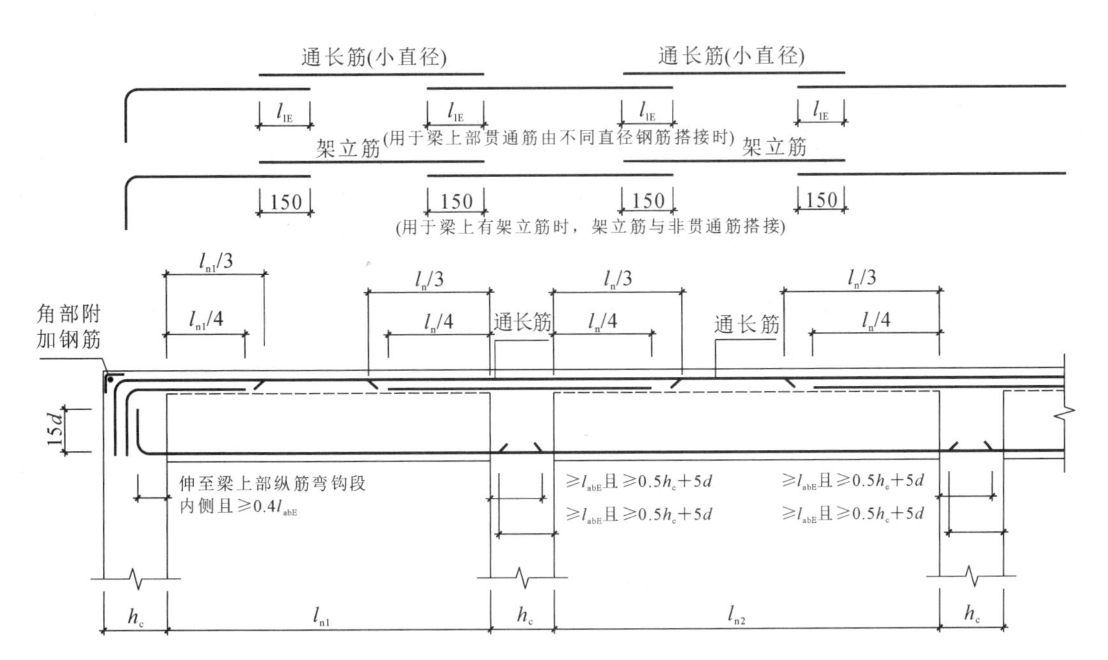

图 4-7-4　抗震屋面框架梁 WKL 纵向钢筋的构造

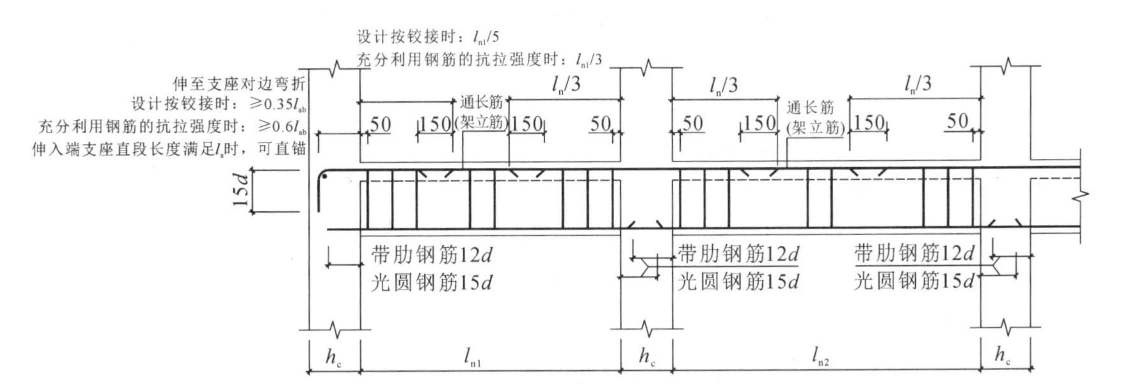

图 4-7-5　非框架梁纵向钢筋的构造

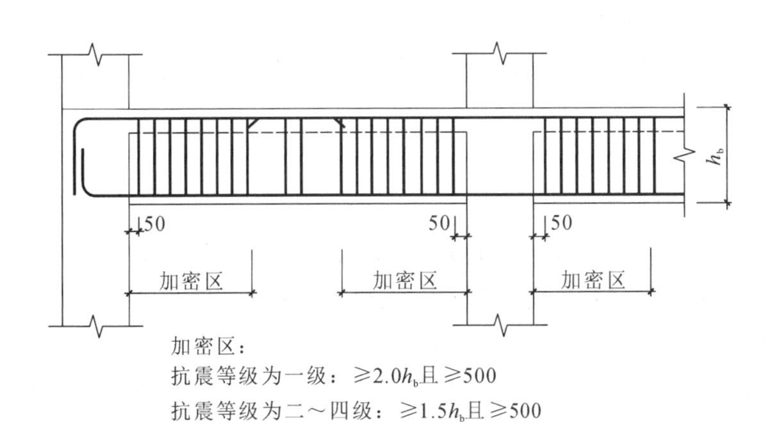

图 4-7-6　框架梁(KL、WKL)箍筋的构造

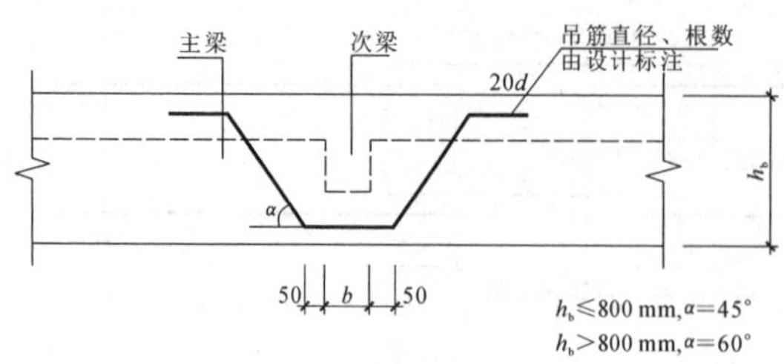

图 4-7-7　附加吊筋的构造

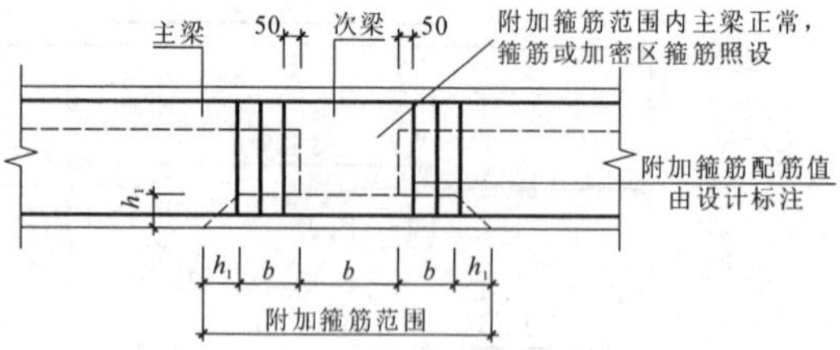

主梁
50
次梁
50
附加箍筋范围内主梁正常，
箍筋或加密区箍筋照设
附加箍筋配筋值
由设计标注
h_1　b　b　b　h_1
附加箍筋范围

图 4-7-8　附加箍筋的范围

3）框架梁钢筋工程量的计算公式

（1）上部钢筋。

① 梁顶通长筋：

梁顶通长筋＝通跨净长＋左右锚固长度＋搭接长度（如果有）

② 支座负筋：

支座负筋分为端支座负筋、中间支座负筋两种。

端支座负筋：

第一排端支座负筋长度＝端支座锚固长度＋1/3 端跨净长

第二排端支座负筋长度＝端支座锚固长度＋1/4 端跨净长

中间支座负筋：

第一排中间支座负筋长度＝2×max（左跨净长，右跨净长）/3＋支座宽

第二排中间支座负筋长度＝2×max（左跨净长，右跨净长）/4＋支座宽

（2）下部钢筋。

① 下部通长筋：

下部通长筋＝通跨净长＋左右支座锚固长度＋搭接长度（如果有）

② 下部非通长筋：

下部非通长筋分为端跨底筋和中间跨底筋两种。

端跨底筋长度＝端支座锚固长度＋净跨长＋中间支座锚固

中间跨底筋长度＝左右中间支座锚固＋净跨长

式中，左右端支座锚固长度的计算方法同上部钢筋的左右支座锚固长度的计算方法，中间支座的锚固长度为 $\max(L_{aE}, 0.5h_c+5d)$。

（3）中部钢筋。

① 构造腰筋及抗扭腰筋：

构造（抗扭）腰筋长度＝净跨长＋锚固长度＋搭接长度（如果有）

式中，构造腰筋锚固长度及搭接长度可取 $15d$，抗扭腰筋锚固长度及搭接长度可分别取 l_{aE} 和 l_{lE}。

② 中部钢筋拉筋：

拉筋单根长度＝构件宽－2×保护层厚度＋2×[$1.9d+\max(10d,75)$]

拉筋根数＝[（拉筋分布范围－2×起步距离）/拉筋间距＋1]$_{\text{向上取整}}$

式中，拉筋间距为非加密区箍筋间距的 2 倍，起步距离取 50 mm。

拉筋规格：当梁宽不超过 350 mm 时，拉筋直径为 6 mm；当梁宽超过 350 mm 时，拉筋直径为 8 mm。

(4) 箍筋。

① 单根箍筋长度＝周长－8×保护层厚度＋2×[1.9d＋max(10d,75)]

② 箍筋根数：

$$加密区箍筋根数=[(箍筋加密区范围-起步距离)/加密区箍筋间距+1]_{向上取整}$$

$$非加密区箍筋根数=[(箍筋非加密区范围)/非加密区箍筋间距-1]_{向上取整}$$

式中：箍筋加密区范围，当梁的抗震等级为一级时，箍筋加密区范围＝max($2h_b$, 500)，当梁的抗震等级为二～四级时，箍筋加密区范围＝max($1.5h_b$, 500)；起步距离取 50 mm。

(5) 吊筋。

$$吊筋长度=(次梁宽+2\times50)+2\times20d+2\times(h_b-2\times保护层)/\sin\alpha$$

式中：当 $h_b \leqslant 800$ mm 时，$\alpha=45°$；当 $h_b>800$ mm 时，$\alpha=60°$。

例 4-32 已知某框架结构，其抗震等级为三级，混凝土强度等级为 C30，梁保护层厚度为 25 mm，试计算图 4-7-9 所示的框架梁纵筋及箍筋的预算长度。

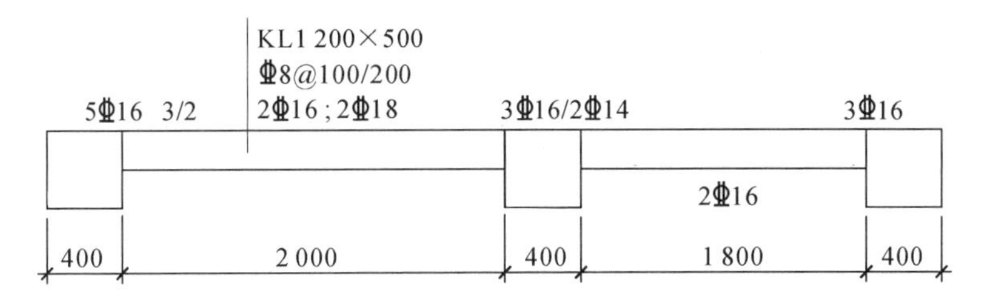

图 4-7-9 梁平法施工图

解 查表可知，该梁的锚固长度为 $l_{aE}=37d$。

(1) 梁顶通长筋 2Φ16：

$$h_c-c=(0.4-0.025)\ \text{mm}=0.375\ \text{mm}<37d=37\times0.016\ \text{mm}=0.592\ \text{mm}$$

采用弯锚方式。

$$L=2\times[(0.4-0.025+15\times0.016)\times2+(2.0+0.4+1.8)]\ \text{m}=10.86\ \text{m}$$

(2) 第一支座负筋：

第一排支座负筋 1Φ16：

$$L=(0.4-0.025+15\times0.016+1/3\times2.0)\ \text{m}=1.28\ \text{m}$$

第二排支座负筋 2Φ16：

$$L=2\times(0.4-0.025+15\times0.016+1/4\times2.0)\ \text{m}=2.23\ \text{m}$$

(3) 第二支座负筋：

第一排支座负筋 1Φ16：

$$L=(2\times1/3\times2.0+0.4)\ \text{m}=1.73\ \text{m}$$

第二排支座负筋 2Φ14：

$$L=2\times(2\times1/4\times2.0+0.4)\ \text{m}=2.8\ \text{m}$$

（4）第三支座负筋 1 Φ 16：

$$L=(0.4-0.025+15\times0.016+1/3\times1.8)\ \text{m}=1.22\ \text{m}$$

（5）第一跨梁底筋 2 Φ 18：

$$L=2\times[(0.4-0.025+15\times0.018)+2.0+\max(1/2\times0.4+5\times0.016,37\times0.018)]\ \text{m}=6.62\ \text{m}$$

（6）第二跨梁底筋 2 Φ 16：

$$L=2\times[(0.4-0.025+15\times0.016)+1.8+\max(1/2\times0.4+5\times0.016,37\times0.016)]\ \text{m}=6.01\ \text{m}$$

（7）箍筋Φ 8@100/200：

$$L=[(0.2+0.5)\times2-8\times0.025+24\times0.008]\ \text{m}=1.392\ \text{m}$$

加密区根数：

$$n=4\times[(1.5\times0.5-0.05)/0.1+1]_{\text{向上取整}}\text{根}=4\times8\ \text{根}=32\ \text{根}$$

非加密区根数：

$$n=\{[(2.0-2\times1.5\times0.5)/0.2-1]_{\text{向上取整}}+[(1.8-2\times1.5\times0.5)/0.2-1]_{\text{向上取整}}\}\text{根}=(2+1)\text{根}=3\ \text{根}$$

箍筋长度总计：

$$1.392\times(32+3)\ \text{m}=48.72\ \text{m}$$

梁钢筋工程量统计如表 4-7-7 所示。

表 4-7-7　梁钢筋工程量统计

直　　径	预算长度/m	线密度/(kg/m)	预算重量/t
Φ 8	48.72	0.395	19.24×10^{-3}
Φ 14	2.8	1.208	3.38×10^{-3}
Φ 16	23.33	1.578	36.81×10^{-3}
Φ 18	6.62	1.998	13.23×10^{-3}

2. 板钢筋的计算方法

1）板钢筋的类型

板钢筋通常包括受力钢筋、板负筋、负筋分布筋、温度钢筋和其他构造钢筋，如图 4-7-10 所示。

2）板钢筋的构造

根据《混凝土结构施工图平面整体表示方法制图规则和构造详图（现浇混凝土框架、剪力墙、梁、板）》(16G101-1)的相关规定，板钢筋的构造如图 4-7-11 至图 4-7-13 所示。

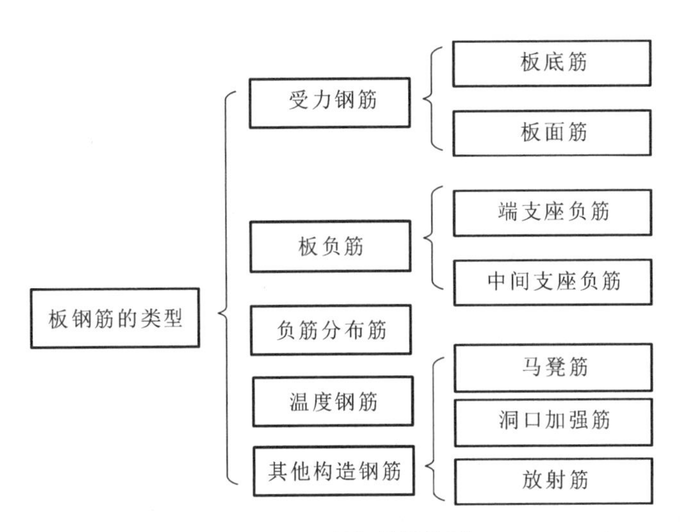

图 4-7-10　板钢筋的类型

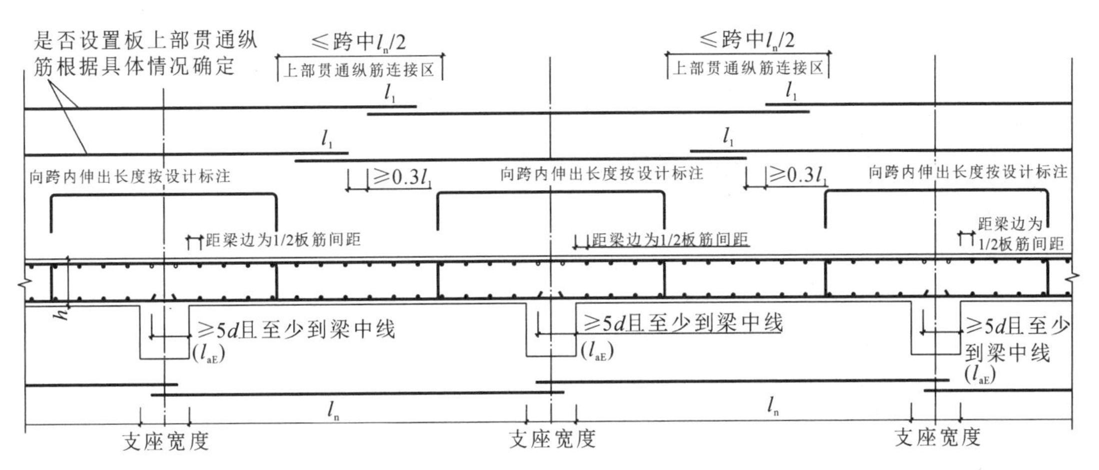

图 4-7-11　有梁楼盖楼面板 LB 和屋面板 WB 钢筋构造

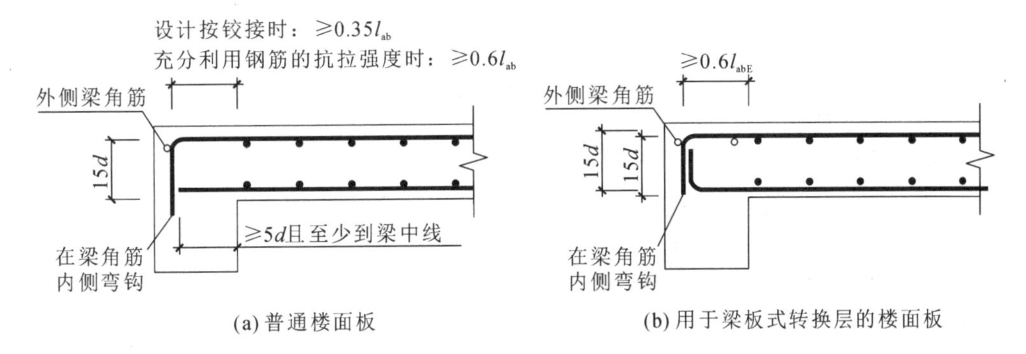

图 4-7-12　板在端部支座的锚固构造

3）板钢筋工程量的计算公式

（1）板底筋。

底筋单根长度＝左右支座锚固长度＋板净跨长

式中，左右支座锚固长度＝max（支座宽/2，5d）。

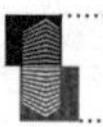

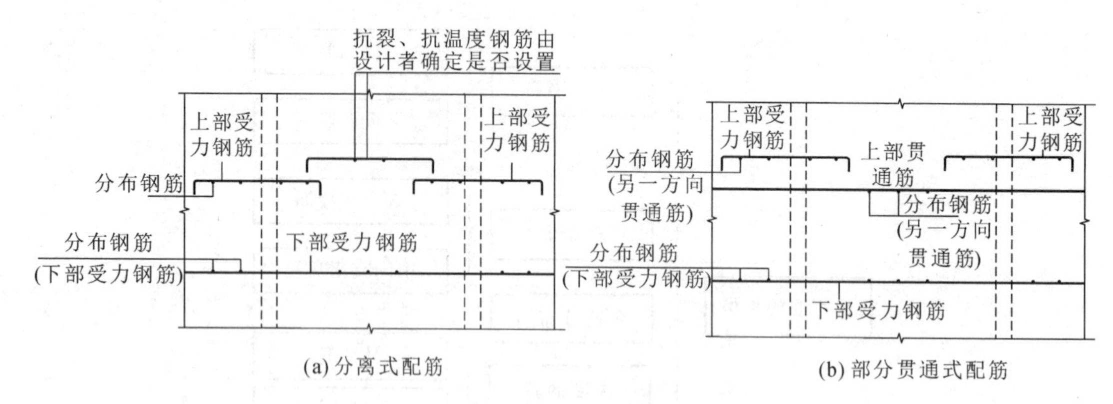

图 4-7-13　单(双)向板配筋示意图

板底筋根数＝[(板底筋排布范围－起步距离×2)/板底筋间距＋1]$_{向上取整}$

式中,板底筋排布范围按设计图示尺寸计算,起步距离取 1/2 钢筋间距,下同。

(2) 板面筋。

板面筋长度＝左右支座锚固长度＋板净跨长

式中,左右锚固长度＝支座宽－保护层厚度－支座外侧角筋直径＋15d。

板面筋根数的计算方法同板底筋根数的计算方法。

(3) 板负筋。

① 端支座负筋。

端支座负筋＝端支座锚固长度＋平直段长度＋弯折长度

式中,端支座锚固长度＝支座宽－保护层厚度－支座外侧角筋直径＋15d,平直段长度按设计图示尺寸计算,弯折长度＝板厚－2×板保护层厚度。

端支座负筋根数的计算方法同板底筋根数的计算方法。

② 中间支座负筋(跨板负筋)。

中间支座负筋(跨板负筋)＝支座宽＋(跨板净跨长)＋左右平直段长度＋2×弯折长度

式中,支座宽、跨板净跨长、左右平直段长度按设计图示尺寸计算,弯折长度＝板厚－2×板保护层厚度。

中间支座负筋(跨板负筋)根数的计算方法同板底筋根数的计算方法。

③ 负筋分布筋。

负筋分布筋长度＝两侧负筋之间的净长度＋2×150

负筋分布筋根数＝[(负筋伸入板内平直段长度－起步距离)/分布筋间距＋1]$_{向上取整}$

式中,负筋伸入板内平直段长度按设计图示尺寸计算,下同。

④ 温度钢筋(抗裂钢筋)。

温度钢筋(抗裂钢筋)长度＝两侧负筋之间的净长度＋2×l_1

温度钢筋(抗裂钢筋)根数＝[(负筋伸入板内平直段长度－起步距离)/分布筋间距＋1]$_{向上取整}$

应注意的是,若受力钢筋采用 HPB300 钢,则应在锚固端部加 180°圆弧弯钩,其长度一般取 6.25d。

例 4-33　某钢筋混凝土板配筋如图 4-7-14 所示,已知板混凝土强度等级为 C25,板厚

100 mm,未注明的分布筋为Φ 6@250,温度钢筋为Φ 6@250,圈梁纵筋为 4 Φ 12,正常环境下使用,搭接长度取 48d,试计算板内钢筋工程量。

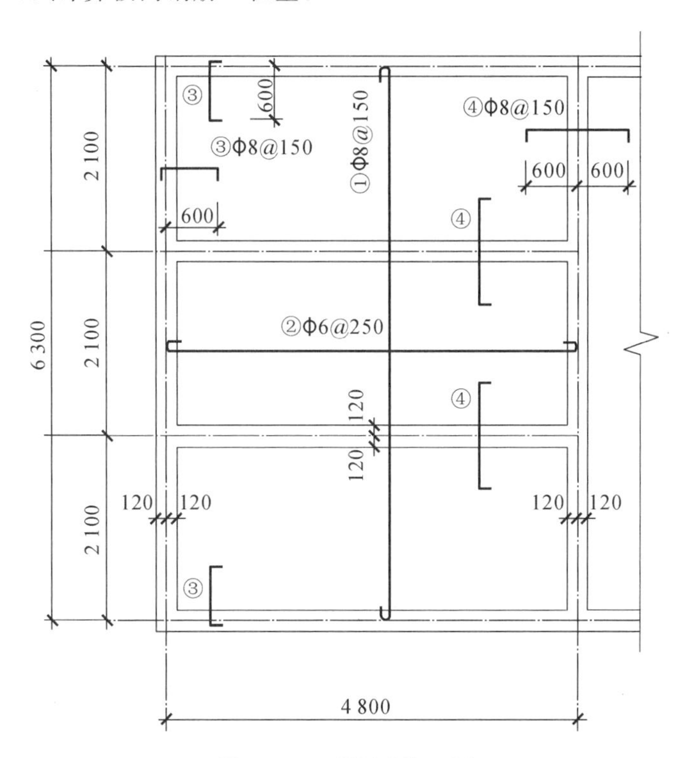

图 4-7-14　板平法施工图

解　(1) 1 号板底受力筋Φ 8@150:

单根长度:

$L=[6.3-0.12\times2+2\times\max(0.5\times0.24,5\times0.008)+2\times6.25\times0.008]$ m=6.4 m

根数:

$$n=[(4.8-0.24-0.15)/0.15+1]_{\text{向上取整}}\text{根}=31\text{根}$$

总长度:

$$6.4\times31\ \text{m}=198.4\ \text{m}$$

(2) 2 号板底受力筋Φ 6@250:

单根长度:

$L=[4.8-0.12\times2+2\times\max(0.5\times0.24,5\times0.008)+2\times6.25\times0.008]$ m=4.9 m

根数:

$$n=[(2.1-0.24-0.25)/0.25+1]_{\text{向上取整}}\times3\text{根}=8\times3\text{根}=24\text{根}$$

总长度:

$$4.9\times24\ \text{m}=117.6\ \text{m}$$

(3) 3 号板负筋Φ 8@150:

单根长度:

$$L=[(0.6-0.12)+(0.24-0.025-0.012+15\times0.008+6.25\times0.008)+(0.1-2\times0.015)]\ \text{m}=(0.48+0.373+0.07)\ \text{m}=0.923\ \text{m}$$

纵向根数：

$$n_1=[(4.8-0.24-0.15)/0.15+1]_{\text{向上取整}}\times2\ 根=62\ 根$$

横向根数：

$$n_2=[(2.1-0.24-0.15)/0.15+1]_{\text{向上取整}}\times3\ 根=39\ 根$$

总长度：

$$0.923\times(62+39)\ \text{m}=93.22\ \text{m}$$

(4) 3 号板负筋分布筋Φ6@250：————

横向单根长度：

$$L_1=(4.8-0.6\times2+0.15\times2)\ \text{m}=3.9\ \text{m}$$

横向根数：

$$n_1=[(0.6-0.12-0.25/2)/0.25+1]_{\text{向上取整}}\ 根=3\ 根$$

纵向单根长度：

$$L_2=(2.1-0.6\times2+0.15\times2)\ \text{m}=1.2\ \text{m}$$

纵向根数：

$$n_2=n_1=3\ 根$$

总长度：

$$(3.9\times3\times2+1.2\times3\times3)\ \text{m}=34.2\ \text{m}$$

(5) 4 号板负筋Φ8@150：┌──┐

单根长度：

$$L=[0.6\times2+(0.1-0.015\times2)\times2]\ \text{m}=1.34\ \text{m}$$

根数同 3 号板负筋。

总长度：

$$1.34\times(62+39)\ \text{m}=135.34\ \text{m}$$

(6) 4 号板负筋分布筋Φ6@250：————

横向单根长度：

$$L=(4.8-0.6\times2+0.15\times2)\ \text{m}=3.9\ \text{m}$$

横向根数：

$$n_1=[(0.6-0.12-0.25/2)/0.25+1]_{\text{向上取整}}\times2\ 根=6\ 根$$

纵向单根长度：

$$L=(2.1-0.6\times2+0.15\times2)\ \text{m}=1.2\ \text{m}$$

纵向根数=横向根数，即 6 根。

总长度：

$$(3.9\times6\times2+1.2\times6\times3)\ \text{m}=68.4\ \text{m}$$

(7) 温度钢筋Φ6@250：————

$$l_1=48d=48\times0.006\ \text{m}=0.29\ \text{m}$$

纵向单根长度：

$$L_1=(2.1-0.6\times2+0.29\times2)\ \text{m}=1.48\ \text{m}$$

纵向根数：

$$n_1=[(4.8-0.6\times2)/0.25-1]_{向上取整}根=14\ 根$$

纵向温度钢筋总长度：

$$1.48\times14\times3\ m=62.16\ m$$

横向单根长度：

$$L_2=(4.8-0.6\times2+0.29\times2)\ m=4.18\ m$$

横向根数：

$$n_2=[(2.1-0.6\times2)/0.25-1]_{向上取整}\times3\ 根=3\times3\ 根=9\ 根$$

横向温度钢筋总长度：

$$4.18\times9\ m=37.62\ m$$

温度钢筋总长度：

$$(62.16+37.62)\ m=99.78\ m$$

板钢筋工程量统计如表4-7-8所示。

表4-7-8　板钢筋工程量统计

直　　径	预算长度/m	线密度/(kg/m)	预算重量/t
Φ6	319.98	0.222	71.04×10^{-3}
Φ8	426.96	0.395	168.65×10^{-3}

3.柱钢筋的计算方法

1）柱钢筋的类型

柱钢筋通常包括纵筋、箍筋以及拉筋，如图4-7-15所示。

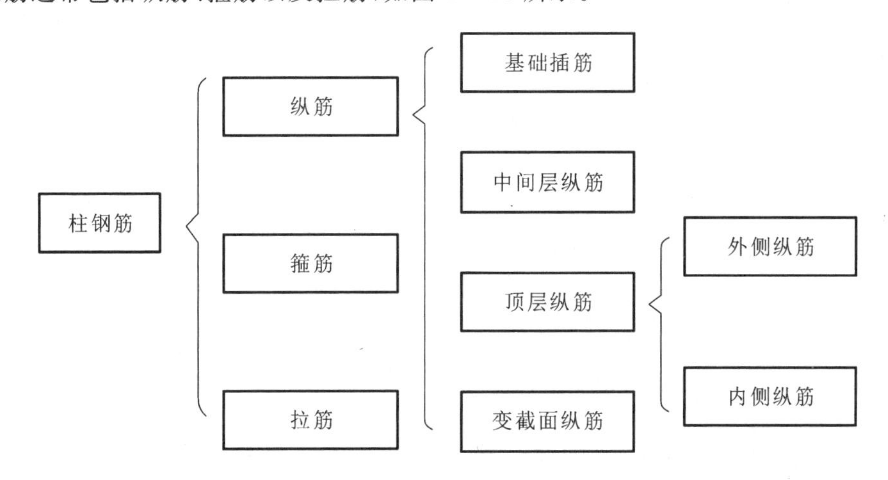

图4-7-15　柱钢筋的类型

2）柱钢筋的构造

根据《混凝土结构施工图平面整体表示方法制图规则和构造详图（现浇混凝土框架、剪力墙、梁、板）》(16G101-1)的相关规定，柱钢筋的构造如图4-7-16至图4-7-20所示。

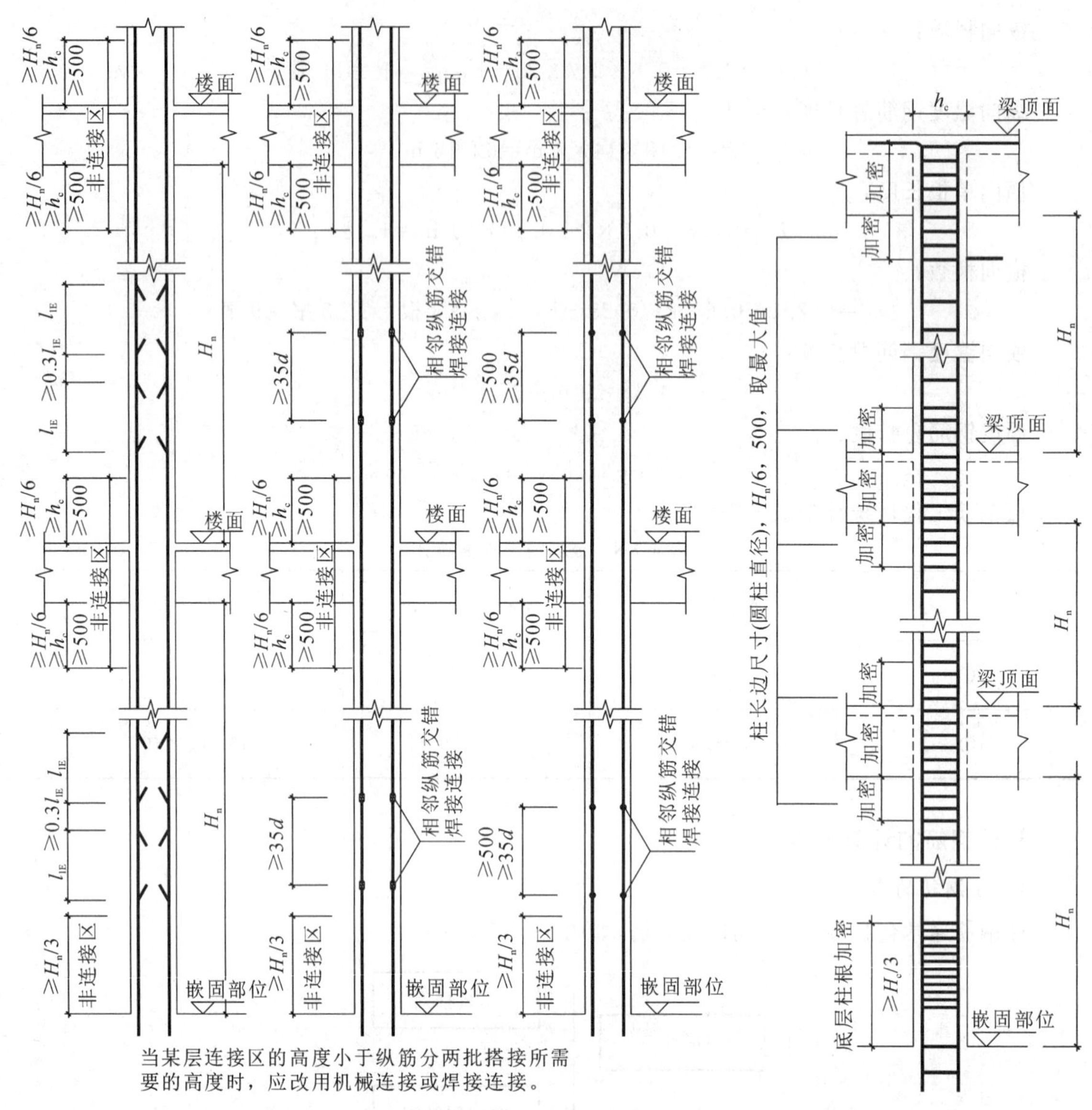

当某层连接区的高度小于纵筋分两批搭接所需要的高度时，应改用机械连接或焊接连接。

图 4-7-16　框架柱纵向钢筋连接构造

图 4-7-17　框架柱箍筋加密区范围

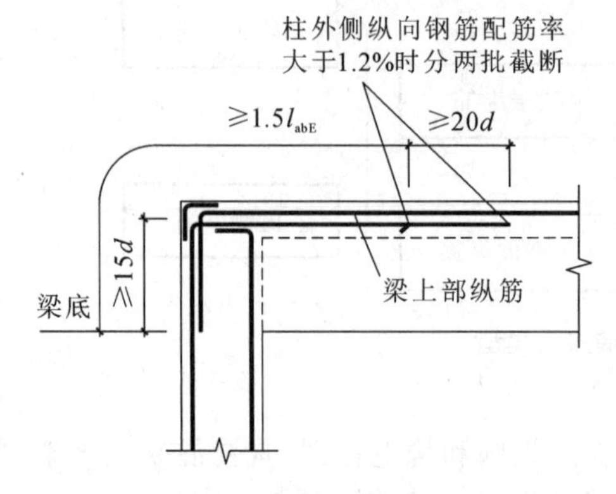

图 4-7-18　顶层外侧柱钢筋锚固做法

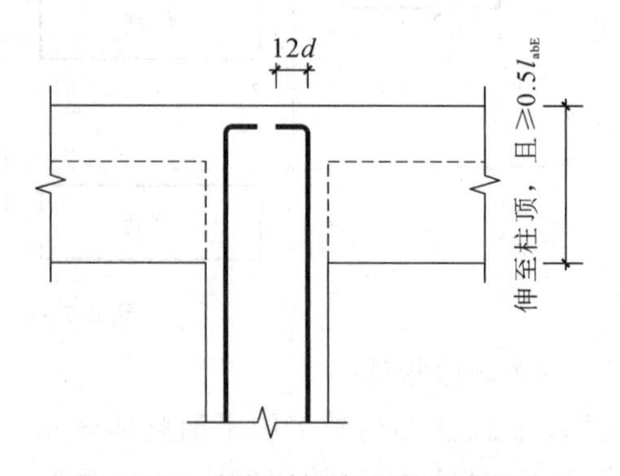

图 4-7-19　顶层内侧柱钢筋锚固做法

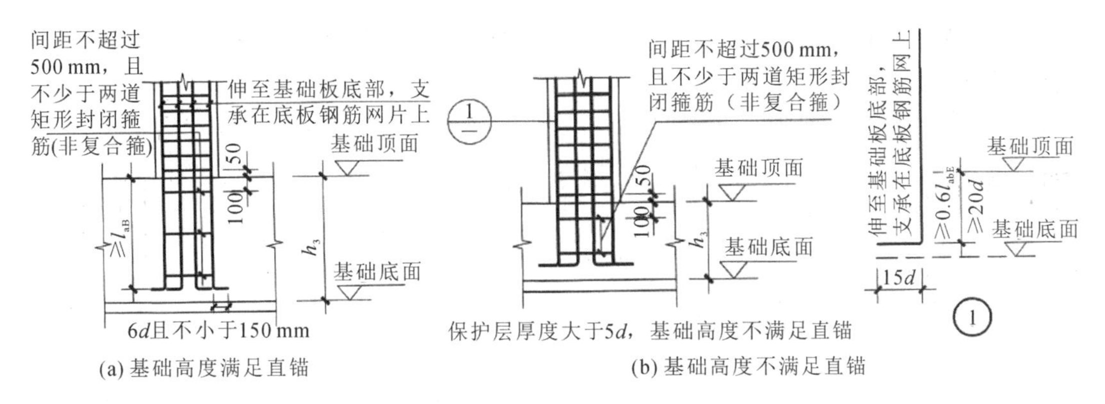

(a) 基础高度满足直锚　　(b) 基础高度不满足直锚

图 4-7-20　基础柱插筋示意图

3）柱钢筋工程量的计算公式

（1）柱纵筋。

基础插筋长度＝基础内锚固长度＋嵌固端非连接区段

式中，基础内锚固长度的取值规则为：

当 $h_j-c \geqslant l_{aE}$ 时，基础内锚固长度＝$h_j-c+\max(6d,150)$。

当 $h_j-c<l_{aE}$ 时，基础内锚固长度＝$h_j-c+15d$。

式中，h_j 为基础厚度，c 为基础保护层厚度，d 为基础插筋直径。

嵌固端非连接区段＝$1/3H_n$，其中 H_n 为本层柱净高，即层高扣梁高。

首层纵筋长度＝首层层高－嵌固端非连接区段＋上层非连接区段＋搭接长度(如果有)

式中，上层非连接区段＝$\max(1/6H_{n+1},500,h_c)$，其中 H_{n+1} 为上层柱净高，h_c 为柱宽，搭接长度按连接方式确定。

中间层纵筋长度＝中间层层高－本层非连接区段＋上层非连接区段＋搭接长度(如果有)

式中，本层非连接区段＝$\max(1/6H_n,500,h_c)$。

顶层纵筋长度＝顶层层高－顶层梁高＋顶层纵筋锚固长度

式中，顶层纵筋锚固有多种方式，应根据实际施工做法确定锚固方式并计算锚固长度。在锚固方式不明的情况下，锚固长度的取值可按如下规则确定：

当纵筋为外侧钢筋时，锚固长度＝$1.5\ l_{abE}$；特殊情况下，当外侧纵筋配筋率大于1.2%时，外侧一半数量的柱筋应增加 $20d$，并分两批截断。

当纵筋为内侧钢筋时，锚固长度＝梁高－柱保护层厚度＋$12d$。

（2）柱箍筋。

柱箍筋单根长度与复合箍筋肢数有关，其计算公式如下：

① 2×2 箍筋长度的计算公式为

$$L=(B+H)\times 2-8c+2\times[1.9d+\max(10d,75)]$$

式中，B、H 分别为柱的截面宽、高，c 为保护层厚度，d 为箍筋直径。

② 复合箍筋长度的计算方法。

如图 4-7-21 所示，内侧复合箍筋的长度与复合箍

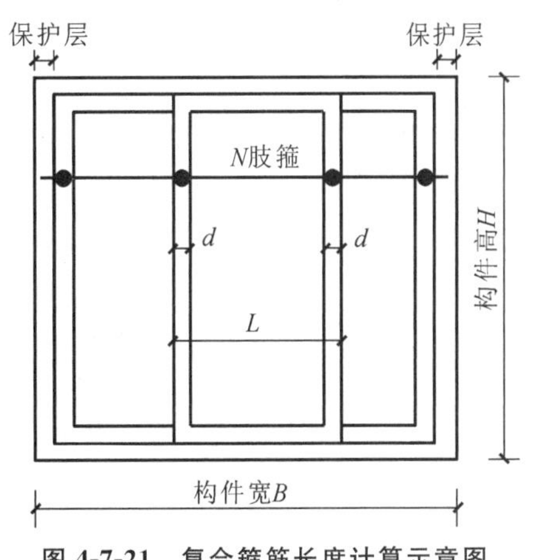

图 4-7-21　复合箍筋长度计算示意图

筋肢数有关,外侧大箍筋长度的计算方法同2×2箍筋长度的计算方法,内侧小箍筋长度的计算公式为

$$内侧小箍筋长度=(L_H+L_B)\times 2+2\times[1.9d+\max(10d,75)]$$

式中:L_H为H向箍筋长度,$L_H=H-2c$;L_B为B向箍筋长度,$L_B=\dfrac{B-2c-d}{n-1}+d$,$n$为箍筋肢数,$d$为箍筋直径。

(3) 柱箍筋根数。

① 基础插筋内非复合箍筋的根数为

$$n=\max\{[(h_j-c)/500+1]_{向上取整},2\}$$

式中,h_j为基础厚度,c为基础保护层厚度。应注意的是,基础插筋内箍筋与结构层内柱箍筋有所不同,为非复合箍筋。

② 首层底嵌固端非连接区段加密区箍筋的根数为

$$n=[嵌固端上非连接区段长度/箍筋加密区间距+1]_{向上取整}$$

式中,嵌固端上非连接区段长度=1/3基础层柱净高。

③ 首层及中间层层顶加密区箍筋的根数为

$$n=[(本层非连接区段长度+本层顶梁高+上层非连接区段长度)/箍筋加密区间距+1]_{向上取整}$$

式中,本层非连接区段长度$=\max(1/6H_n,500,h_c)$,上层非连接区段长度$=\max(1/6H_{n+1},500,h_c)$。

④ 顶层层顶加密区箍筋的根数为

$$n=[(顶层非连接区段长度+本层顶梁高)/箍筋加密区间距+1]_{向上取整}$$

式中,顶层非连接区段长度$=\max(1/6H_n,500,h_c)$,H_n为顶层柱净高。

⑤ 任意一层非加密区箍筋的根数为

$$n=[(本层柱净高-本层非连接区段长度)/箍筋非加密区间距-1]_{向上取整}$$

例 4-34 已知某框架结构,其抗震等级为三级,混凝土强度等级为C30,梁、柱保护层厚度均为25 mm,基础保护层厚度为40 mm,框架柱为角柱,各层板厚均为120 mm,梁高均为400 mm,采用电渣压力焊方式焊接连接,试计算图4-7-22所示的框架柱纵筋及箍筋的预算长度。

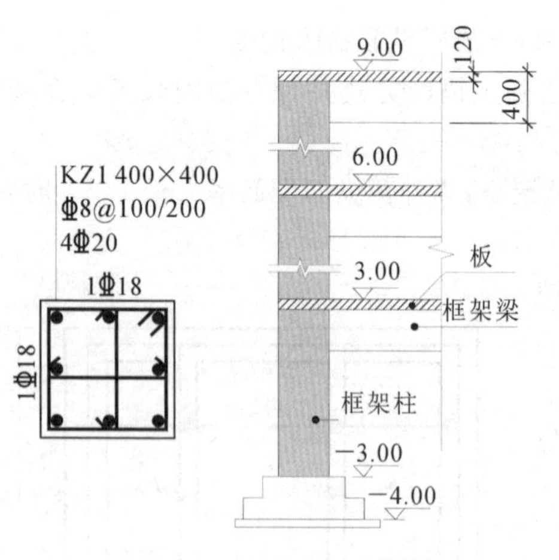

图 4-7-22 柱平法施工图

解 (1) 基础插筋4Φ20+4Φ18:

① 4Φ20:

$h_j-c=(1.0-0.04)\text{ m}=0.96\text{ m}>l_{aE}=37d$
$=37\times 0.02\text{ m}=0.74\text{ m}$

$$L=[1.0-0.04+\max(0.15,6\times 0.02)+1/3\times(3.0+3.0-0.4)]\text{ m}=2.98\text{ m}$$

小计:

$$4\times L=4\times 2.98\text{ m}=11.92\text{ m}$$

② 4Φ18:同4Φ20。

小计:

$$4\times L=4\times 2.98\ \text{m}=11.92\ \text{m}$$

基础插筋总计:

Φ20:11.92 m。

Φ18:11.92 m。

(2) 首层柱纵筋4Φ20+4Φ18:

① 4Φ20:

$$L=\{(3.0+3.0)-1/3\times(3.0+3.0-0.4)+\max[1/6\times(6.0-3.0-0.4),0.5,0.4]\}\ \text{m}$$
$$=4.63\ \text{m}$$

小计:

$$4\times L=4\times 4.63\ \text{m}=18.52\ \text{m}$$

② 4Φ18:同4Φ20。

小计:

$$4\times L=4\times 4.63\ \text{m}=18.52\ \text{m}$$

首层柱纵筋总计:

Φ20:18.52 m。

Φ18:18.52 m。

(3) 二层柱纵筋4Φ20+4Φ18:

① 4Φ20:

$$L=\{(6.0-3.0)-\max[1/6\times(6.0-3.0-0.4),0.5,0.4]+\max[1/6\times(9.0-6.0-0.4),0.5,0.4]\}\ \text{m}=3\ \text{m}$$

小计:

$$4\times L=4\times 3\ \text{m}=12\ \text{m}$$

② 4Φ18:同4Φ20。

小计:

$$4\times L=4\times 3\ \text{m}=12\ \text{m}$$

二层柱纵筋总计:

Φ20:12 m。

Φ18:12 m。

(4) 三层柱纵筋4Φ20+4Φ18:

① 外侧筋3Φ20:

$$\rho=(314.2\times10^{-6}\times3+254.5\times10^{-6}\times2)/0.4^{2}\times100\%=0.91\%<1.2\%$$

$$L=\{(9.0-6.0)-\max[1/6\times(9.0-6.0-0.4),0.5,0.4]-0.4+1.5\times37\times0.02\}\ \text{m}=3.21\ \text{m}$$

小计:

$$3\times L=3\times 3.21\ \text{m}=9.63\ \text{m}$$

② 外侧筋 2Φ18：

$$L=\{(9.0-6.0)-\max[1/6\times(9.0-6.0-0.4),0.5,0.4]-0.4+1.5\times37\times0.018\}\ \text{m}=3.10\ \text{m}$$

小计：

$$2\times L=2\times3.10\ \text{m}=6.2\ \text{m}$$

③ 内侧筋 1Φ20：

$$L=\{(9.0-6.0)-\max[1/6\times(9.0-6.0-0.4),0.5,0.4]-0.025+12\times0.020\}\ \text{m}=2.72\ \text{m}$$

小计：

$$L=2.72\ \text{m}$$

④ 内侧筋 2Φ18：

$$L=\{(9.0-6.0)-\max[1/6\times(9.0-6.0-0.4),0.5,0.4]-0.025+12\times0.018\}\ \text{m}=2.69\ \text{m}$$

小计：

$$2\times L=2\times2.69\ \text{m}=5.38\ \text{m}$$

三层柱纵筋总计：

Φ20：

$$(9.63+2.72)\ \text{m}=12.35\ \text{m}$$

Φ18：

$$(6.2+5.38)\ \text{m}=11.58\ \text{m}$$

（5）基础插筋非复合箍筋Φ8@500：

$$L=(0.4\times4-8\times0.025+24\times0.008)\ \text{m}=1.59\ \text{m}$$

$$n=\max\{[(1.0-0.04)/0.5+1]_{\text{向上取整}},2\}\text{根}=3\ \text{根}$$

基础插筋非复合箍筋总计：

$$1.59\times3\ \text{m}=4.77\ \text{m}$$

（6）复合箍筋Φ8@100/200：

$$L=[0.4\times4-8\times0.025+24\times0.008+(0.4-2\times0.025+2\times24\times0.008)\times2]\ \text{m}=3.06\ \text{m}$$

为方便计算，将基础非连接区段记作 $h_{\text{基非}}$，则

$$h_{\text{基非}}=1/3\times(3.0+3.0-0.4)\ \text{m}=1.87\ \text{m}$$

将首层顶非连接区段记作 $h_{1\text{非}}$，则

$$h_{1\text{非}}=\max[1/6\times(3.0+3.0-0.4),0.5,0.4]\ \text{m}=0.93\ \text{m}$$

将二层顶、二层底非连接区段记作 $h_{2\text{非}}$，则

$$h_{2\text{非}}=\max[1/6\times(6.0-3.0-0.4),0.5,0.4]\ \text{m}=0.5\ \text{m}$$

将三层顶、三层底非连接区段记作 $h_{3\text{非}}$，则

$$h_{3\text{非}}=\max[1/6\times(9.0-6.0-0.4),0.5,0.4]\ \text{m}=0.5\ \text{m}$$

① 基础顶非连接区段加密区箍筋根数为

$$n=[(h_{\text{基非}}-0.050)/0.1+1]_{\text{向上取整}}=[(1.87-0.05)/0.1+1]_{\text{向上取整}}\text{根}=20\ \text{根}$$

② 首层顶上下非连接区段加密区箍筋根数为

$$n=[(0.4+h_{1\text{非}}+h_{2\text{非}})/0.1+1]_{\text{向上取整}}=[(0.4+0.93+0.5)/0.1+1]_{\text{向上取整}}\text{根}=20\ \text{根}$$

③ 二层顶上下非连接区段加密区箍筋根数为

$n=[(0.4+h_{2非}+h_{3非})/0.1+1]_{向上取整}=[(0.4+0.5+0.5)/0.1+1]_{向上取整}$根=15根

④ 三层顶上下非连接区段加密区箍筋根数为

$n=[(0.4-0.025+h_{3非})/0.1+1]_{向上取整}=[(0.4-0.025+0.5)/0.1+1]_{向上取整}$根=10根

加密区箍筋根数小计：

(20+20+15+10)根=65根

⑤ 首层非加密区箍筋根数为

$$n=[(3.0+3.0-0.4-h_{基非}-h_{1非})/0.2-1]_{向上取整}$$
$$=[(3.0+3.0-0.4-1.87-0.93)/0.2-1]_{向上取整}根=13根$$

⑥ 二层非加密区箍筋根数为

$$n=[(6.0-3.0-0.4-2\times h_{2非})/0.2-1]_{向上取整}$$
$$=[(6.0-3.0-0.4-2\times 0.5)/0.2-1]_{向上取整}根=7根$$

⑦ 三层非加密区箍筋根数为

$$n=[(9.0-6.0-0.4-2\times h_{3非})/0.2-1]_{向上取整}$$
$$=[(9.0-6.0-0.4-2\times 0.5)/0.2-1]_{向上取整}根=7根$$

非加密区箍筋根数小计：

(13+7+7)根=27根

复合箍筋根数总计：

(65+27)=92根

复合箍筋长度总计：

3.06×92 m=281.52 m

(7) 焊接接头统计：

纵筋共计8根，每根每层按1个接头统计，即

8×3个=24个

柱钢筋工程量统计如表4-7-9所示。

表4-7-9　柱钢筋工程量统计

直　　径	预算长度/m	线密度/(kg/m)	预算重量/t
⌀8	281.52	0.395	111.20×10^{-3}
⌀18	54.02	1.998	107.93×10^{-3}
⌀20	54.79	2.466	135.11×10^{-3}
电渣压力焊接头数	24个		

4. 独立基础钢筋的计算方法

1) 独立基础钢筋的构造

独立基础底面一般配置双向钢筋。根据《混凝土结构施工图平面整体表示方法制图规则和构造详图(独立基础、条形基础、筏形基础、桩基础)》(16G101-3)的相关规定，独立基础钢筋的构造如图4-7-23和图4-7-24所示。

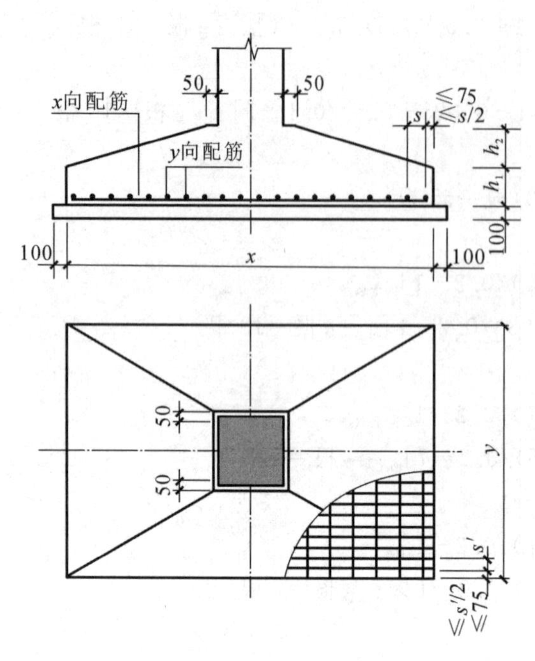

图 4-7-23　坡形独立基础钢筋构造

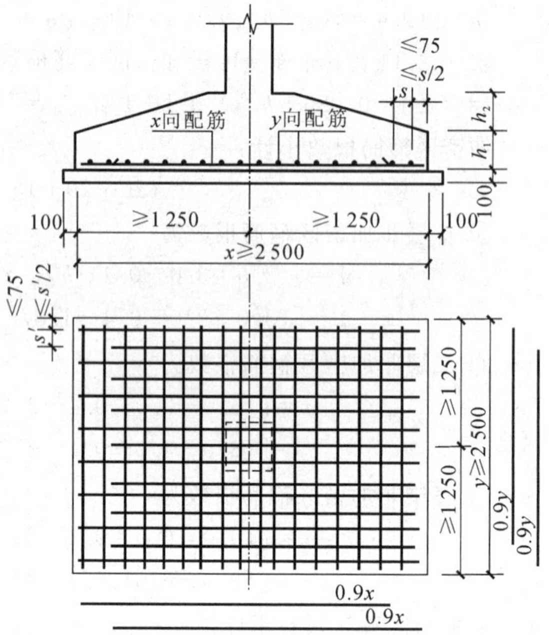

图 4-7-24　独立基础底板配筋长度缩减 10%构造

2）独立基础钢筋工程量的计算公式

底板受力筋单根长度 = 底板宽 − 2 × 基础保护层厚度

底板受力筋根数 = [(底板受力筋排布范围 − 2 × 起步距离)/ 受力筋间距 + 1]$_{向上取整}$

式中，起步距离＝min(s/2,75)。应注意的是，当基础某方向底宽不小于 2 500 mm 时，该方向除外侧钢筋外，底板配筋长度可取相应方向底板长度的 0.9，交错布置。

三、钢筋工程计价定额规则

1. 定额说明

(1) 钢筋工程以钢筋的不同规格，不分品种，按现浇构件钢筋、现场预制构件钢筋、加工厂预制构件钢筋、预应力构件钢筋、点焊网片分别编制定额项目。

(2) 钢筋工程内容包括除锈、平直、制作、绑扎(点焊)、安装，以及浇灌混凝土时维护钢筋用工。

(3) 钢筋搭接所耗用的电焊条、电焊机、铅丝和钢筋余头损耗已包含在定额内，设计图纸注明的钢筋接头长度以及未注明的钢筋接头按规范的搭接长度应计入设计钢筋用量中。

(4) 先张法预应力构件中的预应力钢筋、非预应力钢筋的工程量应合并计算，按预应力钢筋相应项目执行；后张法预应力构件中的预应力钢筋、非预应力钢筋应分别套用定额。

(5) 预制构件点焊钢筋网片已综合考虑了不同直径点焊在一起的因素，如点焊钢筋直径粗细比在 2 以上，其定额工日按该构件中主筋(主筋是指网片中最粗的钢筋)的相应子目乘以系数 1.25，其他不变。

(6) 粗钢筋接头采用电渣压力焊、直螺纹、套管接头等，应分别执行钢筋接头定额。计算了钢筋接头的，不能再计算钢筋搭接长度。

(7) 非预应力钢筋不包括冷加工，设计要求冷加工时，应另行处理。预应力钢筋设计要求人工时效处理时，应另行计算。

(8) 后张法钢筋的锚固是按钢筋帮条焊V形垫块编制的，如采用其他方法锚固，应另行计算。

(9) 钢筋制作、绑扎后需拆分者，制作按45%、绑扎按55%拆算。

(10) 钢筋、铁件在加工厂制作时，从加工厂至现场的运输费应另列项目计算。在现场制作的，不计算此项费用。

(11) 铁件是指质量在50 kg以内的预埋铁件。

(12) 管桩与承台连接所用的钢筋和钢板分别按钢筋笼和铁件执行。

(13) 后张法预应力钢丝束、钢绞线束不分单跨、多跨以及单向双向布筋，当构件长度在60 m以内时，均按定额执行。定额中预应力钢筋按直径5 mm的碳素钢丝或直径15～15.24 mm的钢绞线编制，采用其他规格时另行调整。定额按一端张拉考虑，当两端张拉时，有黏结锚具的，基价乘以系数1.14；无黏结锚具的，基数乘以系数1.07。使用转角器张拉的锚具，定额人工和机械乘以系数1.1。当钢绞线束用于地面预制构件时，应扣除定额中张拉平台摊销费。单位工程后张法预应力钢丝束、钢绞线束平均每层结构设计用量在3 t以内，且设计总用量在30 t以内时，有黏结张拉的，定额人工及机械台班乘以系数1.63；无黏结张拉的，定额人工及机械台班乘以系数1.80。

(14) 本定额中无黏结钢绞线束以净重计量；若以毛重(含封油包塑的重量)计量，按净重与毛重之比1∶1.08进行换算。

2. 定额工程量计算规则(摘录)

编制预算时，钢筋工程量可暂按构件体积(或水平投影面积、外围面积、延长米)×钢筋含量计算。结算工程量计算应按设计图示、标准图集和规范要求计算，当设计图示、标准图集和规范要求不明确时，按下列规则计算。

(1) 钢筋工程应区分现浇构件、预制构件、加工厂预制构件、预应力构件、点焊网片等以及不同规格，分别按设计展开长度(展开长度、保护层厚度、搭接长度应符合规范规定)乘以单位理论质量计算。

(2) 计算钢筋工程量时，搭接长度按规范规定计算。当梁、板(包括整板基础)Φ8以上的通筋未设计搭接位置时，预算书暂按9 m一个双面电焊接头考虑，结算时应按钢筋实际定尺长度调整搭接个数，搭接方式按已审定的施工组织设计确定。

例 4-35 已知条件如例4-32，试根据《江苏省建筑与装饰工程计价定额》(2014版)，完成各项清单综合单价及合价的计算。

解 现浇构件钢筋综合单价分析表如表4-7-10所示。

表4-7-10 现浇构件钢筋综合单价分析表1

编号	项目编码	项目名称	项目特征	计量单位	工程量	综合单价	合价
1	010515001001	现浇构件钢筋	1. 三级钢 2. 规格：Φ8、Φ14、Φ16、Φ18	t	72.66×10^{-3}	5 123.86	372.3
组价分析							
编号	定额子目	子目名称		计量单位	工程量	综合单价	合价
1	5-1	Φ12以内的现浇构件钢筋		t	19.24×10^{-3}	5 470.72	105.26

续表

编号	定额子目	子目名称		计量单位	工程量	综合单价	合价
2	5-2	Φ25 以内的现浇构件钢筋		t	53.42×10^{-3}	4 998.87	267.04

例 4-36 已知条件如例 4-34，试根据《江苏省建筑与装饰工程计价定额》(2014 版)，完成各项清单综合单价及合价的计算。

解 现浇构件钢筋综合单价分析表如表 4-7-11 所示。

表 4-7-11　现浇构件钢筋综合单价分析表 2

编号	项目编码	项目名称	项目特征	计量单位	工程量	综合单价	合价
1	010515001001	现浇构件钢筋	1. 三级钢 2. 规格：Φ8、Φ18、Φ20	t	354.24×10^{-3}	5 644.08	1 999.36
组价分析							
编号	定额子目	子目名称		计量单位	工程量	综合单价	合价
1	5-1	Φ12 以内的现浇构件钢筋		t	111.20×10^{-3}	5 470.72	608.34
2	5-2	Φ25 以内的现浇构件钢筋		t	243.04×10^{-3}	4 998.87	1 214.93
3	5-32	电渣压力焊		10 个	2.4	73.37	176.09

任务8　金属、木结构工程计量与计价

一、金属结构工程基础知识简介

金属工程主要指钢结构工程以及其他金属工程。钢结构构件一般由型钢或实腹钢组成，因此在学习钢结构计量与计价前，应熟悉各类型钢的表示方法。

1. 型钢类型及其表示方法

各类型钢、钢构件的表示方法如表 4-8-1 所示。

表 4-8-1　各类型钢、钢构件的表示方法

型钢类型	表示方法	示意图	备注
H 型钢	H 型钢：$h\times b\times t_1\times t_2$ h 为截面高度 b 为截面宽度 t_1 为腹板厚度 t_2 为翼缘厚度		分为三种类型，即 HW 宽翼缘 H 型钢、HM 中翼缘 H 型钢、HN 窄翼缘 H 型钢，按照 GB/T 11263—2017 的规定，W、M、N、T 分别为英文 wide、middle、narrow、thin 的首个字母

续表

型钢类型	表示方法	示意图	备注
C型钢 (简写C)	C型钢:$h\times b\times a\times t$ h表示截面高度 b表示截面宽度 a表示卷边宽度 t表示厚度	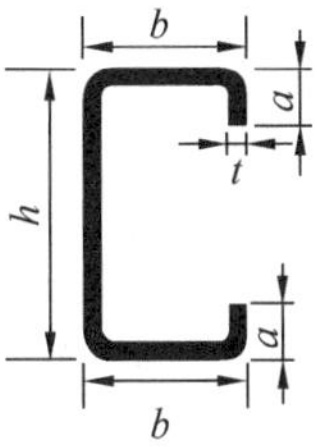	
普通工字钢	一般用型号表示,比如10#工字钢 h表示高度 b表示宽度 t_w表示腹板厚度 t表示翼缘平均厚度	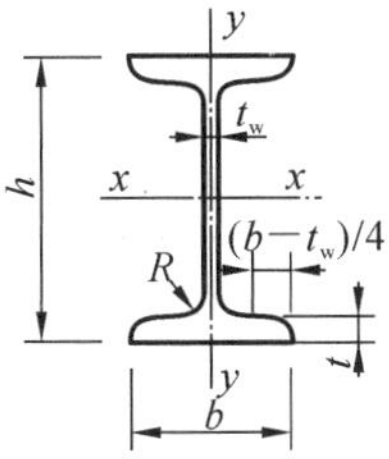	
Z型钢 (简写Z)	Z型钢:$h\times b\times c\times t$ h表示截面高度 b表示截面宽度 c表示卷边宽度 t表示厚度	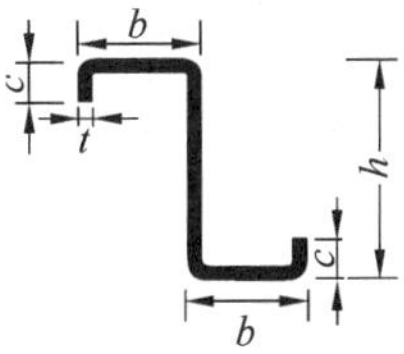	
槽钢	一般用型号表示,比如8#槽钢 槽钢:$h\times b\times t_w$ h表示槽钢腰部的截面高度 b表示槽钢腿部的截面宽度 t_w表示槽钢腰部的厚度	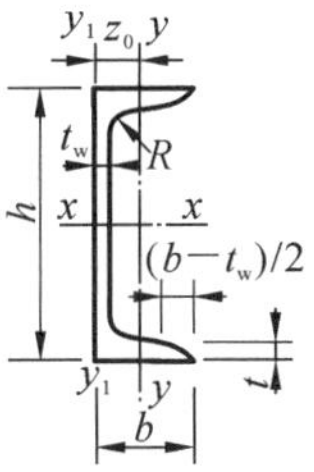	
角钢 (简写L)	(1)等边角钢:$b\times t$ b表示截面宽度 t表示厚度 (2)不等边角钢:$B\times b\times t$ B表示截面宽度(长肢) b表示截面宽度(短肢) t表示厚度	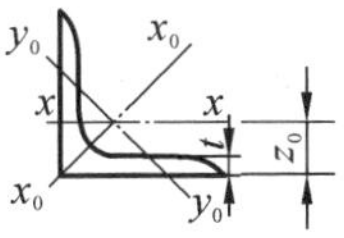 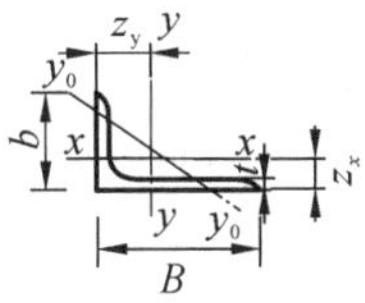	
方通 (简写口)	方通:$B\times b\times t$ B表示截面长度 b表示截面宽度 t表示厚度	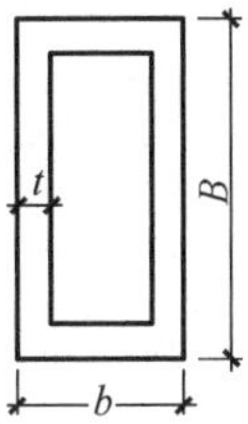	

续表

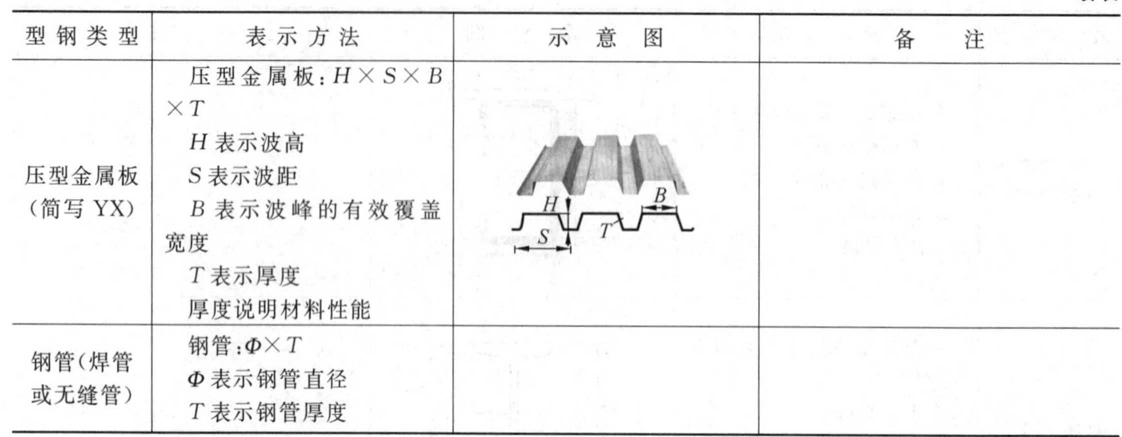

型钢类型	表示方法	示意图	备注
压型金属板（简写 YX）	压型金属板：$H\times S\times B\times T$ H 表示波高 S 表示波距 B 表示波峰的有效覆盖宽度 T 表示厚度 厚度说明材料性能	H S T B	
钢管（焊管或无缝管）	钢管：$\Phi\times T$ Φ 表示钢管直径 T 表示钢管厚度		

金属结构工程量是以金属材料的重量（t）表示的。常用的建筑钢材的重量计算公式如表 4-8-2所示。

表 4-8-2　常用的建筑钢材的重量计算公式

名　　称	单　　位	计算公式（单位：mm）
圆钢	kg/m	0.006 17×直径^2
方钢	kg/m	0.007 85×边宽^2
六角钢	kg/m	0.006 8×对边距^2
扁钢	kg/m	0.007 85×边宽×厚
等边角钢	kg/m	0.007 95×边厚×（2×边宽－边厚）
不等边角钢	kg/m	0.007 95×边厚×（长边宽＋短边宽－边厚）
工字钢	kg/m	0.007 85×腹厚×［高＋α×（腿宽－腹厚）］ α：a 型取 3.34；b 型取 2.65；c 型取 2.26
槽钢	kg/m	0.007 85×腹厚×［高＋α×（腿宽－腹厚）］ α：a 型取 3.26；b 型取 2.44；c 型取 2.24
钢管	kg/m	0.246 6×壁厚×（外径－壁厚）
钢板	kg/m^2	7.85×板厚

2. 钢结构的构造

钢结构是由钢制材料组成的结构，是主要的建筑结构类型之一。结构主要由型钢和钢板等制成的梁钢、钢柱、钢桁架等构件组成。各构件或部件之间通常采用焊缝、螺栓或铆钉连接。钢结构因其自重较轻，且施工简便，广泛应用于大型厂房、场馆、超高层等建筑中。以钢结构厂房为例，钢结构构件主要包括屋架、钢梁、钢柱、钢支撑等构件，如图 4-8-1 所示。

二、木结构工程基础知识简介

顾名思义，木结构即主要采用木构件搭建的各种建筑物、构筑物。木结构在我国古代应用非常广泛，现代某些特殊建筑也采用木结构。木结构建筑具有自重轻、塑性好、抗震性能强等优点，同时防腐防蛀工艺良好的木结构建筑甚至能保存千年；但其也具有易腐朽、易被虫蛀、防火性能差、强度低、浪费森林资源等缺点。根据《木结构建筑》(14J924)的规定，木结构体系主要可分为轻型木结构房屋体系、原木结构房屋体系、普通木结构房屋体系以及室外景观木结构体系，其中轻型木结构房屋体系及原木结构房屋体系分别如图 4-8-2 和图 4-8-3 所示。

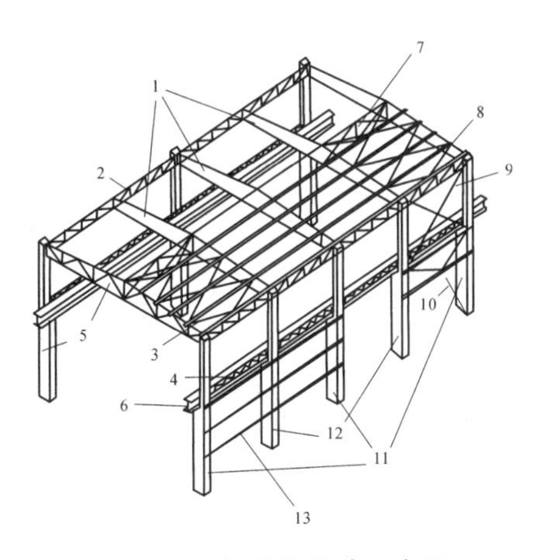

图 4-8-1　钢结构构造示意图

1—屋架；2—托架；3—上弦横向支撑；4—制动桁架；
5—横向平面框架；6—吊车梁；7—屋架竖向支撑；8—檩条；
9、10—柱间支撑；11—框架柱；12—中间柱；13—墙架梁

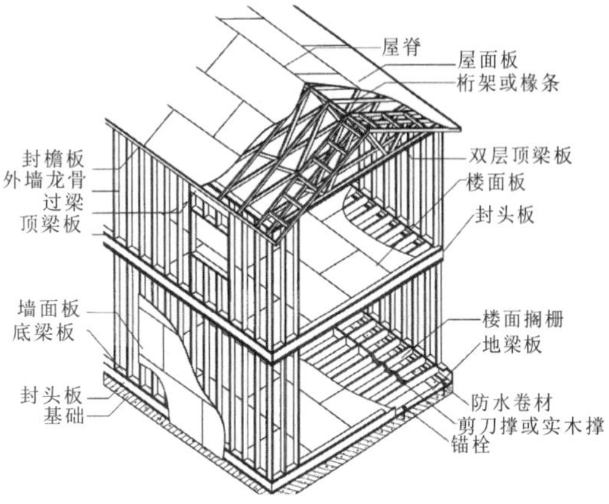

图 4-8-2　轻型木结构房屋体系

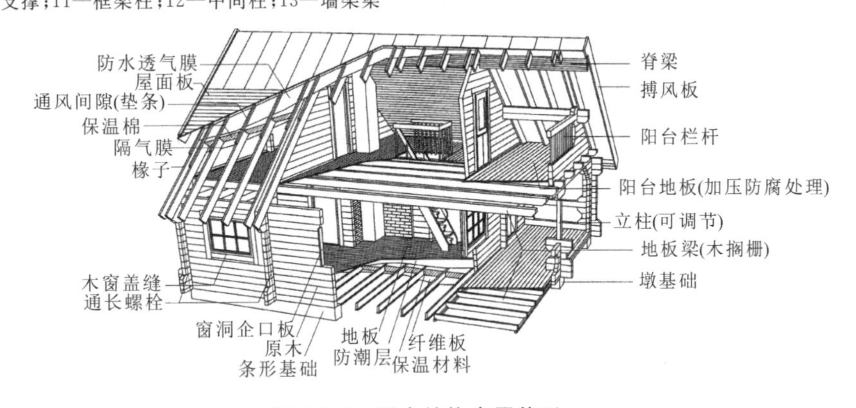

图 4-8-3　原木结构房屋体系

三、金属结构工程清单工程量计算规则

金属结构工程包括钢网架、钢屋架、钢托架、钢桁架、钢架桥、钢柱、钢梁、钢楼板、板墙、钢构件以及金属构件等子分部工程，其工程清单工程量计算规则(摘录)如表 4-8-3 和表 4-8-4 所示。

表 4-8-3　钢网架(编号:010601)

项目编码	项目名称	项目特征	计量单位	工程量计算规则	工作内容
010601001	钢网架	1. 钢材品种、规格 2. 网架节点形式、连接方式 3. 网架跨度、安装高度 4. 探伤要求 5. 防火要求	t	按设计图示尺寸以质量计算，不扣除孔眼的质量，焊条、铆钉、螺栓等不另增加质量	1. 拼装 2. 安装 3. 探伤 4. 补刷油漆

表 4-8-4　钢屋架、钢托架、钢桁架、钢桥架(编号:010602)

项目编码	项目名称	项目特征	计量单位	工程量计算规则	工作内容
010602001	钢屋架	1. 钢材品种、规格 2. 网架节点形式、连接方式 3. 网架跨度、安装高度 4. 探伤要求 5. 防火要求	1. 榀 2. t	按设计图示尺寸以质量计算,不扣除孔眼的质量,焊条、铆钉、螺栓等不另增加质量	1. 拼装 2. 安装 3. 探伤 4. 补刷油漆
010602002	钢托架	1. 钢材品种、规格 2. 单榀质量 3. 安装高度 4. 螺栓种类 5. 探伤要求 6. 防火要求	t	按设计图示尺寸以质量计算,不扣除孔眼的质量,焊条、铆钉、螺栓等不另增加质量	
010602003	钢桁架				
010602004	钢桥架	1. 桥架类型 2. 钢材品种、规格 3. 单榀质量 4. 安装高度 5. 螺栓种类 6. 探伤要求			

注:以榀计量,按标准图设计的,应注明标准图代号;按非标准图设计的,项目特征必须描述单榀屋架的质量。

例 4-37　某工程空腹钢柱如图 4-8-4 所示,共 2 根,加工厂制作,运输到现场拼装、安装,超声波探伤,耐火极限为二级,请根据以上信息编制有关金属工程分部分项工程量清单。(表 4-8-5 所示为钢材单位理论质量)

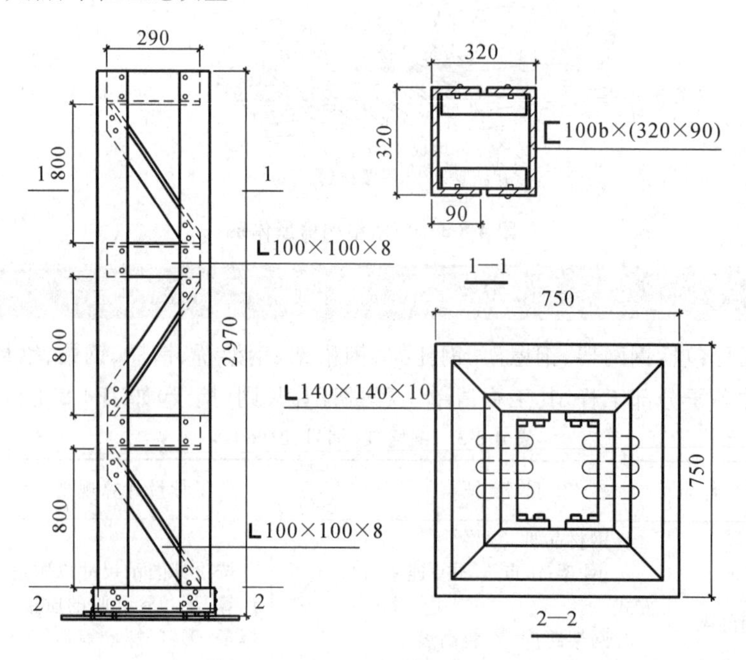

图 4-8-4　空腹钢柱示意图

表 4-8-5　钢材单位理论质量

规　　格	单位质量/(kg/m)	备　　注
[100b×(320×90)	43.25	槽钢
L100×100×8	12.28	角钢
L140×140×10	21.49	角钢
—12	94.20	钢板

解　空腹钢柱工程量清单如表 4-8-6 所示。

表 4-8-6　空腹钢柱工程量清单

编号	项 目 编 码	项目名称	项 目 特 征	计量单位	工程量	计　算　式
1	010603002001	空腹钢柱	1. 加工厂制作 2. 运输到现场拼装、安装 3. 超声波探伤 4. 耐火极限为二级	t	0.891	1. [100b×(320×90)：$G_1=2.97\times2\times43.25\times2$ kg=513.81 kg 2. L100×100×8：$G_2=(0.29\times6+\sqrt{0.8^2+0.29^2}\times6)\times12.28\times2$ kg=168.13 kg 3. L140×140×10：$G_3=(0.32+0.14\times2)\times4\times21.49\times2$ kg=103.15 kg 4. —12：$G_4=0.75\times0.75\times94.20\times2$ kg=105.98 kg $G=G_1+G_2+G_3+G_4=(513.81+168.13+103.15+105.98)$ kg =891.07 kg

例 4-38　试计算图 4-8-5 所示的钢屋架水平支撑的清单工程量，已知钢支撑共 8 榀，运距为 4 km。

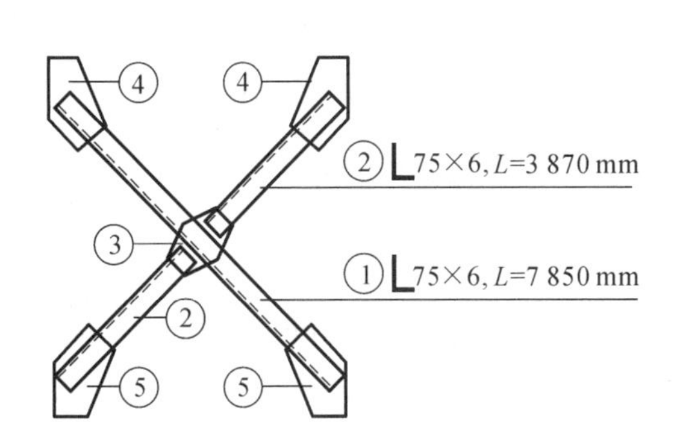

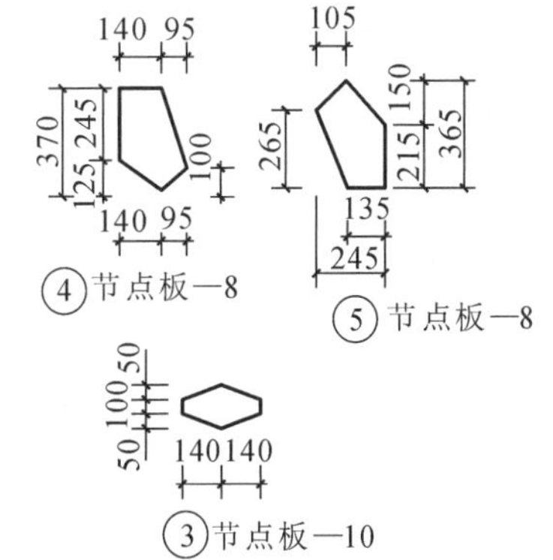

图 4-8-5　钢屋架水平支撑示意图

解　钢支撑工程量清单如表 4-8-7 所示。

表 4-8-7　钢支撑工程量清单

编号	项目编码	项目名称	项目特征	计量单位	工程量	计算式
1	010606001001	钢支撑	1. 加工厂制作 2. 运输到现场拼装、安装 3. 超声波探伤 4. 耐火极限为二级	t	1.005	① 号角钢重量＝角钢长度×每米重量×根数＝7.85×6.905×8 kg＝433.63 kg ② 号角钢重量＝角钢长度×每米重量×根数＝3.87×6.905×2×8 kg＝427.56 kg ③ 号钢板重量＝钢板面积×10 mm厚每平方米重量×块数＝[(0.2＋0.1)×0.14/2]×2×7.85×10×8 kg＝26.38 kg ④ 号钢板重量＝钢板面积×8 mm厚每平方米重量×块数＝[0.235×0.37－(0.14×0.125＋0.095×0.10＋0.115×0.27)/2]×7.85×8×16 kg＝58.20 kg ⑤ 号钢板重量＝钢板面积×8 mm厚每平方米重量×块数＝[0.245×0.365－(0.11×0.265＋0.105×0.10＋0.14×0.15)/2]×7.85×8×16 kg＝59.38 kg 钢屋架水平支撑工程量＝(433.63＋427.56＋26.38＋58.20＋59.38)/1 000 t＝1.005 t

四、木结构工程清单工程量计算规则

木结构包括木屋架、木构件、屋面木基层，其工程清单工程量计算规则（摘录）如表 4-8-8 和表 4-8-9 所示。

表 4-8-8　木屋架（编号：010701）

项目编码	项目名称	项目特征	计量单位	工程量计算规则	工作内容
010701001	木屋架	1. 跨度 2. 材料品种、规格 3. 刨光要求 4. 拉杆及夹板种类 5. 防护材料种类	1. 榀 2. m^3	1. 以榀计量，按设计图示数量计算 2. 以立方米计量，按设计图示的规格尺寸以体积计算	1. 制作 2. 运输 3. 安装 4. 刷防护材料
010701002	钢木屋架	1. 跨度 2. 木材品种、规格 3. 刨光要求 4. 钢材品种、规格 5. 防护材料种类	榀	以榀计量，按设计图示数量计算	

注：1. 屋架的跨度应以上、下弦中心线两交点之间的距离计算。
2. 带气楼的屋架和马尾、折角以及正交部分的半屋架，按相关屋架项目编码列项。
3. 以榀计量，按标准图设计的，项目特征中必须标注标准图代号。

表 4-8-9　木构件(编号:010702)

项目编码	项目名称	项目特征	计量单位	工程量计算规则	工作内容
010702001	木柱	1.构件规格、尺寸 2.木材种类 3.刨光要求 4.防护材料种类	m^3	按设计图示尺寸以体积计算	1.制作 2.运输 3.安装 4.刷防护材料
010702002	木梁				
010702003	木檩		1. m^3 2. m	1.以立方米计量,按设计图示尺寸以体积计算 2.以米计量,按设计图示尺寸以长度计量	
010702004	木楼梯	1.楼梯形式 2.木材种类 3.刨光要求 4.防护材料种类	m^3	按设计图示尺寸以水平投影面积计算,不扣除宽度不超过300 mm的楼梯井,伸入墙内部分不计算	
010702005	其他木构件	1.构件名称 2.构件规格、尺寸 3.木材种类 4.刨光要求 5.防护材料种类	1. m^3 2. m	1.以立方米计量,按设计图示尺寸以体积计算 2.以米计量,按设计图示尺寸以长度计算	

注:1.木楼梯的栏杆(栏板)、扶手,应按《房屋建筑与装饰工程工程量计算规范》(GB 50854—2013)中的附录O中的相关项目编码列项。
2.以米计量,项目特征必须描述构件规格、尺寸。

例 4-39　某厂房的木屋架如图 4-8-6 所示,共有四榀,现场制作,不刨光,拉杆为Φ 10的圆钢,铁件刷防锈漆一遍,轮胎式起重机安装,安装高度为 6 m,请根据以上信息编制有关木结构工程分部分项工程量清单。

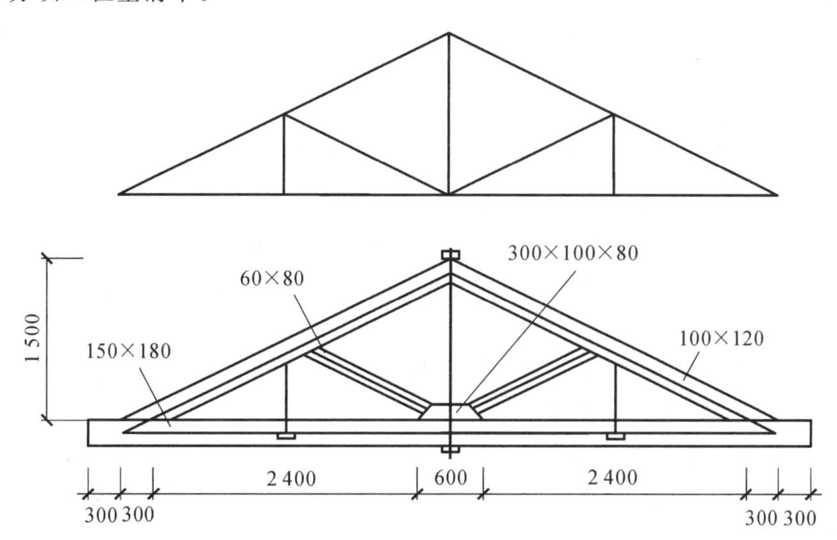

图 4-8-6　木屋架示意图

解　木屋架工程量清单如表 4-8-10 所示。

表 4-8-10　木屋架工程量清单

编号	项目编码	项目名称	项目特征	计量单位	工程量	计算式
1	010701001001	木屋架	1. 跨度：6.6 m；安装高度：6 m 2. 不刨光 3. ϕ10 圆钢 4. 铁件刷防锈漆一遍	m^3	1.11	下弦杆体积＝0.15×0.18×6.6×4 m^3＝0.713 m^3 上弦杆体积＝0.10×0.12×3.354×2×4 m^3＝0.322 m^3 斜撑体积＝0.06×0.08×1.677×2×4 m^3＝0.064 m^3 元宝垫木体积＝0.30×0.10×0.08×4 m^3＝0.01 m^3 合计＝(0.713＋0.322＋0.064＋0.01) m^3＝1.11 m^3

五、金属结构工程计价定额规则

1. 定额说明（摘录）

（1）金属构件不论是在专业加工厂、附属企业加工厂还是在现场制作，均执行本定额（现场制作需搭设操作平台，操作平台摊销费按本章相应项目执行）。

（2）本定额中各种钢材的数量除定额已注明为钢筋综合、不锈钢管、不锈钢网架球的之外，均以型钢表示。实际不论使用何种型材，钢材总数量和其他人工、材料、机械均不变（除另有说明外）。

（3）本定额均按焊接编制，局部制作用螺栓或铆钉连接的，亦按本定额执行。轻钢檩条拉杆安装用的螺帽、圆钢剪刀撑用的花篮螺栓，以及螺栓球网架的高强螺栓、紧定螺钉，已列入本章节相应定额中，执行时按设计用量调整。

2. 定额工程量计算规则

（1）金属结构制作按设计图示钢材尺寸以质量计算，不扣除孔眼、切肢、切角、切边的质量，电焊条、铆钉、螺栓、紧定螺钉等的质量不计入工程量。计算不规则或多边形钢板时，以其外接矩形面积乘以厚度再乘以单位理论质量计算。

（2）实腹钢柱、钢梁、吊车梁、H 型钢、T 型钢构件按设计图示尺寸计算，其中钢梁、吊车梁腹板及翼板的宽度按设计图示尺寸每边增加 8 mm 计算。

（3）钢柱制作工程量包括依附于柱上的牛腿及悬臂梁的质量，制动梁的制作工程量包括制动梁、制动桁架、制动板的质量，墙架的制作工程量包括墙架柱、墙架梁及连接杆件的质量，轻钢结构中的门框、雨篷的梁柱按墙架定额执行。

（4）钢平台、走道应包括楼梯、平台、栏杆，合并计算；钢梯子应包括踏步、栏杆，合并计算。栏杆是指平台、阳台、走廊和楼梯的单独栏杆。

（5）钢漏斗制作工程量，矩形按设计图示分片，圆形按设计图示展开尺寸，并根据钢板宽度分段计算，每段均以其上口长度（圆形以分段展开上口长度）与钢板宽度按矩形计算，依附漏斗的型钢并入漏斗质量内计算。

（6）轻钢檩条以设计型号、规格按质量计算，檩条间的 C 型钢、薄壁槽钢、方钢管、角钢撑杆、窗框并入轻钢檩条内计算。

（7）轻钢檩条的圆钢拉杆按檩条钢拉杆定额执行，套在圆钢拉杆上作为撑杆用的钢管，其质量并入檩条钢拉杆内计算。

(8) 檩条间圆钢拉杆定额中的螺母质量、圆钢剪刀撑定额中的花篮螺栓、螺栓球网架定额中的高强螺栓的质量不计入工程量,但应按设计用量对定额含量进行调整。

(9) 金属构件中的剪力栓钉安装,按设计套数执行第八章构件运输及安装工程中的相应子目。

(10) 网架制作中:螺栓球按设计球径、锥头按设计尺寸计算质量,高强螺栓、紧定螺钉的质量不计入工程量,设计用量与定额含量不同时应调整;空心焊接球矩形下料余量定额已考虑,按设计质量计算;不锈钢网架球按设计质量计算。

(11) 机械喷砂、抛丸除锈的工程量同相应构件制作的工程量。

例 4-40 已知条件如例 4-37,试根据《江苏省建筑与装饰工程计价定额》(2014 版),完成木屋架制作、安装清单综合单价及合价的计算。

解 (1) 定额列项。

① 7-1　1 t以内钢柱制作。

② 8-112　4 t以内钢柱安装。

(2) 计算定额工程量。

① 7-1　1 t以内钢柱制作:

同清单工程量,即

$$m=0.891\ \text{t}$$

② 8-112　4 t以内钢柱安装:

同清单工程量,即

$$m=0.891\ \text{t}$$

(3) 单价调整、套价。

① 1 t以内钢柱制作合价:

$$0.891\times6\ 944.16\ 元=6\ 187.25\ 元$$

② 4 t以内钢柱安装合价:

$$0.891\times831.95\ 元=741.27\ 元$$

空腹钢柱综合单价分析表如表 4-8-11 所示。

表 4-8-11　空腹钢柱综合单价分析表

编号	项目编码	项目名称	项目特征	计量单位	工程量	综合单价	合价
1	010603002001	空腹钢柱	1. 加工厂制作 2. 运输到现场拼装、安装 3. 超声波探伤 4. 耐火极限为二级	t	0.891	7 776.12	6 928.52

组价分析

编号	定额子目	子目名称		计量单位	工程量	综合单价	合价
1	7-1	1 t以内钢柱制作		t	0.891	6 944.16	6 187.25
2	8-112	4 t以内钢柱安装		t	0.891	831.95	741.27

例 4-41 已知条件如例 4-38，试根据《江苏省建筑与装饰工程计价定额》(2014 版)，完成钢屋架支撑制作、安装清单综合单价及合价的计算。

解 (1) 定额列项。

① 7-29 钢屋架支撑制作。

② 8-139 钢屋架支撑——水平剪刀撑安装。

(2) 计算定额工程量。

① 7-29 钢屋架支撑制作：

①号角钢重量＝433.63 kg（同清单）

②号角钢重量＝427.56 kg（同清单）

③号钢板重量＝0.2×0.28×10×7.85×8 kg＝35.17 kg

④号钢板重量＝0.235×0.370×10×7.85×2×8 kg＝109.21 kg

⑤号钢板重量＝0.245×0.365×10×7.85×2×8 kg＝112.32 kg

钢屋架水平支撑定额工程量＝(433.63＋427.56＋35.17＋109.21＋112.32)/1 000 t
＝1.118 t

② 8-139 钢屋架支撑安装：

同钢屋架支撑制作工程量，即

$$m=1.118\ \text{t}$$

(3) 单价调整、套价。

① 钢屋架支撑制作合价：

1.118×6 913.84 元＝7 729.67 元

② 钢屋架支撑安装合价：

1.118×954.02 元＝1 066.59 元

钢屋架支撑综合单价分析表如表 4-8-12 所示。

表 4-8-12 钢屋架支撑综合单价分析表

编号	项目编码	项目名称	项目特征	计量单位	工程量	综合单价	合价
1	010606001001	钢支撑	1.加工厂制作 2.运输到现场拼装、安装 3.超声波探伤 4.耐火极限为二级	t	1.118	7 867.85	8 796.26

组价分析

编号	定额子目	子目名称		计量单位	工程量	综合单价	合价
1	7-29	钢屋架支撑制作		t	1.118	6 913.84	7 729.67
2	8-139	钢屋架支撑安装		t	1.118	954.02	1 066.59

六、木结构工程计价定额规则

1. 定额说明

(1) 本章中均以一、二类木种为准，如采用三、四类木种(木种划分见第十六章门窗工程说明)，木门制作人工和机械费乘以系数1.3，木门安装人工乘以系数1.15，其他项目人工和机械费乘以系数1.35。

(2) 本定额是按已成形的两个切断面的规格和材料编制的，两个切断面以前的锯缝损耗应按总说明规定另外计算。

(3) 本章中注明的木材断面或厚度均以毛料为准，如设计图纸注明的断面或厚度为净料，则应增加断面刨光损耗：一面刨光加3 mm，两面刨光加5 mm，圆木按直径增加5 mm。

(4) 本章中的木材是以自然干燥条件下的木材编制的，需要烘干时，其烘干费用及损耗由各市确定。

(5) 厂库房大门的钢骨架制作已包含在子目中，其上、下轨及滑轮等应按五金铁件表相应项目执行。

(6) 厂库房大门、钢木大门及其他特种门的五金铁件表按标准图用量列出，仅作备料参考。

2. 定额工程量计算规则

(1) 门制作、安装工程量按门洞口面积计算，无框厂库房大门、特种门按设计门扇外围面积计算。

(2) 木屋架的制作、安装工程量，按以下规定计算：

① 木屋架不论圆木还是方木，其制作、安装均按设计断面以立方米计算，分别套相应子目，其后配长度及配制损耗已包含在子目内，不另外计算(游沿木、风撑、剪刀撑、水平撑、夹板、垫木等木料并入相应屋架体积内)。

② 圆木屋架刨光时，圆木按直径增加5 mm计算，附属于屋架的夹板、垫木等已并入相应的屋架制作项目中，不另外计算；与屋架连接的挑檐木、支撑等工程量并入屋架体积内计算。

③ 与圆木屋架连接的挑檐木、支撑等为方木时，方木部分按矩形檩木计算。

④ 气楼屋架、马尾折角和正交部分的半屋架，应并入相连接的正榀屋架体积内计算。

(3) 檩木按立方米计算，简支檩木长度按设计图示中距增加200 mm计算，如两端出山，檩条长度算至搏风板。连续檩条的长度按设计长度计算，接头长度按全部连续檩木总体积的5%计算。檩条托木已包含在子目内，不另外计算。

(4) 屋面木基层，按屋面斜面积计算，不扣除附墙烟囱、风道、风帽底座和屋顶小气窗所占面积，小气窗出檐与木基层重叠部分亦不增加，气楼屋面的屋檐突出部分的面积并入计算。

(5) 封檐板按设计图示檐口外围长度计算，搏风板按水平投影长度乘以屋面坡度系数 C 后，单坡加300 mm，双坡加500 mm计算。

(6) 木楼梯(包括休息平台和靠墙踢脚板)按水平投影面积计算，不扣除宽度在300 mm以内的楼梯井，伸入墙内部分的面积不另外计算。

(7) 木柱、木梁的制作、安装均按设计断面竣工木料以立方米计算，其后备长度及配置损耗已包含在子目内。

例4-42 已知条件如例4-39，试根据《江苏省建筑与装饰工程计价定额》(2014版)，完成木屋架制作、安装清单综合单价及合价的计算。

解 (1) 定额列项。

① 9-39 木屋架。

② 8-76 跨度在 18 m 以内的屋架安装。

(2) 计算定额工程量。

① 9-39 木屋架：

同清单工程量，即

$$V=1.11\ m^3$$

② 8-76 跨度在 18 m 以内的屋架安装：

同清单工程量，即

$$V=1.11\ m^3$$

(3) 单价调整、套价。

① 木屋架合价：

$$1.11\times 4\ 516.99\ 元=5\ 013.86\ 元$$

② 跨度在 18 m 以内的屋架安装合价：

$$1.11\times 310.05\ 元=344.16\ 元$$

木屋架综合单价分析表如表 4-8-13 所示。

表 4-8-13 木屋架综合单价分析表

编号	项目编码	项目名称	项目特征	计量单位	工程量	综合单价	合价
1	010701001001	木屋架	1. 跨度：6.6 m；安装高度：6 m 2. 不刨光 3. Φ10 圆钢 4. 铁件刷防锈漆一遍	m^3	1.11	4 827.05	5 358.02
组价分析							
编号	定额子目	子目名称		计量单位	工程量	综合单价	合价
1	9-39	木屋架		m^3	1.11	4 516.99	5 013.86
2	8-76	跨度在 18 m 以内的屋架安装		m^3	1.11	310.05	344.16

任务9 门窗工程计量与计价

一、门窗工程简介

门和窗是房屋建筑的围护构件，对保证建筑物安全、坚固、舒适起着很大的作用。门的作用是供交通出入，分隔、联系建筑空间，有时也起着通风和采光的作用。窗的作用是采光、通风、观察和递物。另外，门窗对建筑物的外观及室内装修造型的影响也很大。因此，对门窗的要求是坚固耐久、开启方便、便于维修，同时要能保温、隔热、防火和防水等。

1. 门

1）门的分类

按门的使用材料分：木门、铝合金门、塑钢门、彩板门、玻璃钢门、钢门等。木门自重轻，开启方便，加工方便，所以在民用建筑中应用广泛。

按门在建筑物中所处的位置分：内门和外门。内门位于内墙上，起分隔作用；外门位于外墙上，起围护作用。

按门的使用功能分：一般门和特殊门。一般门是满足人们最基本要求的门，而特殊门除了满足人们最基本的要求外，还必须有特殊功能，如保温门、隔声门、防火门、防护门等。

按门的构造分：镶板门、拼板门、夹板门、百叶门等。

按门扇的开启方式分：平开门、推拉门、弹簧门、折叠门、旋转门、卷帘门等，如图 4-9-1 所示。

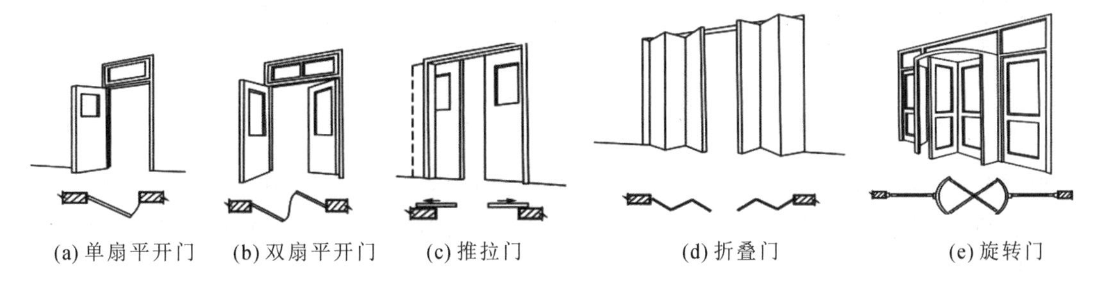

图 4-9-1　门按门窗开启方式分类

2）门的组成

门一般由门框、门扇、五金零件及附件组成，如图 4-9-2 所示。门框是门与墙体的连接部分，由上框、边框、中横框和中竖框组成。门扇一般由上、中、下冒头和边梃组成骨架，中间固定门芯板。五金零件包括铰链、插销、门锁、拉手等。附件有贴脸板、筒子板等。

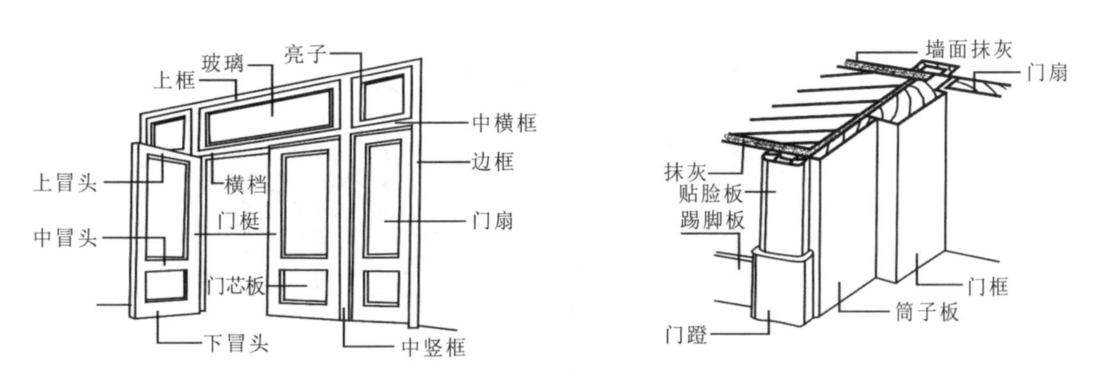

图 4-9-2　门的组成

2. 窗

1）窗的分类

按窗的材料分：铝合金窗、塑钢窗、彩板窗、木窗、钢窗等。铝合金窗和塑钢窗材质好，坚固，耐久，密封性好，所以在建筑工程中应用广泛；而木窗由于耐久性差，易变形，不利于节能，国家已限制使用。

按窗的层数分:单层窗和双层窗。单层窗构造简单,造价低,适用于一般建筑;双层窗保温隔热效果好,适用于对建筑要求高的建筑。

按窗扇的开启方式分:固定窗、平开窗、悬窗、立转窗、推拉窗、百叶窗等,如图 4-9-3 所示。

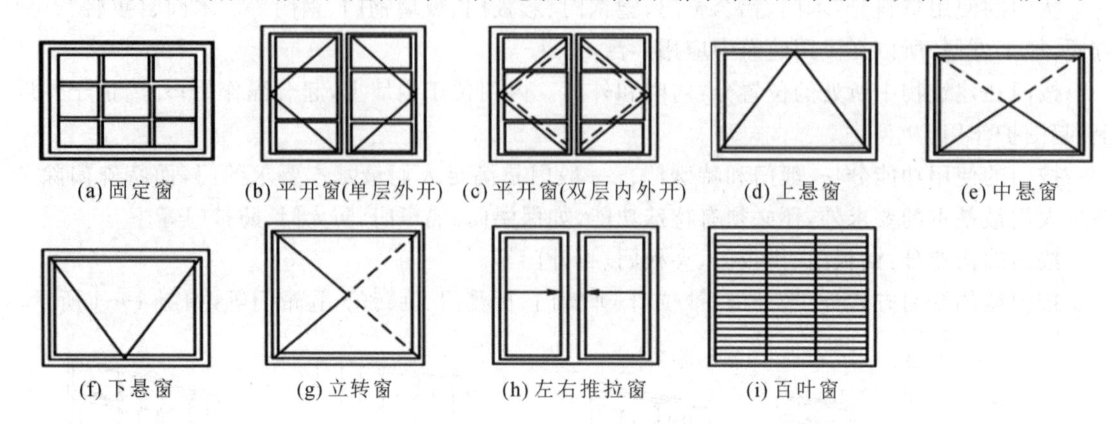

图 4-9-3 窗按窗扇的开启方式分类

2) 窗的组成

窗主要由窗框和窗扇组成。窗扇有玻璃窗扇、纱窗扇、板窗扇、百叶窗扇等。还有各种铰链、风钩、插销、拉手,以及导轨、转轴、滑轮等五金零件,有时要加设窗台、贴脸、窗帘盒等。窗的组成如图 4-9-4所示。

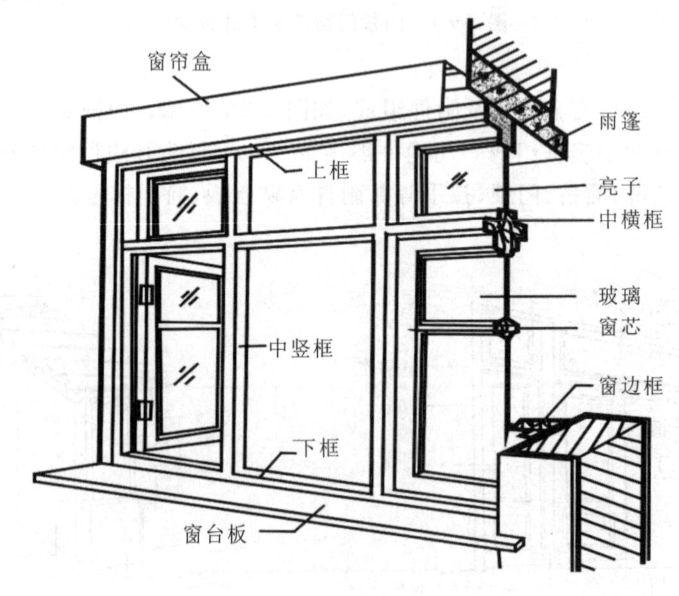

图 4-9-4 窗的组成

3. 门窗五金件

门窗五金件是安装在建筑物门窗上的各种金属和非金属配件的统称,在门窗启闭时起辅助作用,表面一般经镀覆或涂覆处理,具有坚固、耐用、灵活、经济、美观等特点。门窗五金件可按用途分为建筑门锁、执手、撑挡、合页、铰链、闭门器、拉手、插销、窗钩、防盗链、感应启闭门装置等,如图4-9-5所示。

图 4-9-5　门窗五金件

二、门窗工程清单工程量计算规则

门工程包括木门、金属门、金属卷帘(闸)门、厂库房大门、特种门以及其他门,窗工程包括木窗、金属窗、门窗套、窗台板、窗帘、窗帘盒、轨道等,其编码及工程量计算规则(摘录)如表 4-9-1 至表 4-9-4 所示。

表 4-9-1　木门(编号:010801)

项目编码	项目名称	项目特征	计量单位	工程量计算规则	工作内容
010801001	木质门	1. 门代号及洞口尺寸 2. 镶嵌玻璃品种、厚度	1. 樘 2. m^2	1. 以樘计量,按设计图示数量计算 2. 以平方米计量,按设计图示洞口尺寸以面积计算	1. 门安装 2. 玻璃安装 3. 五金安装
010801002	木质门带套				
010801003	木质门连窗				
010801004	木质防火门				
010801005	木门框	1. 门代号及洞口尺寸 2. 框截面尺寸 3. 防护材料种类	1. 樘 2. m	1. 以樘计量,按设计图示数量计算 2. 以米计量,按设计图示框的中心线以延长米计算	1. 木门框制作、安装 2. 运输 3. 刷防护材料
010801006	门锁安装	1. 锁品种 2. 锁规格	个(套)	按设计图示数量计算	安装

注:1. 木质门应区分镶板木门、企口木板门、实木装饰门、胶合板门、夹板装饰门、木纱门、全玻门(带木制扇框)、木质半玻门(带木质扇框)等项目,分别编码列项。
2. 木门五金应包括合页、插销、门碰珠、弓背拉手、搭机、木螺丝、弹簧合页(自动门)、管子拉手(自由门、地弹门)、地弹簧(地弹门)、角铁、门轧头(地弹门、自由门)等。
3. 木质门带套计量按洞口尺寸以面积计算,不包括门套的面积。
4. 以樘计量时,项目特征必须描述洞口尺寸;以平方米计量时,项目特征可不描述洞口尺寸。
5. 单独制作、安装木门框时,按木门框项目编码列项。

表 4-9-2　金属门(编号:010802)

项目编码	项目名称	项目特征	计量单位	工程量计算规则	工作内容
010802001	金属(塑钢)门	1.门代号及洞口尺寸 2.门框或扇外围尺寸 3.门框、扇材质 4.玻璃品种、厚度	1.樘 2. m^2	1.以樘计量,按设计图示数量计算 2.以平方米计量,按设计图示洞口尺寸以面积计算	1.门安装 2.玻璃安装 3.五金安装
010802002	彩板门	1.门代号及洞口尺寸 2.门框或扇外围尺寸			
010802003	钢质防火门	1.门代号及洞口尺寸 2.门框或扇外围尺寸 3.门框、扇材质			
010802004	防盗门				1.门安装 2.五金安装

注:1.金属门应区分平开门、金属推拉门、金属地弹门、全玻门(带金属扇框)、金属半玻门(带扇框)等项目,分别编码列项。
2.铝合金五金包括地弹簧、门锁、拉手、门插、门铰、螺丝等。
3.其他金属门五金包括 L 形执手插锁(双舌)、执手锁(单舌)、门轨头、地锁、防盗门机、门眼(猫眼)、门碰珠、电子锁(磁卡锁)、闭门器、装饰拉手等。
4.以樘计量时,项目特征必须描述洞口尺寸,没有洞口尺寸的,必须描述门框或扇外围尺寸;以平方米计量时,项目特征可不描述洞口尺寸及框、扇的外围尺寸。
5.以平方米计量时,若无设计图示洞口尺寸,按门框、扇外围以面积计算。

表 4-9-3　木窗(编号:010806)

项目编码	项目名称	项目特征	计量单位	工程量计算规则	工作内容
010806001	木质窗	1.窗代号及洞口尺寸 2.玻璃品种、厚度	1.樘 2. m^2	1.以樘计量,按设计图示数量计算 2.以平方米计量,按设计图示洞口尺寸以面积计算	1.窗安装 2.五金、玻璃安装
010806002	木飘(凸)窗			1.以樘计量,按设计图示数量计算 2.以平方米计量,按设计图示尺寸以框外围展开面积计算	
010806003	木橱窗	1.窗代号及洞口尺寸 2.框截面及外围展开面积 3.玻璃品种、厚度 4.防护材料种类			1.窗制作、运输、安装 2.五金、玻璃安装 3.刷防护材料
010806004	木质成品窗	1.窗代号及框的外围尺寸 2.窗纱材料品种、规格		1.以樘计量,按设计图示数量计算 2.以平方米计量,按框的外围尺寸以面积计算	1.窗安装 2.五金安装

注:1.木质窗应区分木百叶窗、木组合窗、木天窗、木固定窗、木装饰空花窗等项目,分别编码列项。
2.以樘计量时,项目特征必须描述洞口尺寸,没有洞口尺寸的,必须描述窗框外围尺寸;以平方米计量时,项目特征可不描述洞口尺寸及框的外围尺寸。
3.以平方米计量时,若无设计图示洞口尺寸,按窗框外围以面积计算。
4.木橱窗、木飘(凸)窗以樘计量时,项目特征必须描述框截面及外围展开面积。
5.木窗五金包括合页、插销、风钩、木螺丝、滑轮滑轨(推拉窗)等。

表 4-9-4 金属窗(编号:010807)

<table>
<tr><th>项目编码</th><th>项目名称</th><th>项目特征</th><th>计量单位</th><th>工程量计算规则</th><th>工作内容</th></tr>
<tr><td>010807001</td><td>金属(塑钢、断桥)窗</td><td rowspan="2">1. 窗代号及洞口尺寸
2. 框、扇材质
3. 玻璃品种、厚度</td><td rowspan="9">1. 樘
2. m²</td><td rowspan="2">1. 以樘计量,按设计图示数量计算
2. 以平方米计量,按设计图示洞口尺寸以面积计算</td><td rowspan="2">1. 窗安装
2. 五金、玻璃安装</td></tr>
<tr><td>010807002</td><td>金属防火窗</td></tr>
<tr><td>010807003</td><td>金属百叶窗</td><td>1. 窗代号及洞口尺寸
2. 框截面及外围展开面积
3. 玻璃品种、厚度
4. 防护材料种类</td><td>1. 以樘计量,按设计图示数量计算
2. 以平方米计量,按设计图示洞口尺寸以面积计算</td><td rowspan="3">1. 窗安装
2. 五金安装</td></tr>
<tr><td>010807004</td><td>金属纱窗</td><td>1. 窗代号及洞口尺寸
2. 框、扇材质
3. 窗纱材料品种、规格</td><td>1. 以樘计量,按设计图示数量计算
2. 以平方米计量,按框的外围尺寸以面积计算</td></tr>
<tr><td>010807005</td><td>金属格栅窗</td><td>1. 窗代号及洞口尺寸
2. 框外围尺寸
3. 框、扇材质</td><td rowspan="2">1. 以樘计量,按设计图示数量计算
2. 以平方米计量,按设计图示洞口尺寸以面积计算</td></tr>
<tr><td>010807006</td><td>金属(塑钢、断桥)橱窗</td><td>1. 窗代号
2. 框外围展开面积
3. 框、扇材质
4. 玻璃品种、厚度
5. 防护材料种类</td><td>1. 窗制作、运输、安装
2. 五金、玻璃安装
3. 刷防护材料</td></tr>
<tr><td>010807007</td><td>金属(塑钢、断桥)票窗</td><td>1. 窗代号
2. 框外围展开面积
3. 框、扇材质
4. 玻璃品种、厚度</td><td>1. 以樘计量,按设计图示数量计算
2. 以平方米计量,按设计图示尺寸以框外围展开面积计算</td><td rowspan="3">1. 窗安装
2. 五金、玻璃安装</td></tr>
<tr><td>010807008</td><td>彩板窗</td><td rowspan="2">1. 窗代号及洞口尺寸
2. 框外围尺寸
3. 框、扇材质
4. 玻璃品种、厚度</td><td rowspan="2">1. 以樘计量,按设计图示数量计算
2. 以平方米计量,按设计图示洞口尺寸或框外围以面积计算</td></tr>
<tr><td>010807009</td><td>复合材料窗</td></tr>
</table>

注:1. 金属窗应区分金属组合窗、防盗窗等项目,分别编码列项。
2. 以樘计量时,项目特征必须描述洞口尺寸,没有洞口尺寸的,必须描述窗框外围尺寸;以平方米计量时,项目特征可不描述洞口尺寸及框的外围尺寸。
3. 以平方米计量时,若无设计图示洞口尺寸,按窗框外围以面积计算。
4. 金属橱窗、飘(凸)窗以樘计量时,项目特征必须描述框外围展开面积。
5. 金属窗五金包括合页、螺丝、执手、卡锁、铰拉、风撑、滑轮、滑轨、拉把、拉手、角码、牛角制等。

例 4-43 已知某铝合金卷帘门的宽度为 3 000 mm,安装于洞口高度为 2 700 mm 的门口,卷帘门上有一活动小门,小门尺寸为 600 mm×2 000 mm,提升装置为电动,请根据以上信息编制铝合金卷帘门工程量清单。

解 金属卷帘门工程量清单如表 4-9-5 所示。

表 4-9-5 金属卷帘门工程量清单

编号	项 目 编 码	项目名称	项 目 特 征	计量单位	工程量	计 算 式
1	010803001001	金属卷帘门	1. 洞口尺寸：3 000 mm×2 700 mm 2. 门材质：铝合金 3. 启动装置：电动提升装置	m^2	8.1	$3\times2.7\ m^2=8.1\ m^2$

例 4-44 某阳台用银白色铝合金门联窗，如图 4-9-6 所示，门为单扇全玻平开，外框为 38 系列，浮法白片玻璃 5 mm，窗为双扇推拉窗，外框为 90 系列 1.5 mm 厚，浮法白片玻璃 5 mm，门安装球形执手锁，请根据以上信息编制门联窗工程量清单。

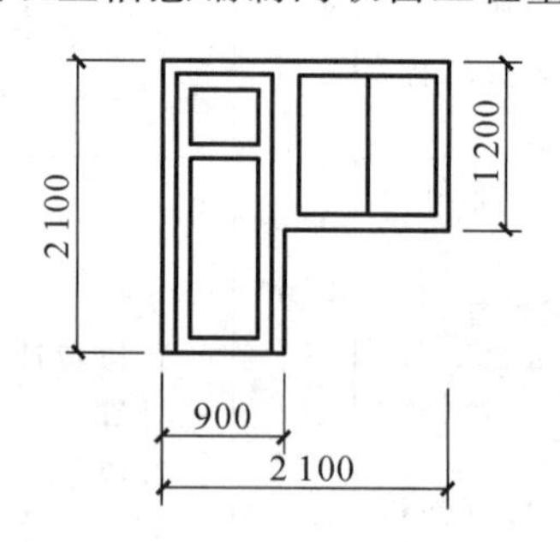

图 4-9-6 铝合金门联窗示意图

解 金属门及金属窗工程量清单如表 4-9-6 所示。

表 4-9-6 金属门及金属窗工程量清单

编号	项 目 编 码	项目名称	项 目 特 征	计量单位	工程量	计 算 式
1	010802001001	金属门	1. 洞口尺寸：900 mm×2 100 mm 2. 门材质：铝合金 38 系列 3. 玻璃品种、厚度：浮法白片玻璃 5 mm	m^2	1.89	$0.9\times2.1\ m^2$ $=1.89\ m^2$
2	010807001001	金属窗	1. 洞口尺寸：1 200 mm×1 200 mm 2. 窗材质：铝合金 90 系列 3. 玻璃品种、厚度：浮法白片玻璃 5 mm	m^2	1.44	$1.2\times1.2\ m^2$ $=1.44\ m^2$

三、门窗工程计价定额规则

1. 定额说明（摘录）

(1) 门窗工程分为购入构件成品安装，铝合金门窗制作安装，木门窗框、扇制作安装，装饰木门扇及门窗五金配件安装五部分。

（2）购入构件成品安装门窗单价中，除地弹簧、门夹、管子、拉手等特殊五金外，玻璃及一般五金已包含在相应的成品单价中，一般五金的安装人工已包含在定额内，特殊五金的安装人工应按“门、窗配件安装”定额的相应子目执行。

2. 定额工程量计算规则

（1）购入成品的各种铝合金门窗安装，按门窗洞口面积以平方米计算；购入成品的木门扇安装，按购入门扇的净面积计算。

（2）铝合金门窗、扇现场制作、安装，按门窗洞口面积以平方米计算。

（3）各种卷帘门按实际制作面积计算，卷帘门上有小门时，其卷帘门工程量应扣除小门面积。卷帘门上的小门按扇计算，卷帘门上的电动提升装置以套计算，手动装置的材料、安装人工已包含在定额内，不另外增加。

（4）无框玻璃门按其洞口面积计算。无框玻璃门中部分为固定门扇、部分为开启门扇时，工程量应分开计算。无框门上带亮子时，亮子与固定门扇合并计算。

（5）门窗框上包不锈钢板的，均按不锈钢板的展开面积以平方米计算；木门扇上包金属面或软包面的，均以门扇的净面积计算。无框玻璃门上亮子与门扇之间的钢骨架横撑（外包不锈钢板），按横撑包不锈钢板的展开面积计算。

（6）门窗扇包镀锌铁皮的，按门窗洞口面积以平方米计算；门窗框包镀锌铁皮、钉橡皮条、钉毛毡的，按设计图示门窗洞口尺寸以延长米计算。

（7）木门窗框、扇制作、安装工程量按以下规定计算：

① 各类木门窗（包括纱门、纱窗）制作、安装工程量均按门窗洞口面积以平方米计算。

② 连门窗的工程量应分别计算，套用相应门、窗定额，窗的宽度算至门框外侧。

③ 普通窗上部带有半圆窗的工程量，应按普通窗和半圆窗分别计算，以普通窗和半圆窗之间的横框上边线为分界线。

④ 无框窗扇按扇的外围面积计算。

例 4-45 已知条件如例 4-43，试根据《江苏省建筑与装饰工程计价定额》(2014 版)，完成铝合金卷帘门清单综合单价及合价的计算。

解 （1）定额列项。

① 16-20　铝合金卷帘门。

② 16-29　电动装置安装。

③ 16-30　活动小门安装。

（2）计算定额工程量。

① 16-20　铝合金卷帘门：

$$(3.0\times2.7-0.6\times2)\ \mathrm{m}^2=6.9\ \mathrm{m}^2$$

② 16-29　电动装置安装：1 套。

③ 16-30　活动小门安装：1 扇。

（3）单价调整、套价。

① 铝合金卷帘门合价：

$$0.69\times2\ 361.68\ 元=1\ 629.56\ 元$$

② 电动装置安装合价：

$$1 \times 2\ 053.12\ 元 = 2\ 053.12\ 元$$

③ 活动小门安装合价：

$$1 \times 297.97\ 元 = 297.97\ 元$$

金属卷帘门综合单价分析表如表 4-9-7 所示。

表 4-9-7　金属卷帘门综合单价分析表

编号	项目编码	项目名称	项目特征	计量单位	工程量	综合单价	合价
1	010803001001	金属卷帘门	1. 洞口尺寸：3 000 mm×2 700 mm 2. 门材质：铝合金 3. 启动装置：电动提升装置	m^2	8.1	491.44	3 980.65
组价分析							
编号	定额子目	子目名称		计量单位	工程量	综合单价	合价
1	16-20	铝合金卷帘门		10 m^2	0.69	2 361.68	1 629.56
2	16-29	电动装置安装		套	1	2 053.12	2 053.12
3	16-30	活动小门安装		扇	1	297.97	297.97

例 4-46　已知条件如例 4-44，试根据《江苏省建筑与装饰工程计价定额》(2014 版)，完成铝合金门窗综合单价及合价的计算。

解　(1) 定额列项。

① 010802001001　金属门：

a. 16-39　普通铝型材平开门。

b. 16-312　执手锁。

c. 16-314　门铰链。

② 010807001001　金属窗：

a. 16-45　铝合金推拉窗。

b. 16-321　铝合金双扇窗五金件。

(2) 计算定额工程量。

① 010802001001　金属门：

a. 16-39　普通铝型材平开门：

同清单工程量，即

$$S = 1.89\ m^2$$

b. 16-312　执手锁：1 把。

c. 16-314　门铰链：1 个。

② 010807001001　金属窗：

a. 16-45　铝合金推拉窗：

同清单工程量，即

$$S=1.44\ m^2$$

b. 16-321　铝合金双扇窗五金件：1套。

（3）单价调整、套价。

① 010802001001　金属门：

a. 16-39　普通铝型材平开门：

$$16\text{-}39_{换}=[4\ 157.75-1\ 617.02+21.50\times503.32/10\times(1+6\%)]\ 元/(10\ m^2)$$
$$=3\ 687.80\ 元/(10\ m^2)$$

合价：

$$0.189\times3\ 687.80\ 元=696.99\ 元$$

b. 16-312　执手锁合价：

$$1\times96.34\ 元=96.34\ 元$$

c. 16-314　门铰链合价：

$$1\times32.41\ 元=32.41\ 元$$

② 010807001001　金属窗：

a. 16-45　铝合金推拉窗：

$$16\text{-}45_{换}=[3\ 659.97-1\ 167.67+21.50\times660.57/10\times(1+6\%)]元/(10\ m^2)$$
$$=3\ 997.74\ 元/(10\ m^2)$$

合价：

$$0.144\times3\ 997.74\ 元=575.67\ 元$$

b. 16-321　铝合金双扇窗五金件合价：

$$1\times46.10\ 元=46.10\ 元$$

金属门及金属窗综合单价分析表分别如表4-9-8和表4-9-9所示。

表4-9-8　金属门综合单价分析表

编号	项目编码	项目名称	项目特征	计量单位	工程量	综合单价	合价
1	010802001001	金属门	1. 洞口尺寸：900 mm×2 100 mm 2. 门材质：铝合金38系列 3. 玻璃品种、厚度：浮法白片玻璃5 mm	m^2	1.89	436.90	825.74
组价分析							
编号	定额子目	子目名称		计量单位	工程量	综合单价	合价
1	$16\text{-}39_{换}$	普通铝型材平开门		10 m^2	0.189	3 687.80	696.99
2	16-312	执手锁		把	1	96.34	96.34
3	16-314	门铰链		个	1	32.41	32.41

表 4-9-9　金属窗综合单价分析表

编号	项目编码	项目名称	项目特征	计量单位	工程量	综合单价	合价
2	010807001001	金属窗	1. 洞口尺寸：1 200 mm×1 200 mm 2. 窗材质：铝合金 90 系列 3. 玻璃品种、厚度：浮法白片玻璃 5 mm	m^2	1.44	431.78	621.77
组价分析							
编号	定额子目	子目名称		计量单位	工程量	综合单价	合价
1	16-45换	铝合金推拉窗		10 m^2	0.144	3 997.74	575.67
2	16-321	铝合金双扇窗五金件		套	1	46.10	46.10

任务 10　屋面及防水工程和保温、隔热及防腐工程计量与计价

一、屋面及防水工程简介

屋面工程是指由防水、保温、隔热等构造层所组成的房屋顶的设计和施工。防水工程是指屋面、室内外各类防潮防水措施。

1. 屋面形式的分类

建筑屋面按其形状可分为平屋面和坡屋面。平屋面的坡度一般在 5% 以下，常用坡度为 2%～3%，如图 4-10-1 所示。坡屋面的坡度一般大于 10%，其按起坡数量又可分为两坡水屋面和四坡水屋面，如图 4-10-2 和图 4-10-3 所示。

图 4-10-1　平屋面

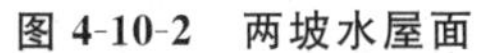
图 4-10-2　两坡水屋面

图 4-10-3　四坡水屋面

2. 屋面及室内防水做法

根据《屋面工程技术规范》(GB 50345—2012)的相关规定，屋面防水等级可分为Ⅰ级防水和Ⅱ级防水，其防水方式有屋面卷材及涂膜防水、瓦屋面防水、屋面接缝密封防水等。根据《住宅室内防水工程技术规范》(JGJ 298—2013)，室内防水材料主要有防水混凝土、防水砂浆、防水涂料、防水卷材以及密封材料等。

1) 屋面卷材及涂膜防水构造

屋面卷材及涂膜防水构造一般由下到上包括结构层(基层)、找坡找平层、隔气层、保温层、防水层或保护面层等，如图 4-10-4 所示。

为防止保护层因温度变化而产生伸缩裂缝，防水保护层应按规定设置纵横分隔缝，其规范要求为：

(1) 块体保护层：纵横分隔缝的间距宜不大于 10 m，缝宽宜为 20 mm，并应用密封材料嵌缝。

(2) 水泥砂浆保护层：表面应抹平压光，分隔缝面积宜为 1 m^2。

(3) 细石混凝土保护层：表面应抹平压光，纵横分隔缝的间距应不大于 6 m，缝宽宜为 10～20 mm，并用密封材料嵌填。

屋面细部构造应包括檐口、檐沟、天沟、女儿墙和山墙、水落口、变形缝、伸出屋面管道、屋面出入口、反梁过水孔、设施基础、屋脊、屋顶窗等。女儿墙、檐口及檐沟的相关构造如图 4-10-5 至图 4-10-7 所示。

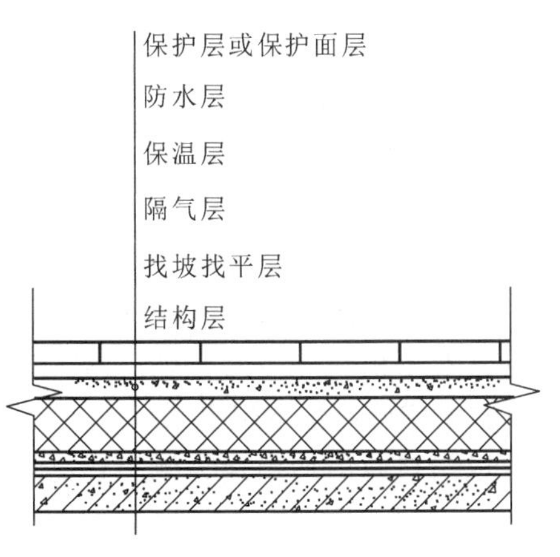

图 4-10-4　屋面卷材及涂膜防水构造

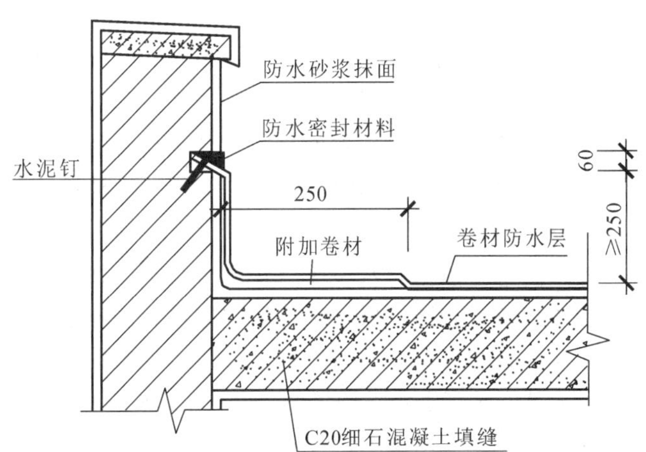

图 4-10-5　卷材防水女儿墙泛水构造

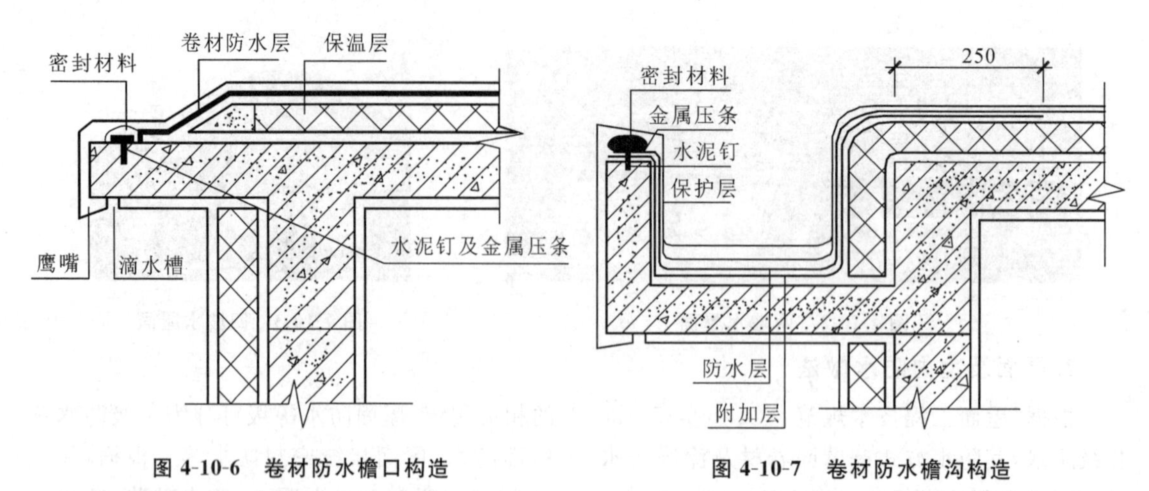

图 4-10-6　卷材防水檐口构造　　**图 4-10-7　卷材防水檐沟构造**

2）瓦屋面防水构造

瓦作为最古老的建筑材料之一，千百年来被广泛使用。瓦是最主要的屋面材料，它不仅起到了遮风挡雨和室内采光的作用，而且有着重要的装饰效果。随着现代新材料的不断涌现，瓦的其他功能也不断出现。目前，常用的瓦材料有陶土瓦、水泥瓦以及沥青瓦等。瓦屋面结构包括檀木、沿缘木、防水油毡、顺水条、挂瓦条、瓦片、脊瓦等，如图 4-10-8 所示。

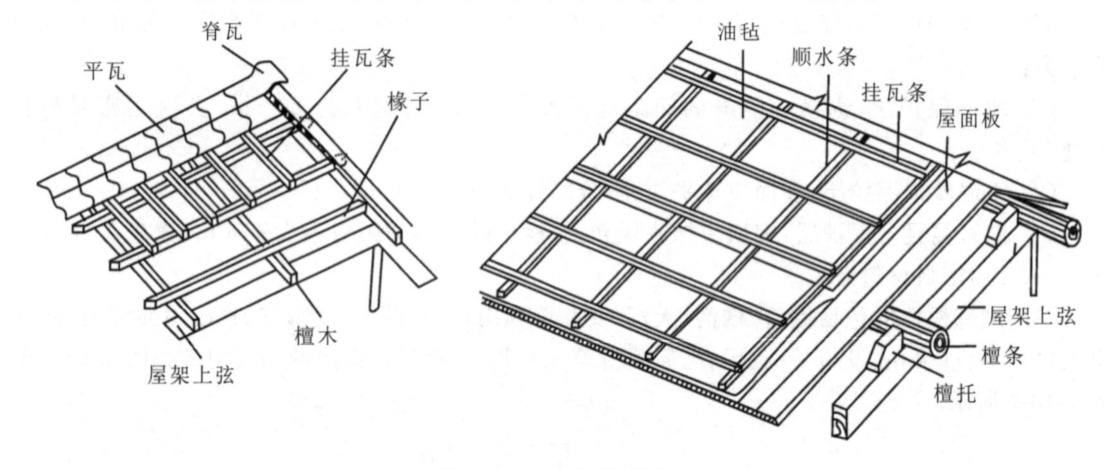

图 4-10-8　瓦屋面构造

3）屋面接缝密封防水构造

屋面接缝按密封材料的使用方式分为位移接缝和非位移接缝，其材料主要有改性石油沥青密封材料、合成高分子密封材料、硅酮耐候密封材料等。

4）室内防水要求

室内防水一般指有水房间以及有防水剂防潮要求部位的防水、防潮构造。一般卫生间、浴室的楼地面应设置防水层，墙面、顶棚应设置防潮层，门口应有阻止积水外溢的措施。《住宅室内防水工程技术规范》(JGJ 298—2013)对功能性房间的防水技术措施有如下规定：

(1) 对于有排水要求的房间，应绘制放大布置平面图，并以门口及沿墙周边为标志标高，标注主要排水坡度和地漏表面标高。

(2) 对于无地下室的住宅，地面宜采用强度等级为 C15 的混凝土为刚性垫层，且厚度宜不小于 60 mm，楼面基层宜为现浇钢筋混凝土楼板。当为预制钢筋混凝土条板时，板缝间应采用防水砂浆堵严抹平，并应沿通缝涂刷宽度不小于 300 mm 的防水涂料，以形成防水涂膜带。

(3) 混凝土找坡层最薄处的厚度应不小于 30 mm；砂浆找坡层最薄处的厚度应不小于 20 mm；找平层兼找坡层时，应采用强度等级为 C20 的细石混凝土；需设填充层铺设管道时，宜与找坡层合并，填充材料宜选用轻骨料混凝土。

(4) 对于有排水要求的楼、地面，防水层应低于相邻房间楼地面、地面 20 mm 或挡水门槛；当需进行无障碍设计时，防水层应低于相邻房间面层 15 mm，并应以斜坡过渡。

(5) 当防水层需要采取保护措施时，可采用 20 mm 厚 1∶3 水泥砂浆做保护层。

(6) 卫生间、浴室和设有配水点的封闭阳台等的墙面应设置防水层，防水层的高度宜距楼、地面面层 1.2 m；当卫生间有非封闭式洗浴设施时，花洒所在位置及相邻墙面的防水层高度应不小于 1.8 m。

(7) 有防水设防的功能性房间，除应设置防水层的墙面外，其余部分的墙面和顶棚均应设置防潮层。

(8) 当墙面设置防潮层时，楼、地面的防水层应沿墙面上翻，且至少应高出饰面层 200 mm。当卫生间与厨房之间采用轻质隔墙时，应做全防水墙面，其四周根部除门洞外，应做 C20 细石混凝土坎台，并应至少高出相连房间的楼、地面饰面层 200 mm，如图 4-10-9 所示。

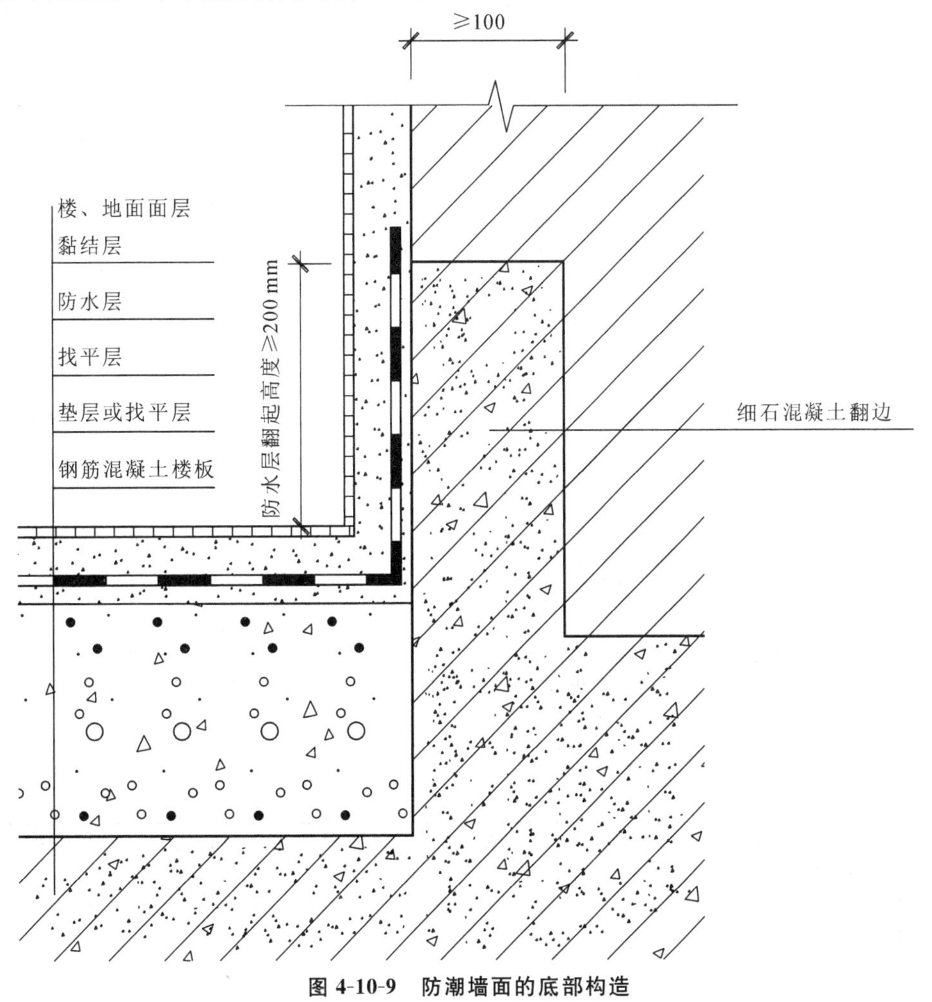

图 4-10-9　防潮墙面的底部构造

二、屋面及防水工程清单工程量计算规则

《房屋建筑与装饰工程工程量计算规范》(GB 50854—2013)中有关屋面及防水工程工程量计算规则(摘录)如表 4-10-1 至表 4-10-4 所示。

表 4-10-1 瓦、型材及其他屋面(编码:010901)

<table>
<tr><th>项目编码</th><th>项目名称</th><th>项目特征</th><th>计量单位</th><th>工程量计算规则</th><th>工作内容</th></tr>
<tr><td>010901001</td><td>瓦屋面</td><td>1.瓦品种、规格
2.黏结层砂浆的配合比</td><td rowspan="5">m²</td><td rowspan="2">按设计图示尺寸以斜面积计算,不扣除房上烟囱、风帽底座、风道、小气窗、斜沟等所占面积,小气窗的出檐部分不增加面积</td><td>1.砂浆制作、运输、摊铺、养护
2.安瓦、做瓦脊</td></tr>
<tr><td>010901002</td><td>型材屋面</td><td>1.型材品种、规格
2.金属檩条材料品种、规格
3.接缝、嵌缝材料种类</td><td>1.檩条制作、运输、安装
2.屋面型材安装
3.接缝、嵌缝</td></tr>
<tr><td>010901003</td><td>阳光板屋面</td><td>1.阳光板品种、规格
2.骨架材料品种、规格
3.接缝、嵌缝材料种类
4.油漆品种、刷漆遍数</td><td rowspan="2">按设计图示尺寸以斜面积计算,不扣除屋面面积不超过0.3 m²的孔洞所占面积</td><td>1.骨架制作、运输、安装,刷防护油漆
2.阳光板安装
3.接缝、嵌缝</td></tr>
<tr><td>010901004</td><td>玻璃钢屋面</td><td>1.玻璃钢品种、规格
2.骨架材料品种、规格
3.玻璃钢固定方式
4.接缝、嵌缝材料种类
5.油漆品种、刷漆遍数</td><td>1.骨架制作、运输、安装,刷防护油漆
2.玻璃钢制作、安装
3.接缝、嵌缝</td></tr>
<tr><td>010901005</td><td>膜结构屋面</td><td>1.膜布品种、规格
2.支柱(网架)钢材品种、规格
3.钢丝绳品种、规格
4.锚固基座做法
5.油漆品种、刷漆遍数</td><td>按设计图示尺寸以需要覆盖的水平投影面积计算</td><td>1.膜布热压胶接
2.支柱(网架)制作、安装
3.膜布安装
4.穿钢丝绳、锚头锚固
5.锚固基座挖土、回填
6.刷防护涂料、油漆</td></tr>
</table>

注:1.瓦屋面若是在木基层上铺瓦,项目特征不必描述黏结层砂浆的配合比;瓦屋面铺防水层的,按本规范中的表I.2屋面防水及其他中的相关项目编码列项。

2.型材屋面、阳光板屋面、玻璃钢屋面的柱、梁、屋架,按本规范附录F金属结构工程、附录G木结构工程中的相关项目编码列项。

表 4-10-2　屋面防水及其他（编码：010902）

项目编码	项目名称	项目特征	计量单位	工程量计算规则	工作内容
010902001	屋面卷材防水	1. 卷材品种、规格、厚度 2. 防水层数 3. 防水层做法	m^2	按设计图示尺寸以面积计算。 1. 斜屋顶（不包括平屋顶找坡）按斜面积计算，平屋顶按水平投影面积计算 2. 不扣除房上烟囱、风帽底座、风道、屋面小气窗和斜沟所占面积 3. 屋面的女儿墙、伸缩缝和天窗等处的弯起部分，并入屋面工程量内	1. 基层处理 2. 刷底油 3. 铺油毡卷材、接缝
010902002	屋面涂膜防水	1. 防水膜品种 2. 涂膜厚度、遍数 3. 增强材料种类			1. 基层处理 2. 刷基层处理剂 3. 铺布、喷涂防水层
010902003	屋面刚性防水	1. 刚性层厚度 2. 混凝土强度等级 3. 嵌缝材料种类 4. 钢筋规格、型号		按设计图示尺寸以面积计算，不扣除房上烟囱、风帽底座、风道等所占面积	1. 基层处理 2. 混凝土制作、运输、铺筑、养护 3. 钢筋制作、安装
010902004	屋面排水管	1. 排水管品种、规格 2. 雨水斗、山墙出水口品种、规格 3. 接缝、嵌缝材料种类 4. 油漆品种、刷漆遍数	m	按设计图示尺寸以长度计算。如设计未标注尺寸，以檐口至设计室外散水上表面的垂直距离计算	1. 基层处理 2. 混凝土制作、运输、铺筑、养护 3. 钢筋制作、安装
010902005	屋面排（透）气管	1. 排（透）气管品种、规格 2. 接缝、嵌缝材料种类 3. 油漆品种、刷漆遍数		按设计图示尺寸以长度计算	1. 排（透）气管及配件安装、固定 2. 铁件制作、安装 3. 接缝、嵌缝 4. 刷漆
010902006	屋面（廊、阳台）吐水管	1. 吐水管品种、规格 2. 接缝、嵌缝材料种类 3. 吐水管长度 4. 油漆品种、刷漆遍数	根（个）	按设计图示以数量计算	1. 吐水管及配件安装、固定 2. 接缝、嵌缝 3. 刷漆
010902007	屋面天沟、檐沟	1. 材料品种、规格 2. 接缝、嵌缝材料种类	m^2	按设计图示尺寸以展开面积计算	1. 天沟材料铺设 2. 天沟配件安装 3. 接缝、嵌缝种类 4. 刷防护材料
010902008	屋面变形缝	1. 嵌缝材料种类 2. 止水带材料种类 3. 盖缝材料种类 4. 防护材料种类	m	按设计图示尺寸以长度计算	1. 清缝 2. 填塞防水材料 3. 止水带安装 4. 盖缝制作、安装 5. 刷防护材料

注：1. 屋面刚性层防水的，按屋面卷材防水、屋面涂膜防水项目编码列项；屋面刚性层无钢筋的，其钢筋项目特征不必描述。
2. 屋面找平层按本规范附录 K 楼地面装饰工程中的平面砂浆找平层项目编码列项。
3. 屋面防水搭接及附加层用量不另行计算，在综合单价中考虑。

表 4-10-3　墙面防水、防潮(编码:010903)

项目编码	项目名称	项目特征	计量单位	工程量计算规则	工作内容
010903001	墙面卷材防水	1. 卷材品种、规格、厚度 2. 防水层数 3. 防水层做法	m^2	按设计图示尺寸以面积计算	1. 基层处理 2. 刷黏结剂 3. 铺防水卷材 4. 接缝、嵌缝
010903002	墙面涂膜防水	1. 防水膜品种 2. 涂膜厚度 3. 增强材料种类			1. 基层处理 2. 刷基层处理剂 3. 铺布、喷涂防水层
010903003	墙面砂浆防水(防潮)	1. 防水层做法 2. 砂浆厚度、配合比 3. 钢丝网规格			1. 基层处理 2. 挂钢丝网片 3. 设置分隔缝 4. 砂浆制作、运输、摊铺、养护
010903004	墙面变形缝	1. 嵌缝材料种类 2. 止水带材料种类 3. 盖缝材料种类 4. 防护材料种类	m	按设计图示尺寸以长度计算	1. 清缝 2. 填塞防水材料 3. 止水带安装 4. 盖缝制作、安装 5. 刷防护材料

注:1. 墙面防水搭接及附加层用量不另行计算,在综合单价中考虑。
2. 墙面变形缝,若做双面,工程量乘以系数 2。
3. 墙面找平层按本规范附录 L 墙、柱面装饰与隔断、幕墙工程中的立面砂浆找平层项目编码列项。

表 4-10-4　楼(地)面防水、防潮(编码:010904)

项目编码	项目名称	项目特征	计量单位	工程量计算规则	工作内容
010904001	楼(地)面卷材防水	1. 卷材品种、规格、厚度 2. 防水层数 3. 防水层做法	m^2	按设计图示尺寸以面积计算。 1. 楼(地)面防水:按主墙间净空面积计算,扣除凸出地面的构筑物、设备基础等所占面积,不扣除间壁墙及单个面积不超过 0.3 m^2 的柱、垛、烟囱和孔洞所占面积 2. 楼(地)面防水反边高度不超过 300 mm 的,算作地面防水;反边高度超过 300 mm 的,按墙面防水计算	1. 基层处理 2. 刷黏结剂 3. 铺防水卷材 4. 接缝、嵌缝
010904002	楼(地)面涂膜防水	1. 防水膜品种 2. 涂膜厚度 3. 增强材料种类			1. 基层处理 2. 刷基层处理剂 3. 铺布、喷涂防水层
010904003	楼(地)面砂浆防水(防潮)	1. 防水层做法 2. 砂浆厚度、配合比 3. 钢丝网规格			1. 基层处理 2. 砂浆制作、运输、摊铺、养护
010904004	楼(地)面变形缝	1. 嵌缝材料种类 2. 止水带材料种类 3. 盖缝材料种类 4. 防护材料种类	m	按设计图示尺寸以长度计算	1. 清缝 2. 填塞防水材料 3. 止水带安装 4. 盖缝制作、安装 5. 刷防护材料

注:1. 楼(地)面找平层按本规范附录 K 楼地面装饰工程中的平面砂浆找平层项目编码列项。
2. 楼(地)面防水搭接及附加层用量不另行计算,在综合单价中考虑。

三、保温、隔热及防腐工程清单工程量计算规则

《房屋建筑与装饰工程工程量计算规范》(GB 50854—2013)中，保温、隔热及防腐工程包括保温及隔热、防腐面层、其他防腐，其清单工程量计算规则(摘录)如表 4-10-5 和表 4-10-6 所示。

表 4-10-5　保温、隔热(编号:011001)

项目编码	项目名称	项目特征	计量单位	工程量计算规则	工作内容
011001001	保温隔热屋面	1. 保温隔热材料品种、规格、厚度 2. 隔气层材料品种、厚度 3. 黏结材料种类、做法 4. 防护材料种类、做法	m^2	按设计图示尺寸以面积计算，扣除面积超过 0.3 m^2 的孔洞所占面积	1. 基层清理 2. 刷黏结材料 3. 铺粘保温层 4. 铺、刷(喷)防护材料
011001002	保温隔热天棚	1. 保温隔热屋面材料品种、规格、性能 2. 保温隔热材料品种、规格及厚度 3. 黏结材料种类及做法 4. 防护材料种类及做法		按设计图示尺寸以面积计算，扣除面积超过 0.3 m^2 的柱、垛、孔洞所占面积	
011001003	保温隔热墙面	1. 保温隔热部位 2. 保温隔热方式 3. 踢脚线、勒脚线保温做法 4. 龙骨材料品种、规格 5. 保温隔热面层材料品种、规格、性能 6. 保温隔热材料品种、规格及厚度 7. 增强网及抗裂防水砂浆种类 8. 黏结材料种类及做法 9. 防护材料种类及做法		按设计图示尺寸以面积计算，扣除门窗、洞口，以及面积超过 0.3 m^2 的梁、孔洞所占面积；门窗、洞口侧壁需做保温时，并入保温墙体工程量内	1. 基层清理 2. 刷截面 3. 安装龙骨 4. 填贴保温材料 5. 安装保温板 6. 粘贴面层 7. 铺设增强格网，抹抗裂、防水砂浆面层 8. 嵌缝 9. 铺、刷(喷)防护材料
011001004	保温柱、梁			按设计图示尺寸以面积计算。 1. 柱按设计图示柱断面保温层中心线展开长度乘以保温层高度以面积计算，扣除面积超过 0.3 m^2 的梁所占面积 2. 梁按设计图示梁断面保温层中心线展开长度乘以保温层长度以面积计算	
011001005	保温隔热楼地面	1. 保温隔热部位 2. 保温隔热材料品种、规格、厚度 3. 隔气层材料品种、厚度 4. 黏结材料种类、做法 5. 防护材料种类、做法		按设计图示尺寸以面积计算，扣除面积超过 0.3 m^2 的柱、垛、孔洞所占面积	1. 基层清理 2. 刷粘贴材料 3. 铺贴保温层 4. 铺、刷(喷)防护材料

续表

项目编码	项目名称	项目特征	计量单位	工程量计算规则	工作内容
011001006	其他保温隔热	1. 保温隔热部位 2. 保温隔热方式 3. 隔气层材料品种、厚度 4. 保温隔热面层材料品种、规格、性能 5. 保温隔热材料品种、规格及厚度 6. 黏结材料种类及做法 7. 增强网及抗裂、防水砂浆种类 8. 防护材料种类及做法	m^2	按设计图示尺寸以展开面积计算，扣除面积超过 $0.3\ m^2$ 的孔洞所占面积	1. 基层清理 2. 刷截面 3. 安装龙骨 4. 填贴保温材料 5. 安装保温板 6. 粘贴面层 7. 铺设增强格网，抹抗裂、防水砂浆面层 8. 嵌缝 9. 铺、刷（喷）防护材料

注：1. 保温隔热装饰面层，按本规范附录 K、L、M、N、O 中的相关项目编码列项；仅做找平层的，按本规范附录 K 中的平面砂浆找平层或附录 L 中的立面砂浆找平层项目编码列项。

2. 柱帽保温隔热应并入天棚保温隔热工程量内。

3. 池槽保温隔热应按其他保温隔热项目编码列项。

4. 保温隔热方式是指内保温、外保温、夹心保温。

表 4-10-6　防腐面层（编号：011002）

项目编码	项目名称	项目特征	计量单位	工程量计算规则	工作内容
011002001	防腐混凝土面层	1. 防腐部位 2. 面层厚度 3. 混凝土种类 4. 胶泥种类、配合比	m^2	按设计图示尺寸以面积计算。 1. 平面防腐：扣除凸出底面的构筑物、设备基础等，以及面积超过 $0.3\ m^2$ 的孔洞、柱、垛所占面积 2. 立面防腐：扣除门窗、洞口，以及面积超过 $0.3\ m^2$ 的孔洞、梁所占面积 门窗、洞口侧壁，垛凸出部分，按展开面积并入墙面积内	1. 基层清理 2. 基层刷稀胶泥 3. 混凝土制作、运输、摊铺、养护
011002002	防腐砂浆面层	1. 防腐部位 2. 面层厚度 3. 胶泥种类、配合比			

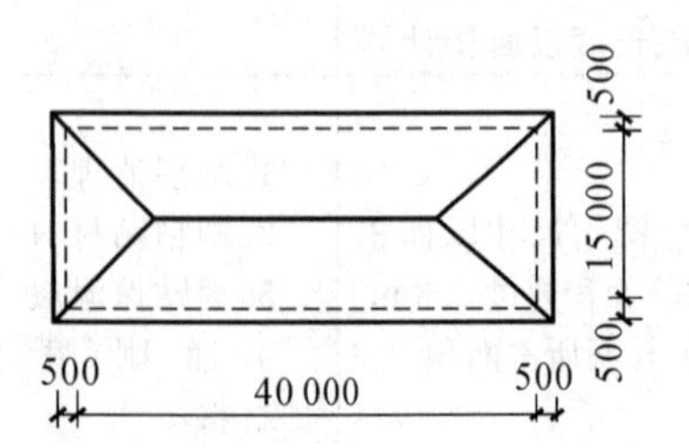

图 4-10-10　四坡水的坡形瓦屋面的平面图

例 4-47　四坡水的波形瓦屋面的平面图如图 4-10-10 所示，设计屋面坡度为 0.5（即 $\theta=26°34'$），水泥砂浆铺水泥瓦、脊瓦，水泥砂浆粉挂瓦条 20 mm×30 mm，间距 345 mm 的小气窗出檐与屋面重叠 $0.75\ m^2$，请根据以上信息编制瓦屋面工程量清单。

解　瓦屋面工程清单工程量如表 4-10-7 所示。

表 4-10-7　瓦屋面工程清单工程量

编号	项目编码	项目名称	项目特征	计量单位	工程量	计算式
1	010901001001	瓦屋面	1. 水泥瓦 2. 水泥砂浆粉挂瓦条	m²	734.72	$C=\sqrt{1+i^2}=\sqrt{1+0.5^2}=1.12$ $S=(0.5\times2+40)\times(0.5\times2+15)\times1.12\ m^2$ $=734.72\ m^2$

例 4-48　某工程的屋顶平面图及檐沟详图如图 4-10-11 所示，试计算屋面中找平层、找坡层、隔热层、防水层、排水管的工程量，并根据以上信息编制有关屋面防水工程清单工程量。

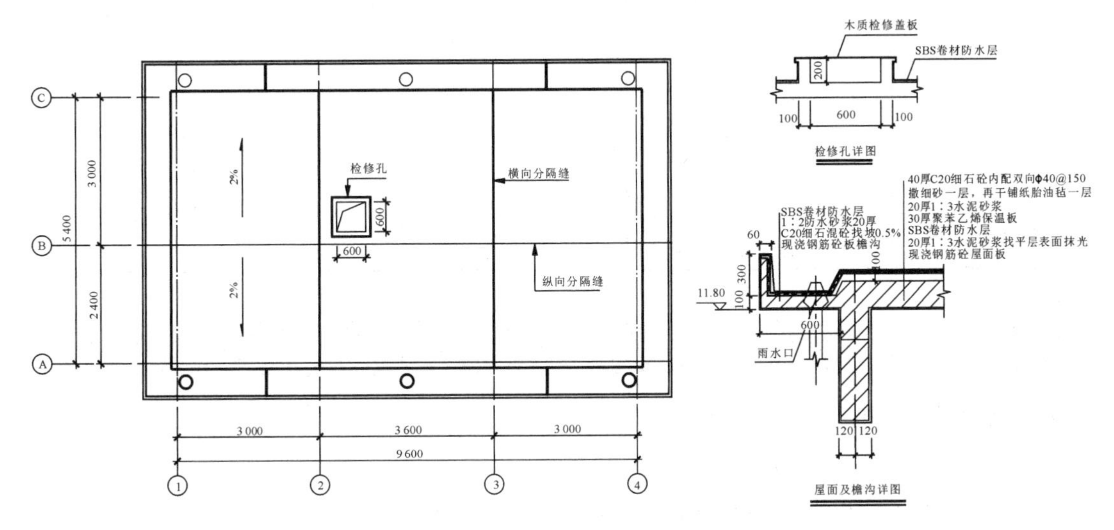

图 4-10-11　屋顶平面图及檐沟详图

解　屋面防水工程清单工程量如表 4-10-8 所示。

表 4-10-8　屋面防水工程清单工程量

编号	项目编码	项目名称	项目特征	计量单位	工程量	计算式
1	010902001001	屋面卷材防水	1. SBS 卷材防水层冷黏 2. 20 厚 1：3 水泥砂浆找平表面抹光	m²	55.50	$S=\{[(9.60+0.24)\times(5.40+0.24)-0.80\times0.80]+0.8\times4\times0.2\}\ m^2$ $=(54.86+0.64)\ m^2=55.50\ m^2$
2	010902003001	屋面刚性防水	1. 40 厚 C20 细石混凝土内配 4 mm 双向钢筋间距 150 mm 2. 20 厚 1：3 水泥砂浆找平层	m²	54.86	$S=[(9.60+0.24)\times(5.40+0.24)-0.80\times0.80]\ m^2$ $=54.86\ m^2$

续表

编号	项目编码	项目名称	项目特征	计量单位	工程量	计算式
3	010902004001	屋面排水管	1. 白色 D100 PVC塑料管 2. D100 铸铁雨水口 3. 白色 D100 PVC雨水斗	m	73.20	$L=(11.80+0.1+0.3)\times 6$ m=73.20 m
4	010902007001	屋面天沟、檐沟	1. SBS卷材防水层 2. 20厚1：2防水砂浆找平层 3. C20细石混凝土找坡	m^2	33.68	$S=\{(9.84+5.64)\times 2\times 0.1+[(9.84+0.54)+(5.64+0.54)]\times 2\times 0.54+[(9.84+1.08)+(5.64+1.08)]\times 2\times(0.3+0.06)\}$ m^2 $=33.68$ m^2
5	011001001001	保温隔热屋面	30厚聚苯乙烯泡沫保温板	m^2	54.86	$S=[(9.60+0.24)\times(5.40+0.24)-0.80\times 0.80]$ $m^2=54.86$ m^2

四、屋面及防水工程计价定额规则

1. 定额说明（摘录）

(1) 屋面防水分为瓦、卷材、刚性、涂膜四个部分。

① 瓦材规格与定额不同时，瓦的数量可以换算，其他不变。

② 油毡卷材屋面包括刷冷底子油一遍，但不包括天沟、泛水、屋脊、檐口等处的附加层，这些附加层应另行计算，其他卷材屋面均包括附加层。

③ 本章以石油沥青、石油沥青玛蹄脂为准，设计使用煤沥青、煤沥青玛蹄脂的，材料应调整。

④ 冷胶“二布三涂”项目，其中“三涂”是指涂膜构成的防水层数，并非指涂刷遍数，每一涂层的厚度必须符合规范要求（每一涂层刷二至三遍）。

⑤ 高聚物、高分子防水卷材粘贴，实际使用的黏结剂与本定额不同的，单价可以换算，其他不变。

(2) 平、立面及其他防水是指楼地面及墙面的防水，分为涂刷、砂浆、粘贴卷材三个部分，既适用于建筑物（包括地下室），又适用于构筑物。

各种卷材的防水层均已包括刷冷底子油一遍和平、立面交界处的附加层工料。

2. 定额工程量计算规则

(1) 瓦屋面按设计图示尺寸以水平投影面积乘以屋面坡度延长系数 C（见表 4-10-9）计算（瓦出线已包含在内），不扣除房上烟囱、风帽底座、风道、屋面小气窗、斜沟等所占面积，屋面小气窗的出檐部分也不增加。

(2) 瓦屋面的屋脊、蝴蝶瓦的檐口花边、滴水应另列项目按延长米计算，四坡屋面斜脊长度按图 4-10-12 中的 b 乘以隅延长系数 D（见表 4-10-9）以延长米计算，山墙泛水长度 $=A\times C$，瓦穿铁丝、钉铁钉、水泥砂浆粉挂瓦条按每 10 m^2 斜面积计算。

表 4-10-9 屋面坡度延长系数及隅延长系数表

坡度比例 a/b	角度 θ	延长系数 C	隅延长系数 D
1/1	45°	1.414 2	1.732 1
1/1.5	33°40′	1.201 5	1.562 0
1/2	26°34′	1.118 0	1.500 0
1/2.5	21°48′	1.077 0	1.469 7
1/3	18°26′	1.054 1	1.453 0

注：屋面坡度大于45°时，按设计斜面积计算。

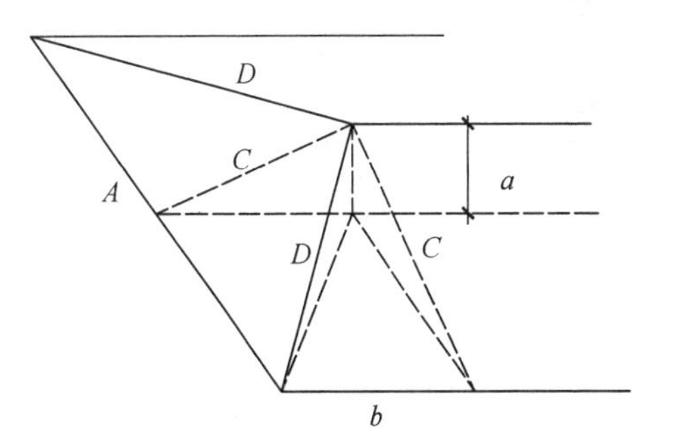

图 4-10-12 屋面参数示意图

(3) 彩钢夹芯板、彩钢复合板屋面按设计图示尺寸以面积计算，支架、槽铝、角铝等均包含在定额内。

(4) 彩板屋脊、天沟、泛水、包角、山头按设计长度以延长米计算，堵头已包含在定额内。

(5) 卷材屋面工程量按以下规定计算：

① 卷材屋面按设计图示尺寸以水平投影面积乘以规定的坡度系数计算，但不扣除房上烟囱、风帽底座、风道、屋面小气窗和斜沟所占面积。女儿墙、伸缩缝、天窗等处的弯起高度按设计图示尺寸计算，且并入屋面工程量内；当图纸无规定时，伸缩缝、女儿墙的弯起高度按250 mm计算，天窗弯起高度按500 mm计算，且并入屋面工程量内；檐沟、天沟按展开面积并入屋面工程量内。

② 油毡屋面不包含附加层在内，附加层按设计图示尺寸和层数另行计算。

③ 其他卷材屋面已包含附加层在内的，不另行计算；收头、接缝材料已列入定额内。

(6) 屋面刚性防水按设计图示尺寸以面积计算，不扣除房上烟囱、风帽底座、风道等所占面积。

(7) 屋面涂膜防水工程量的计算同卷材屋面。

(8) 平、立面防水工程量按以下规定计算：

① 涂刷油类防水按设计涂刷面积计算。

② 涂刷砂浆防水按设计抹灰面积计算，扣除凸出地面的构筑物、设备基础及室内铁道所占面积，不扣除附墙垛、柱、间壁墙、附墙烟囱及面积在0.3 m^2以内的孔洞所占面积。

③ 粘贴卷材、布类：

a. 平面：建筑物地面、地下室防水层按主墙（承重墙）间净面积计算，扣除凸出地面的构筑物、柱、设备基础等所占面积，不扣除附墙垛、间壁墙、附墙烟囱及面积在0.3 m^2以内的孔洞所占面积。与墙间连接处高度在300 mm以内者，按展开面积计算，且并入平面工程量内；超过300 mm者，按立面防水层计算。

b. 立面：墙身防水层按设计图示尺寸以面积计算，扣除立面孔洞所占面积（面积在0.3 m^2以内的孔洞不扣除）。

c. 构筑物防水层按设计图示尺寸以面积计算，不扣除面积在 0.3 m^2 以内的孔洞所占面积。

(9) 伸缩缝、盖缝、止水带按延长米计算，外墙伸缩缝在墙内外双面填缝者，工程量应按双面计算。

(10) 屋面排水工程量按以下规定计算：

① 玻璃钢、PVC、铸铁水落管、檐沟，均按设计图示尺寸以延长米计算；水斗、女儿墙弯头、铸铁落水口(带罩)，均按只计算。

② 阳台 PVC 管通水落管按只计算。每个阳台出水口至水落管中心线斜长按 m 计算(内含 2 只 135°弯头，1 只异径三通)。

例 4-49 已知条件如例 4-47，试根据《江苏省建筑与装饰工程计价定额》(2014 版)，完成瓦屋面清单综合单价及合价的计算。

解 (1) 定额列项。

① 10-7 铺水泥瓦。

② 10-8 脊瓦。

③ 10-5 水泥砂浆粉挂瓦条。

(2) 计算定额工程量。

① 10-7 铺水泥瓦：

同清单工程量，即

$$S=734.72\ m^2$$

② 10-8 脊瓦：

$$D=\sqrt{2+i^2}=\sqrt{2+0.5^2}=1.5$$

斜脊长度：

$$[(15+0.5\times2)/2]\times1.5\times4\ m=48\ m$$

脊瓦总长度：

$$\{(40+0.5\times2)-[(15+0.5\times2)\times2/2]+48\}\ m=73\ m$$

③ 10-5 水泥砂浆粉挂瓦条：

同铺水泥瓦工程量，即

$$S=734.72\ m^2$$

(3) 单价调整、套价。

① 铺水泥瓦合价：

$$73.472\times368.70\ 元=27\ 089.13\ 元$$

② 脊瓦合价：

$$7.3\times298.36\ 元=2\ 178.03\ 元$$

③ 水泥砂浆粉挂瓦条合价：

$$73.472\times68.93\ 元=5\ 064.42\ 元$$

瓦屋面综合单价分析表如表 4-10-10 所示。

表 4-10-10　瓦屋面综合单价分析表

编号	项目编码	项目名称	项目特征	计量单位	工程量	综合单价	合价
1	010901001001	瓦屋面	1. 水泥瓦 2. 水泥砂浆粉挂瓦条	m^2	734.72	46.73	34 331.58
组价分析							
编号	定额子目	子目名称		计量单位	工程量	综合单价	合价
1	10-7	铺水泥瓦		10 m^2	73.472	368.70	27 089.13
2	10-8	脊瓦		10 m	7.3	298.36	2 178.03
3	10-5	水泥砂浆粉挂瓦条		10 m^2	73.472	68.93	5 064.42

五、保温、隔热及防腐工程计价定额规则

1. 定额说明(摘录)

(1) 外墙聚苯颗粒保温系统，根据设计要求套用相应的工序。

(2) 凡保温、隔热工程用于地面时，增加电动夯实机 0.04 台班/m^3。

(3) 整体面层和平面砌块料面层，适用于楼地面、平台的防腐面层。整体面层厚度，砌块料面层规格，结合层厚度，灰缝宽度，各种胶泥、砂浆、混凝土的配合比，设计与定额不同时应换算，但人工、机械不变。

块料贴面结合层厚度、灰缝宽度取值如下：① 树脂胶泥、树脂砂浆结合层 6 mm，灰缝宽度 3 mm；② 水玻璃胶泥、水玻璃砂浆结合层 6 mm，灰缝宽度 4 mm；③ 硫黄胶泥、硫黄砂浆结合层 6 mm，灰缝宽度 5 mm；④ 花岗岩及其他条石结合层 15 mm，灰缝宽度 8 mm。

(4) 块料面层以平面砌为准，立面砌时按平面砌的相应子目人工乘以系数 1.38，踢脚板人工乘以系数 1.56，块料乘以系数 1.01，其他不变。

(5) 本章中浇捣混凝土的项目需立模时，按混凝土垫层项目的含模量计算，按带形基础定额执行。

2. 定额工程量计算规则

(1) 保温隔热层按隔热材料净厚度(不包括胶结材料厚度)乘以设计图示面积以体积计算。

(2) 地墙隔热层按围护结构墙体内净面积计算，不扣除面积在 0.3 m^2 以内的孔洞所占面积。

(3) 软木、聚苯乙烯泡沫板铺贴平顶，按设计图示长乘以宽乘以厚以体积计算。

(4) 外墙聚苯乙烯挤塑板外保温层，外墙聚苯颗粒保温砂浆，屋面架空隔热板，保温隔热砖、瓦，天棚保温(沥青贴软木除外)层，按设计图示尺寸以面积计算。

(5) 墙体隔热：外墙按隔热层中心线，内墙按隔热层净长乘以设计图示尺寸的高度(如图纸未注明高度，则下部由地坪隔热层算起，带阁楼时算至阁楼板顶面，无阁楼时算至檐口)及厚度以体积计算，应扣除冷藏门洞口和管道穿墙洞口所占体积。

(6) 门口周围的隔热部分，按设计图示部位，分别套用墙体或地坪的相应子目以体积计算。

(7) 软木、泡沫塑料板铺贴柱帽、梁面，按设计图示尺寸以体积计算。

(8) 梁头、管道周围及其他零星隔热工程，均按设计图示尺寸以体积计算，套用柱帽、梁面定额。

(9) 池槽隔热层按设计图示池槽保温隔热层的长、宽及厚度以体积计算，其中池壁按墙面计算，池底按地面计算。

(10) 包柱隔热层，按设计图示柱的隔热层中心线的展开长度乘以高度及厚度以体积计算。

例 4-50 已知条件如例 4-48，试根据《江苏省建筑与装饰工程计价定额》(2014 版)，完成各项清单综合单价及合价的计算。

解 (1) 定额列项。

① 010902001001 屋面卷材防水。

a. 10-30 SBS 改性沥青防水卷材冷粘法单层。

b. 10-72 20 厚 1∶3 水泥砂浆找平层。

② 010902003001 屋面刚性防水。

a. 10-77 40 厚 C20 细石混凝土。

b. 5-4 D4 双向钢筋。

c. 10-72 20 厚 1∶3 水泥砂浆找平层。

③ 010902004001 屋面排水管。

a. 10-202 D100 PVC 排水管。

b. 10-206 D100 PVC 雨水斗。

c. 10-214 D100 铸铁雨水口。

④ 010902007001 屋面天沟、檐沟。

a. 10-30 SBS 改性沥青防水卷材冷粘法单层。

b. 10-74+10-76 20 厚 1∶2 水泥砂浆找平层。

c. 10-69 C20 细石混凝土找坡。

⑤ 011001001001 保温隔热屋面。

11-28 30 厚聚苯乙烯泡沫保温板。

(2) 定额工程量计算过程。

定额工程量计算表如表 4-10-11 所示。

表 4-10-11 定额工程量计算表

定额编号	定额名称	工程量	单位	计算式
10-30	SBS 改性沥青防水卷材冷粘法单层	5.55	10 m²	同清单
10-72	20 厚 1∶3 水泥砂浆找平层	5.55	10 m²	同清单
10-77	40 厚 C20 细石混凝土	5.49	10 m²	同清单
5-4	D4 双向钢筋	—	t	工程量另计

续表

定额编号	定额名称	工程量	单位	计算式
10-72	20厚1∶3水泥砂浆找平层	5.49	10 m^2	同清单
10-202	D100 PVC排水管	7.32	10 m	同清单
10-206	D100 PVC雨水斗	0.6	10只	6只
10-214	D100铸铁雨水口	0.6	10只	6只
10-30	SBS改性沥青防水卷材冷粘法单层	3.37	10 m^2	同清单
10-74 +10-76	20厚1∶2水泥砂浆找平层	3.37	10 m^2	同清单
10-69	C20细石混凝土找坡	1.79	10 m^2	$S=[(9.84+0.54)+(5.64+0.54)]\times 2\times 0.54\ m^2=17.88\ m^2$
11-28	30厚聚苯乙烯泡沫保温板	5.49	10 m^2	同清单

（3）单价调整、套价。

屋面卷材防水，屋面刚性防水，屋面排水管，屋面天沟、檐沟，保温隔热屋面综合单价分析表如表4-10-12至表4-10-16所示。

表4-10-12　屋面卷材防水综合单价分析表

编号	项目编码	项目名称	项目特征	计量单位	工程量	综合单价	合价
1	010902001001	屋面卷材防水	1. SBS卷材防水层冷粘 2. 20厚1∶3水泥砂浆找平表面抹光	m^2	55.50	68.85	3 821.18
组价分析							
编号	定额子目	子目名称		计量单位	工程量	综合单价	合价
1	10-30	SBS改性沥青防水卷材冷粘法单层		10 m^2	5.55	522.31	2 898.82
3	10-72	20厚1∶3水泥砂浆找平层		10 m^2	5.55	166.19	922.35

表4-10-13　屋面刚性防水综合单价分析表

编号	项目编码	项目名称	项目特征	计量单位	工程量	综合单价	合价
2	010902003001	屋面刚性防水	1. 40厚C20细石混凝土内配4 mm双向钢筋间距150 mm 2. 20厚1∶3水泥砂浆找平层	m^2	54.86	58.37	3 202.18

续表

组价分析							
编号	定额子目	子目名称		计量单位	工程量	综合单价	合价
1	10-77	40厚C20细石混凝土		10 m^2	5.49	417.07	2 289.71
2	5-4	D4双向钢筋		t	—	—	—
2	10-72	20厚1∶3水泥砂浆找平层		10 m^2	5.49	166.19	912.38

表 4-10-14　屋面排水管综合单价分析表

编号	项目编码	项目名称	项目特征	计量单位	工程量	综合单价	合价
3	010902004001	屋面排水管	1. 白色D100 PVC塑料管 2. D100铸铁雨水口 3. 白色D100 PVC雨水斗	m	73.20	43.67	3 196.64
组价分析							
编号	定额子目	子目名称		计量单位	工程量	综合单价	合价
1	10-202	D100 PVC排水管		10 m	7.32	364.58	2 668.73
2	10-206	D100 PVC雨水斗		10只	0.6	422.04	253.22
2	10-214	D100铸铁雨水口		10只	0.6	458.09	274.85

表 4-10-15　屋面天沟、檐沟综合单价分析表

编号	项目编码	项目名称	项目特征	计量单位	工程量	综合单价	合价
4	010902007001	屋面天沟、檐沟	1. SBS卷材防水层 2. 20厚1∶2防水砂浆找平层 3. C20细石混凝土找坡	m^2	33.68	98.37	3 313.10
组价分析							
编号	定额子目	子目名称		计量单位	工程量	综合单价	合价
1	10-30	SBS改性沥青防水卷材冷粘法单层		10 m^2	3.37	522.31	1 760.18
2	10-74＋10-76	20厚1∶2水泥砂浆找平层		10 m^2	3.37	275.97＋37.45＝313.42	1 056.23
3	10-69	C20细石混凝土找坡		10 m^2	1.79	277.44	496.62

表 4-10-16　保温隔热屋面综合单价分析表

编号	项 目 编 码	项 目 名 称	项 目 特 征	计量单位	工程量	综合单价	合　价
5	011001001001	保温隔热屋面	30 厚聚苯乙烯泡沫保温板	m^2	54.86	32.77	1 797.76
组 价 分 析							
编号	定 额 子 目	子 目 名 称		计量单位	工程量	综合单价	合　价
1	11-28	30 厚聚苯乙烯泡沫保温板		10 m^2	5.49	327.48	1 797.87

1. 某建筑物基础平面图及剖面图如图 4-1 所示，已知设计室外地坪以下砖基础体积为 15.85 m^3，混凝土垫层体积为 2.86 m^2，室内地面厚度为 180 mm，工作面 C=300 mm，土质为二类土。要求挖出的土堆于现场，回填后余下土外运，试计算土方工程相关清单工程量，并列出工程量清单。

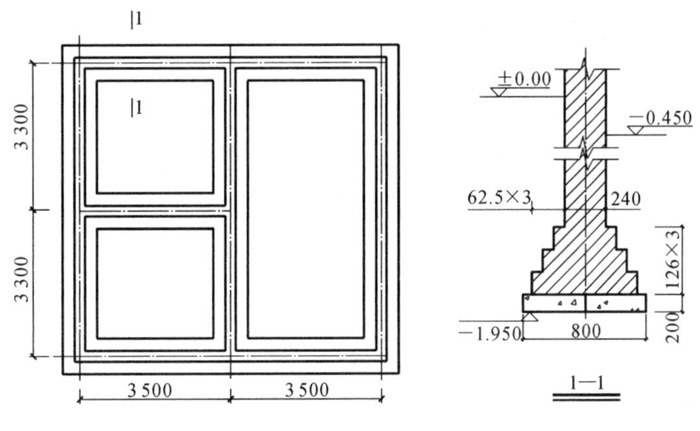

图 4-1　题 1 图

2. 某办公楼工程基底为可塑黏土，地基承载力不满足设计要求。拟采用水泥粉煤灰碎石桩进行地基处理，桩径为 400 mm，桩体强度为 C20，桩数 52 根，设计桩长为 12 m，桩端进入硬塑黏土层不少于 1.5 m，桩顶在地面以下 1.5～2 m，水泥粉煤灰碎石桩采用振动沉管灌注桩施工，桩顶采用 200 mm 厚人工级配砂石（砂：碎石＝3：7，最大粒径为 30 mm）作为褥垫层，如图 4-2 所示。根据上述条件，参考相关规范、定额，列出该工程地基处理相关工程量清单，并计算其造价。

3. 某单独招标打桩工程，断面及桩截面示意图如图 4-3 所示，设计静力压预应力圆形管桩 75 根，设计桩长为 18 m(9 m＋9 m)，桩外径为 400 mm，壁厚 35 mm，自然地面标高为－0.45 m，桩顶标高为－2.1 m，螺栓加焊接接桩，管桩接桩点周边设计用钢板，根据当地地质条件不需要使用桩尖，成品管桩市场信息价为 2 500 元/m^3。本工程人工单价、除成品管桩外其他材料单价、机械台班单价、企业管理费率 11%，利润费率 6%，按《江苏省建筑与装饰工程计价定额》执行不调整。请根据上述条件计算清单工程量，并根据《江苏省建筑与装饰工程计价定额》计算清单综合单价。

4. 某一层接待室为三类工程，砖混结构，平面图及剖面图如图 4-4 所示。设计室外地坪标高为－0.300 m，设计室内地面标高为±0.00 m，平屋面板标高为 3.500 m。墙体中 C20 混凝土构造柱工程量为 2.39 m^3（含马

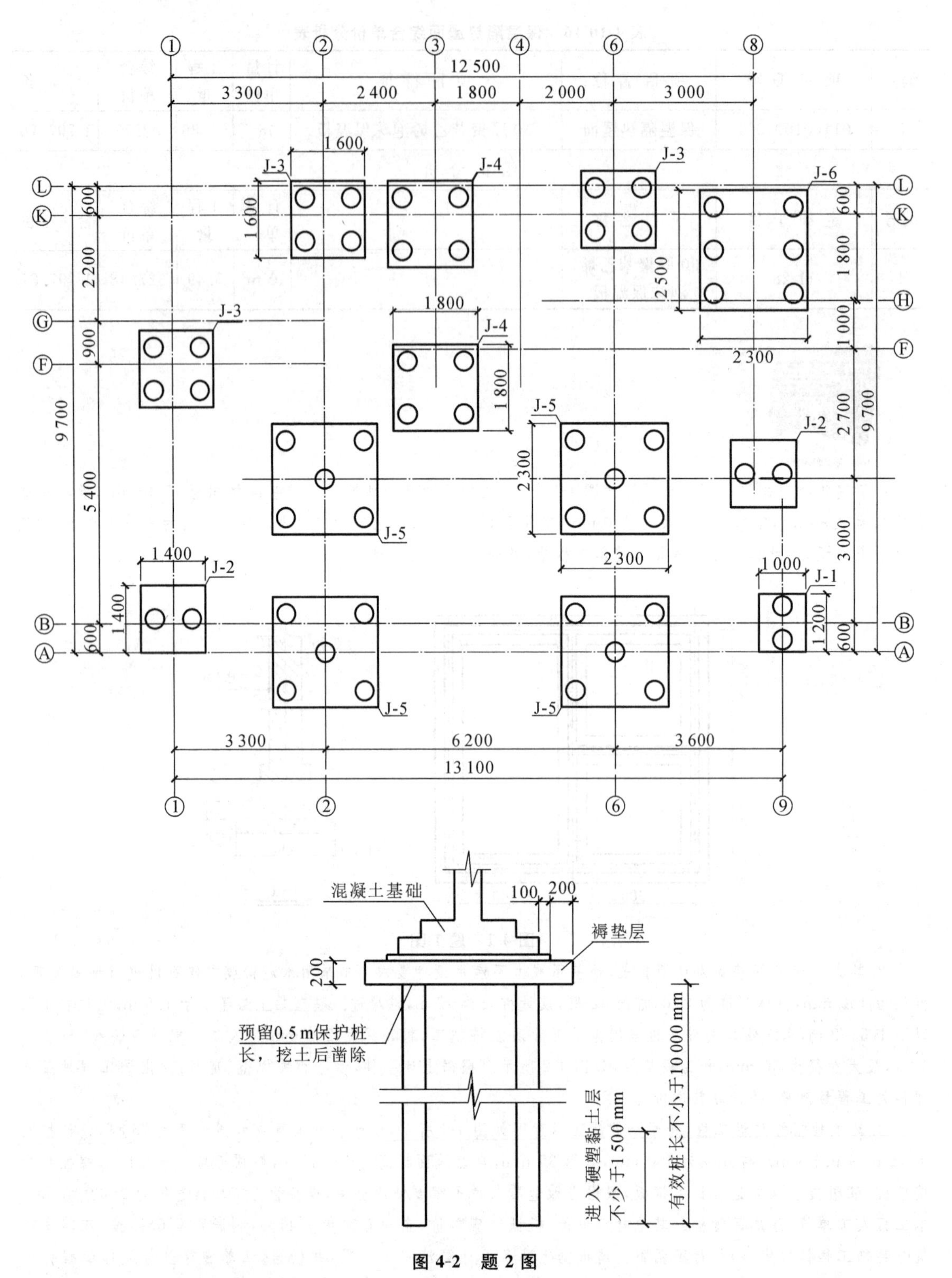

图 4-2　题 2 图

牙楼），墙体中 C20 混凝土圈梁工程量为 2.31 m^3，平屋面屋面板混凝土标号 C20，厚 100 mm，门窗洞口上方设置混凝土过梁，工程量为 0.81 m^3，−0.06 m 处设水泥砂浆防潮层，防潮层以上墙体为 KP1 多孔砖 240 mm×115 mm×90 mm，M5 混合砂浆砌筑，防潮层以下为混凝土标准砖，门窗洞口尺寸如表 4-1 所示。请根据上述条

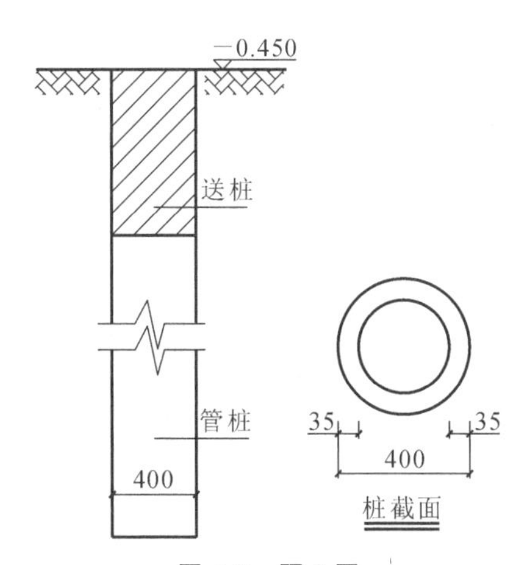

图 4-3 题 3 图

件计算清单工程量，并根据《江苏省建筑与装饰工程计价定额》(2014 版)计算清单综合单价。

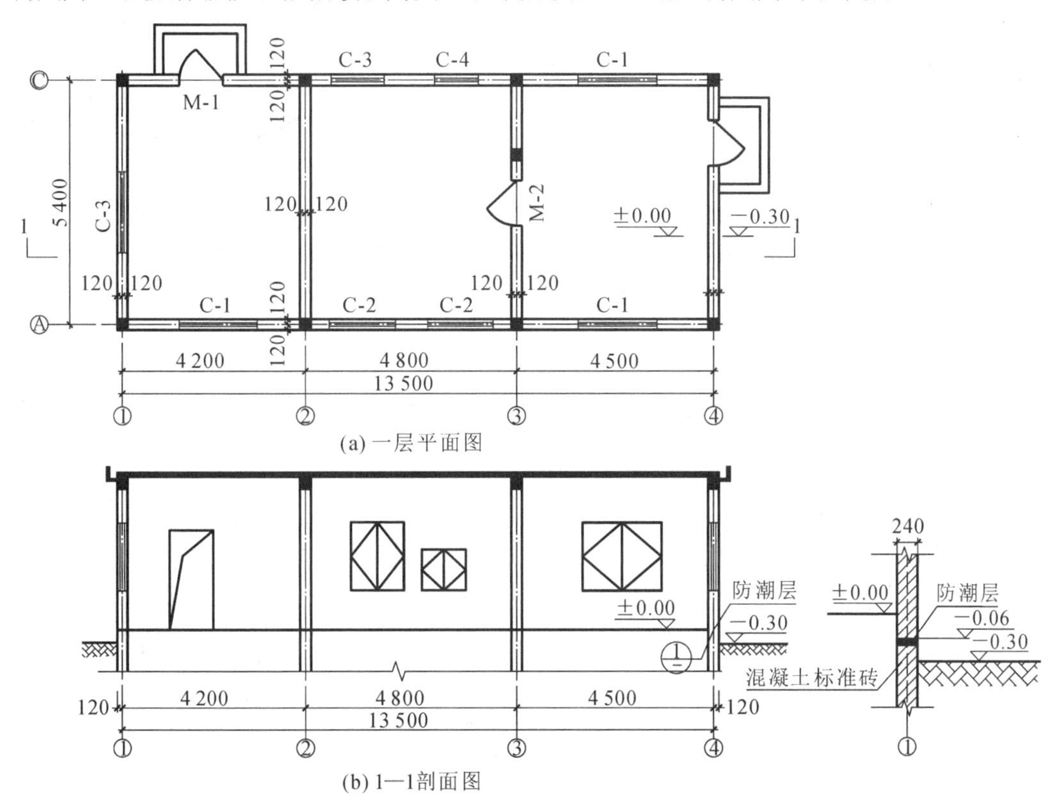

图 4-4 题 4 图

表 4-1 门窗洞口尺寸

编　　号	洞 口 尺 寸	数　　量	编　　号	洞 口 尺 寸	数　　量
M-1	1 000×2 200	2	C-1	1 800×1 500	4
M-2	1 000×2 200	1	C-2	1 500×900	2
			C-3	1 200×1 500	2
			C-4	1 000×900	1

5. 某框架结构房屋，其现浇混凝土C30二层结构平面如图4-5所示。已知一层板顶标高为3.3 m，二层板顶标高为6.6 m，板厚100 mm。请根据上述条件计算混凝土工程清单工程量，并根据《江苏省建筑与装饰工程计价定额》(2014版)计算清单综合单价。

6. 已知某工程屋面尺寸及做法如图4-6所示，试计算屋面工程相关清单工程量，并根据《江苏省建筑与装饰工程计价定额》(2014版)计算清单综合单价。

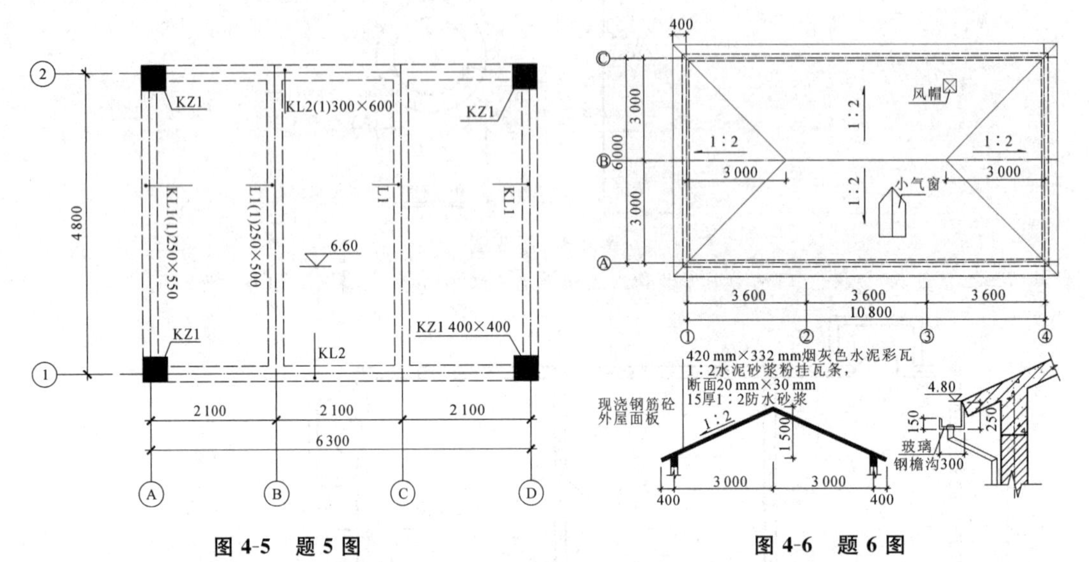

图4-5　题5图　　　　图4-6　题6图

7. 某钢结构柱间支撑如图4-7所示，试计算该柱间支撑清单工程量，并计算其费用。

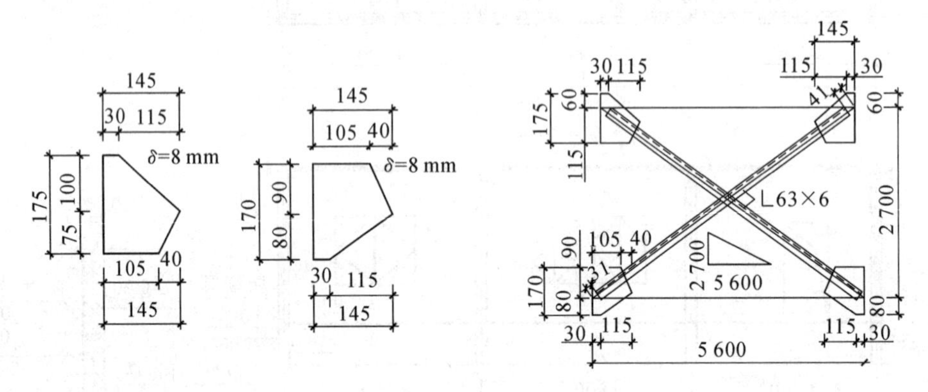

图4-7　题7图

学习情境5

措施项目费、其他项目费、规费和税金计算

学习目标

(1) 了解各个措施项目的工艺、材料、技术措施等相关知识。
(2) 掌握各个措施项目的清单及定额计量规则。
(3) 理解预算定额中对各措施项目的计价规定、条文解释。
(4) 学会利用预算定额计算措施项目的工程费用,并能够进行造价分析。
(5) 了解其他项目费、规费和税金的组成,能够根据相关计价规定计算其费用。

措施项目费是指为完成建设工程施工,发生于该工程施工前和施工过程中的技术、生活、安全、环境保护等方面的费用。与分部分项工程费有所不同,措施项目费一般不构成工程实体。措施项目按计价方式可分为单价措施项目和总价措施项目。

单价措施项目是指与分部分项工程项目类似的可计量计价的措施项目,如脚手架工程、模板工程、建筑物超高增加工程、垂直运输、二次搬运、施工排降水等措施项目。

总价措施项目是指无法准确计量,通常采用基数×费率的计算方式取费的措施项目。按总价措施费计费的措施项目包括安全文明施工、夜间施工、非夜间施工照明、冬雨季施工、已完工程及设备保护、赶工措施、按质论价、住宅分户验收等。

任务1 模板工程计量与计价

一、模板工程简介

模板工程包括模板和支架系统两大部分。模板质量直接影响到混凝土成形的质量，支架系统的质量直接影响到其他施工的安全。钢筋混凝土结构中的基础、梁、板、柱、剪力墙及混凝土二次构件都需要采用模板铸模成形。各类现浇混凝土构件模板工程如图 5-1-1 所示。

(a) 地下室底板模板工程

(b) 独立基础模板工程

(c) 柱模板工程

(d) 墙模板工程

(e) 楼梯模板工程

图 5-1-1 各类现浇混凝土构件模板工程

常见的模板及其特性如下。

1. 木模板

木模板的优点是较适用于外形复杂或异形混凝土构件，以及冬期施工的混凝土工程；其缺点是制作量大、木材资源浪费大等。

2. 组合钢模板

组合钢模板主要由钢模板、连接体和支撑体三部分组成，其优点是轻便灵活、拆装方便、通用性强、周转率高等，缺点是接缝多且严密性差，导致混凝土成形后外观质量差。

3. 钢框木(竹)胶合板模板

钢框木(竹)胶合板模板是以热轧异型钢为钢框架，以覆面胶合板作为板面，并加焊若干钢肋承托面板的一种组合式模板。与组合钢模板相比，钢框木(竹)胶合板模板的特点为自重轻、用钢量少、面积大、模板拼缝少、维修方便等。

4. 大模板

大模板由板面结构、支撑系统、操作平台和附件等组成，是现浇墙、壁结构施工的一种工具式模板，其特点是以建筑物的开间、进深和层高为大模板尺寸。由于面板由钢板组成，故大模板的优点是模板整体性好、抗震性强、无拼缝等，缺点是模板重量大、移动安装需起重机械吊运。

5. 其他模板

其他模板还有爬升模板、滑升模板、飞模、模壳模板、胎膜、永久性压型钢板模板，以及各种配筋的混凝土薄板模板等，如图 5-1-2 所示。

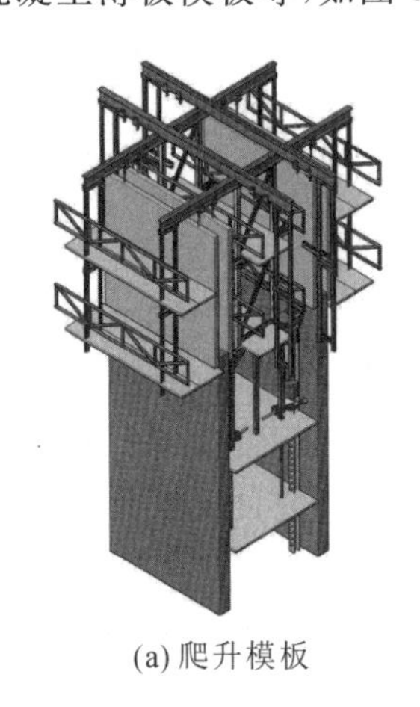

(a) 爬升模板

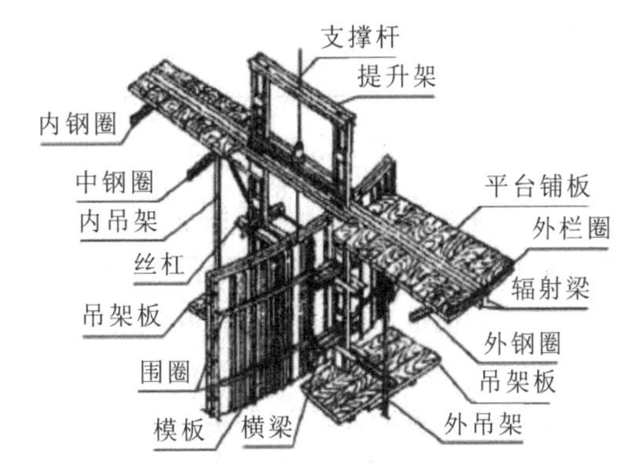

(b) 滑升模板

图 5-1-2　其他模板

二、模板工程清单工程量计算规则

《房屋建筑与装饰工程工程量计算规范》(GB 50854—2013)中，混凝土模板及支架(撑)是按支模部位划分的，其项目编码、项目名称如表 5-1-1 所示，工程量计算规则如下。

表 5-1-1　混凝土模板及支架(撑)(编号:011702)

项目编码	项目名称	项目编码	项目名称
011702001	基础	011702017	拱板
011702002	矩形柱	011702018	薄壳板
011702003	构造柱	011702019	空心板
011702004	异形柱	011702020	其他板
011702005	基础梁	011702021	栏板
011702006	矩形梁	011702022	天沟、檐沟
011702007	异形梁	011702023	雨篷、悬挑板、阳台板
011702008	圈梁	011702024	楼梯
011702009	过梁	011702025	其他现浇构件
011702010	弧形、拱形梁	011702026	电缆沟、地沟

续表

项目编码	项目名称	项目编码	项目名称
011702011	直形墙	011702027	台阶
011702012	弧形墙	011702028	扶手
011702013	短肢剪力墙、电梯井壁	011702029	散水
011702014	有梁板	011702030	后浇带
011702015	无梁板	011702031	化粪池
011702016	平板	011702032	检查井

混凝土模板及支架(撑)包括基础,矩形柱,构造柱,异形柱,基础梁,矩形梁,异形梁,圈梁,过梁,弧形及拱形梁,直形墙,弧形墙,短肢剪力墙及电梯井壁,有梁板,无梁板,平板,拱板,薄壳板,空心板,其他板,栏板,天沟及檐沟,雨篷、悬挑板、阳台板,楼梯,其他现浇构件,电缆沟、地沟,台阶,扶手,散水,后浇带,化粪池,检查井,适用于以平方米计量。以立方米计量的混凝土模板及支架(撑),按混凝土及钢筋混凝土实体项目执行,其综合单价应包含模板及支架(撑)。以下仅规定了按接触面积计算的规则与方法:

(1) 混凝土基础、柱、梁、墙板等主要构件的模板及支架(撑)工程量按模板与现浇混凝土构件的接触面积计算,原槽浇灌的混凝土基础、垫层不计算模板工程量。若现浇混凝土梁、板支撑高度超过 3.6 m,则项目特征应描述支撑高度。

① 现浇钢筋砼墙、板,单孔面积小于或等于 0.3 m^2 的孔洞不扣除,洞侧壁模板亦不增加;单孔面积大于 0.3 m^2 的孔洞应扣除,洞侧壁模板面积并入墙、板工程量内计算。

② 现浇框架分别按梁、板、柱的有关规定计算,附墙柱、暗梁、暗柱并入墙工程量内计算。

③ 柱、梁、墙、板相互连接的重叠部分,均不计算模板面积。

④ 构造柱按设计图示外露部分计算模板面积。

(2) 天沟、檐沟、电缆沟、地沟、散水、扶手、后浇带、化粪池、检查井按模板与现浇混凝土构件的接触面积计算。

(3) 雨篷、悬挑板、阳台板按设计图示尺寸以外挑部分的水平投影面积计算,挑出墙外的悬臂梁及板边不另外计算。

(4) 楼梯按楼梯(包括休息平台、平台梁、斜梁和楼层板的连接梁)的水平投影面积计算,不扣除宽度小于或等于 500 mm 的楼梯井所占面积,楼梯踏步、踏步板、平台梁等侧面模板不另外计算,伸入墙内部分亦不增加。

例 5-1 某框架结构建筑,柱、梁、板均采用非泵送预拌 C30 混凝土,模板采用复合木模板,其中二层楼面结构图如图 5-1-3 所示。已知柱截面尺寸均为 600 mm×600 mm,一层楼面结构标高−0.03 m,二层楼面结构标高 4.470 m,现浇楼板厚 120 mm,轴线尺寸为柱中心线尺寸。请根据以上信息编制有关模板工程工程量清单。

解 柱、梁、板模板工程量清单如表 5-1-2 所示。

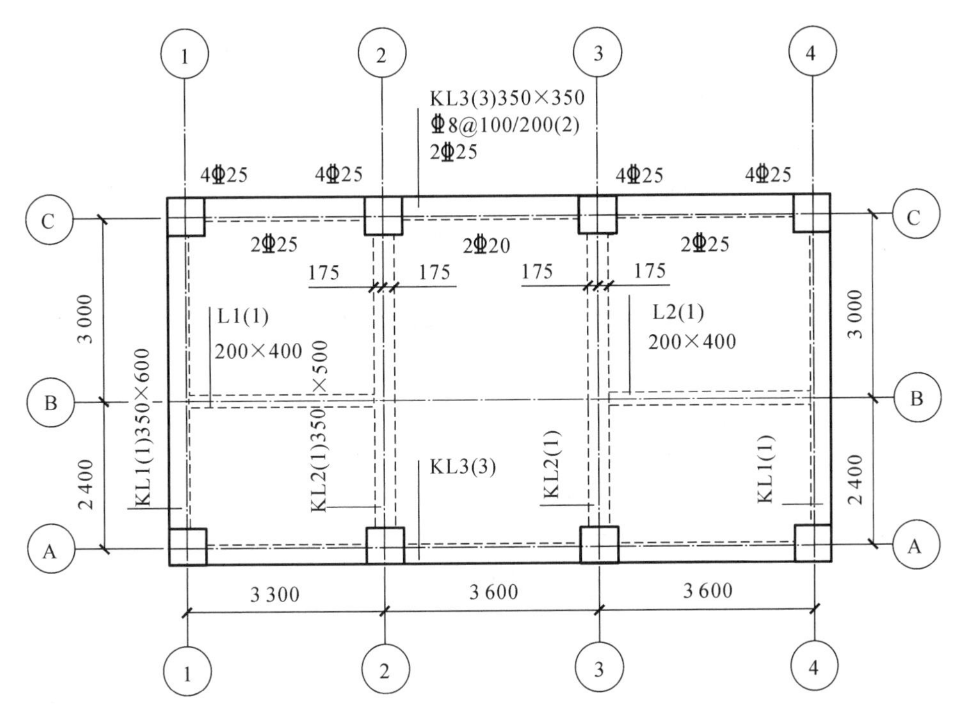

图 5-1-3 二层楼面结构图

表 5-1-2 柱、梁、板模板工程量清单

编号	项目编码	项目名称	项目特征	计量单位	工程量	计算式
1	011702002001	矩形柱模板	复合木模板	m^2	81.23	柱：0.6×4×(4.47+0.03−0.12)×8 m^2 =84.1 m^2 扣梁头：−(0.35×0.48×4+0.35×0.43×4+0.35×0.38×12) m^2 = −2.87 m^2 矩形柱模板小计：(84.1−2.87) m^2 =81.23 m^2
2	011702014001	有梁板模板	有梁板模板	m^2	101.91	KL1：(0.6−0.12)×2×[2.4+3+(−0.6)]×2 m^2 =9.22 m^2 KL2：(0.55−0.12)×2×[2.4+3+(−0.6)]×2 m^2 =8.26 m^2 KL3：(0.5−0.12)×2×(3.3+3.6+3.6−0.6×3)×2 m^2 =13.22 m^2 L1：(0.4−0.12)×2×(3.3−0.05−0.175) m^2 =1.72 m^2 L2：(0.4−0.12)×2×(3.6−0.05−0.175) m^2 =1.89 m^2 板底：(3.3+3.6×2+0.6)×(2.4+3+0.6) m^2 =66.6 m^2 板侧：(3.3+3.6×2+0.6+2.4+3+0.6)×2×0.12 m^2 =4.1 m^2 扣柱头：−0.6×0.6×8 m^2 =−2.88 m^2 扣梁头：−0.2×0.28×4 m^2 =−0.22 m^2 有梁板模板小计：(9.22+8.26+13.22+1.72+1.89+66.6+4.1−2.88−0.22) m^2 =101.91 m^2

例 5-2 某现浇混凝土独立基础平面图及立面图如图 5-1-4 所示，试编制有关基础模板工程量清单。

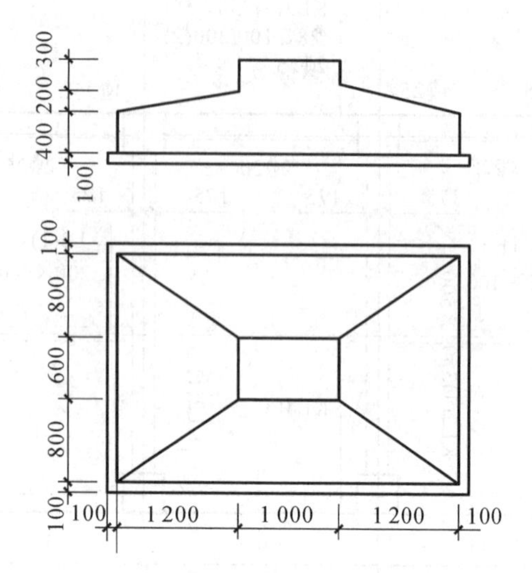

图 5-1-4 独立基础平面图及立面图

解 基础模板工程量清单如表 5-1-3 所示。

表 5-1-3 基础模板工程量清单

编号	项目编码	项目名称	项目特征	计量单位	工程量	计算式
1	011702001001	基础	独立基础	m^2	5.44	$(3.4+2.2)\times2\times0.4+(1.0+0.6)\times2\times0.3\ m^2=5.44\ m^2$

三、模板工程计价定额规则

1. 定额说明（摘录）

本章分为现浇构件模板、现场预制构件模板、加工厂预制构件模板和构筑物工程模板四个部分，使用时应分别套用。为便于施工企业快速报价，在附录中列出了混凝土构件的模板含量表，供使用单位参考。按设计图纸计算模板接触面积或使用混凝土含模量折算模板面积，两种方法仅能使用其中一种，相互不得混用。使用含模量者，竣工结算时模板面积不得调整。构筑物工程中的滑升模板按混凝土体积以立方米计算。倒锥形水塔水箱提升以“座”为单位。

(1) 现浇构件模板子目按不同构件分别编制了组合钢模板配钢支撑、复合木模板配钢支撑，使用时任选一种套用。

(2) 预制构件模板子目按不同构件分别以组合钢模板、复合木模板、木模板、定型钢模板、长线台钢拉模、加工厂预制构件配混凝土地模、现场预制构件配砖胎模、长线台配混凝土地胎模编制，使用其他模板时不予换算。

(3) 模板工作内容包括清理、场内运输、安装、刷隔离剂、浇灌混凝土时模板维护、拆模、集中堆放、场外运输，木模板包括制作（预制构件包括刨光，现浇构件不包括刨光），组合钢模板、复合木模板包括装箱。

(4) 现浇钢筋混凝土柱、梁、墙、板的支模高度以净高（底层无地下室者需另加室内外高差）

在3.6 m以内为准，净高超过3.6 m的构件，其钢支撑、零星卡具及模板人工分别乘以表5-1-4中的系数。根据施工规范要求，属于高大支模的，其费用另行计算。

表5-1-4　构件净高超过3.6 m增加系数表

增加内容	净高在	
	5 m以内	8 m以内
独立柱、梁、板钢支撑及零星卡具	1.10	1.30
框架柱（墙）、梁、板钢支撑及零星卡具	1.07	1.15
模板人工（不分框架和独立柱梁板）	1.30	1.60

注：轴线未形成封闭框架的柱、梁、板称为独立柱、梁、板。

（5）支模净高：

① 柱：无地下室底层者，是指设计室外地面至上层板底面、楼层板顶面至上层板底面。

② 梁：无地下室底层者，是指设计室外地面至上层板底面、楼层板顶面至上层板底面。

③ 板：无地下室底层者，是指设计室外地面至上层板底面、楼层板顶面至上层板底面。

④ 墙：整板基础板顶面（或反梁顶面）至上层板底面、楼层板顶面至上层板底面。

（6）设计T形柱、L形柱、十字形柱时，其单面每边宽在1 000 mm内的，按T形柱、L形柱、十字形柱相应子目执行，其余按直形墙相应定额执行。

2. 定额工程量计算规则

（1）现浇混凝土及钢筋混凝土模板工程量除另有规定者外，均按混凝土与模板的接触面积计算。使用含模量计算模板接触面积者，其工程量＝构件体积×相应项目含模量。

（2）钢筋混凝土墙、板上单孔面积在0.3 m^2以内的孔洞不予扣除，洞侧壁模板不另外增加，但突出墙面的侧壁模板应相应增加；单孔面积在0.3 m^2以外的孔洞应扣除，洞侧壁模板面积并入墙、板模板工程量内计算。

（3）现浇钢筋混凝土框架分别按柱、梁、墙、板有关规定计算，墙上单面附墙柱、暗梁、暗柱并入墙工程量内计算，双面附墙柱按柱计算，但后浇墙、板带的工程量不扣除。

（4）设备螺栓套孔或设备螺栓分别按不同深度以个计算，二次灌浆按实灌体积计算。

（5）预制混凝土板间或边补现浇板缝，缝宽在100 mm以上者，模板按平板定额计算。

（6）构造柱外露的，均应按设计图示外露部分计算面积（锯齿形则按锯齿形最宽面计算模板宽度），构造柱与墙的接触面不计算模板面积。

（7）现浇混凝土雨篷、阳台、水平挑板，按设计图示挑出墙面以外的板底尺寸的水平投影面积计算（附在阳台梁上的混凝土线条不计算水平投影面积），挑出墙外的牛腿及板边模板已包含在内。复式雨篷挑口内侧净高超过250 mm时，其超过部分按挑檐定额计算（超过部分的含模量按天沟含模量计算）。

（8）整体直形楼梯包括楼梯段、中间休息平台、平台梁、斜梁，以及楼梯与楼板连接的梁，按水平投影面积计算，不扣除宽度小于500 mm的楼梯井，伸入墙内部分不另外增加。

（9）圆弧形楼梯（包括圆弧形梯段、休息平台、平台梁、斜梁，以及楼梯与楼板连接的梁），按楼梯的水平投影面积计算。

（10）楼板后浇带以延长米计算（整板基础的后浇带不包含在内）。

（11）现浇圆弧形构件，除定额已注明者外，均按垂直圆弧形的面积计算。

(12) 栏杆按扶手长度计算，栏板竖向挑板按模板接触面积计算，扶手、栏板的斜长按水平投影长度乘以系数1.18计算。

(13) 劲性混凝土柱模板按现浇柱定额执行。

(14) 砖侧模分不同厚度按砌筑面积计算。

(15) 后浇板带模板、支撑增加费、工程量按后浇板带设计长度以延长米计算。

(16) 整板基础后浇带铺设热镀锌钢丝网，按实铺面积计算。

例5-3 已知条件如例5-1，试根据《江苏省建筑与装饰工程计价定额》(2014版)，完成模板工程清单综合单价及合价的计算。

解 (1) 定额列项。

① 21-27 矩形柱复合木模板。

② 21-59 有梁板复合木模板。

(2) 计算定额工程量。

① 21-27 矩形柱复合木模板：

工程量同清单，即

$$S=81.23\ \text{m}^2$$

② 21-59 有梁板复合木模板：

工程量同清单，即

$$S=101.91\ \text{m}^2$$

(3) 单价调整、套价。

① 矩形柱复合木模板：

$$21\text{-}27_{换}=[616.33+285.36\times0.3\times1.37+(14.96+8.64)\times0.07]元/(10\ \text{m}^2)=735.26\ 元/(10\ \text{m}^2)$$

注：现浇钢筋混凝土柱、梁、墙、板的支模高度以净高(底层无地下室者需另加室内外高差)在3.6 m以内为准，净高超过3.6 m的构件，其钢支撑、零星卡具及模板人工分别乘以表5-1-4中的系数。根据施工规范要求，属于高大支模的，其费用另行计算。

合价：

$$81.23\times735.26/10\ 元=5\ 972.52\ 元$$

② 有梁板复合木模板：

$$21\text{-}59_{换}=[567.37+239.44\times0.3\times1.37+(29.08+8.83)\times0.07]元/(10\ \text{m}^2)=668.43\ 元/(10\ \text{m}^2)$$

合价：

$$101.91\times668.43/10\ 元=6\ 811.97\ 元$$

矩形柱模板、有梁板模板综合单价分析表如表5-1-5和表5-1-6所示。

表5-1-5 矩形柱模板综合单价分析表

编号	项目编码	项目名称	项目特征	计量单位	工程量	综合单价	合价
1	011702002001	矩形柱模板	复合木模板	m^2	81.23	73.526	5 972.52
			组价分析				
编号	定额子目	子目名称		计量单位	工程量	综合单价	合价
1	$21\text{-}27_{换}$	矩形柱复合木模板		10 m^2	8.123	735.26	5 972.52

表 5-1-6　有梁板模板综合单价分析表

编号	项目编码	项目名称	项目特征	计量单位	工程量	综合单价	合　价
2	011702014001	有梁板模板	有梁板模板	m^2	101.91	66.843	6 811.97
组价分析							
编号	定额子目	子目名称		计量单位	工程量	综合单价	合　价
1	21-59换	有梁板复合木模板		10 m^2	10.191	668.43	6 811.97

例 5-4　已知条件如例 5-2，试根据《江苏省建筑与装饰工程计价定额》(2014 版)，完成基础模板工程清单综合单价及合价的计算。

解　(1) 定额列项。

21-12　独立基础复合木模板。

(2) 计算定额工程量。

21-12　独立基础复合木模板：

工程量同清单，即

$$S=5.44\ m^2$$

(3) 单价调整、套价。

独立基础复合木模板合价：

$$5.44\times605.78/10\ 元=329.54\ 元$$

基础模板综合单价分析表如表 5-1-7 所示。

表 5-1-7　基础模板综合单价分析表

编号	项目编码	项目名称	项目特征	计量单位	工程量	综合单价	合　价
1	011702001001	基础	独立基础	m^2	5.44	60.578	329.54
组价分析							
编号	定额子目	子目名称		计量单位	工程量	综合单价	合　价
1	21-12	独立基础复合木模板		10 m^2	0.544	605.78	329.54

任务2　脚手架工程计量与计价

一、脚手架工程简介

脚手架工程是指施工现场为工人操作并解决垂直和水平运输问题而搭设的各种支架；建筑界的通用术语则是指建筑工地上用在外墙、内部装修或层高较高而无法直接施工的地方的各种支架。

1. 脚手架的分类

脚手架按不同特点有不同的划分方法，其分类形式如图 5-2-1 所示。

连接脚手架钢管的连接件主要有扣件、碗扣等，如图 5-2-2 所示。

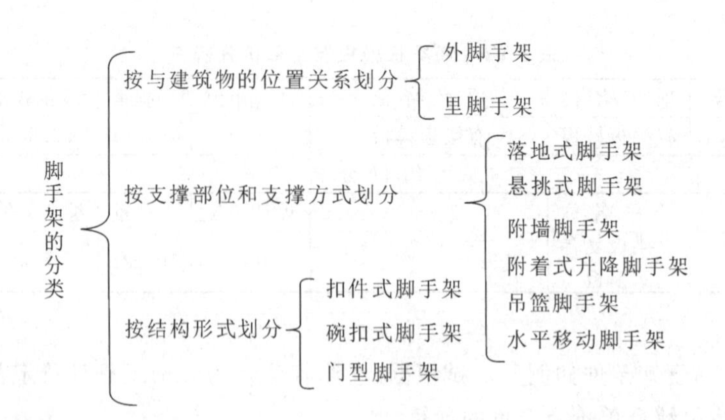

图 5-2-1 脚手架的分类

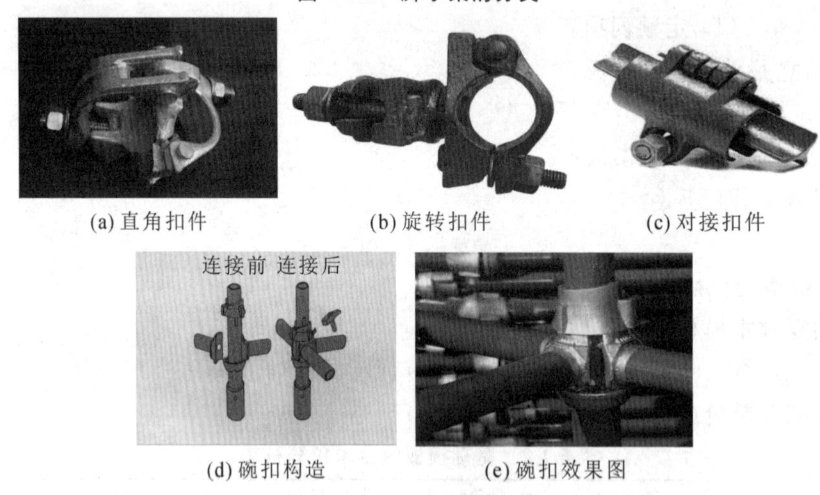

(a) 直角扣件　(b) 旋转扣件　(c) 对接扣件

(d) 碗扣构造　(e) 碗扣效果图

图 5-2-2 连接脚手架钢管的连接件

2. 脚手架的构造

典型的双排脚手架的构造示意图如图 5-2-3 所示。

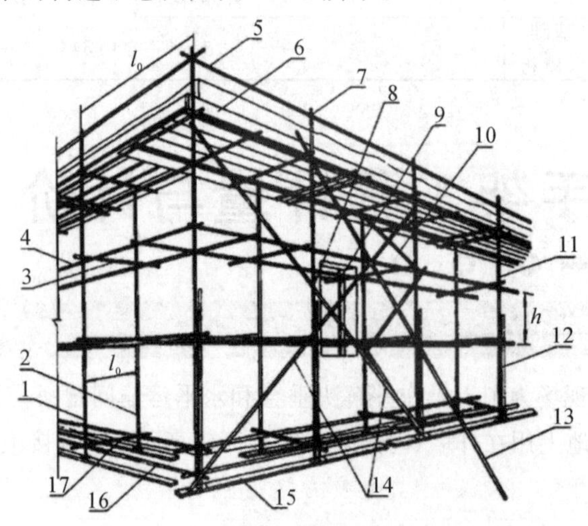

图 5-2-3 典型的双排脚手架的构造示意图

1—外立杆；2—内立杆；3—横向水平杆；4—纵向水平杆；5—栏杆；6—挡脚板；7—直角扣件；8—旋转扣件；9—连墙件；10—横向斜撑；11—主立杆；12—副立杆；13—抛撑；14—剪刀撑；15—垫板；16—纵向扫地杆；17—横向扫地杆

二、脚手架工程清单工程量计算规则

《房屋建筑与装饰工程工程量计算规范》(GB 50854—2013)中,按计量方法的不同,脚手架可分为综合脚手架及单项脚手架,其项目编码、项目名称及工程量计算规则如表5-2-1所示。

表5-2-1　脚手架工程(编号:011701)

项目编码	项目名称	项目特征	计量单位	工程量计算规则	工作内容
011701001	综合脚手架	1.建筑结构形式 2.檐口高度	m^2	按建筑面积计算	1.场内、场外材料搬运 2.搭、拆脚手架、斜道、上料平台 3.安全网的铺设 4.选择附墙点与主体连接 5.测试电动装置、安全锁等 6.拆除脚手架后材料的堆放
011701002	外脚手架	1.搭设方式 2.搭设高度 3.脚手架材质		按所服务对象的垂直投影面积计算	1.场内、场外材料搬运 2.搭、拆脚手架、斜道、上料平台 3.安全网的铺设 4.拆除脚手架后材料的堆放
011701003	里脚手架				
011701004	悬空脚手架	1.搭设方式 2.搭设宽度 3.脚手架材质		按搭设的水平投影面积计算	
011701005	挑脚手架		m	按搭设长度乘以搭设层数以延长米计算	
011701006	满堂脚手架	1.搭设方式 2.搭设高度 3.脚手架材质	m^2	按搭设的水平投影面积计算	
011701007	整体提升架	1.搭设方式及启动装置 2.搭设高度		按所服务对象的垂直投影面积计算	1.场内、场外材料搬运 2.选择附墙点与主体连接 3.搭、拆脚手架、斜道、上料平台 4.安全网的铺设 5.测试电动装置、安全锁等 6.拆除脚手架后材料的堆放
011701008	外装饰吊篮	1.升降方式及启动装置 2.搭设高度及吊篮型号		按所服务对象的垂直投影面积计算	1.场内、场外材料搬运 2.吊篮的安装 3.测试电动装置、安全锁、平衡控制器等 4.吊篮的拆卸

注:1.使用综合脚手架时,不再使用外脚手架、里脚手架等单项脚手架;“综合脚手架”适用于能够按建筑面积计算规则计算建筑面积的建筑工程脚手架,不适用于房屋加层、构筑物及附属工程脚手架。
2.同一建筑物有不同檐高时,按建筑物竖向切面分别按不同檐高编列清单项目。
3.整体提升架已包含2 m高的防护架体设施。
4.脚手架材质可以不描述,但应注明由投标人根据工程实际情况按照国家现行标准《建筑施工扣件式钢管脚手架安全技术规范》(JGJ 130—2011)、《建筑施工附着升降脚手架管理暂行规定》等规范自行确定。

例5-5　某多层住宅变形缝宽度为0.2 m,阳台水平投影尺寸为1.80 m×3.60 m(共18个),雨篷水平投影尺寸为2.60 m×4.00 m,坡屋面阁楼室内净高最高点为3.65 m,坡屋面屋檐底

面标高为12.6 m,坡屋面坡度为1∶2,平屋面女儿墙顶标高为11.60 m,如图5-2-4所示,请计算综合脚手架工程量。

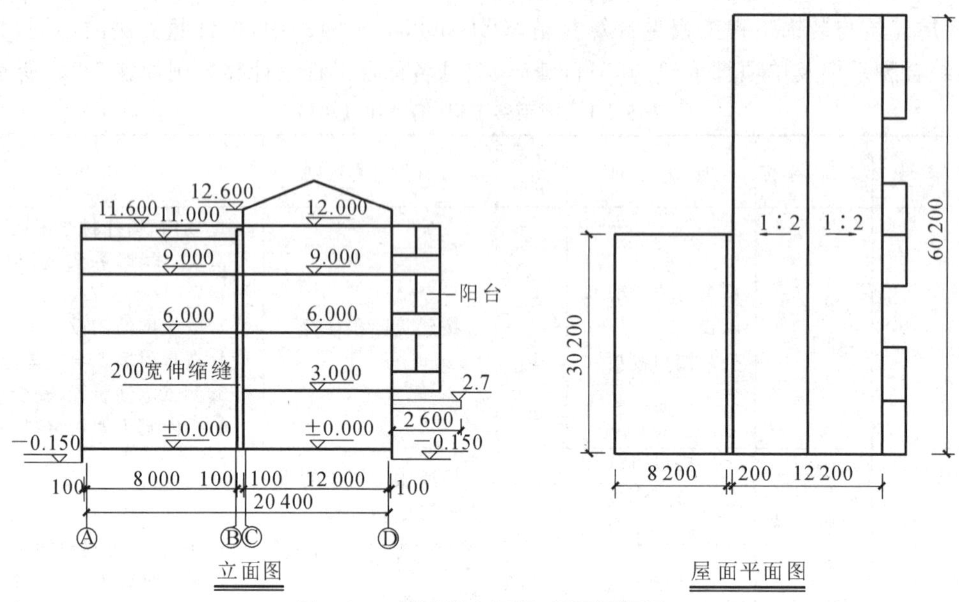

图5-2-4　某建筑立面图、屋面平面图

解　综合脚手架工程量按建筑面积计算,不同檐口高度应分别计算工程量。

AB轴建筑面积为624.20 m^2,CD轴建筑面积为3 542.88 m^2,故该工程裙房与主楼部分的综合脚手架工程量分别为624.20 m^2和3 542.88 m^2。

三、脚手架工程计价定额规则

1. 定额说明(摘录)

脚手架分为综合脚手架和单项脚手架两部分。单项脚手架适用于单独地下室、装配式和多(单)层工业厂房、仓库、独立的展览馆、体育馆、影剧院、礼堂、饭堂(包括附属厨房)、锅炉房、檐高未超过3.60 m的单层建筑、檐高超过3.60 m的屋顶构架、构筑物和单独装饰工程等,除此以外的单位工程均执行综合脚手架项目。

1) 综合脚手架

(1) 檐高在3.60 m内的单层建筑不执行综合脚手架定额。

(2) 综合脚手架项目仅包括脚手架本身的搭拆费用,不包括建筑物洞口临边、电器防护设施等的费用,以上费用已在安全文明施工措施费中列支。

(3) 单位工程在执行综合脚手架时,遇到下列情况时应另列项目计算,不再计算超过20 m的脚手架材料增加费。

① 各种基础自设计室外地面起深度超过1.50 m(砖基础至大放脚砖基底面、钢筋混凝土基础至垫层上表面),同时混凝土带形基础底宽超过3 m、满堂基础或独立柱基(包括设备基础)混凝土底面积超过16 m^2的,应计算砌墙、混凝土浇捣脚手架。砖基础以垂直面积按单项脚手架中的里架子、混凝土浇捣脚手架按相应满堂脚手架定额执行。

② 层高超过3.60 m的钢筋混凝土框架柱、梁、墙,混凝土浇捣脚手架按单项脚手架定额计算。

③ 独立柱、单梁、墙高度超过3.60 m的,混凝土浇捣脚手架按单项脚手架定额计算。

④ 层高在2.20 m以内的技术层外墙脚手架按相应单项脚手架定额执行。

⑤ 施工现场需搭设高压线防护架、金属过道防护棚脚手架的，按单项脚手架定额执行。

⑥ 屋面坡度大于45°时，屋面基层、盖瓦的脚手架费用应另行计算。

⑦ 未计算到建筑面积的室外柱、梁等，其高度超过3.60 m时，应另按单项脚手架相应定额计算。

⑧ 地下室的综合脚手架按檐高在12 m以内的综合脚手架相应定额乘以系数0.5执行。

⑨ 檐高20 m以下的采用悬挑脚手架的，可计取悬挑脚手架增加费用；檐高20 m以上的采用悬挑脚手架的，悬挑脚手架增加费已包括在脚手架超高材料增加费中。

2）单项脚手架

(1) 本定额适用于综合脚手架以外的檐高在20 m以内的建筑物，突出主体建筑物顶的女儿墙、电梯间、楼梯间、水箱等不计入檐口高度。前后檐高不同时，按平均高度计算。檐高在20 m以上的建筑物，脚手架除按本定额计算外，其超过部分所需增加的脚手架加固措施费用等，均按超高脚手架材料增加费子目执行，构筑物、烟囱、水塔、电梯井按其相应子目执行。

(2) 外墙镶(挂)贴脚手架定额适用于单独外装饰工程脚手架搭设。

(3) 高度在3.60 m以内的墙面、天棚、柱、梁抹灰(包括钉间壁、钉天棚)用的脚手架费用套用3.60 m以内的抹灰脚手架；如室内(包括地下室)净高超过3.60 m，天棚抹灰(包括钉天棚)应按满堂脚手架计算，但其内墙抹灰不再计算脚手架；高度在3.60 m以上的内墙面抹灰(包括钉间壁)，如无满堂脚手架可以利用，可按墙面垂直投影面积计算抹灰脚手架。

(4) 建筑物室内天棚面层净高在3.60 m以内，吊筋与楼层的连接点高度超过3.60 m的，应按满堂脚手架相应定额综合单价乘以系数0.60计算。

(5) 墙、柱、梁面刷浆、油漆的脚手架按抹灰脚手架相应定额乘以系数0.10计算。室内天棚净高超过3.60 m的板下勾缝、刷浆、油漆，可另行计算一次脚手架费用，按满堂脚手架相应定额乘以系数0.10计算。

(6) 天棚、柱、梁、墙面不抹灰但满批腻子时，脚手架执行抹灰脚手架定额。

3）檐高超过20 m脚手架材料增加费

(1) 本定额中的脚手架是按建筑物檐高在20 m以内编制的，檐高超过20 m时应计算脚手架材料增加费。

(2) 檐高超过20 m的脚手架材料增加费包括脚手架使用周期延长摊销费、脚手架加固措施费。脚手架材料增加费包干使用，无论实际发生多少，均按本章执行，不调整。

(3) 檐高超过20 m的脚手架材料增加费按下列规定计算：

① 综合脚手架：

a. 檐高超过20 m部分的建筑物，应按其超过部分的建筑面积计算。

b. 层高超过3.6 m，每增高0.1 m，按增高1 m的比例换算(不足0.1 m时按0.1 m计算)，按相应项目执行。

c. 建筑物檐高超过20 m，但其最高一层或其中一层楼面未超过20 m时，该楼层在20 m以上部分仅能计算每增高1 m的增加费。

d. 同一建筑物中有2个或2个以上的檐口高度时，应分别按不同高度竖向切面的建筑面积套用相应子目。

e. 单层建筑物(无楼隔层者)高度超过20 m，其超过部分除构件安装按第八章构件运输及安装工程的规定执行外，其他按本章相应项目计算脚手架材料增加费。

② 单项脚手架：

a. 檐高超过20 m的建筑物，应根据脚手架计算规则按全部外墙脚手架面积计算。

b. 同一建筑物中有2个或2个以上的檐口高度时，应分别按不同高度竖向切面的外脚手架面积套用相应子目。

2. 定额工程量计算规则

1）综合脚手架

综合脚手架按建筑面积计算，单位工程中不同层高的建筑面积应分别计算。

2）单项脚手架

(1) 凡砌筑高度超过 1.5 m 的砌体，均需计算脚手架。

(2) 砌墙脚手架均按墙面(单面)垂直投影面积以平方米计算。

(3) 计算脚手架时，不扣除门窗、洞口、空圈、车辆通道、变形缝等所占面积。

(4) 同一建筑物高度不同时，按建筑物的竖向不同高度分别计算。

3）檐高超过 20 m 脚手架材料增加费

(1) 综合脚手架：

建筑物檐高超过 20 m 的，应计算脚手架材料增加费。建筑物檐高超过 20 m 的，脚手架材料增加费以建筑物超过 20 m 部分的建筑面积计算。

(2) 单项脚手架：

建筑物檐高超过 20 m 的，应计算脚手架材料增加费。建筑物檐高超过 20 m 的，脚手架材料增加费同外墙脚手架计算规则，从设计室外地面算起。

例 5-6 某单层建筑物平面图如图 5-2-5 所示，室内外高度差为 0.3 m，平屋面，预应力空心板厚 0.12 m，天棚抹灰，试根据以下条件计算内外墙、天棚脚手架工程量：(1) 檐高 3.52 m；(2) 檐高 4.02 m；(3) 檐高 6.12 m。

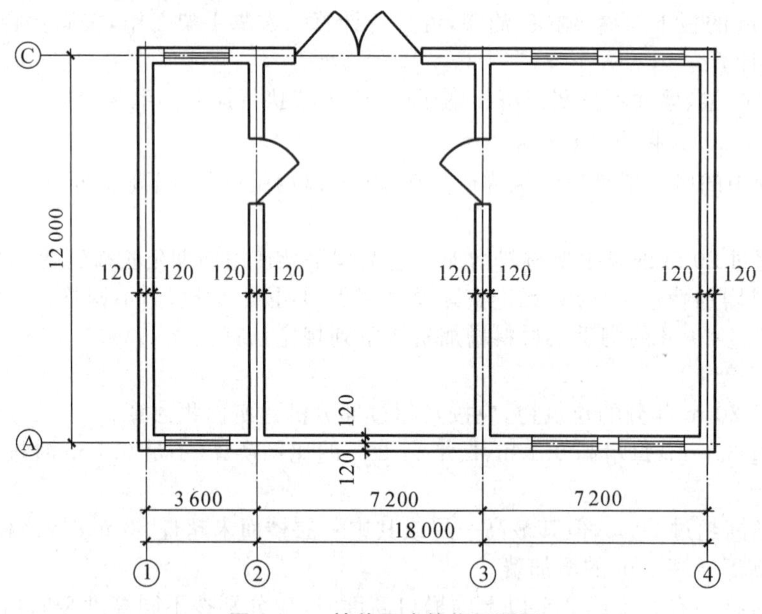

图 5-2-5　某单层建筑物平面图

解 (1) 檐高 3.52 m：

① 计算工程量。

外墙砌筑脚手架：

$$(18.24+12.24)\times2\times3.52\ \text{m}^2=214.58\ \text{m}^2$$

内墙砌筑脚手架：

$$(12-0.24)\times2\times(3.52-0.3-0.12)\ \text{m}^2=72.91\ \text{m}^2$$

抹灰脚手架：

墙面抹灰：

$$[(12-0.24)\times 4+(18-0.24\times 3)\times 2]\times(3.52-0.3-0.12)\ m^2=252.96\ m^2$$

天棚抹灰：

$$[(3.6-0.24)+(7.2-0.24)\times 2]\times(12-0.24)\ m^2=203.21\ m^2$$

抹灰面积小计：

$$(252.96+203.21)\ m^2=456.17\ m^2$$

② 套计价定额。

20-9：

$$(214.58+72.91)/10\times 16.33\ 元=469.47\ 元$$

注：砌墙高度未超过 3.6 m 时套里架子。

20-23：

$$456.17/10\times 3.9\ 元=177.91\ 元$$

③ 列清单。

脚手架工程综合单价分析表如表 5-2-2 所示。

表 5-2-2　脚手架工程综合单价分析表 1

编号	项目编码	项目名称	项目特征	计量单位	工程量	综合单价	合价
1	011701003001	里脚手架	1. 扣件式落地脚手架 2. 搭设高度：3.10 m 3. 钢管脚手架	m^2	287.49	2.25	647.38
组价分析							
编号	定额子目	子目名称		计量单位	工程量	综合单价	合价
1	20-9	砌墙脚手架里架子（3.6 m 以内）		10 m^2	28.749	16.33	469.47
2	20-23	抹灰脚手架（3.6 m 以内）		10 m^2	45.617	3.9	177.91

(2) 檐高 4.02 m：

① 计算工程量。

外墙砌筑脚手架：

$$(18.24+12.24)\times 2\times 4.02\ m^2=245.06\ m^2$$

内墙砌筑脚手架：

$$(12-0.24)\times 2\times(4.02-0.3-0.12)\ m^2=84.67\ m^2$$

抹灰脚手架：

墙面抹灰：

$$[(12-0.24)\times 4+(18-0.24\times 3)\times 2]\times(4.02-0.3-0.12)\ m^2=293.76\ m^2$$

天棚抹灰：

$$[(3.6-0.24)+(7.2-0.24)\times 2]\times(12-0.24)\ m^2=203.21\ m^2$$

抹灰面积小计：

$$(293.76+203.21)\ m^2=496.97\ m^2$$

② 套计价定额。

20-10：

$$245.06/10\times137.43\ 元=3\ 367.86\ 元$$

注：砌墙高度超过 3.6 m 时套外架子。

20-9：

$$84.67/10\times16.33\ 元=138.27\ 元$$

20-23：

$$496.97/10\times3.9\ 元=193.82\ 元$$

③ 列清单。

脚手架工程综合单价分析表如表 5-2-3 和表 5-2-4 所示。

表 5-2-3　脚手架工程综合单价分析表 2

编号	项目编码	项目名称	项目特征	计量单位	工程量	综合单价	合价
1	011701003001	里脚手架	1. 扣件式落地脚手架 2. 搭设高度：3.10 m 3. 钢管脚手架	m^2	84.67	3.92	332.09
组价分析							
编号	定额子目	子目名称		计量单位	工程量	综合单价	合价
1	20-9	砌墙脚手架里架子（3.6 m 以内）		10 m^2	8.467	16.33	138.27
2	20-23	抹灰脚手架（3.6 m 以内）		10 m^2	49.697	3.9	193.82

表 5-2-4　脚手架工程综合单价分析表 3

编号	项目编码	项目名称	项目特征	计量单位	工程量	综合单价	合价
2	011701002001	外脚手架	1. 扣件式落地脚手架 2. 搭设高度：4.05 m 3. 钢管脚手架	m^2	245.06	13.74	3 367.86
组价分析							
编号	定额子目	子目名称		计量单位	工程量	综合单价	合价
1	20-10	砌墙脚手架单排外架子（12 m 以内）		10 m^2	24.506	137.43	3 367.86

（3）檐高 6.12 m：

① 计算工程量。

外墙砌筑脚手架：

$$(18.24+12.24)\times2\times6.12\ m^2=373.08\ m^2$$

内墙砌筑脚手架：

$$(12-0.24)\times2\times(6.12-0.3-0.12)\ m^2=134.06\ m^2$$

砌筑脚手架工程量：

$$(373.08+134.06)\ m^2=507.14\ m^2$$

抹灰脚手架：

满堂脚手架：

$$[(3.6-0.24)+(7.2-0.24)\times 2]\times(12-0.24)\ m^2=203.21\ m^2$$

② 套计价定额。

20-10：

$$(373.08+134.06)/10\times 137.43\ 元=6\ 969.63\ 元$$

注:砌墙高度超过 3.6 m 时套外架子。

20-21：

$$203.21/10\times 196.8\ 元=3\ 999.17$$

注:抹灰高度超过 3.6 m 时套满堂脚手架。

③ 列清单。

脚手架工程综合单价分析表如表 5-2-5 和表 5-2-6 所示。

表 5-2-5 脚手架工程综合单价分析表 4

编号	项目编码	项目名称	项目特征	计量单位	工程量	综合单价	合价
1	011701002001	外脚手架	1. 扣件式落地脚手架 2. 搭设高度:6.12 m 3. 钢管脚手架	m^2	507.14	13.74	6 969.63
组价分析							
编号	定额子目	子目名称		计量单位	工程量	综合单价	合价
1	20-10	砌墙脚手架单排外架子(12 m 以内)		10 m^2	50.714	137.43	6 969.63

表 5-2-6 脚手架工程综合单价分析表 5

编号	项目编码	项目名称	项目特征	计量单位	工程量	综合单价	合价
2	011701006001	满堂脚手架	1. 扣件式落地脚手架 2. 搭设高度:5.7 m 3. 钢管脚手架	m^2	203.21	19.68	3 999.17
组价分析							
编号	定额子目	子目名称		计量单位	工程量	综合单价	合价
1	20-21	基本层满堂脚手架(8 m 以内)		10 m^2	20.321	196.8	3 999.17

任务3 建筑物超高增加费计量与计价

一、建筑物超高增加工程量计算规则

当建筑物檐高超过一定高度或层数超过一定层数时，会产生额外的费用，包括人工降效、除垂直运输机械外的机械降效、高压水泵摊销、上下联系通信等所需要的费用。《房屋建筑与装饰工程工程量计算规范》(GB 50854—2013)中关于建筑物超高施工增加的规定如表5-3-1所示。

表5-3-1　超高施工增加(编号:011704)

项目编码	项目名称	项目特征	计量单位	工程量计算规则	工作内容
011704001	超高施工增加	1. 建筑物类型及结构形式 2. 建筑物檐口高度、层数 3. 单层建筑物檐口高度超过20 m、多层建筑物超过6层部分的建筑面积	m^2	按建筑物超高部分的建筑面积计算	1. 建筑物超高引起的人工工效降低以及由人工工效降低引起的机械降效 2. 高层施工用水加压水泵的安装、拆除及工作台班 3. 通信联络设备的使用及摊销

注:1. 单层建筑物檐口高度超过20 m、多层建筑物超过6层时,可按超高部分的建筑面积计算超高施工增加,计算层数时,地下室不计入层数。

2. 同一建筑物有不同檐高时,可按不同高度分别计算建筑面积,以不同檐高分别编码列项。

例5-7　如图5-3-1所示,某框架结构工程,主楼为19层,每层建筑面积为1 200 m^2,附楼为6层,每层建筑面积为1 600 m^2,主、附楼底层层高为5.0 m,19层层高为4.0 m,其余各层层高均为3.0 m,请根据以上信息编制有关超高施工增加工程量清单。

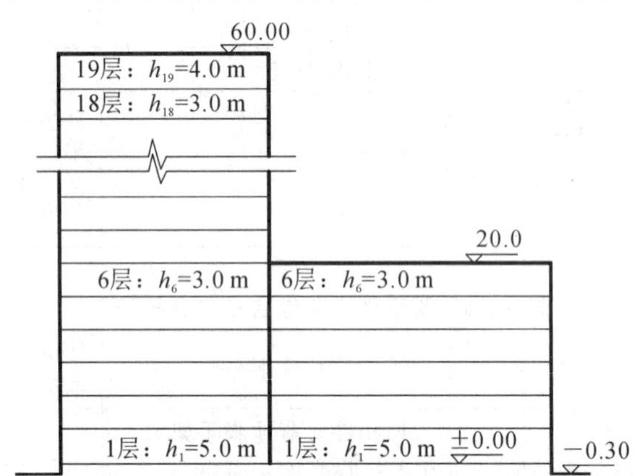

图5-3-1　框架结构剖面图

解　超高施工增加工程量清单如表5-3-2所示。

表5-3-2　超高施工增加工程量清单

编号	项目编码	项目名称	项目特征	计量单位	工程量	计算式
1	011704001001	超高施工增加	1. 框架结构 2. 檐口高度:主楼60.3 m,裙房20.3 m	m^2	15 600	$S=1\ 200\times13\ m^2$ $=15\ 600\ m^2$

二、建筑物超高增加计价定额规则

1. 定额说明

1) 建筑物超高增加费

(1) 建筑物设计室外地面至檐口的高度(不包括女儿墙、屋顶水箱、突出屋面的电梯间、楼梯间等的高度)超过 20 m 或建筑物超过 6 层时,应计算超高增加费。

(2) 超高增加费包括人工降效、除垂直运输机械外的机械降效、高压水泵摊销、上下联络通信等所需的费用。超高增加费包干使用,不论实际发生多少,均按本定额执行,不调整。

(3) 超高增加费按下列规定计算:

① 建筑物檐高超过 20 m 或层数超过 6 层的,按其超过部分的建筑面积计算。

② 建筑物檐高超过 20 m,但其最高一层或其中一层楼面未超过 20 m 且在 6 层以内时,该楼层在 20 m 以上部分的超高增加费,每超过 1 m(不足 0.1 m 的按 0.1 m 计算)按相应定额的 20%计算。

③ 建筑物檐高超过 20 m 或在 6 层以上时,如层高超过 3.6 m,层高每增高 1 m(不足 0.1 m 的按0.1 m计算),层高超高增加费按相应定额的 20%计取。

④ 同一建筑物中有 2 个或 2 个以上的檐口高度时,应分别按不同高度竖向切面的建筑面积套用定额。

⑤ 单层建筑物(无楼隔层者)高度超过 20 m,其超过部分除构件安装按第八章构件运输及安装工程的规定执行外,其他按本章相应项目计算每增高 1 m 的层高超高增加费。

2) 单独装饰工程超高人工降效

(1) “高度”和“层数”,只要其中一个指标达到规定,即可套用该项目。

(2) 当同一楼层中的楼面和天棚不在同一计算段内时,以天棚面标高段为准进行计算。

2. 定额工程量计算规则

(1) 建筑物超高增加费以超过 20 m 或 6 层部分的建筑面积计算。

(2) 单独装饰工程超高人工降效,以超过 20 m 或 6 层部分的工日分段计算。

例 5-8 已知条件如例 5-7,试根据《江苏省建筑与装饰工程计价定额》(2014 版),完成清单综合单价及合价的计算。

解 (1) 定额列项。

① 19-5 主楼檐高完全超高。

② 19-5 主楼部分檐高超高。

③ 19-5 主楼层高超高。

④ 19-1 附楼部分檐高超高。

(2) 计算定额工程量。

① 主楼檐高完全超高:

$$1\ 200\times 13\ m^2=15\ 600\ m^2$$

② 主楼部分檐高超高:1 200 m^2。

③ 主楼层高超高:1 200 m^2。

④ 附楼部分檐高超高:1 600 m^2。

(3) 单价调整、套价。

① 19-5:77.66 元/m^2。

② 19-5换:

$$77.66\times 20\%\times(20.3-20)\text{元}/m^2=77.66\times 0.2\times 0.3\text{元}/m^2=4.660\text{元}/m^2$$

③ 19-5换：

$77.66\times20\%\times(4.0-3.6)$元/m^2 $=77.66\times0.2\times0.4$ 元/m^2 $=6.213$ 元/m^2

④ 19-1换：

$29.30\times20\%\times(20.3-20)$元/m^2 $=29.30\times0.2\times0.3$ 元/m^2 $=1.758$ 元/m^2

(4) 超高施工增加综合单价分析表如表 5-3-3 所示。

表 5-3-3　超高施工增加综合单价分析表

编号	项目编码	项目名称	项目特征	计量单位	工程量	综合单价	合价
1	011704001001	超高施工增加	1. 建筑物类型及结构形式：框架结构 2. 檐口高度、层数：60.3 m	m^2	15 600	78.677	1 227 356.4
组价分析							
编号	定额子目	子目名称		计量单位	工程量	综合单价	合价
1	19-5	建筑物檐口高度 20 m（7 层）～70 m		m^2	15 600	77.66	1 211 496
2	19-5换	建筑物檐口高度 20 m（7 层）～70 m		m^2	1 200	4.660	5 592
3	19-5换	建筑物檐口高度 20 m（7 层）～70 m		m^2	1 200	6.213	7 455.6
4	19-1换	建筑物檐口高度 20 m（7 层）～30 m		m^2	1 600	1.758	2 812.8

任务4　施工排、降水工程计量与计价

一、施工排、降水工程简介

基坑降水是指在开挖基坑时地下水位高于开挖底面，地下水会不断渗入坑内，为保证基坑能在干燥条件下施工，防止边坡失稳、基础流砂、坑底隆起、坑底管涌和地基承载力下降而做的降水工作。

基坑降水方法主要有明沟加集水井降水、真空（轻型）井点降水、喷射井点降水、电渗井点降水、管井井点降水等。

1. 明沟加集水井降水

明沟加集水井降水是一种人工排降法，它具有施工方便、用具简单、费用低的特点，在施工现场应用最为普遍。在高水位地区的基坑边坡支护工程中，这种方法往往作为阻挡法或其他降水方法的辅助排、降水措施，它主要排除地下潜水、施工用水和天降雨水。

2. 真空（轻型）井点降水

真空（轻型）井点降水是指在基坑的四周或一侧埋设井点管并深入含水层内，井点管的上端通过连接弯管与集水总管连接，集水总管再与真空泵和离心水泵相连，启动抽水设备，地下水便在真空泵的吸力作用下，经滤水管进入井点管和集水总管。该方法具有机具简单、使用灵活、装拆方便、降水效果好、可防止流砂现象发生、提高边坡稳定性、费用较低等优点。

3. 喷射井点降水

喷射井点降水是指在井点管内部装设特制的喷射器，用高压水泵或空气压缩机通过井点管中的内管向喷射器输入高压水（喷水井点）或压缩空气（喷气井点），以形成水气射流，将地下水从井点外管与内管之间的间隙抽走排出。该方法设备简单，排水深度大，可达 8～20 m，比多层轻型井点降水设备少，基坑土方开挖量少，施工快，费用低。

4. 电渗井点降水

电渗井点降水适用于渗透系数很小的细颗粒土，如黏土、亚黏土、淤泥和淤泥质黏土等。这些土的渗透系数小于 0.1 m/d，用一般井点很难达到降水的目的。

5. 管井井点降水

管井井点由滤水井管、吸水管和抽水机械等组成。管井井点降水设备较为简单，排水量大，降水较深，较轻型井点降水具有更好的降水效果，可代替多组轻型井点降水，水泵设在地面，易于维护。

二、施工排、降水工程清单工程量计算规则

《房屋建筑与装饰工程工程量计算规范》(GB 50854—2013)中，施工排、降水可分为成井以及排水、降水两部分，其工程量计算规则如表 5-4-1 所示。

表 5-4-1　施工排、降水(编号:011706)

项目编码	项目名称	项目特征	计量单位	工程量计算规则	工作内容
011706001	成井	1. 成井方式 2. 地层情况 3. 成井直径 4. 井(滤)管类型、直径	m	按设计图示尺寸以钻孔深度计算	1. 准备钻孔机械、埋设护筒、钻机就位，泥浆制作、固壁，成孔、出渣、清孔等 2. 对接上、下井管(滤管)，焊接，安放，下滤管，洗井，连接试抽等
011706002	排水、降水	1. 机械规格、型号 2. 降、排水管规格	昼夜	按排、降水日历天数计算	1. 管道安装、拆除、场内搬运等 2. 抽水、值班、降水设备维修等

注：相应专项设计不具备时，可按暂估量计算。

例 5-9　某基坑周长约为 372.6 m，开挖面积约为 8 389.62 m^2，开挖深度约为 5.3 m，施工企业根据勘察报告编制了井点降水方案，拟投入轻型井点设备 8 套，轻型井点管直径为 $\phi 40$，总工期为 60 天，请根据以上信息编制有关施工排、降水工程量清单。

解　施工排、降水工程量清单如表 5-4-2 所示。

表 5-4-2　施工排、降水工程量清单

编号	项目编码	项目名称	项目特征	计量单位	工程量	计算式
1	011706002001	排水、降水	轻型井点管直径为 $\phi 40$	昼夜	60	

三、施工排、降水工程计价定额规则

1. 定额说明

(1) 人工土方施工排水是在人工开挖湿土、淤泥、流砂等施工过程中发生的机械排放地下水费用。

(2) 基坑排水是指地下常水位以下且基坑底面积超过 150 m^2(两个条件同时具备)的土方开挖以后,在基础或地下室施工期间所发生的排水包干费用(不包括±0.00 以上有设计要求的待框架、墙体完成以后再回填基坑土方期间的排水)。

(3) 井点降水项目适用于降水深度在 6 m 以内的降水项目。井点降水使用时间按施工组织设计确定。井点降水材料使用摊销量中已包括井点拆除时的材料损耗量。井点间距根据地质条件和降水要求由施工组织设计确定,一般轻型井点管间距为 1.2 m。

(4) 强夯法加固地基坑内排水是指击点坑内的积水排抽台班费用。

(5) 机械土方工作面中的排水费已包含在土方中,但不包括地下水位以下的施工排水费用,如发生,则依据施工组织设计规定,排水人工、机械费用另行计算。

2. 定额工程量计算规则

(1) 人工土方施工排水不分土壤类别、挖土深度,按挖湿土工程量以立方米计算。

(2) 人工挖淤泥、流砂施工排水,按挖淤泥、流砂工程量以立方米计算。

(3) 基坑、地下室排水,按土方基坑的底面积以平方米计算。

(4) 强夯法加固地基坑内排水,按强夯法加固地基工程量以平方米计算。

(5) 井点降水 50 根为 1 套,累计根数不足 1 套者,按 1 套计算,井点使用定额单位为套天,1 天按 24 小时计算。井管的安装、拆除以根计算。

(6) 深井管井降水的安装、拆除按座计算,使用按座天计算,1 天按 24 小时计算。

例 5-10 已知条件如例 5-9,试根据《江苏省建筑与装饰工程计价定额》(2014 版),完成清单综合单价及合价的计算。

解 (1) 定额列项。

① 22-11 轻型井点降水安装。

② 22-12 轻型井点降水拆除。

③ 22-13 轻型井点降水使用。

(2) 计算定额工程量。

① 22-11 轻型井点降水安装:

8×50 根=400 根

② 22-12 轻型井点降水拆除:

8×50 根=400 根

③ 22-13 轻型井点降水使用:

8×60 套天=480 套天

(3) 单价调整、套价。

略。

(4) 施工排、降水综合单价分析表如表 5-4-3 所示。

表 5-4-3 施工排、降水综合单价分析表

编号	项目编码	项目名称	项目特征	计量单位	工程量	综合单价	合价
1	011706002001	排水、降水	轻型井点管直径为 ϕ40	昼夜	60	3 709.24	222 554.4
组价分析							
编号	定额子目	子目名称		计量单位	工程量	综合单价	合价
1	22-11	轻型井点降水安装		10 根	40	783.61	31 344.4
2	22-12	轻型井点降水拆除		10 根	40	306.53	12 261.2
3	22-13	轻型井点降水使用		套天	480	372.81	178 948.8

任务5 建筑工程垂直运输计量与计价

一、建筑工程垂直运输的主要形式

建筑施工过程中的垂直运输机械主要有各种吊机（包括汽车吊、履带吊、塔式起重机、桅杆式起重吊等）、物料提升机（包括电梯、龙门架、卷扬机等）、混凝土泵（包括汽车泵、混凝土地泵、天泵等），如图 5-5-1 所示。

(a) 塔式起重机

(b) 施工电梯

(c) 龙门架

(d) 卷扬机

图 5-5-1 建筑工程各类垂直运输设备

二、建筑工程垂直运输清单工程量计算规则

《房屋建筑与装饰工程工程量计算规范》（GB 50854—2013）中有关垂直运输工程量的计算规则如表 5-5-1 所示。

表 5-5-1 垂直运输（编号：011703）

项目编码	项目名称	项目特征	计量单位	工程量计算规则	工作内容
011703001	垂直运输	1. 建筑物类型及结构形式 2. 地下室建筑面积 3. 建筑物檐口高度、层数	1. m^2 2. 天	1. 按建筑面积计算 2. 按施工工期日历天数计算	1. 垂直运输机械的固定装置、基础制作、安装 2. 行走式垂直运输机械轨道的铺设、拆除、摊销

注：1. 建筑物的檐口高度是指设计室外地坪至檐口滴水的高度（平屋顶为屋面板底高度），突出主体建筑物屋顶的电梯机房、楼梯出口间、瞭望塔、排烟机房等不计入檐口高度。

2. 垂直运输是指施工工程在合理工期内所需要的垂直运输机械。

3. 同一建筑物有不同檐高时，按建筑物的不同檐高做纵向分割，分别计算建筑面积，以不同檐高分别编码列项。

例 5-11 某办公楼工程，该工程为三类土、条形基础，现浇框架结构五层，每层建筑面积为900 m^2，檐口高度为 16.95 m，使用泵送商品混凝土，配备 315 kN·m 自升式塔式起重机、带塔卷扬机各一台，请根据以上信息编制有关垂直运输工程量清单。

解 垂直运输工程量清单如表 5-5-2 所示。

表 5-5-2 垂直运输工程量清单

编号	项目编码	项目名称	项目特征	计量单位	工程量	计算式
1	011703001001	垂直运输	1. 框架结构 2. 檐口高度为 16.95 m，地上 5 层	天	283	1. 基础定额工期： 1-2：50×0.95（省调整系数）天＝47.5 天≈48 天 2. 上部定额工期： 1-1011：235 天。 合计：(48＋235)天＝283 天

三、建筑工程垂直运输计价定额规则

1. 定额说明

(1) 檐高是指设计室外地坪至檐口的高度，突出主体建筑物顶的女儿墙、电梯间、楼梯间、水箱等不计入檐口高度；层数是指地面以上建筑物的层数，地下室、地面以上部分净高小于 2.1 m 的半地下室不计入层数。

(2) 本定额工作内容包括在江苏省调整后的国家工期定额内完成单位工程全部工程项目所需的垂直运输机械台班，不包括机械的场外运输、一次安装、拆卸、路基铺垫和轨道铺拆等的费用。施工塔吊与电梯基础、施工塔吊和电梯与建筑物连接的费用单独计算。

(3) 本定额项目的划分是以建筑物檐高、层数两个指标界定的，只要其中一个指标达到定额规定，即可套用该定额子目。

(4) 一个工程出现两个或两个以上的檐口高度(层数)，使用同一台垂直运输机械时，定额不做调整；使用不同垂直运输机械时，应依照国家工期定额分别计算。

(5) 当垂直运输机械的数量与定额不同时，可按比例调整定额含量。本定额按卷扬机施工配 2 台卷扬机，塔式起重机施工配 1 台塔吊、1 台卷扬机(施工电梯)考虑。如仅采用塔式起重机施工，不采用卷扬机，则塔式起重机台班按卷扬机台班取定，卷扬机扣除。

(6) 垂直运输高度小于 3.6 m 的单层建筑物、单独地下室和围墙，不计算垂直运输机械台班。

(7) 预制混凝土平板、空心板、小型构件的吊装机械费用已包含在本定额中。

(8) 本定额中的现浇框架是指柱、梁、板全部为现浇的钢筋混凝土框架结构。如部分现浇、部分预制，则按现浇框架乘以系数 0.96。

(9) 若柱、梁、墙、板构件全部为现浇钢筋混凝土框筒结构、框剪结构，则按现浇框架执行；若柱、梁、墙、板构件全部为现浇钢筋混凝土筒体结构，则按剪力墙(滑模施工)执行。

(10) 预制屋架的单层厂房，不论柱为预制的还是现浇的，均按预制排架定额计算。

(11) 单独地下室工程项目定额工期按不含打桩工期自基础挖土开始计算。多幢房屋下有整体连通地下室时，上部房屋分别套用对应的单项工程工期定额，整体连通地下室按单独地下室工程执行。

(12) 在计算定额工期时,未承包施工的打桩、挖土等的工期不扣除。

(13) 混凝土构件,使用泵送混凝土浇注者,卷扬机施工定额台班乘以系数 0.96,塔式起重机施工定额中的塔式起重机台班乘以系数 0.92。

(14) 建筑物高度超过定额规定时,应另行计算。

(15) 采用履带式、轮胎式、汽车式起重机(除塔式起重机外)吊(安)装预制大型构件的工程,除按本章规定计算垂直运输费外,还应按第八章有关规定计算构件吊(安)装费。

2. 定额工程量计算规则

(1) 建筑物垂直运输机械台班用量,应根据不同结构类型、檐口高度(层数),按国家工期定额套用单项工程工期以日历天数计算。

(2) 单独装饰工程垂直运输机械台班,应根据不同施工机械、垂直运输高度、层数,按定额工日分别计算。

(3) 烟囱、水塔、筒仓的垂直运输机械台班,以座计算。超过定额规定的高度时,按每增高 1 m定额项目计算。高度不足 1 m 的,按 1 m 计算。

(4) 施工塔吊、电梯基础、塔吊及电梯与建筑物的连接件,根据施工塔吊及电梯的不同型号以台计算。

例 5-12 已知条件如例 5-11,试根据《江苏省建筑与装饰工程计价定额》(2014 版),完成清单综合单价及合价的计算。

解 (1) 定额列项。

23-8 塔式起重机施工现浇框架檐口高度(层数)在 20 m(6 层)以内。

(2) 计算定额工程量。

23-8 塔式起重机施工现浇框架檐口高度(层数)在 20 m(6 层)以内:283 天。

(3) 单价调整、套价。

578.56×283 元=163 732.48 元

(4) 垂直运输综合单价分析表如表 5-5-3 所示。

表 5-5-3 垂直运输综合单价分析表

编号	项目编码	项目名称	项目特征	计量单位	工程量	综合单价	合价
1	011703001001	垂直运输	1. 框架结构 2. 檐口高度为 16.95 m,地上 5 层	天	283	578.56	163 732.48
组价分析							
编号	定额子目	子目名称		计量单位	工程量	综合单价	合价
1	23-8	塔式起重机施工现浇框架檐口高度(层数)在 20 m(6 层)以内		天	283	578.56	163 732.48

任务6 总价措施费计价规则

总价措施费项目繁多，其包括但不限于安全文明施工，夜间施工，非夜间施工照明，二次搬运，冬雨季施工，地上、地下设施、建筑物的临时保护设施以及已完工程及设备保护等措施项目费用。《房屋建筑与装饰工程工程量计算规范》(GB 50854—2013)中有关安全文明施工费以及其他总价措施费的计价规则如表5-6-1所示。

表5-6-1 安全文明施工及其他措施项目(011707)

项目编码	项目名称	工作内容及包含范围
011707001	安全文明施工	1. 环境保护：现场施工机械设备降低噪声、防扰民措施，水泥和其他易飞扬细颗粒建筑材料密闭存放或采取覆盖措施等，工程防扬尘洒水，土石方、建渣外运车辆防护措施等，现场污染源的控制、生活垃圾清理外运、场地排水排污措施，其他环境保护措施 2. 文明施工："五牌一图"；现场围挡的墙面美化(包括内外粉刷、刷白、标语等)、压顶装饰；现场厕所便槽刷白、贴面砖，水泥砂浆地面或地砖，建筑物内临时便溺设施；其他施工现场临时设施的装饰装修、美化措施；现场生活卫生设施；符合卫生要求的饮水、淋浴、消毒等设施；生活用洁净燃料；防煤气中毒、防蚊虫叮咬等措施；施工现场操作场地的硬化；现场绿化、治安综合治理；现场配备医药保健器材、物品和急救人员培训；现场工人的防暑降温，电风扇、空调等设备及用电；其他文明施工措施 3. 安全施工：安全资料、特殊作业专项方案的编制，安全施工标志的购置及安全宣传；"三宝"(安全帽、安全带、安全网)、"四口"(楼梯口、电梯井口、通道口、预留洞口)、"五临边"(阳台围边、楼板围边、屋面围边、槽坑围边、卸料平台两侧)，水平防护架、垂直防护架、外架封闭等防护；施工安全用电，包括配电箱三级配电、两级保护装置要求、外电防护措施；起重机、塔吊等起重设备(含井架、门架)及外用电梯的安全防护措施(含警示标志)，卸料平台的临边防护、层间安全门、防护棚等设施；建筑工地起重机械的检验检测；施工机具防护棚及其围栏的安全保护设施；施工安全防护通道；工人的安全防护用品、用具购置；消防设施与消防器材的配置；电气保护、安全照明设施；其他安全防护措施 4. 临时设施：施工现场采用彩色定型钢板；砖、混凝土砌块等围挡的安砌、维修、拆除；施工现场临时建筑物、构筑物的搭设、维修、拆除，如临时宿舍、办公室、食堂、厨房、厕所、诊疗所、临时文化福利用房、临时仓库、加工场、搅拌台、临时简易水塔、水池等；施工现场临时设施的搭设、维修、拆除，如临时供水管道、临时供电管线、小型临时设施等；施工现场规定范围内的临时简易道路铺设，临时排水沟、排水设施安砌、维修、拆除；其他临时设施的搭设、维修、拆除
011707002	夜间施工	1. 夜间固定照明灯具和临时可移动照明灯具的设置、拆除 2. 夜间施工时施工现场交通标志、安全标牌、警示灯等的设置、移动、拆除 3. 包括夜间照明设备及照明用电、施工人员夜班补助、夜间施工劳动效率降低等
011707003	非夜间施工照明	为保证工程施工正常进行，在地下室等特殊施工部位施工时所采用的照明设备的安拆、维护及照明用电等
011707004	二次搬运	由于施工场地条件限制而发生的材料、成品、半成品等一次运输不能到达堆放地点，必须进行的二次或多次搬运

续表

项目编码	项目名称	工作内容及包含范围
011707005	冬雨季施工	1.冬雨(风)季施工时增加的临时设施(防寒保温、防雨、防风设施)的搭设、拆除 2.冬雨(风)季施工时,对砌体、混凝土等采用的特殊加温、保温和养护措施 3.冬雨(风)季施工时,施工现场的防滑处理、对影响施工的雨雪的清除 4.包括冬雨(风)季施工时增加的临时设施、施工人员的劳动保护用品、冬雨(风)季施工劳动效率降低等
011707006	地上、地下设施、建筑物的临时保护设施	在工程施工过程中,对已建成的地上、地下设施和建筑物进行的遮盖、封闭、隔离等必要保护措施
011707007	已完工程及设备保护	对已完工程及设备采取的覆盖、包裹、封闭、隔离等必要保护措施

注:本表所列项目应根据工程实际情况计算措施项目费用,需分摊的应合理计算摊销费用。

根据《住房城乡建设部办公厅关于做好建筑业营改增建设工程计价依据调整准备工作的通知》(建办标〔2016〕4号)以及《江苏省建设工程费用定额》(2014年)的规定,江苏省范围内建筑及装饰工程总价措施费可参考表5-6-2和表5-6-3取费。

表5-6-2 安全文明施工措施费取费标准表

序号	工程名称		计费基础	基本费率/(%)	省级标化增加费费率/(%)
一	建筑工程	建筑工程	分部分项工程费+单价措施项目费-除税工程设备费	3.1	0.7
		单独构件吊装		1.6	—
		打预制桩/制作兼打桩		1.5/1.8	0.3/0.4
二	单独装饰工程			1.7	0.4

注:1.对于开展市级建筑安全文明施工标准化示范工地创建活动的地区,市级标化增加费按省级标化增加费费率乘以系数0.7执行。

2.建筑工程中的钢结构工程,钢结构为施工企业成品购入或加工厂完成制作,到施工现场安装的,安全文明施工措施费率标准按单独发包的构件吊装工程执行。

3.大型土石方工程适用各专业中达到大型土石方标准的单位工程。

表5-6-3 措施项目费取费标准表

项目	计算基础	各专业工程费费率/(%)	
		建筑工程	单独装饰工程
夜间照明	分部分项工程费+单价措施项目费-除税工程设备费	0~0.1	0~0.1
非夜间施工照明		0.2	0.2
冬雨季施工		0.05~0.2	0.05~0.1
已完工程及设备保护		0~0.05	0~0.1
临时设施		1~2.3	0.3~1.3
赶工措施		0.5~2.1	0.5~2.2
按质论价		1~3.1	1.1~3.2
住宅分户验收		0.4	0.1

注:1.在计取非夜间施工照明费时,建筑工程、仿古工程、修缮土建部分仅地下室(地宫)部分可计取,单独装饰工程仅特殊施工部位的施工项目可计取。

2.在计取住宅分户验收费时,大型土石方工程、桩基工程和地下室部分不计入计费基础。

任务7　其他项目费、规费及税金计算

一、其他项目费计算规则

其他项目费包括暂列金额、暂估价、计日工以及总承包服务费。

1. 暂列金额

暂列金额是指招标人在工程量清单中暂定并包含在合同价款中的一笔款项，用于工程合同签订时尚未确定或者不可预见的所需材料、工程设备、服务的采购，施工中可能发生的工程变更、合同约定调整因素出现时的合同价款调整，以及发生的索赔、现场签证确认等的费用。不管采用何种合同形式，其理想的标准是，一份合同的价格就是其最终的竣工结算价格，或者至少两者应尽可能接近。我国规定对政府投资工程实行概算管理，经项目审批部门批复的设计概算是工程投资控制的刚性指标，即使是商业性开发项目，也有成本的预先控制问题，否则无法相对准确地预测投资的收益和科学合理地进行投资控制。但工程建设自身的特性决定了工程的设计需要根据工程进展不断地进行优化和调整，业主需求可能会随工程建设进展而出现变化，工程建设过程中还会存在一些不能预见、不能确定的因素。消化这些因素必然会影响合同价格的调整，暂列金额正是因这类不可避免的价格调整而设立的，以便达到合理确定和有效控制工程造价的目的。设立暂列金额并不能保证合同结算价格就不会再出现超过合同价格的情况，是否超出合同价格完全取决于工程量清单编制人对暂列金额预测的准确性，以及工程建设过程中是否出现了其他事先未预测到的事件。暂列金额应根据工程特点，按有关计价规定估算。

2. 暂估价

暂估价是指招标人在工程量清单中提供的用于支付必然发生但暂时不能确定价格的材料、工程设备的单价以及专业工程的金额，包括材料暂估单价、工程设备暂估单价以及专业工程暂估价。暂估价数量和拟用项目应结合工程量清单中的暂估价表予以说明。为方便合同管理，需要纳入分部分项工程量清单项目综合单价中的暂估价应只是材料、工程设备暂估单价，以方便投标人组价。

专业工程的暂估价一般应是综合暂估价，包括人工费、材料费、施工机具使用费、企业管理费和利润。总承包招标时，专业工程设计深度往往是不够的，一般需要交由专业设计人员设计。这类专业工程交由专业分包人完成的做法在国际上以及在我国建筑行业中是比较成熟的做法。公开、透明、合理地确定这类暂估价的实际开支金额的最佳途径就是通过施工总承包人与工程建设项目招标人共同组织的招标。

暂估价中的材料、工程设备暂估单价应根据工程造价信息或参照市场价格估算，列出明细表；专业工程暂估价应分不同专业，按有关计价规定估算，列出明细表。

3. 计日工

计日工是指在施工过程中，承包人完成发包人提出的工程合同范围以外的零星项目或工作，按合同中约定的单价计价的一种方式。计日工是为了解决现场发生的零星工作的计价而设立的。

计日工使用的所谓零星项目或工作一般是指合同约定以外的或者因变更而产生的工程量清单中没有响应的额外工作，尤其是那些难以事先商定价格的额外工作。

计日工费用，招标人编制招标控制价时，单价由招标人按有关计价规定确定；投标时，单价由投标人自主报价，按暂定数量计算合价并计入投标总价中；结算时，按承发包双方确认的实际数量计算合价。

4. 总承包服务费

总承包服务费是指总承包人为配合、协调发包人进行专业工程发包，对发包人自行采购的材料、工程设备等进行保管，以及施工现场管理、竣工资料汇总整理等服务所需的费用。

招标人应预计该费用，并按投标人的投标报价向投标人支付该费用。编制招标控制价时，费率及金额由招标人按有关计价规定确定；投标时，费率及金额由投标人自主报价，计入投标总价中。

二、规费计算规则

规费包括社会保障费（包括养老保险费、失业保险费、医疗保险费、工伤保险费、生育保险费）、住房公积金、工程排污费。出现计价规范中未列出的项目时，应根据省级政府或省级有关权力部门的规定列项。

根据《住房城乡建设部办公厅关于做好建筑业营改增建设工程计价依据调整准备工作的通知》（建办标〔2016〕4号）以及《江苏省建设工程费用定额》（2014年）的规定，江苏省范围内社会保障费及住房公积金可参考表5-7-1取费。

表5-7-1 社会保障费及住房公积金取费标准表

<table>
<tr><th>序号</th><th colspan="2">工程类别</th><th>计算基础</th><th>社会保障费费率/(%)</th><th>住房公积金费率/(%)</th></tr>
<tr><td rowspan="3">一</td><td rowspan="3">建筑工程</td><td>建筑工程</td><td rowspan="4">分部分项工程费
+措施项目费
+其他项目费
-除税工程设备费</td><td>3.2</td><td>0.53</td></tr>
<tr><td>单独预制构件制作、单独构件吊装、打预制桩、制作兼打桩</td><td>1.3</td><td>0.24</td></tr>
<tr><td>人工挖孔桩</td><td>3</td><td>0.53</td></tr>
<tr><td>二</td><td colspan="2">单独装饰工程</td><td>2.4</td><td>0.42</td></tr>
</table>

注：1. 社会保障费包括养老保险费、失业保险费、医疗保险费、工伤保险费、生育保险费。
2. 点工和包工不包料的社会保障费和住房公积金已经包含在人工工资单价中。
3. 大型土石方工程适用于各专业中达到大型土石方标准的单位工程。
4. 社会保障费费率和住房公积金费率随着社保部门要求和建设工程实际缴纳费率的提高适时调整。

三、税金计算规则

根据《住房城乡建设部办公厅关于做好建筑业营改增建设工程计价依据调整准备工作的通知》（建办标〔2016〕4号），2016年5月全国建筑业正式实施“营改增”改革，即营业税改增值税。

根据《财政部 税务总局关于调整增值税税率的通知》（财税〔2018〕32号），2018年5月1日起，建筑业增值税税率调整为10%。

增值税的计算公式为

增值税 = 税前工程造价 × 增值税税率（10%）

1. 某有梁板结构平面图、剖面图如图5-1所示，试计算该有梁板的模板工程清单工程量。

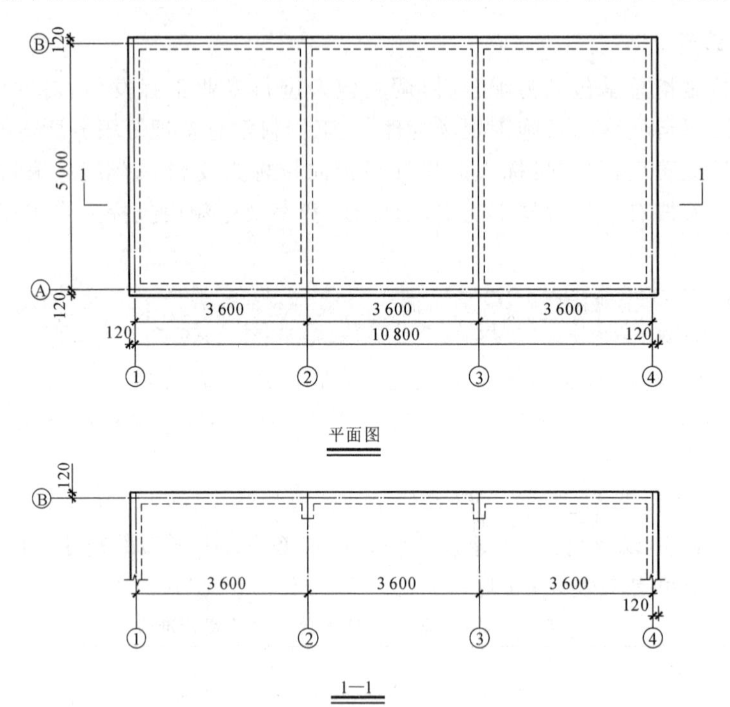

图5-1　题1图

2. 如图5-2所示，某砖混结构四层办公楼，檐口标高14.40 m，层高3.60 m，楼板厚度0.12 m，室内外高度差为0.30 m，试计算该工程的砌墙、抹灰搭设的单项脚手架工程量，并计算其费用。

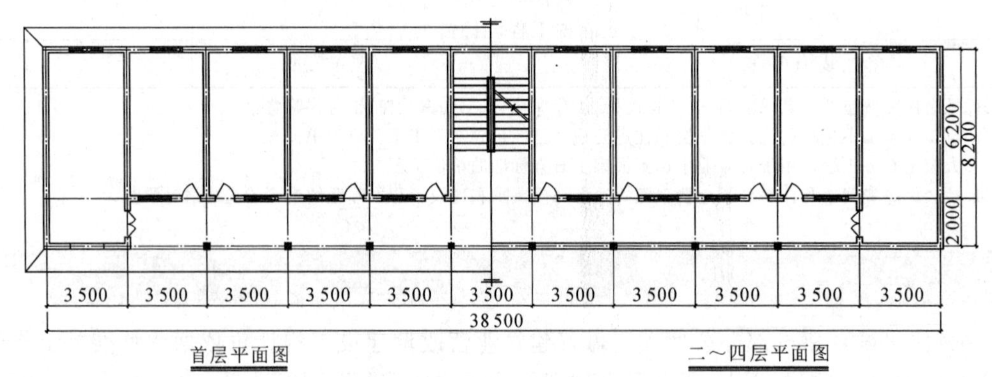

图5-2　题2图

3. 某多层民用建筑的檐口高度为25 m，共有六层，室内外高度差为0.3 m，第一层层高为4.7 m，第二层至第六层层高均为4.0 m，各层建筑面积均为500 m^2，试计算该工程超高增加费。

4. 某工程基础外围降水井点布置尺寸为46.2 m×16.8 m(矩形)，采用轻型井点降水，井点间距为1 m，降水时间为30天，试编制该降水工程工程量清单，并计算其费用。

实战演练

学习目标

(1) 能够根据计量规范的相关要求计算工程项目清单工程量。

(2) 能够根据相关定额及《建设工程工程量清单计价规范》计算分部分项工程相关造价。

(3) 能够编制完整的工程造价文件。

任务1 教学实训

一、综合实训的名称

某办公楼工程量清单计价文件的编制,附建筑施工图(见附录A)、结构施工图(见附录B)。

二、综合实训的形式

施工图阅读、工程量清单计价文件的编制。

三、综合实训的目的

综合实训的目的包括:① 使学生进一步巩固所学的理论知识;② 掌握工程量清单计价文件编制的基本原则和方法;③ 熟悉建筑安装工程费的组成内容;④ 提高施工图的识读能力和实际操作能力。

四、综合实训的任务

综合实训的任务包括：① 计算清单工程量和计价工程量；② 计算钢筋工程量；③ 编制分部分项工程和单价措施项目清单与计价表；④ 编制总价措施项目清单与计价表；⑤ 编制其他项目清单与计价汇总表；⑥ 编制规费、税金项目计价表；⑦ 编制单位工程招标价汇总表；⑧ 汇总实训成果，装订成册，形成完整的清单模式的招标控制价计价文件。

五、综合实训的要求

综合实训的要求有：① 严格遵守实训时间，服从指导教师的指导；② 独立完成实训任务，不得复制、抄袭他人的成果；③ 按时完成编制任务，认真撰写实训报告。

六、综合实训的组织

综合实训的组织包括：① 本实训由教师确定编制内容；② 实训穿插于教学过程中。

任务2 实训实例

封面

<table>
<tr><td colspan="2" align="center">××公司办公楼 工程</td></tr>
<tr><td colspan="2" align="center">招标控制价</td></tr>
<tr><td colspan="2">招标控制价(小写)：2 335 331.03 元</td></tr>
<tr><td colspan="2">(大写)：贰佰叁拾叁万伍仟叁佰叁拾壹元零叁分</td></tr>
<tr><td></td><td>工程造价</td></tr>
<tr><td>招　标　人：××公司
(单位盖章)</td><td>咨　询　人：×××
(单位资质专用章)</td></tr>
<tr><td>法定代表人
或其授权人：×××
(签字或盖章)</td><td>法定代表人
或其授权人：×××
(签字或盖章)</td></tr>
<tr><td>编　制　人：×××
(造价人员签字盖专用章)</td><td>复　核　人：×××
(造价工程师签字盖专用章)</td></tr>
<tr><td>编制时间：　年　月　日</td><td>复核时间：　年　月　日</td></tr>
</table>

总 说 明

工程名称:××公司办公楼　　第1页　共1页

1.工程概况:某公司办公楼,框架结构,地上三层,建筑面积1 578.24 m^2,檐高10.45 m。

2.招标控制价范围:本次招标的办公楼施工图范围内的土建工程及装饰工程。

3.招标控制价编制依据:

(1) 招标文件提供的工程量清单。

(2) 招标文件中有关计价的要求。

(3)《建设工程工程量清单计价规范》(GB 50500—2013)(以下简称《计价规范》)。

(4)《江苏省建筑与装饰工程计价定额》(2014版)、《江苏省建设工程费用定额》(2014年)。

(5) 建筑施工图、结构施工图及相关图集资料。

(6) 材料价格以定额为参考,部分材料采用江苏省2018年9月建设工程材料信息,对于没有发布价格信息的材料,其价格参照市场价。

(7) 本招标控制价中涉及的材料、机械费用均按"营改增"以后的一般计税规定以除税价计取。

4.特别说明:

(1) 限于篇幅,本计价文件中只列举一项工程量清单综合单价分析表进行说明与分析,因此该计价文件并不完整。

(2) 本招标控制价文件仅做教学参考,所涉及的有关做法、费用计取均参考套取相应定额子目条文解释,如有偏差,以实践项目合同约定的具体要求为准。

单项工程招标控制价汇总表

工程名称:××公司办公楼　　第1页　共1页

序号	单位工程名称	金额/元	其中:(元)		
			暂估价	安全文明施工费	规费
1	××公司办公楼土建工程	1 232 645.59	0	38 212.01	59 900.18
2	××公司办公楼装饰工程	324 879.1	0	21 767.89	15 787.44
合计		1 557 524.69	0	59 979.9	75 687.62

单位工程招标控制价汇总表

工程名称:××公司办公楼　　第1页　共1页

序号	汇总内容	金额/元	其中:暂估价/元
1	分部分项工程	1 557 524.65	
1.1	土石方工程	15 328.48	
1.2	砌筑工程	134 506.27	
1.3	混凝土及钢筋混凝土工程	834 058.42	
1.4	金属结构工程	8 403.18	
1.5	门窗工程	124 930.64	
1.6	屋面及防水工程	115 418.60	
1.7	楼地面装饰工程	114 565.85	
1.8	墙、柱面装饰与隔断、幕墙工程	157 821.15	

续表

序　　号	汇 总 内 容	金额/元	其中:暂估价/元
1.9	油漆、涂料、裱糊工程	52 492.06	
2	措施项目	471 634.12	
2.1	安全文明施工费	38 212.01	
3	其他项目		
3.1	暂列金额	20 000	
3.2	专业工程暂估价		
3.3	计日工		
3.4	总承包服务费		
4	规费	75 687.62	
5	税金	210 484.64	
招标控制价合计=1+2+3+4+5		2 335 331.03	

分部分项工程量清单与计价表

工程名称:××公司办公楼　　　　标段:　　　　第　页　　共　页

序号	项 目 编 码	项目名称	项 目 特 征	计量单位	工程量	金额/元		
						综合单价	合　　价	其中:暂估价
1	010101001001	平整场地	1.土壤类别:综合 2.弃土运距:自行考虑 3.取土运距:自行考虑	m^2	537	1.38	741.06	
2	010101002001	挖一般土方	1.部位:独立基础(机械开挖) 2.土壤类别:三类 3.挖土深度:平均1.5 m内(含人工挖、修土) 4.弃土运距:土方挖、装、运、平,弃点自行解决,场内、外运距自行考虑 5.工程量按实际挖方量计算	m^3	35.71	35.34	1 261.99	
3	010101002002	挖一般土方	1.部位:独立基础(人工开挖) 2.土壤类别:三类 3.挖土深度:平均1.5 m内(含人工挖、修土) 4.弃土运距:土方挖、装、运、平,弃点自行解决,场内、外运距自行考虑 5.工程量按实际挖方量计算	m^3	3.57	62.10	221.70	

续表

序号	项 目 编 码	项目名称	项 目 特 征	计量单位	工程量	金额/元		
						综合单价	合　　价	其中：暂估价
4	010101003001	挖沟槽土方	1. 部位：地梁(机械开挖) 2. 土壤类别：三类 3. 挖土深度：平均1.5 m内(含人工挖、修土) 4. 弃土运距：土方挖、装、运、平，弃点自行解决，场内、外运距自行考虑 5. 工程量按实际挖方量计算	m^3	154.83	35.72	5 530.53	
5	010101003002	挖沟槽土方	1. 部位：地梁(人工开挖) 2. 土壤类别：三类 3. 挖土深度：平均1.5 m内(含人工挖、修土) 4. 弃土运距：土方挖、装、运、平，弃点自行解决，场内、外运距自行考虑 5. 工程量按实际挖方量计算	m^3	15.48	55.89	865.18	
6	010103001001	回填方	1. 部位：独立基础、地梁等土方 2. 土壤类别：三类 3. 挖土深度：平均1.5 m内(含人工挖、修土) 4. 弃土运距：土方挖、装、运、平，弃点自行解决，场内、外运距自行考虑 5. 工程量按实际挖方量计算	m^3	121.5	55.21	6 708.02	
7	010401004001	多孔砖墙	1. 部位：±0.000 以上外墙 2. 砌块品种、规格、强度等级：MU10 烧结多孔砖 3. 墙体类型：直形墙，墙厚200 mm 4. 砂浆强度等级：Mb5.0 混合砂浆	m^3	92.43	453.09	41 879.11	
8	010401004002	多孔砖墙	1. 部位：±0.000 以上内墙(厨房、卫生间) 2. 砌块品种、规格、强度等级：MU10 烧结多孔砖 3. 墙体类型：直形墙，墙厚100 mm 4. 砂浆强度等级：Mb5.0 混合砂浆	m^3	1.77	476.10	842.70	

续表

序号	项 目 编 码	项目名称	项 目 特 征	计量单位	工程量	金额/元		
						综合单价	合 价	其中：暂估价
9	010401004003	多孔砖墙	1. 部位：±0.000 以上内墙(厨房、卫生间) 2. 砌块品种、规格、强度等级：MU10 烧结多孔砖 3. 墙体类型：直形墙，墙厚 200 mm 4. 砂浆强度等级：Mb5.0 混合砂浆	m^3	15.96	453.09	7 231.32	
10	010402001001	砌块墙	1. 部位：±0.000 以上内墙(非厨房、卫生间) 2. 砌块品种、规格、强度等级：A5 加气砼砌块 3. 墙体类型：直形墙，墙厚 100 mm 4. 砂浆强度等级：Mb5.0 专用砂浆	m^3	2.14	502.44	1 075.22	
11	010402001002	砌块墙	1. 部位：±0.000 以上内墙(非厨房、卫生间) 2. 砌块品种、规格、强度等级：A5 加气砼砌块 3. 墙体类型：直形墙，墙厚 200 mm 4. 砂浆强度等级：Mb5.0 专用砂浆	m^3	175.88	474.63	83 477.92	
12	010501001001	垫层	混凝土强度等级：C15 商品砼	m^3	15.99	524.23	8 382.44	
13	010501005001	桩承台基础	混凝土强度等级：C30 商品砼	m^3	19.54	553.99	10 824.96	
14	010503001001	基础梁	混凝土强度等级：C30 商品砼	m^3	33.9	566.29	19 197.23	
15	010502001001	矩形柱	1. 部位：−0.55 m，−3.6 m，框架柱 2. 周长：1.6 m 以内 3. 支模高度：5 m 以内 4. 混凝土强度等级：C25 商品砼	m^3	15.94	606.23	9 663.31	
16	010502001002	矩形柱	1. 部位：−0.55 m，−3.6 m，框架柱 2. 周长：2.5 m 以内 3. 支模高度：5 m 以内 4. 混凝土强度等级：C25 商品砼	m^3	4.91	606.23	2 976.59	

续表

序号	项目编码	项目名称	项目特征	计量单位	工程量	金额/元		
						综合单价	合价	其中：暂估价
17	010502001003	矩形柱	1. 部位：3.6 m以上的框架柱 2. 周长：1.6 m以内 3. 支模高度：3.6 m以内 4. 混凝土强度等级：C25 商品砼	m^3	25.06	606.23	15 192.12	
18	010502001004	矩形柱	1. 部位：3.6 m以上的框架柱 2. 周长：2.5 m以内 3. 支模高度：3.6 m以内 4. 混凝土强度等级：C25 商品砼	m^3	5.85	606.23	3 546.45	
19	010502002001	构造柱	1. 部位：楼层柱（含门框） 2. 混凝土强度等级：C20 商品砼	m^3	42.14	710.22	29 928.67	
20	010503004001	圈梁	1. 部位：砼导墙、防水翻边、腰梁、窗台板等 2. 混凝土强度等级：C20 商品砼	m^3	26.61	604.08	16 074.57	
21	010503005001	过梁	1. 部位：门窗洞口 2. 混凝土强度等级：C20 商品砼	m^3	6.64	655.48	4 352.39	
22	010504001001	直形墙	1. 部位：女儿墙 2. 墙厚：160 mm 3. 混凝土强度等级：C25 商品砼	m^3	23.08	637.30	14 708.88	
23	010505001001	有梁板	1. 部位：楼层有梁板 2. 支模高度：5 m内 3. 板厚 100 mm 内 4. 混凝土强度等级：C25 商品砼	m^3	48.49	570.92	27 683.91	
24	010505001002	有梁板	1. 部位：楼层有梁板 2. 支模高度：5 m内 3. 板厚 200 mm 内 4. 混凝土强度等级：C25 商品砼	m^3	37.7	570.92	21 523.68	
25	010505001003	有梁板	1. 部位：楼层有梁板 2. 支模高度：3.6 m内 3. 板厚 100 mm 内 4. 混凝土强度等级：C25 商品砼	m^3	57.36	570.92	32 747.97	

续表

序号	项目编码	项目名称	项目特征	计量单位	工程量	金额/元		
						综合单价	合价	其中：暂估价
26	010505001004	有梁板	1. 部位：楼层有梁板 2. 支模高度：3.6 m 内 3. 板厚 200 mm 内 4. 混凝土强度等级：C25 商品砼	m^3	114.62	570.92	65 438.85	
27	010505008001	雨篷、悬挑板、阳台板	1. 部位：空调板 2. 板厚 100 mm 内 3. 混凝土强度等级：C25 商品砼	m^3	7.54	609.45	4 595.25	
28	010506001001	直形楼梯	1. 部位：楼层楼梯 2. 混凝土强度等级：C25 商品砼	m^2	73.44	107.02	7 859.55	
29	010507007001	其他构件	1. 构件类型：砼线条 2. 混凝土强度等级：C25 商品砼	m^3	1.83	654.17	1 197.13	
30	010515001001	现浇构件钢筋	钢筋种类、规格：现浇砼构件钢筋 ϕ12 以内(综合一、二级)，抗震级别按设计要求	t	1.73	5 675.95	9 819.39	
31	010515001002	现浇构件钢筋	钢筋种类、规格：现浇砼构件钢筋 ϕ25 以内(综合三级)，抗震级别按设计要求	t	69.37	4 722.60	327 606.76	
32	010515001003	现浇构件钢筋	钢筋种类、规格：现浇砼构件钢筋 ϕ12 以内(综合三级)，抗震级别按设计要求	t	35.91	5 406.03	194 130.54	
33	010515001004	砌体加固钢筋	钢筋种类、规格：一级钢 ϕ12 以内	t	0.947	6 977.59	6 607.78	
34	010607005001	砌块墙钢丝网加固	1. 部位：混凝土梁柱墙与砌填充墙交接处 2. 做法：400 mm 宽	m^2	1 031.6	4.32	4 456.51	
35	010607005002	砌块墙钢丝网加固	1. 部位：楼梯间与人流通道填充墙 2. 做法：满铺	m^2	913.58	4.32	3 946.67	
36	010801001001	木质门	1. 部位：楼层进户门 2. 普通木门(成品门)，含油漆及五金	m^2	98.66	345.92	34 128.47	
37	010801004001	木质防火门	1. 乙级木质防火门 2. 含防火油漆及全部五金	m^2	3.78	458.34	1 732.53	

续表

序号	项目编码	项目名称	项目特征	计量单位	工程量	金额/元		
						综合单价	合价	其中：暂估价
38	010802001001	铝合金平开门	1.铝合金平开门 2.参照图集16J607 3.含配套的五金配件、门窗框四周泡沫塞缝 4.包括制作、运输、安装、成品保护	m^2	6.3	389.16	2 451.71	
39	010802001002	铝合金门联窗	1.铝合金门联窗 2.参照图集16J607 3.含配套的五金配件、门窗框四周泡沫塞缝 4.包括制作、运输、安装、成品保护	m^2	9.75	432.40	4 215.90	
40	010807001001	铝合金推拉窗	1.铝合金推拉窗 2.参照图集16J607 3.含配套的五金配件、门窗框四周泡沫塞缝 4.包括制作、运输、安装、成品保护	m^2	207.84	345.92	71 896.01	
41	010807001002	铝合金固定窗	1.铝合金固定窗 2.参照图集16J607 3.含配套的五金配件、门窗框四周泡沫塞缝 4.包括制作、运输、安装、成品保护	m^2	34.71	302.68	10 506.02	
42	010902003001	上人屋面	1.部位:上人屋面 2.20厚1:3水泥砂浆找平层 3.1厚SPU防水涂膜隔气层 4.泡沫混凝土找坡2%(最薄处30厚) 5.70厚半硬质矿(岩)棉板(ρ=180) 6.20厚1:3水泥砂浆找平层 7.2厚BS-P防水卷材(二道),基层处理剂一道,抹3～5厚素水泥浆 8.干铺塑料膜一层 9.25厚1:3干硬性水泥砂浆,面层撒素水泥插缝 10.块材地面,1:1水泥砂浆填缝	m^2	30.32	224.28	6 800.17	

续表

序号	项目编码	项目名称	项目特征	计量单位	工程量	金额/元		
						综合单价	合价	其中：暂估价
43	010902003003	不上人屋面	1. 部位：不上人屋面 2. 泡沫混凝土找坡 2%（最薄处 30 厚） 3. 30 厚半硬质矿（岩）棉板（p=180） 4. 20 厚 1∶3水泥砂浆找平层 5. 2 厚 BS-P 防水卷材（二道），基层处理剂一道，抹 3～5 厚素水泥浆 6. 干铺塑料膜一层 7. 25 厚 1∶3水泥砂浆，表面应抹平压光	m^2	472.88	210.62	99 597.99	
44	010902007001	空调板防水	1. 部位：空调板顶 2. 1.5 厚聚合物水泥复合防水涂料防水层 3. 12 厚 1∶3水泥砂浆打底扫毛 4. 6 厚（最薄处）1∶2.5 水泥砂浆找坡层 1% 坡向地漏（边缘） 5. 涂刷外墙涂料（一底两面）	m^2	32.4	52.34	1 695.82	
45	010902007002	屋面女儿墙泛水	1. 部位：女儿墙泛水 2. 1.5 厚聚合物水泥复合防水涂料防水层 3. 12 厚 1∶3水泥砂浆打底扫毛 4. 6 厚（最薄处）1∶2.5 水泥砂浆找坡层 1% 坡向地漏（边缘） 5. 涂刷外墙涂料（一底两面）	m^2	31.7	114.39	3 626.16	
46	010902004001	屋面排水管	1. ϕ110×3.2 UPVC 落水管 2. ϕ110 UPVC 落水斗 3. 檐沟铸铁落水口（带罩）ϕ110	m	83.6	44.24	3 698.46	
47	011101001001	水泥砂浆楼地面	1. 部位：一层地面 2. 60 厚碎石夯入地基表面加固处理 3. 60 厚 C15 混凝土垫层 4. 刷素水泥浆一道 5. 20 厚 1∶2水泥砂浆面层压实抹光	m^2	467.32	71.90	33 600.31	

续表

序号	项目编码	项目名称	项目特征	计量单位	工程量	金额/元		
						综合单价	合价	其中：暂估价
48	011101001002	水泥砂浆楼地面	1.部位：卫生间楼面 2.20厚1:3水泥砂浆找平层 3.1.5厚聚合物水泥复合防水涂料，四周上翻至$H+0.2$	m^2	59.11	57.34	3 389.37	
49	011101001003	水泥砂浆楼地面	1.部位：办公室休息室楼面 2.15厚1:3水泥砂浆找平 3.刷素水泥浆一道 4.20厚1:2水泥砂浆面层压实抹光	m^2	799.99	37.62	30 095.62	
50	011102003001	块料楼地面	1.部位：楼梯间、门厅地面 2.15厚1:3水泥砂浆找平层 3.刷素水泥浆一道 4.20厚1:2水泥砂浆结合层 5.刷素水泥浆一道 6.8～10厚防滑陶瓷地砖面层，干水泥擦缝	m^2	73.84	120.96	8 931.69	
51	011102003002	块料楼地面	1.部位：楼梯间楼面 2.15厚1:3水泥砂浆找平层 3.刷素水泥浆一道 4.20厚1:2水泥砂浆结合层 5.刷素水泥浆一道 6.8～10厚防滑陶瓷地砖面层，干水泥擦缝	m^2	73.44	155.57	11 425.06	
52	011105001001	水泥砂浆踢脚线	1.踢脚线高度：100 mm 2.15厚1:3水泥砂浆打底扫毛 3.10厚1:2水泥砂浆压实抹光	m	722.4	7.40	5 345.76	
53	011105003001	块料踢脚线	1.踢脚线高度：100 mm 2.10厚1:2水泥砂浆结合层 3.8～10厚防滑陶瓷地砖面层	m	128.4	22.72	2 917.25	
54	010507001001	无障碍坡道	1.部位：无障碍坡道 2.150厚3:7灰土 3.25厚1:3干硬性水泥砂浆黏结层 4.撒素水泥面 5.30厚烧毛花岗岩板面层	m^2	8.1	317.51	2 571.83	

续表

序号	项目编码	项目名称	项目特征	计量单位	工程量	金额/元		
						综合单价	合价	其中：暂估价
55	010507001002	室外坡道	1.部位:室外坡道 2.300厚3∶7灰土 3.100厚C15混凝土 4.素水泥浆一道(内含建筑胶) 5.1∶2金刚砂防滑条,中距80 mm,宽15 mm,凸出坡道面	m^2	80.8	127.21	10 278.57	
56	010507001003	散水	1.60厚中砂铺垫 2.60厚C15混凝土 3.20厚1∶2.5水泥砂浆抹面压光	m^2	56.46	69.15	3 904.21	
57	011107002001	块料台阶面	1.部位:室外台阶 2.100厚3∶7灰土 3.100厚C15混凝土 4.8～10厚防滑陶瓷地砖	m^2	11.34	185.73	2 106.18	
58	011201001001	墙面一般抹灰	1.部位:卫生间 2.6厚1∶2.5水泥砂浆压实抹光 3.12厚1∶3水泥砂浆打底扫毛	m^2	249.2	28.90	7 201.88	
59	011201001002	墙面一般抹灰	1.部位:办公室、休息室 2.6厚1∶0.3∶3水泥石灰膏砂浆压实抹光 3.12厚1∶1∶6水泥石灰膏砂浆打底扫毛 4.刷界面剂一道	m^2	1 948.15	31.37	61 113.47	
60	011201001003	墙面一般抹灰	1.部位:楼梯间、门厅 2.5厚1∶0.5∶2.5水泥石灰膏砂浆刷面抹灰 3.8厚1∶1∶6水泥石灰膏砂浆打底扫毛 4.刷界面剂一道	m^2	355.01	29.44	10 451.49	
61	011201001004	墙面一般抹灰	1.部位:外墙 2.50厚AJ膨胀玻化微珠保温砂浆 3.5厚抗裂砂浆 4.网格布(首层加一层加强网布)	m^2	1 289.74	58.40	75 320.82	

续表

序号	项目编码	项目名称	项目特征	计量单位	工程量	金额/元		
						综合单价	合价	其中：暂估价
62	011203001001	零星项目一般抹灰	部位：外墙线条	m^2	36.7	101.73	3 733.49	
63	011406001001	抹灰面油漆	1.部位：楼梯间、门厅天棚面 2.面层刮瓷三遍平	m^2	152.07	15.60	2 372.29	
64	011406001002	抹灰面油漆	1.部位：楼梯间、门厅内墙棚面 2.面层刮瓷三遍平	m^2	355.01	15.60	5 538.16	
65	011406003001	满刮腻子	1.部位：办公室、休息室、卫生间天棚面 2.腻子刮平	m^2	922.94	4.83	4 457.80	
66	011407001001	墙面喷刷涂料	1.部位：外墙 2.外墙涂料	m^2	1 289.74	31.11	40 123.81	
合计							1 557 524.65	

工程量清单综合单价分析表

工程名称：××公司办公楼　　标段：　　第1页　　共×页

项目编码	010103001001	项目名称	回填方	计量单位	m^3

清单综合单价组成明细

定额编号	定额名称	定额单位	数量	单价				合价			
				人工费	材料费	机械费	管理费和利润	人工费	材料费	机械费	管理费和利润
1-204	挖掘机(斗容量1 m^3以内）挖土、反铲、装车	1 000 m^3	0.121 5	270	0	3 176.14	1 309.54	32.805	0	385.901	159.109
1-266换	自卸汽车运土，运距在10 km以内	1 000 m^3	0.121 5	0	39.30	22 131.67	8 410.03	0	4.775	2 689.000	1 021.819
1-103	回填土基(槽)坑，松填	m^3	121.5	14.40	0	0	5.47	1 749.6	0	0	664.605
风险费用											
人工单价		小计						1 782.405			
元/工日		未计价材料费									

续表

清单项目综合单价							
	主要材料名称、规格、型号	单位	数量	单价/元	合价/元	暂估单价/元	暂估合价/元
材料费明细	水	m^3	1.045	4.57	4.775		
	其他材料费						
	材料费小计				4.775		

措施项目清单与计价表(一)

工程名称:××公司办公楼　　标段:　　第1页　共1页

序号	项目名称	计算基础	费率/(%)	金额/元
1	安全文明施工费	分部分项工程费＋单价措施项目费－工程设备费	3.1	59 979.90
2	冬雨季施工	分部分项工程费＋单价措施项目费－工程设备费	0.125	2 418.54
3	临时设施	分部分项工程费＋单价措施项目费－工程设备费	1.65	31 924.79
合计				94 323.23

措施项目清单与计价表(二)

工程名称:××公司办公楼　　标段:　　第1页　共1页

序号	项目编码	项目名称	项目特征	计量单位	工程量	金额/元		
						综合单价	合价	其中:暂估价
1	011701001001	综合脚手架	1.框架结构 2.檐高:10.450 m	m^2	33.05	1 578.18	52 158.83	
2	011702001001	基础(模板及支架)	混凝土强度等级:C15商品砼	m^2	3.2	75.86	242.75	
3	011702001002	基础(模板及支架)	混凝土强度等级:C30商品砼	m^2	34.39	65.17	2 241.20	
4	011702002001	矩形柱(模板及支架)	1.部位:－0.55 m,－3.6 m,框架柱 2.周长:1.6 m以内 3.支模高度:5 m以内 4.混凝土强度等级:C25商品砼	m^2	212.48	80.66	17 138.64	
5	011702002002	矩形柱(模板及支架)	1.部位:－0.55 m,－3.6 m,框架柱 2.周长:2.5 m以内 3.支模高度:5 m以内 4.混凝土强度等级:C25商品砼	m^2	39.28	80.66	3 168.32	
6	011702002003	矩形柱(模板及支架)	1.部位:3.6 m以上的框架柱 2.周长:1.6 m以内 3.支模高度:3.6 m以内 4.混凝土强度等级:C25商品砼	m^2	334.05	66.69	22 277.79	

续表

序号	项目编码	项目名称	项目特征	计量单位	工程量	金额/元		
						综合单价	合价	其中：暂估价
7	011702002004	矩形柱(模板及支架)	1. 部位:3.6 m以上的框架柱 2. 周长:2.5 m以内 3. 支模高度:3.6 m以内 4. 混凝土强度等级:C25商品砼	m^2	46.8	66.69	3 121.09	
8	011702008001	圈梁(模板及支架)	混凝土强度等级:C30商品砼	m^2	84.75	60.11	5 094.32	
9	011702011001	直形墙(模板及支架)	1. 部位:女儿墙 2. 墙厚:160 mm 3. 混凝土强度等级:C25商品砼	m^2	314.58	49.65	15 618.90	
10	011702014001	有梁板(模板及支架)	1. 部位:楼层有梁板 2. 支模高度:5 m内 3. 板厚100 mm内 4. 混凝土强度等级:C30商品砼	m^2	518.84	63.33	32 858.14	
11	011702014002	有梁板(模板及支架)	1. 部位:楼层有梁板 2. 支模高度:5 m内 3. 板厚200 mm内 4. 混凝土强度等级:C30商品砼	m^2	304.24	72.35	22 011.76	
12	011702014003	有梁板(模板及支架)	1. 部位:楼层有梁板 2. 支模高度:3.6 m内 3. 板厚100 mm内 4. 混凝土强度等级:C30商品砼	m^2	516.24	53.37	27 551.73	
13	011702014004	有梁板(模板及支架)	1. 部位:楼层有梁板 2. 支模高度:3.6 m内 3. 板厚200 mm内 4. 混凝土强度等级:C30商品砼	m^2	924.98	60.52	55 979.79	
14	011702023001	雨篷、悬挑板、阳台板(模板及支架)	1. 部位:空调板 2. 板厚100 mm内 3. 混凝土强度等级:C25商品砼	m^2	32.4	95.24	3 085.78	
15	011702024001	楼梯(模板及支架)	1. 部位:楼层楼梯 2. 混凝土强度等级:C25商品砼	m^2	73.44	175.81	12 911.49	
16	011702022001	天沟、檐沟(模板及支架)	1. 构件类型:砼线条 2. 混凝土强度等级:C25商品砼	m^2	32.94	76.60	2 523.20	

续表

序号	项目编码	项目名称	项目特征	计量单位	工程量	金额/元		
						综合单价	合价	其中：暂估价
17	011703001001	垂直运输	1. 框架结构 2. 檐高：10.450 m 3. 层数：3	天	277	311.04	86 159.10	
18	011705001001	大型机械设备进出场及安拆	大型机械设备进出场及安拆	台次	1	13 168.06	13 168.06	
本页合计							377 310.89	
合计							377 310.89	

其他项目清单与计价汇总表

工程名称：××公司办公楼　　标段：　　第1页　共1页

序号	项目名称	计量单位	金额/元	备注
1	暂列金额	项	20 000	
2	暂估价			
2.1	材料暂估价			
2.2	专业工程暂估价			
3	计日工			
4	总承包服务费			
5				
合计			20 000	

暂列金额明细表

工程名称：××公司办公楼　　标段：　　第1页　共1页

序号	项目名称	计量单位	金额/元	备注
1	工程量清单中工程量偏差和设计变更	项	10 000	
2	政策性调整和材料价格风险	项	10 000	
3				
合计			20 000	

规费、税金项目清单与计价表

工程名称：××公司办公楼　　标段：　　第1页　共1页

序号	项目名称	计算基础	费率/(%)	金额/元
1	规费	工程排污费＋社会保障费＋住房公积金		
1.1	工程排污费			
1.2	社会保障费	分部分项工程费＋措施项目费＋其他项目费－除税工程设备费	3.2	64 933.08
1.3	住房公积金	分部分项工程费＋措施项目费＋其他项目费－除税工程设备费	0.53	10 754.54
2	税金	分部分项工程费＋措施项目费＋其他项目费＋规费	10.00	210 484.64

附录 A

建筑施工图

建筑专业工程一般说明

1. 本工程的设计依据为:

(1) 甲方提供的基础设计资料及设计要求;

(2) 国家及地方相关规范。

2. 本工程的建筑概况:

总建筑面积	1 578.24 m^2	建筑层数	主体	3层	主要结构类型	框架结构
建筑占地面积	537.00 m^2		局部	4层		
设计合理使用年限	50年	建筑耐火等级		二级	抗震设防烈度	6度

3. 本工程室内地坪设计标高为±0.000,相当于黄海标高26.350。

4. 本工程图纸中的尺寸单位,除标高及总平面图以米为单位外,其余均以毫米为单位。

5. 本工程所用材料规格、施工要求及验收规则等,除注明者外,其余均按照国家有关的工程施工及验收规范执行。

设计中所引用的国家或省市标准图集的设计,均应按图集中的说明及有关图注施工。

6. 本工程图例:

200厚烧结多孔砖(外墙)
200厚加气混凝土砌块(内墙)

100厚加气混凝土砌块(内墙)
100厚烧结多孔砖(厨卫隔墙)

钢筋混凝土(大样)

钢筋混凝土

7. 本工程的外墙采用200厚烧结多孔砖;内墙采用100/200厚蒸压轻质砂加气混凝土砌块;厨卫隔墙采用100厚烧结多孔砖;卫生间隔墙,离地200 mm范围内采用C20细石混凝土浇筑。

8. 墙基防潮:本工程的基础砖墙,在室内地坪下60 mm处做防水砂浆防潮层,做法为1:2水泥砂浆掺5%防水剂厚20;如有混凝土基础梁,可不做防潮层。

9. 外墙饰面:详见立面图所注,如无特殊说明,按以下做法施工:

编号	名称	做法	适用部位
1	外墙面A	1. 外墙涂料 2. 网格布(首层加一层加强网布) 3. 5厚抗裂砂浆 4. AJ膨胀玻化微珠保温砂浆(A级防火) 5. 界面砂浆 6. 200加气混凝土砌块 7. 20厚1:2.5水泥砂浆	外墙

10. 屋面:本工程的屋面防水等级为Ⅱ级。

编号	名称	做法	适用部位
1	屋面A	1. 绿豆砂保护层 2. 25厚1:3水泥砂浆,表面应抹平压光 3. 干铺塑料膜一层 4. 2厚BS-P防水卷材(二道),基层处理剂一道,抹3~5厚素水泥浆 5. 20厚1:3水泥砂浆找平层 6. 半硬质矿(岩)棉板(ρ=180) 7. 泡沫混凝土找坡2%(最薄处30厚) 8. 钢筋混凝土屋面板	不上人保温平屋面
2	屋面B	1. 块瓦 2. 最薄处20厚1:3水泥砂浆卧瓦层,内配Ø6.5@500X500钢丝网 3. 20厚1:3水泥砂浆找平层 4. 半硬质矿(岩)棉板(ρ=180) 5. 2厚BS-P防水卷材(二道),基层处理剂一道,抹3~5厚素水泥浆 6. 15厚1:3水泥砂浆找平层 7. 钢筋混凝土屋面板	空调板(仅顶层)/雨篷

11. 门边砖砌门脚头,凡图中未注明者,均为半砖宽。

12. 护角线:内墙阳角和底层外墙混合砂浆、石灰砂浆粉刷的阳角均做2 000 mm高护角线,做法为5厚1:2.5水泥砂浆每边宽50 mm,粉面同墙面,填充墙与混凝土墙(柱)交接处以及墙顶与梁交接处,均应在墙面上加钉钢丝网,以防抹灰裂缝,钢丝网宽度每边不小于300。

13. 油漆:采用调和漆,木装修均为一底二度,金属制品均先用红丹打底,再做油漆二度。油漆、花岗石、地砖、面砖、室内外粉刷色彩等,均应事先做出样板及样品,待会同建设单位、设计单位研究商定后,方可大面积施工。

14. 雨水管水斗均为PVC制品,雨水管规格为Ø100,雨水口采用铸铁雨水口,雨水管与墙面的距离大于20 mm。雨水管表面涂PVC涂料,色彩同外墙。

15. 房屋四周做600 mm宽混凝土散水,做法参见11ZJ901(2/5)。

16. 房屋入口台阶、坡道做法参见11ZJ901(14/9)。

17. 所有铝合金门窗、幕墙的用材,由厂家按有关规范确定。

000

审定 审核 项目负责人
校对 设计负责人 设计人
工程名称 项目名称 办公楼
图纸名称 工程一般说明
工程编号 图号 建施—1
阶段 施工图 日期 2019.01 比例 1:100

建筑专业工程一般说明(续页)

18.室内外装修一览表

	地面	楼面		
编号	1	1	2	3
饰面名称	地砖地面	地砖地面(带防水层)	水泥砂浆楼面	地砖地面
适用范围	首层楼梯间、门厅	二层及以上卫生间	二层及以上办公室、休息室	二层及以上楼梯间
做法	1. 8~10厚防滑陶瓷地砖面层,干水泥擦缝 2. 刷素水泥浆一道 3. 20厚1:2水泥砂浆结合层 4. 刷素水泥浆一道 5. 15厚1:3水泥砂浆找平层 6. 现浇钢筋混凝土楼板 7. 20厚1:2水泥砂粉刷	1. 1.5厚聚合物水泥复合防水涂料,四周上翻至H+0.2 2. 20厚1:3水泥砂浆找平层 3. 现浇钢筋混凝土楼板	1. 20厚1:2水泥砂浆面层压实抹光 2. 刷素水泥浆一道 3. 15厚1:3水泥砂浆找平 4. 现浇钢筋混凝土楼板	1. 8~10厚防滑陶瓷地砖面层,干水泥擦缝 2. 刷素水泥浆一道 3. 20厚1:2水泥砂浆结合层 4. 刷素水泥浆一道 5. 15厚1:3水泥砂浆找平层 6. 现浇钢筋混凝土楼板
	内墙面			外墙面
编号	1	2	3	1
饰面名称	水泥砂浆墙面	块料墙面	刮瓷墙面	涂料外墙面
适用范围	卫生间	办公室、休息室	楼梯间、门厅	全部
做法	1. 6厚1:2.5水泥砂浆压实抹光 2. 12厚1:3水泥砂浆打底扫毛 3. 混凝土与砖墙连接处钉200 mm宽钢板网 4. 墙体	1. 面砖、专用黏结剂粘贴,专业嵌缝剂嵌缝 2. 5厚面砖黏结砂浆 3. 10厚抗裂砂浆 4. 镀锌钢丝网与墙体上带尾孔射钉双向@500绑扎 5. 界面砂浆 6. 200加气混凝土砌块 7. 20厚1:2.5水泥砂浆	1. 面层刮瓷三遍 2. 5厚1:0.5:2.5水泥石灰膏砂浆刷面抹平 3. 8厚1:1:6水泥石灰膏砂浆打底扫毛(砖墙基体、混凝土基体:9厚1:0.5:3水泥石灰膏砂浆打底扫毛) 4. 界面剂一道(加气混凝土砌块基体)(混凝土基体:喷混凝土界面处理剂一遍) 5. 墙体	1. 外墙涂料 2. 网格布(首层加一层加强网布) 3. 5厚抗裂砂浆 4. AJ膨胀玻化微珠保温砂浆(A级防火) 5. 界面砂浆 6. 200加气混凝土砌块 7. 20厚1:2.5水泥砂浆
	顶棚		踢脚线	
编号	1	2	1	2
饰面名称	腻子刮平顶棚	刮瓷顶棚	块料踢脚线	水泥砂浆踢脚线
适用范围	办公室、休息室、卫生间	门厅、楼梯间	门厅、楼梯间	办公室、休息室
	1. 腻子刮平 2. 钢筋混凝土结构板	1. 面层刮瓷三遍 2. 钢筋混凝土结构板	(踢脚高100 mm) 1. 8~10厚陶瓷面层,面层做法同楼、地面,干水泥擦缝 2. 10厚1:2水泥砂浆结合层 3. 加气混凝土块基体:界面剂一道 (砖墙基体:划出纹道,将基体用水湿透) (混凝土基体:刷一道聚合物水泥砂浆)	(踢脚高100 mm) 1. 10厚1:2水泥砂浆面层压实抹光 2. 15厚1:3水泥砂浆打底扫毛 3. 加气混凝土块基体:界面剂一道 (砖墙基体:划出纹道,将基体用水湿透) (混凝土基体:刷一道聚合物水泥砂浆)
	屋面			
编号	1		2	
饰面名称	不上人保温平屋面		防水屋面	
适用范围	不上人保温平屋面		空调板(仅顶层)/雨篷	
	1. 绿豆砂保护层 2. 25厚1:3水泥砂浆,表面应抹平压光 3. 干铺塑料膜一层 4. 2厚BS-P防水卷材(二道),基层处理剂一道,抹3~5厚素水泥浆 5. 20厚1:3水泥砂浆找平层 6. 半硬质矿(岩)棉板(ρ=180) 7. 泡沫混凝土找坡2%(最薄处30 mm厚) 8. 钢筋混凝土屋面板		1. 涂刷外墙涂料(一底两面) 2. 6厚(最薄处)1:2.5水泥砂浆找坡层1%坡向地漏(边缘) 3. 12厚1:3水泥砂浆打底扫毛 4. 1.5厚聚合物水泥复合防水涂料防水层 5. 钢筋混凝土空调板、雨篷板	

审定	审核	项目负责人
校对	设计负责人	设计人
工程名称	项目名称	办公楼
图纸名称	工程一般说明(续页)	
工程编号	000	
图号	建施-2	
阶段	施工图	
日期	2019.01	
比例	1:100	

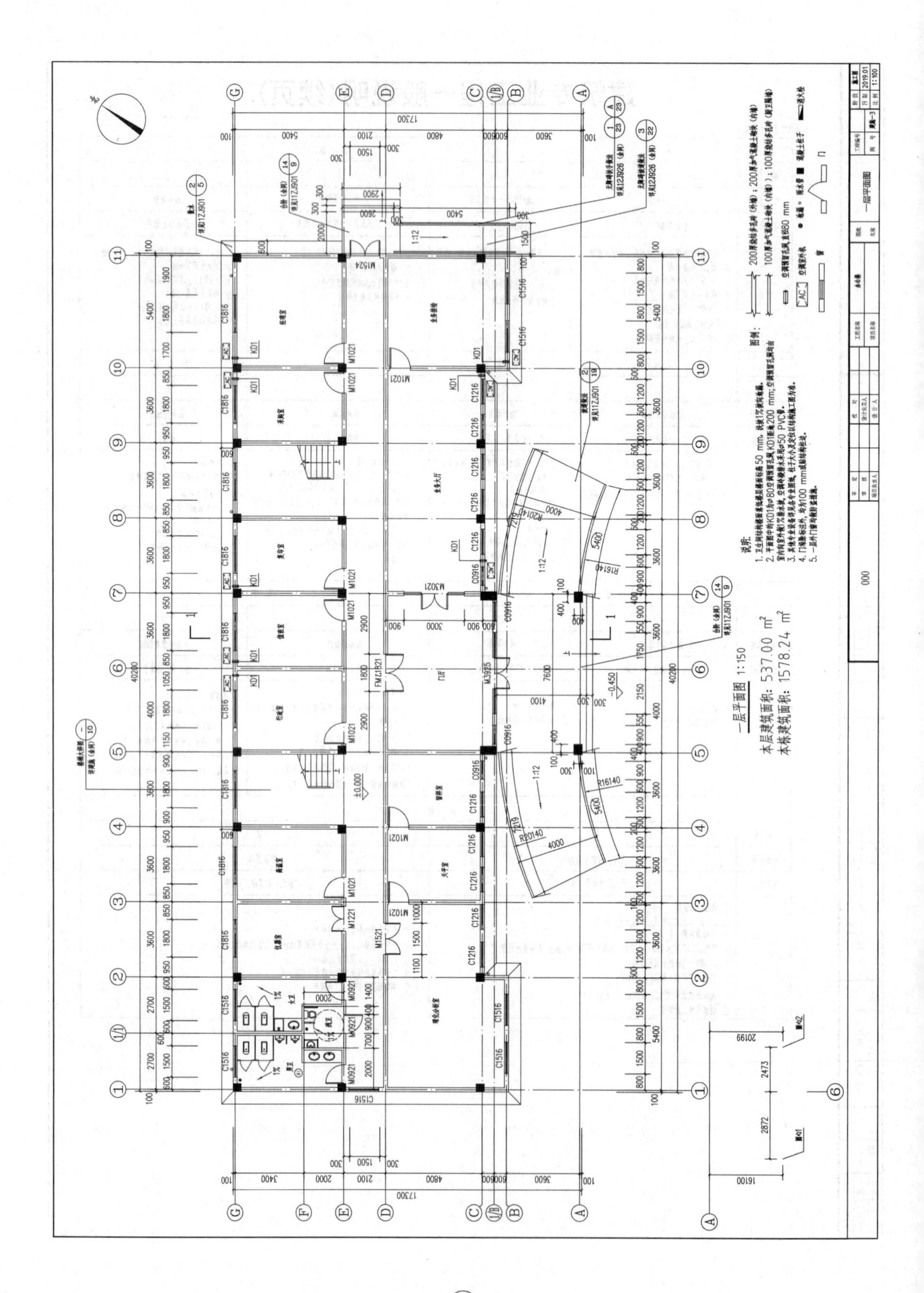

一层平面图 1:150
本层建筑面积：537.00 m²
本栋建筑面积：1578.24 m²

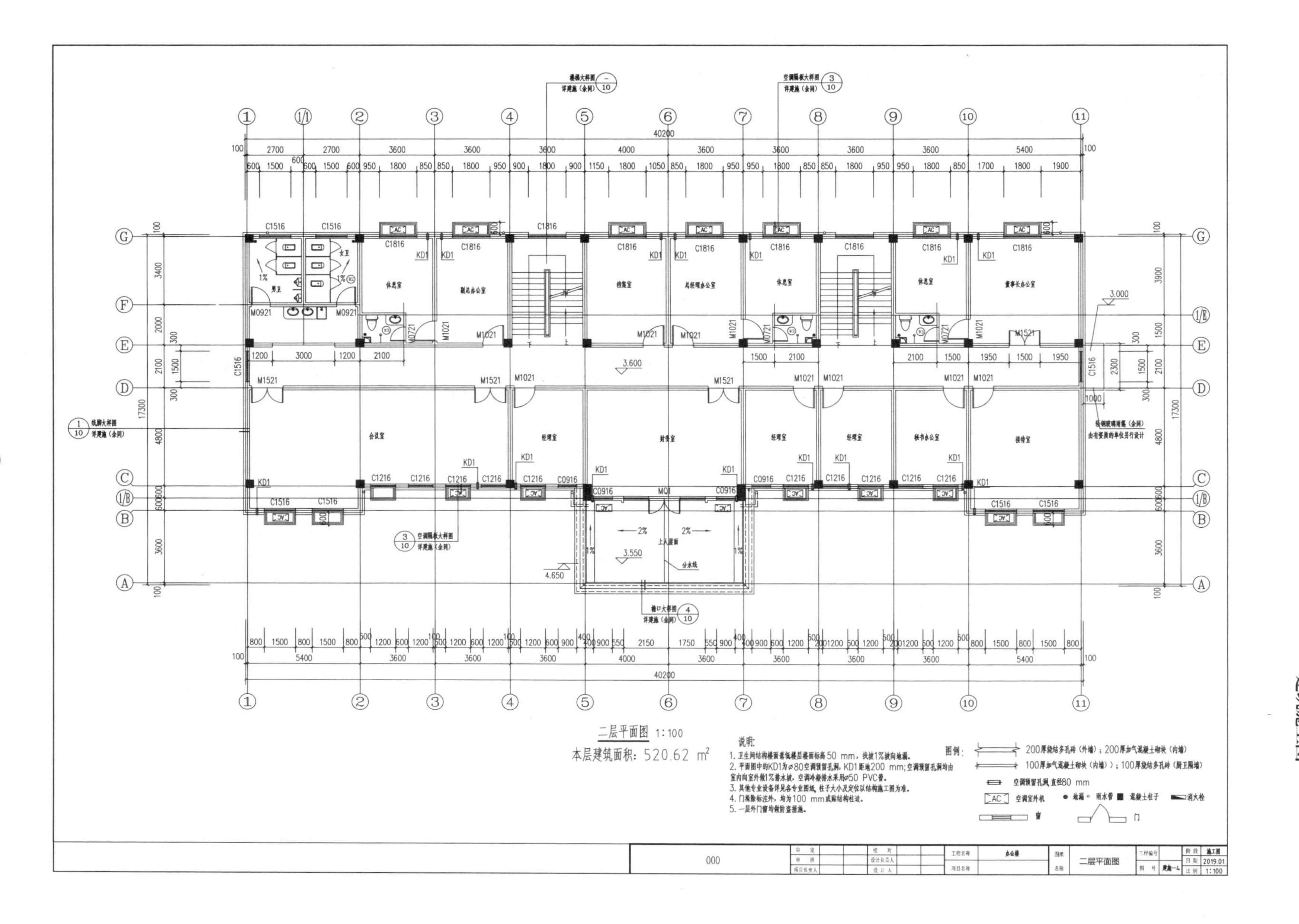
二层平面图 1:100
本层建筑面积: 520.62 m²
说明:
1. 卫生间结构楼面高低楼层楼面标高50 mm，找坡1%坡向地漏。
2. 平面图中的KD1为⌀80空调预留孔洞，KD1距地200 mm；空调预留孔洞均由室内向室外侧1%排水坡，空调冷凝排水采用⌀50 PVC管。
3. 其他专业设备详见各专业图纸，柱子大小及定位以结构施工图为准。
4. 门垛除标注外，均为100 mm或贴结构柱边。
5. 一层外门窗均做防盗措施。
图例:
200厚烧结多孔砖（外墙）；200厚加气混凝土砌块（内墙）
100厚加气混凝土砌块（内墙））；100厚烧结多孔砖（厨卫隔墙）
空调预留孔洞，直径80 mm
空调室外机
地漏
雨水管
混凝土柱子
消火栓
窗
门
二层平面图
2019.01
1:100

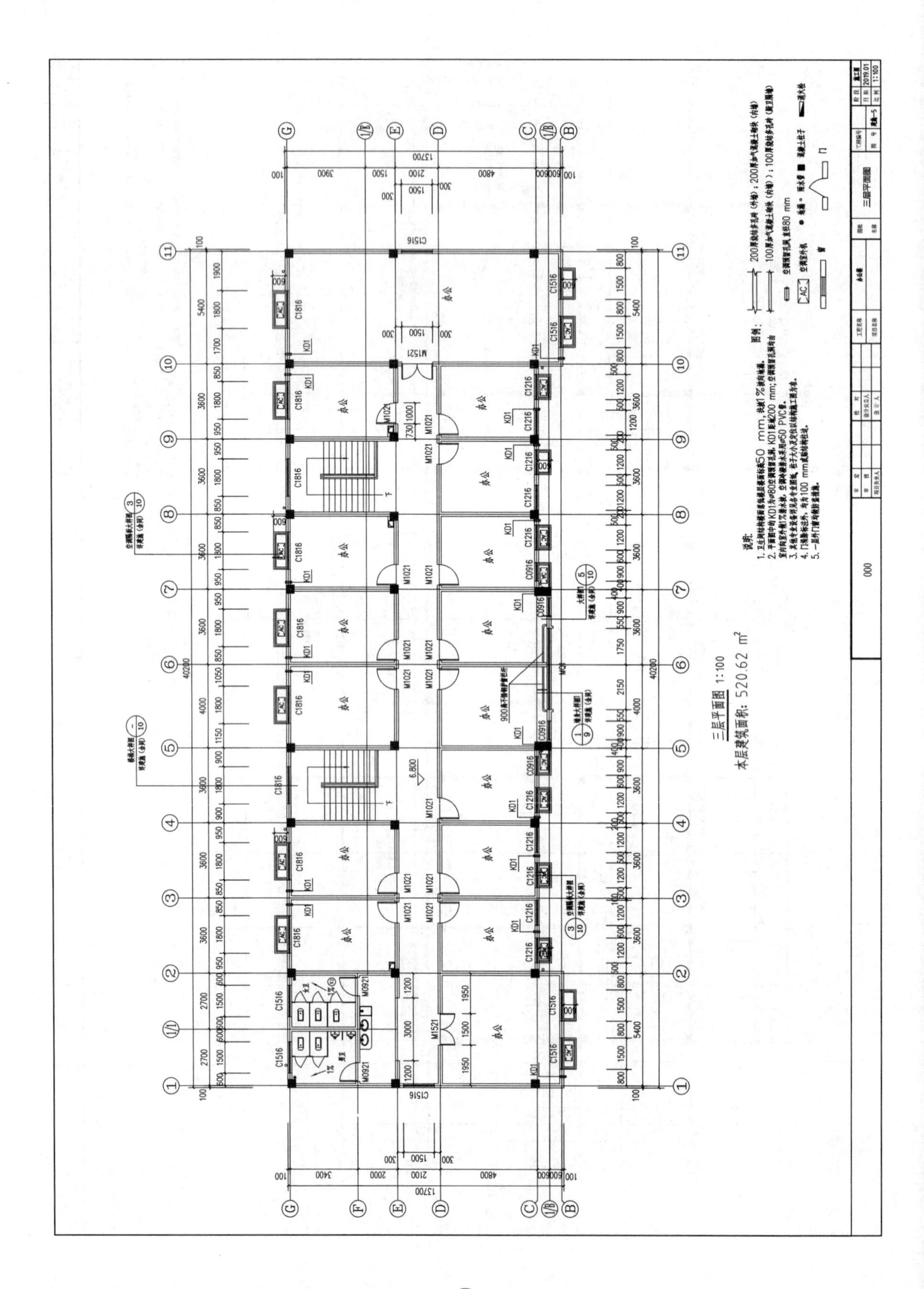

三层平面图 1:100
本层建筑面积：520.62 m²

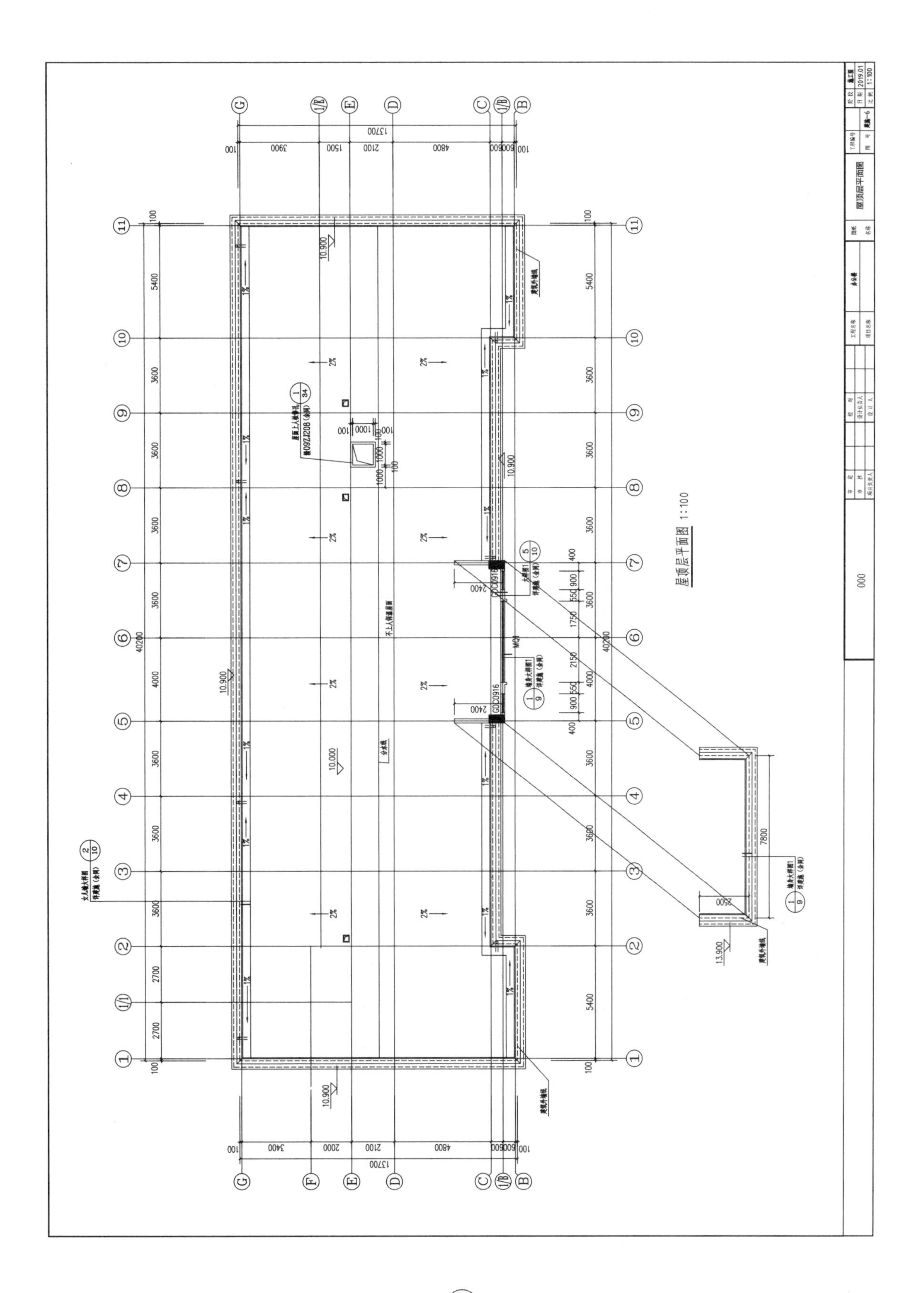
屋顶层平面图 1:100

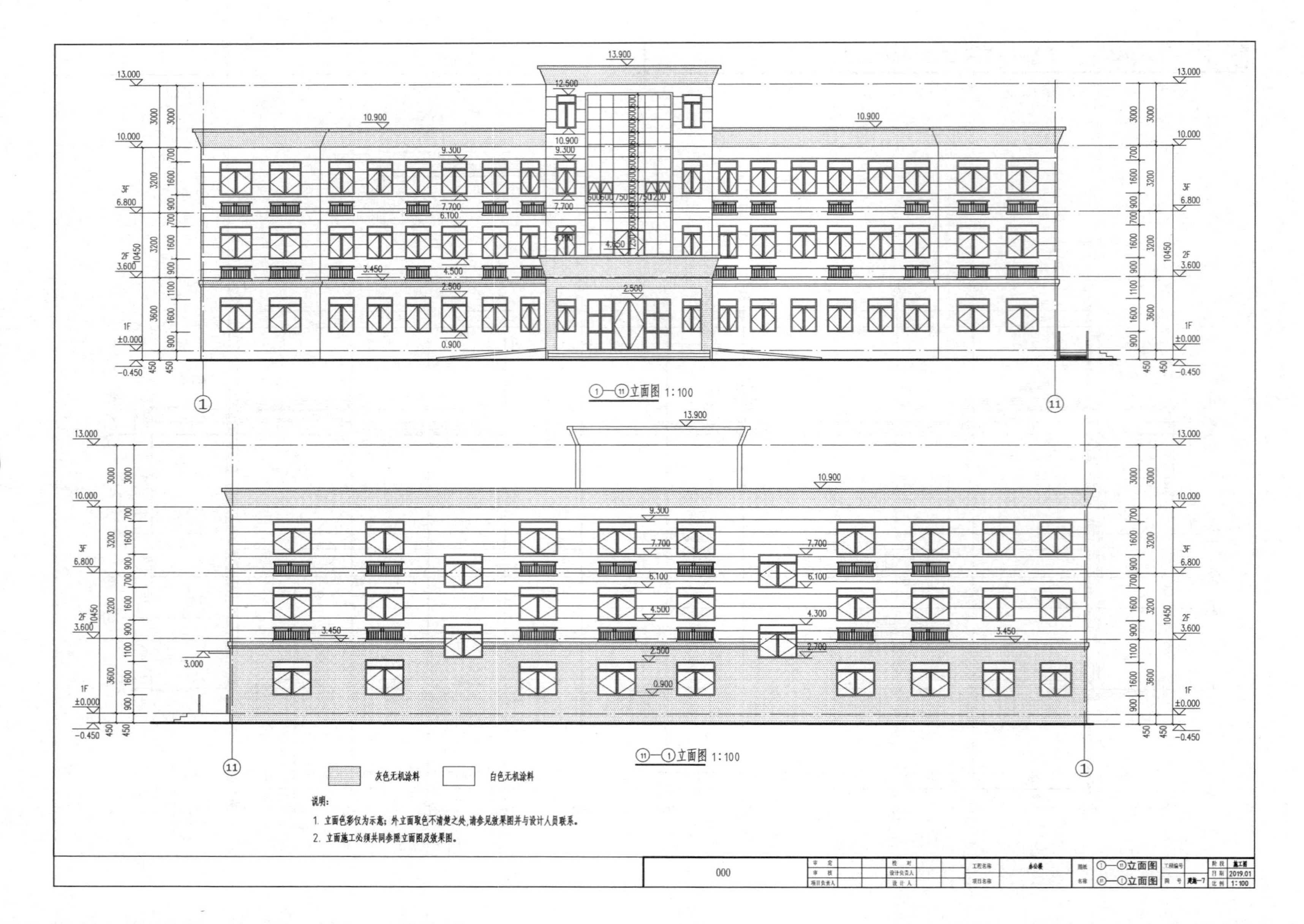
①—⑪立面图 1:100
⑪—①立面图 1:100
灰色无机涂料
白色无机涂料
说明：
1. 立面色彩仅为示意；外立面取色不清楚之处，请参见效果图并与设计人员联系。
2. 立面施工必须共同参照立面图及效果图。
000
①—⑪立面图
⑪—①立面图
施工图
2019.01
1:100

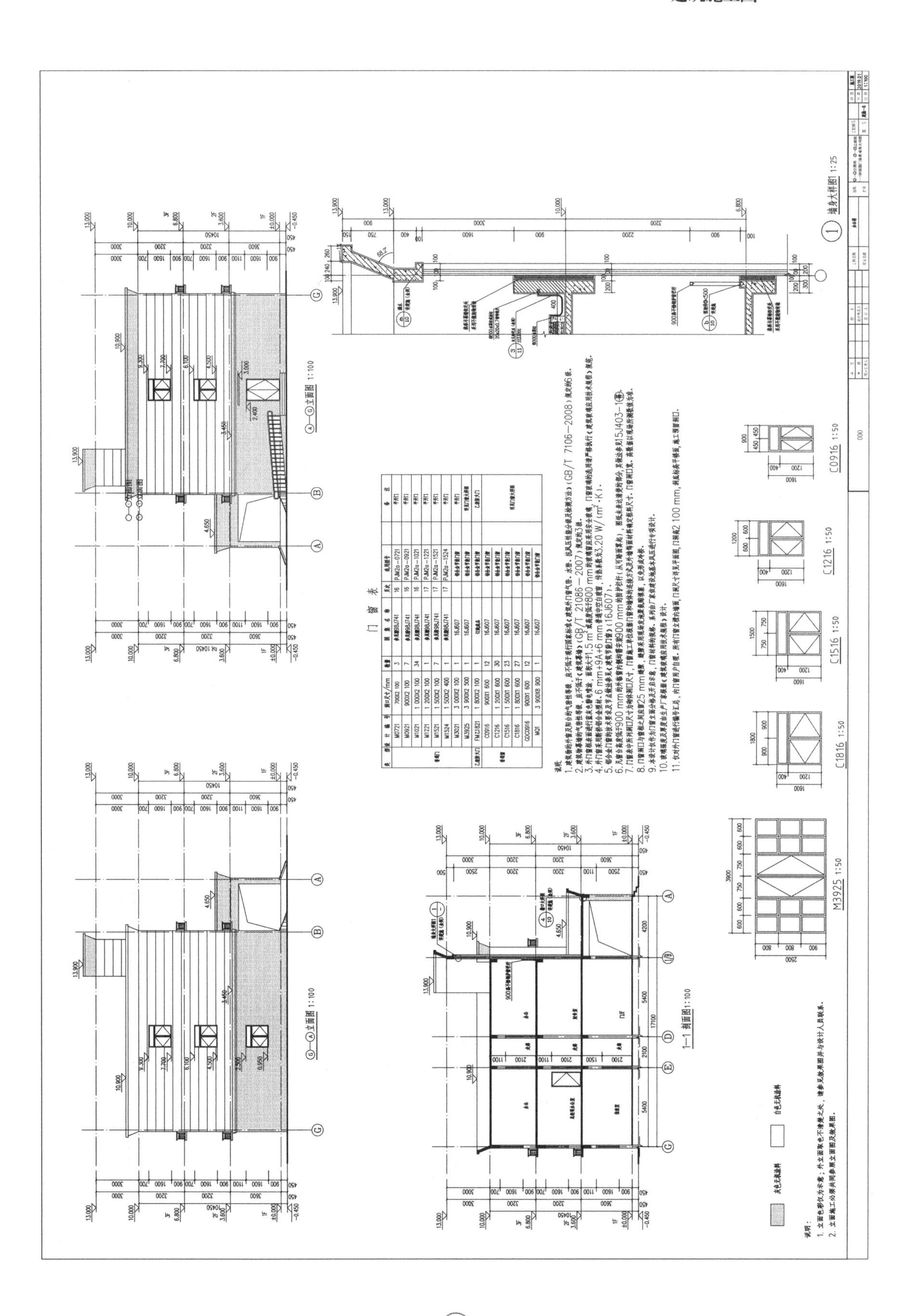

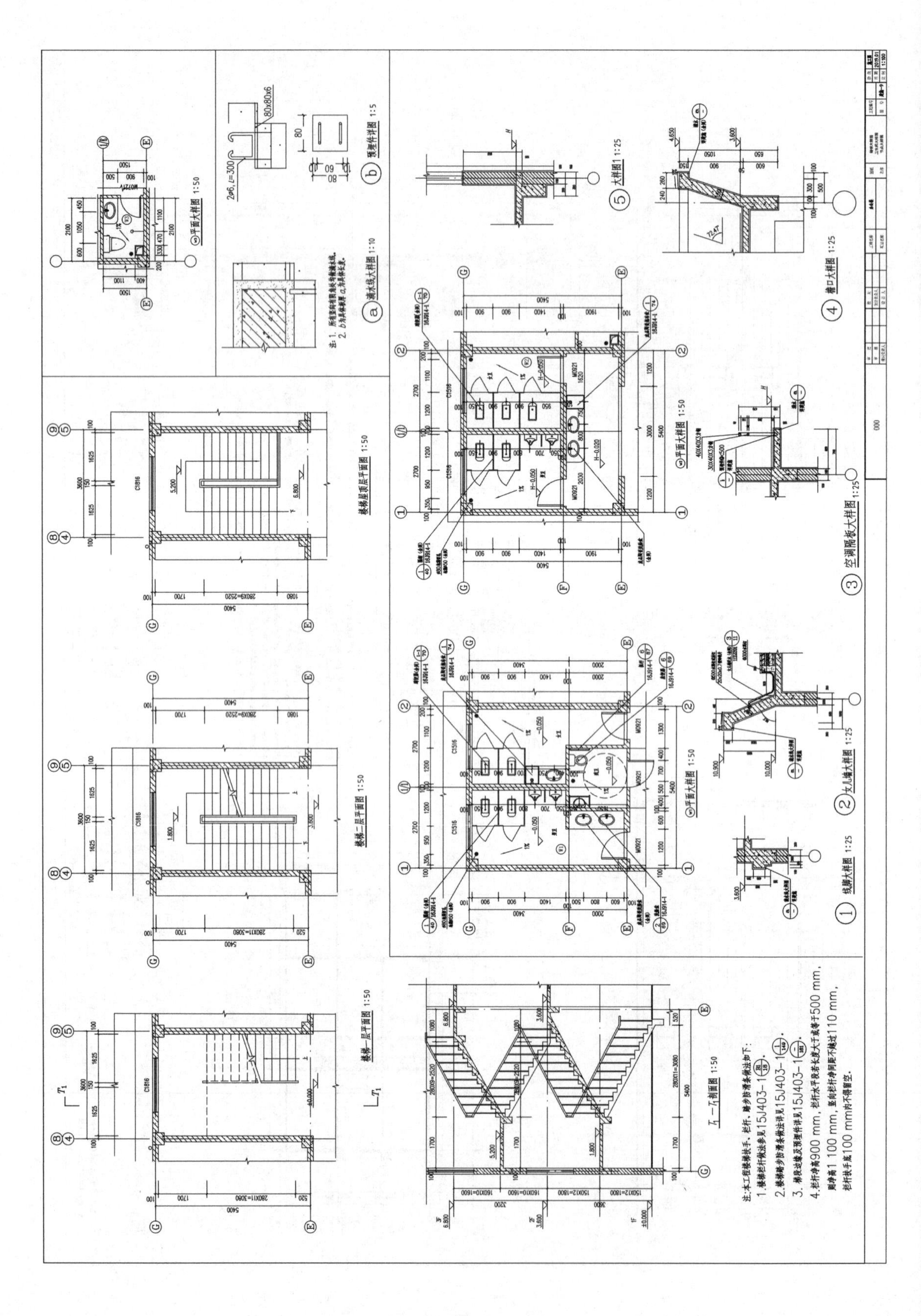
楼梯一层平面图 1:50
楼梯二层平面图 1:50
楼梯屋顶层平面图 1:50
T1—T1剖面图 1:50
注:本工程楼梯扶手、栏杆、踏步防滑条做法如下:
1.楼梯栏杆做法参见15J403-1 B1/18.
2.楼梯踏步防滑条做法详见15J403-1 1/140.
3.梯段边缘及预埋件详见15J403-1 —/161.
4.栏杆净高900 mm,栏杆水平段若长度大于或等于500 mm,
则净高1 100 mm,竖向栏杆净间距不超过110 mm,
栏杆扶手底100 mm内不得留空.
平面大样图 1:50
滴水线大样图 1:10
预埋件详图 1:5
线脚大样图 1:25
女儿墙大样图 1:25
空调隔板大样图 1:25
檐口大样图 1:25
大样图1 1:25

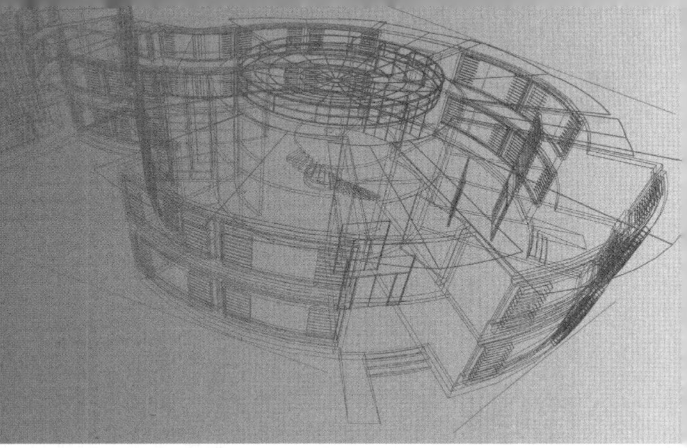

附录 B

结构施工图

结构设计说明

一、工程概况

1. 本工程为三层（局部四层）框架结构，主体檐高10.45 m，设计使用年限50年，设计等级为丙级。
2. 本工程抗震设计类别及等级：

抗震设防类别	丙类
抗震设防烈度	6度
基本地震加速度值	0.10g
设计地震分组	第一组
场地类别	Ⅱ类
抗震等级	四级

二、设计依据

1. 甲方提供的岩土工程勘察报告及建筑施工图。
2. 国家现行有关设计规范、标准及规定。

本设计依据包括但不仅限于以下规范、标准：

《建筑工程抗震设防分类标准》 GB 50223—2008
《混凝土结构设计规范》 GB 50010—2010
《建筑抗震设计规范》 GB 50011—2010
《建筑结构荷载规范》 GB 50009—2012
《砌体结构设计规范》 GB 50003—2011

三、主要设计荷载

1. 基本风压：0.30 kN/m²；地面粗糙度类别：B类。
2. 基本雪压：0.40 kN/m²。
3. 恒载（标准值）：
混凝土容重：25 kN/m³；钢材容重：78 kN/m³；隔墙容重：8 kN/m³。
4. 设计均布活荷载（标准值）：
走廊、楼梯、厕所：2.5 kN/m²；不上人屋面：0.5 kN/m²；
上人屋面：2.0 KN/m²；其余房间：2.0 kN/m²。
设备按实际荷载值取用，其他房间的荷载标准值在使用过程中均不得大于荷载规范中的要求。

四、主要结构材料

1. 混凝土：

序号	部位或构件	混凝土强度
1	地梁、承台	C30
2	构造柱	C25
3	框架梁、柱	C25
4	现浇楼梯	C25
5	其他混凝土现浇构件	C20

2. 钢筋：
应符合钢筋混凝土用钢（GB 1499系列标准）的要求。本工程采用的钢筋强度级别：HPB300级，用φ表示，f_y=270 N/mm²；HRB335级，用φ表示，f_y=300 N/mm²；HRB400级，用φ表示，f_y=360 N/mm²。抗震等级为一、二、三级的框架和斜撑构件（含梯段），其纵向受力钢筋采用普通钢筋时，钢筋的抗拉强度实测值与屈服强度实测值的比值应不小于1.25，钢筋的屈服强度实测值与屈服强度标准值的比值应不大于1.3，且钢筋在最大拉力的作用下的总伸长率实测值应不小于10%（HPB300级）、9%（HRB335级、HRB400级）；钢筋的强度标准值应具有不小于95%的保证率；应优先选用产品标准带"E"的钢筋。
3. 焊条：E43型、E50型、E55型，具体选用参见《钢筋焊接及验收规程》（JGJ 18—2012）第3.0.3条的规定。
4. 填充墙的材料：
外墙：采用200厚蒸压轻质砂加气混凝土砌块（容重<8 kN/m³）。
内墙：采用100/200厚蒸压轻质砂加气混凝土砌块（容重<8 kN/m³）。
卫生间隔墙：离地200 mm范围内用C20细石混凝土浇筑，−0.06以上采用M5.0混合砂浆，−0.06以下采用M5.0水泥砂浆。

五、钢筋混凝土构造一般要求

1. 钢筋保护层厚度[最外层钢筋（箍筋、构造筋、分布筋等）外边缘至混凝土表面的距离，mm]：除满足下列要求外，还应满足构件中受力钢筋的保护层厚度应不小于钢筋公称直径。

环境类别		板、墙、壳	梁、柱
一		15	20
二	a	20	25
基础中纵向受力钢筋的混凝土保护层厚度应不小于50 mm，基础中钢筋的混凝土保护层厚度应从垫层顶面算起。			

钢筋机械连接接头、连接件保护层厚度应满足上述纵向受力钢筋的混凝土保护层厚度要求，且连接件之间的横向净间距不得小于25 mm。

2. 受拉钢筋的锚固长度（L_a）及其抗震锚固长度（L_{aE}）按平法图集16G101-1第57~58页设计。
3. 受拉钢筋的搭接长度（L_l, L_{lE}）按平法图集16G101-1第60~61页设计。同一构件中相邻纵向受拉钢筋的连接接头须相互错开，并按下表连接。

	绑扎连接	机械连接	焊接
连接区段长度	1.3L_{lE}	35d	35d且不低于500 mm
同一连接区段内钢筋接头面积百分率	板、墙宜不超过25%，梁应不超过50%，柱应不超过50%	宜不超过50%	应不超过50%

注：（1）d为纵筋最大直径。
（2）轴心受拉及小偏心受拉构件不得采用绑扎搭接。
（3）钢筋直径大于28 mm时不宜采用绑扎连接。
（4）在梁、柱纵筋搭接长度范围内，箍筋直径应不小于0.25d，其间距应不超过100 mm，且不超过5d；当d>25 mm时，还应在搭接接头两个端面外各设置两个箍筋。
（5）机械连接及焊接应符合国家现行有关标准的规定。

4. 梁、柱箍筋及拉筋的弯钩要求及箍筋形式，梁、柱纵筋弯折时的要求见平法图集16G101-1。
5. 施工缝施工时，应在砼终凝后将其表面浮浆和杂物清除干净，并保持湿润；冬季施工时采取防冻措施；在浇灌砼前，对于水平施工缝，先铺水泥净浆，再铺30~50厚1∶1水泥砂浆或涂刷砼界面处理剂（对于垂直施工缝，先铺水泥净浆或涂刷界面处理剂），并应及时浇灌。

六、地基基础

详见基础设计说明。除注明外，基础配筋构造见平法图集16G101-3。

七、柱

详见柱设计说明。除注明外，柱配筋构造见平法图集16G101-1。

八、梁

详见梁设计说明。除注明外，梁配筋构造见平法图集16G101-1。

九、板

详见板设计说明。除注明外，板配筋构造见平法图集16G101-1。

十、砌体填充墙及隔墙

1. 填充墙及内隔墙均应后砌，并符合砌体结构的有关施工规定；所有墙身的顶部必须用砌块嵌紧，斜砌密实，不得与上面的梁板脱空；在挑梁及其外纵梁下的填充墙，应按图4所示做成柔性连接。
2. 对于200(100)的墙身，当墙净高大于4 m（3 m）时，应在墙的中部或门洞顶部设置一道与柱连接且沿墙全长贯通的水平圈梁（见图5），

000	审定		校对		工程名称	办公楼	图纸名称	结构设计说明（一）	工程编号		阶段	施工图
	审核		设计负责人		项目名称				图号	结施-1	日期	2019.01
	项目负责人		设计人								比例	1:100

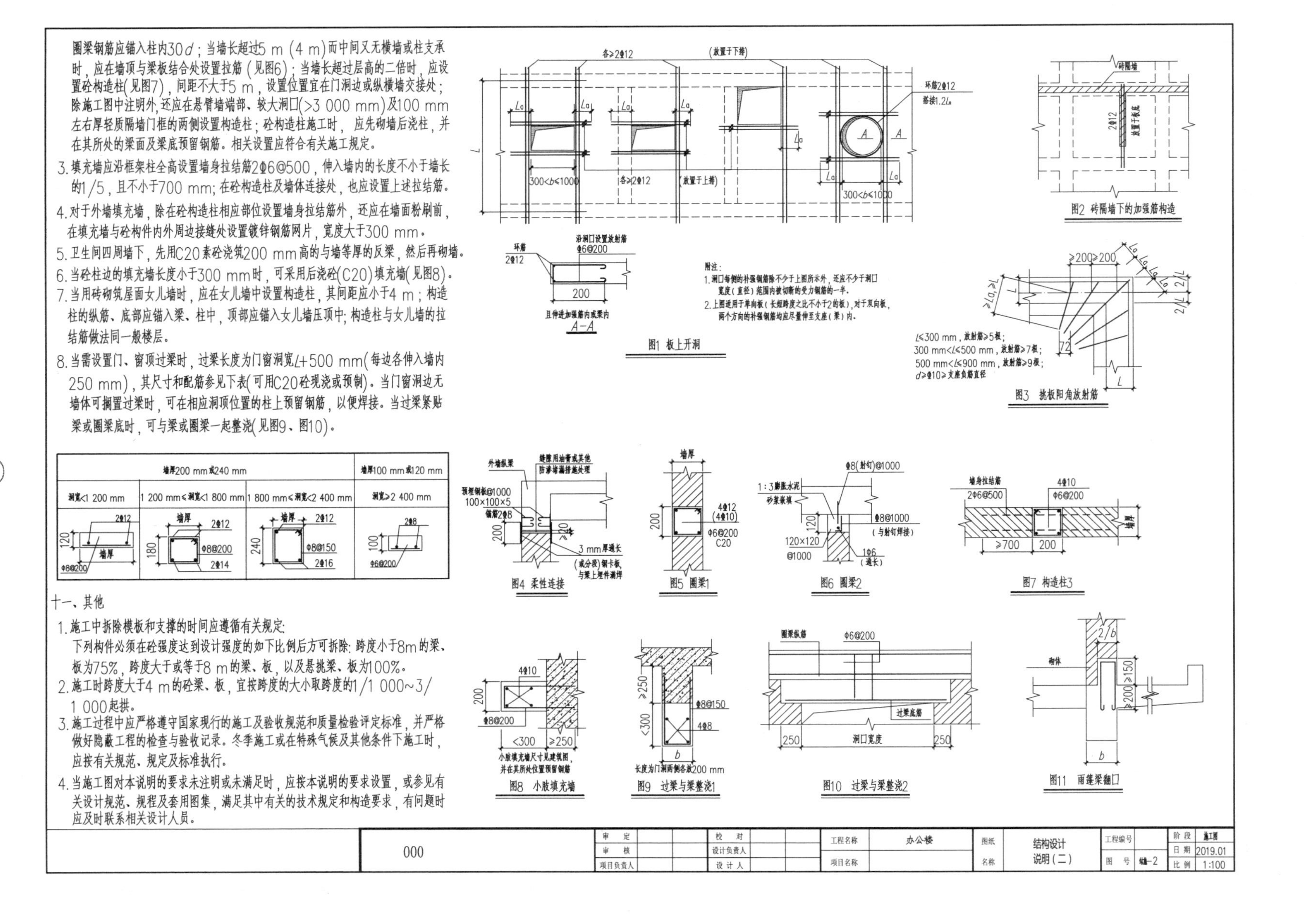

圈梁钢筋应锚入柱内30d；当墙长超过5 m（4 m）而中间又无横墙或柱支承时，应在墙顶与梁板结合处设置拉筋（见图6）；当墙长超过层高的二倍时，应设置砼构造柱（见图7），间距不大于5 m，设置位置宜在门洞边或纵横墙交接处；除施工图中注明外，还应在悬臂墙端部、较大洞口（>3 000 mm）及100 mm左右厚轻质隔墙门框的两侧设置构造柱；砼构造柱施工时，应先砌墙后浇柱，并在其所处的梁面及梁底预留钢筋。相关设置应符合有关施工规定。

3. 填充墙应沿框架柱全高设置墙身拉结筋2Φ6@500，伸入墙内的长度不小于墙长的1/5，且不小于700 mm；在砼构造柱及墙体连接处，也应设置上述拉结筋。

4. 对于外墙填充墙，除在砼构造柱相应部位设置墙身拉结筋外，还应在墙面粉刷前，在填充墙与砼构件内外周边接缝处设置镀锌钢筋网片，宽度大于300 mm。

5. 卫生间四周墙下，先用C20素砼浇筑200 mm高的与墙等厚的反梁，然后再砌墙。

6. 当砼柱边的填充墙长度小于300 mm时，可采用后浇砼（C20）填充墙（见图8）。

7. 当用砖砌筑屋面女儿墙时，应在女儿墙中设置构造柱，其间距应小于4 m；构造柱的纵筋、底部应锚入梁、柱中，顶部应锚入女儿墙压顶中；构造柱与女儿墙的拉结筋做法同一般楼层。

8. 当需设置门、窗顶过梁时，过梁长度为门窗洞宽L+500 mm（每边各伸入墙内250 mm），其尺寸和配筋参见下表（可用C20砼现浇或预制）。当门窗洞边无墙体可搁置过梁时，可在相应洞顶位置的柱上预留钢筋，以便焊接。当过梁紧贴梁或圈梁底时，可与梁或圈梁一起整浇（见图9、图10）。

墙厚200 mm或240 mm			墙厚100 mm或120 mm
洞宽<1 200 mm	1 200 mm≤洞宽<1 800 mm	1 800 mm≤洞宽<2 400 mm	洞宽≥2 400 mm
2Φ12；Φ8@200；120；墙厚	墙厚；2Φ12；Φ8@200；2Φ14；180	墙厚；2Φ12；Φ8@150；2Φ16；240	2Φ8；Φ6@200；100

十一、其他

1. 施工中拆除模板和支撑的时间应遵循有关规定：
   下列构件必须在砼强度达到设计强度的如下比例后方可拆除：跨度小于8m的梁、板为75%，跨度大于或等于8 m的梁、板，以及悬挑梁、板为100%。
2. 施工时跨度大于4 m的砼梁、板，宜按跨度的大小取跨度的1/1 000~3/1 000起拱。
3. 施工过程中应严格遵守国家现行的施工及验收规范和质量检验评定标准，并严格做好隐蔽工程的检查与验收记录。冬季施工或在特殊气候及其他条件下施工时，应按有关规范、规定及标准执行。
4. 当施工图对本说明的要求未注明或未满足时，应按本说明的要求设置，或参见有关设计规范、规程及套用图集，满足其中有关的技术规定和构造要求，有问题时应及时联系相关设计人员。

图1 板上开洞

图2 砖隔墙下的加强筋构造

图3 挑板阳角放射筋

图4 柔性连接

图5 圈梁1

图6 圈梁2

图7 构造柱3

图8 小肢填充墙

图9 过梁与梁整浇1

图10 过梁与梁整浇2

图11 雨篷梁翻口

000	审定		校对		工程名称	办公楼	图纸名称	结构设计说明（二）	工程编号		阶段	施工图
	审核		设计负责人		项目名称				图号	结施-2	日期	2019.01
	项目负责人		设计人								比例	1:100

预应力混凝土管桩设计说明

一、总则

1. 本工程图定位、室内地面设计标高±0.000的绝对标高详见总图。
2. 本工程地基基础设计等级为丙级，建筑桩基设计等级为丙级。
3. 本工程预应力混凝土管桩设计、施工依据《先张法预应力混凝土管桩》（GB 13476—2009）及《预应力混凝土管桩》（10G409）进行。本图说明未尽之处，详见该图集。
4. 未提及部分执行《建筑地基基础设计规范》（GB 50007—2011）和《建筑桩基技术规范》（JGJ 94—2008）。

二、管桩设计参数

1. 根据《岩土工程勘察报告（详勘阶段）》（XXXX工程勘察院 20XX年XX月编制），本工程采用预应力高强度混凝土管桩（PHC桩），桩端持力层均为细砂层，细砂层的极限端阻力标准值为5 600 kPa。

2. 预应力混凝土管桩的设计参数：

预应力混凝土管桩设计参数表

桩编号	桩顶标高	桩类型	桩规格型号	持力层	入持力层深度/m	设计桩长/m	预估单桩竖向承载力特征值/kN	沉桩工艺	数量/根	备注
⊕	承台顶标高−承台高度+50	预应力高强度混凝土管桩	PHC−A400（95）	细砂层	约10	约29	1 000	静压沉桩		桩长以现场压桩力控制为主，且进入持力层不小于1 m
◐		预应力高强度混凝土管桩	PHC−A500（100）	细砂层	约10	约29	1 350	静压沉桩		

预应力高强度混凝土管桩的规格型号意义：如PHC−A400（95），表示PHC桩，A型，外径为400 mm，壁厚为95 mm。管桩的配筋及力学性能应满足国标图集10G409中第12～15页的相关规定。

3. 单桩竖向承载力特征值：本工程的单桩竖向承载力特征值是根据工程地质勘察报告、试桩检测结果确定的，施工前应根据国家有关规范及本省有关规定，要求进行试桩，设计单位将根据试桩结果对本设计进行桩基础设计修正。
4. “设计桩长”仅为估算值，本工程中的实际桩长由设计桩长和压桩力共同控制。
5. 沉桩及压桩力：根据国标图集10G409中的第45页要求选择静力压桩机，根据试验桩沉桩条件及静载试验结果，建议所采用设备的最大压桩力应不小于设计桩竖向承载力特征值的2.2倍。
6. 桩顶与承台的连接：截桩桩顶、不截桩桩顶及接桩桩顶与承台的连接分别见国标图集10G409中第41～43页的说明及相关图示。
7. 桩顶嵌入承台长度：一般为50 mm，即截桩桩顶嵌入承台长度为50 mm。
8. 截桩头：当实际桩顶标高高出设计标高0～50 mm时，不截桩，桩顶直接嵌入承台内，此时桩顶嵌入承台内的长度为50～100 mm；当实际桩顶标高高出设计标高大于50 mm时，进行正常截桩，保证桩顶嵌入承台内长度为50 mm。
9. 接桩头：当实际桩顶标高低于设计标高0～600 mm时，进行现浇钢筋混凝土接桩头；当实际桩顶标高低于设计标高大于600 mm时，必须进行正常接桩。

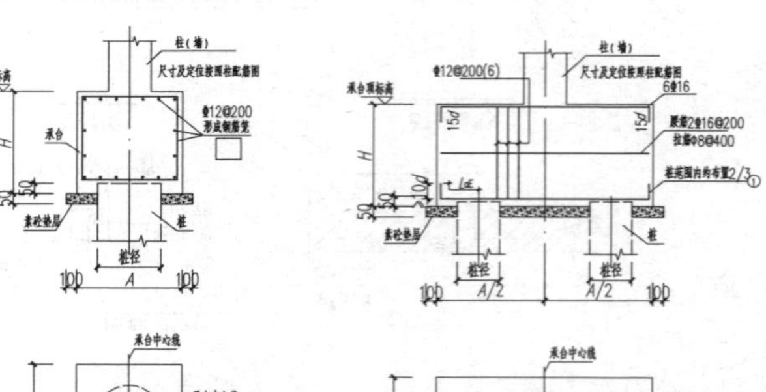

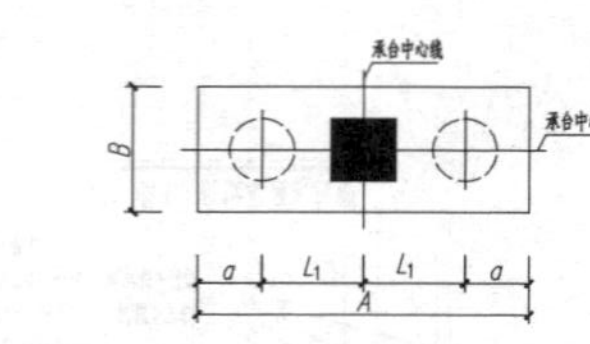

单桩承台详图

二桩承台详图

独立承台参数表

承台编号	承台类型	承台下桩径	承台顶标高	承台高度 H	长×宽 A×B	L_1	L_2	L_3	a	①	②	备注
CT1	单桩承台	Φ400	见平面标注	800	700×700							
CT2	单桩承台	Φ500		800	800×800							
CT2a	单桩承台	Φ500		800	1 000×1 000							
CT3	二桩承台	Φ400		1 200	2 200×800	700			400	9Φ20		

说明：承台上部柱的定位及尺寸详见柱配筋图，承台混凝土强度采用C30。

000	审定		校对		工程名称	办公楼	图纸名称	预应力混凝土管桩设计说明	工程编号		阶段	施工图
	审核		设计负责人		项目名称				图号	结施−3	日期	2019.01
	项目负责人		设计人								比例	1:100

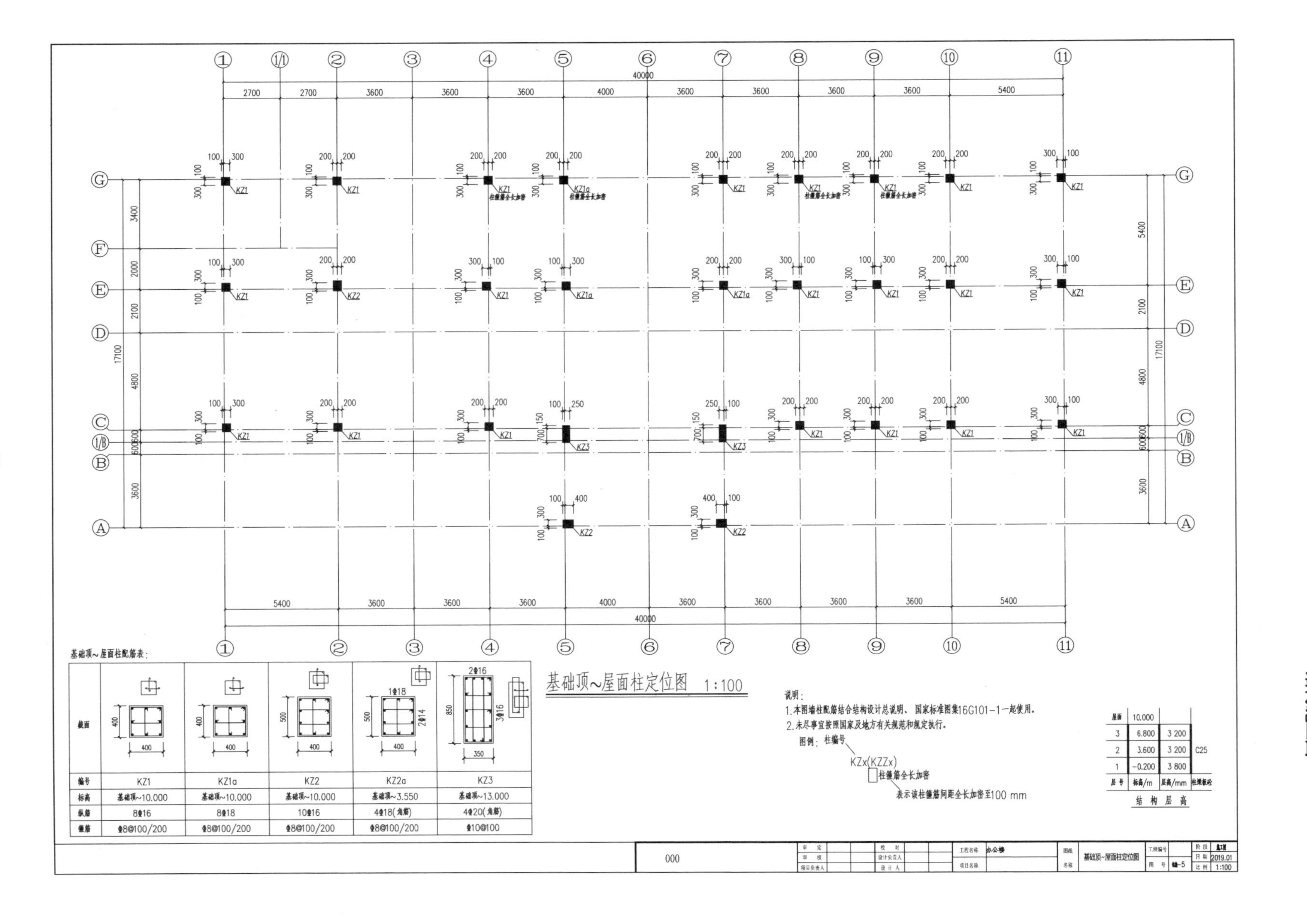

基础顶~屋面柱配筋表：

编号	KZ1	KZ1a	KZ2	KZ2a	KZ3
标高	基础顶~10.000	基础顶~10.000	基础顶~10.000	基础顶~3.550	基础顶~13.000
纵筋	8⌀16	8⌀18	10⌀16	4⌀18(角筋)	4⌀20(角筋)
箍筋	⌀8@100/200	⌀8@100/200	⌀8@100/200	⌀8@100/200	⌀10@100

层号	标高/m	层高/mm	柱墙混凝土
屋面	10.000		
3	6.800	3 200	C25
2	3.600	3 200	
1	-0.200	3 800	

结构层高

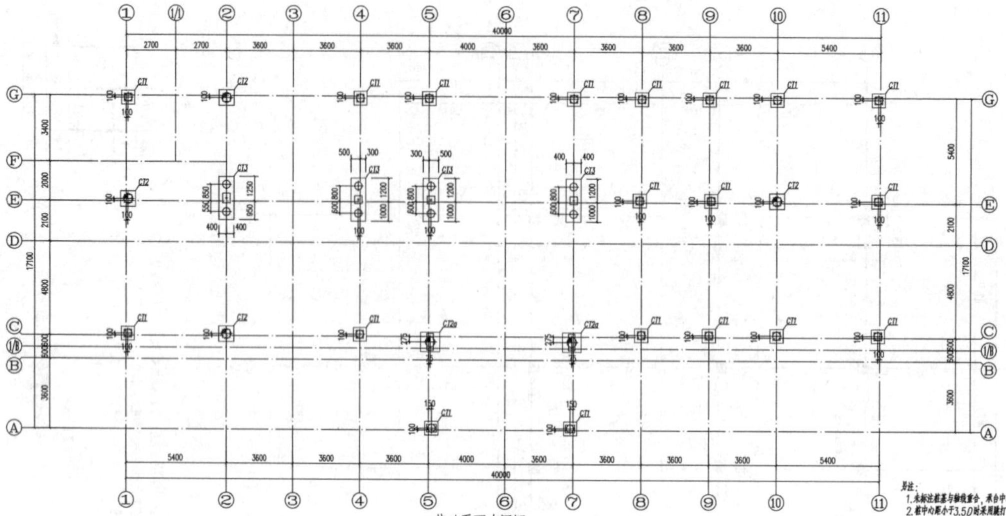

基础平面布置图 1:100

另注：

1. 未标注桩基与轴线重合，承台中心同桩中心。
2. 桩中心距小于3.5D时采用跳打。
3. 未注明承台顶标高为−0.550 m。

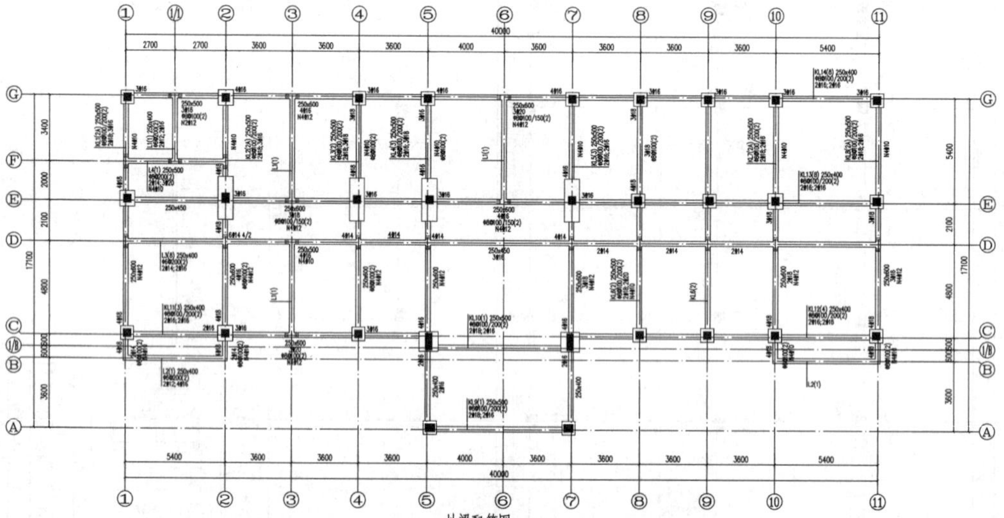

地梁配筋图 1:100

梁说明：

1. 本图与国家标准图集16G101−1配合使用，未标注梁均与轴线或偏柱边对齐。
2. 主梁上所有集中力作用处及井字梁相交处，每侧设三个附加箍筋，附加箍筋直径及肢数同主梁箍筋，间距为50 mm，在悬挑梁端部附加箍筋为3φd@50。
3. 所有孔洞均需预留，不得后凿；未说明的设备预留孔洞，如电井预留孔洞、空调机预留孔洞及未注明的梁墙中预埋套管孔洞等，均详见相应设备图及建筑图，幕墙埋件预留孔洞详见相关专业图纸。
4. 一端支承在墙柱上的梁，该端箍筋设置加密区，间距为100 mm。地梁混凝土强度等级为C30。
5. 未定位轴线详见建筑图，未注明梁面标高同承台面标高，未注明吊筋为2⌀12。
6. 梁跨中顶筋加下画线表示；跨中顶筋与支座筋搭接，需满足受拉钢筋的搭接要求。
7. 不论是否为同一梁号，相邻跨钢筋直径相同时，施工时尽量拉通。
8. 其余说明详见结构总说明。
9. 未尽事宜按国家及地方有关规范和规定执行。

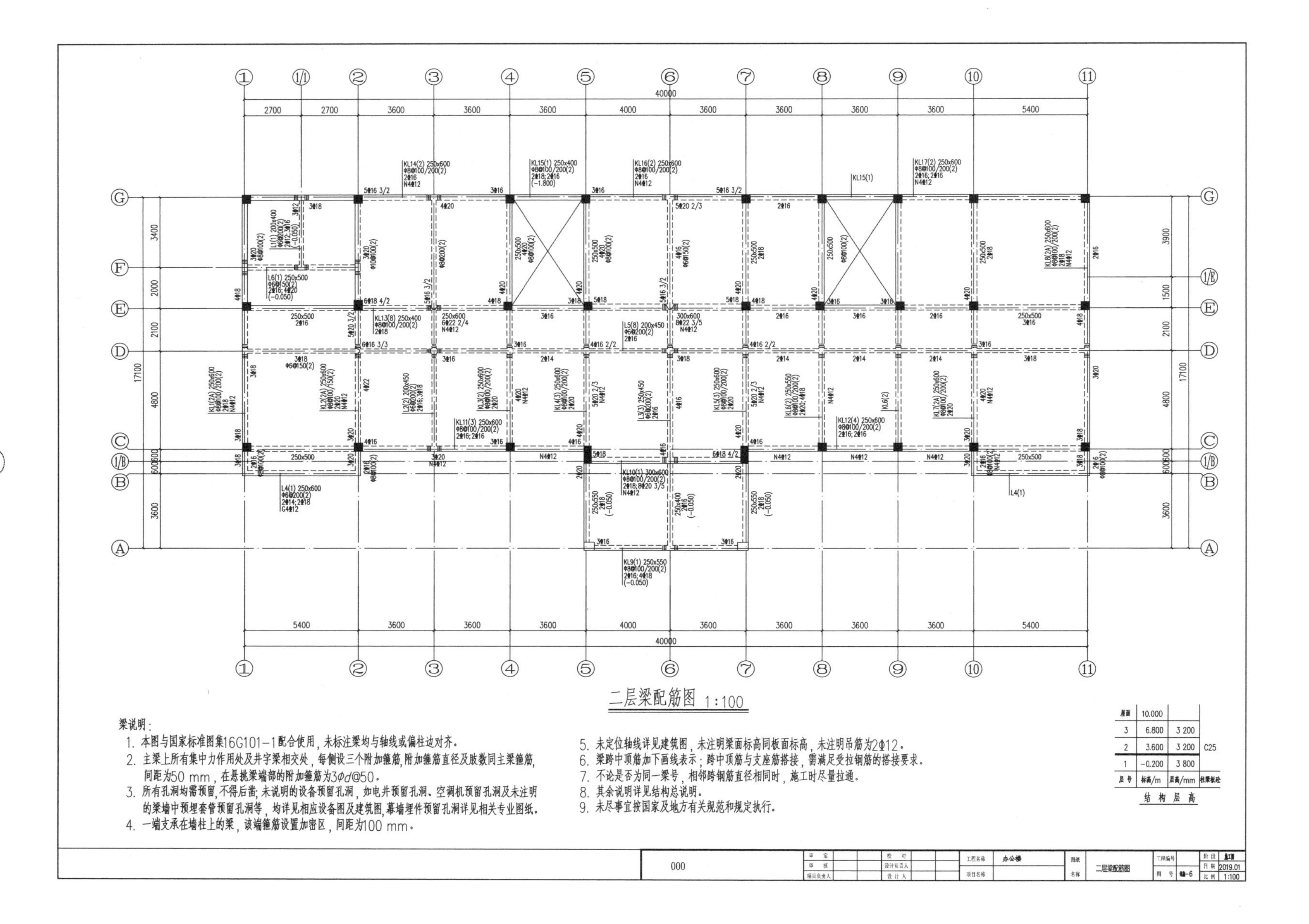
二层梁配筋图 1:100
梁说明：
1. 本图与国家标准图集16G101-1配合使用，未标注梁均与轴线或偏柱边对齐。
2. 主梁上所有集中力作用处及井字梁相交处，每侧设三个附加箍筋，附加箍筋直径及肢数同主梁箍筋，间距为50 mm，在悬挑梁端部的附加箍筋为3φd@50。
3. 所有孔洞均需预留，不得后凿；未说明的设备预留孔洞，如电井预留孔洞、空调机预留孔洞及未注明的梁墙中预埋套管预留孔洞等，均详见相应设备图及建筑图，幕墙埋件预留孔洞详见相关专业图纸。
4. 一端支承在墙柱上的梁，该端箍筋设置加密区，间距为100 mm。
5. 未定位轴线详见建筑图，未注明梁面标高同板面标高，未注明吊筋为2Φ12。
6. 梁跨中顶筋加下画线表示：跨中顶筋与支座筋搭接，需满足受拉钢筋的搭接要求。
7. 不论是否为同一梁号，相邻跨钢筋直径相同时，施工时尽量拉通。
8. 其余说明详见结构总说明。
9. 未尽事宜按国家及地方有关规范和规定执行。
屋面 10.000
3 6.800 3 200
2 3.600 3 200 C25
1 -0.200 3 800
层号 标高/m 层高/mm 柱梁板砼
结构层高
000
工程名称 办公楼
图纸名称 二层梁配筋图
图号 结-6
日期 2019.01
比例 1:100

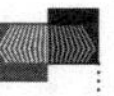

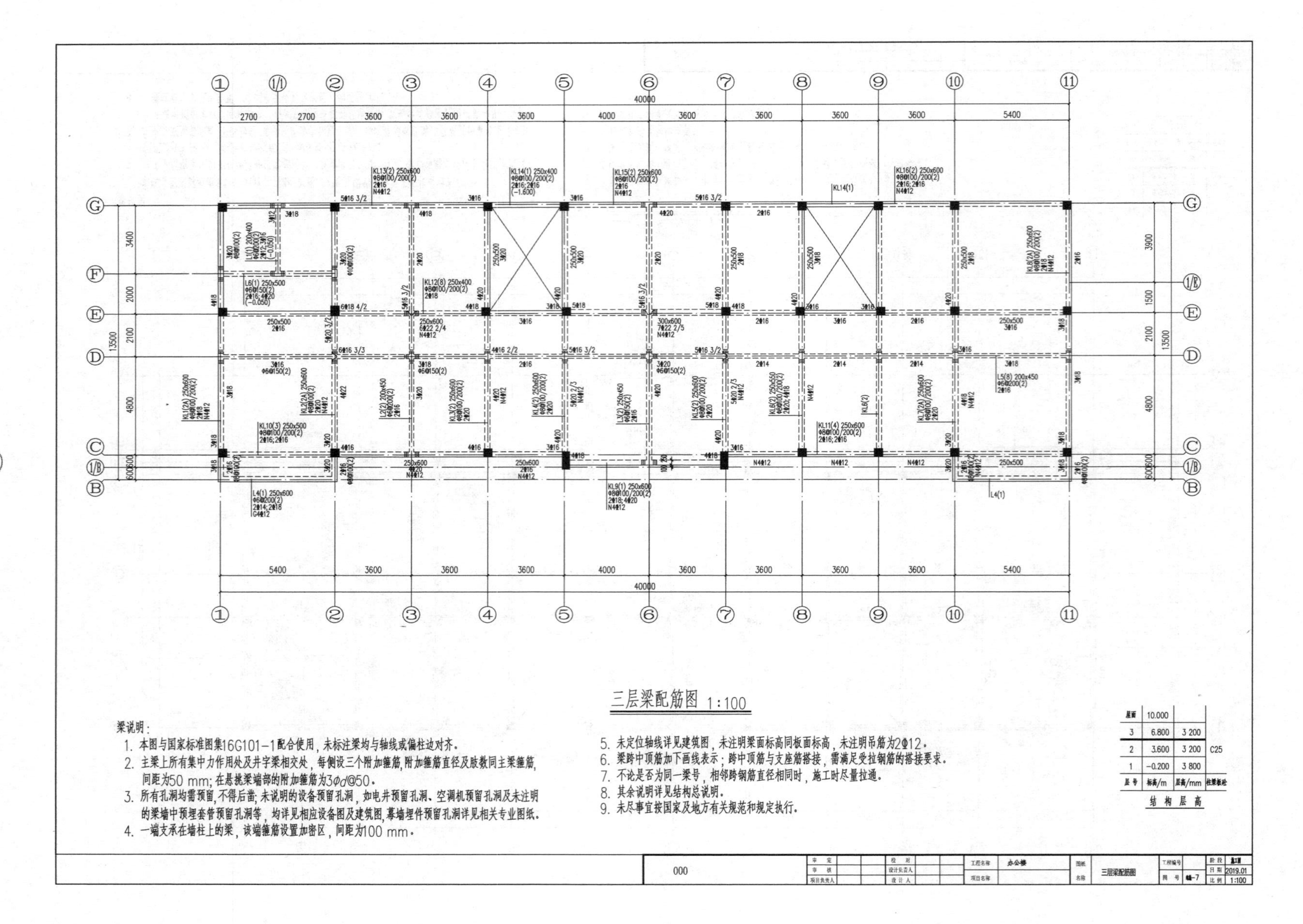
三层梁配筋图 1:100
梁说明：
1. 本图与国家标准图集16G101-1配合使用，未标注梁均与轴线或偏柱边对齐。
2. 主梁上所有集中力作用处及井字梁相交处，每侧设三个附加箍筋，附加箍筋直径及肢数同主梁箍筋，间距为50 mm；在悬挑梁端部的附加箍筋为3φd@50。
3. 所有孔洞均需预留，不得后凿；未说明的设备预留孔洞，如电井预留孔洞、空调机预留孔洞及未注明的梁墙中预埋套管预留孔洞等，均详见相应设备图及建筑图，幕墙埋件预留孔洞详见相关专业图纸。
4. 一端支承在墙柱上的梁，该端箍筋设置加密区，间距为100 mm。
5. 未定位轴线详见建筑图，未注明梁面标高同板面标高，未注明吊筋为2Φ12。
6. 梁跨中顶筋加下画线表示：跨中顶筋与支座筋搭接，需满足受拉钢筋的搭接要求。
7. 不论是否为同一梁号，相邻跨钢筋直径相同时，施工时尽量拉通。
8. 其余说明详见结构总说明。
9. 未尽事宜按国家及地方有关规范和规定执行。
屋面 10.000
3 6.800 3 200
2 3.600 3 200 C25
1 -0.200 3 800
层号 标高/m 层高/mm 柱梁板砼
结构层高
000
工程名称 办公楼
三层梁配筋图
2019.01
1:100

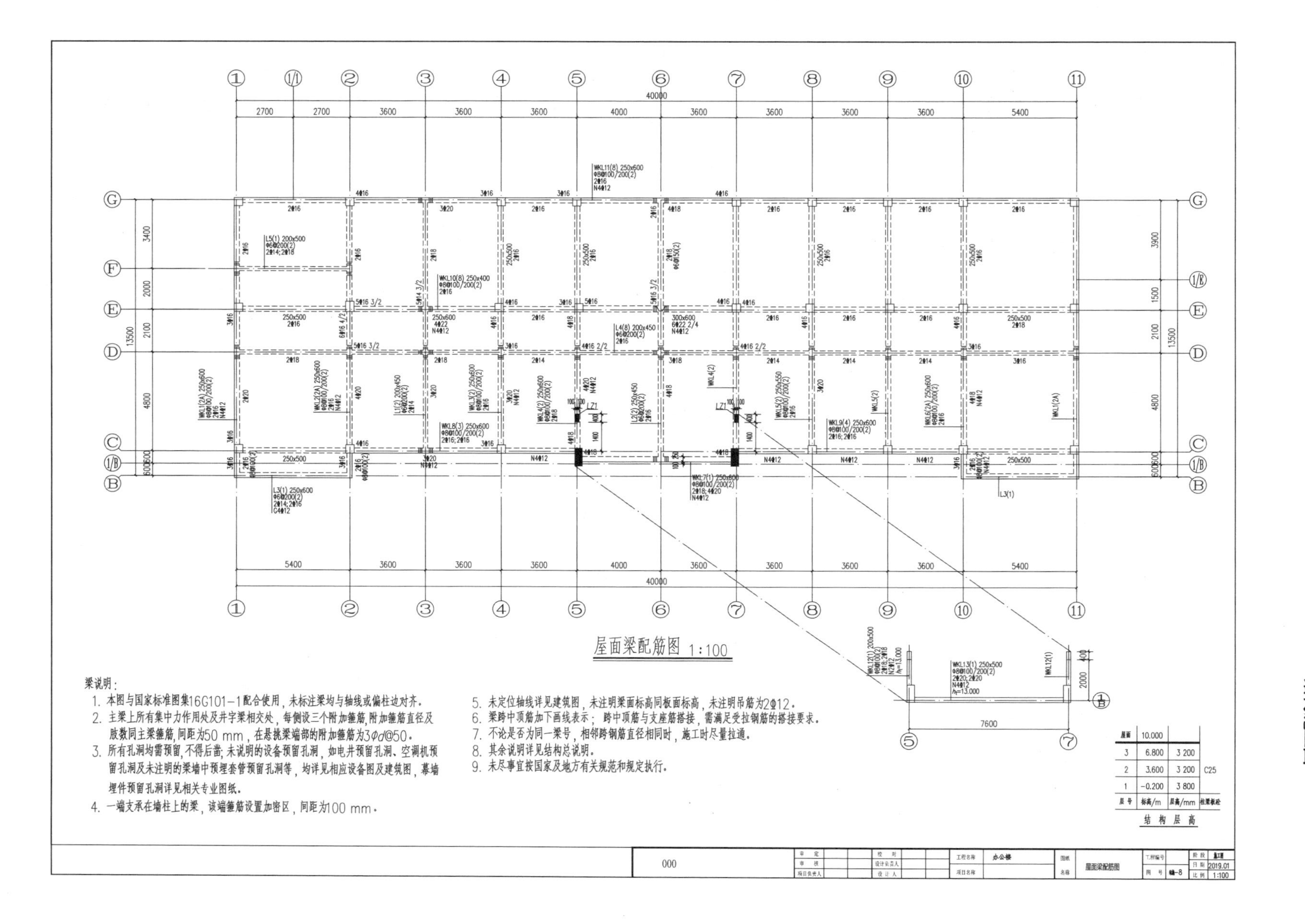
屋面梁配筋图 1:100
梁说明：
1. 本图与国家标准图集16G101－1配合使用，未标注梁均与轴线或偏柱边对齐。
2. 主梁上所有集中力作用处及井字梁相交处，每侧设三个附加箍筋，附加箍筋直径及肢数同主梁箍筋，间距为50 mm，在悬挑梁端部的附加箍筋为3Φd@50。
3. 所有孔洞均需预留，不得后凿；未说明的设备预留孔洞，如电井预留孔洞、空调机预留孔洞及未注明的梁墙中预埋套管预留孔洞等，均详见相应设备图及建筑图，幕墙埋件预留孔洞详见相关专业图纸。
4. 一端支承在墙柱上的梁，该端箍筋设置加密区，间距为100 mm。
5. 未定位轴线详见建筑图，未注明梁面标高同板面标高，未注明吊筋为2Φ12。
6. 梁跨中顶筋加下画线表示：跨中顶筋与支座筋搭接，需满足受拉钢筋的搭接要求。
7. 不论是否为同一梁号，相邻跨钢筋直径相同时，施工时尽量拉通。
8. 其余说明详见结构总说明。
9. 未尽事宜按国家及地方有关规范和规定执行。
结构层高
屋面 10.000
3 6.800 3 200
2 3.600 3 200 C25
1 −0.200 3 800
层号 标高/m 层高/mm 柱梁板砼
000
办公楼
屋面梁配筋图
2019.01
1:100

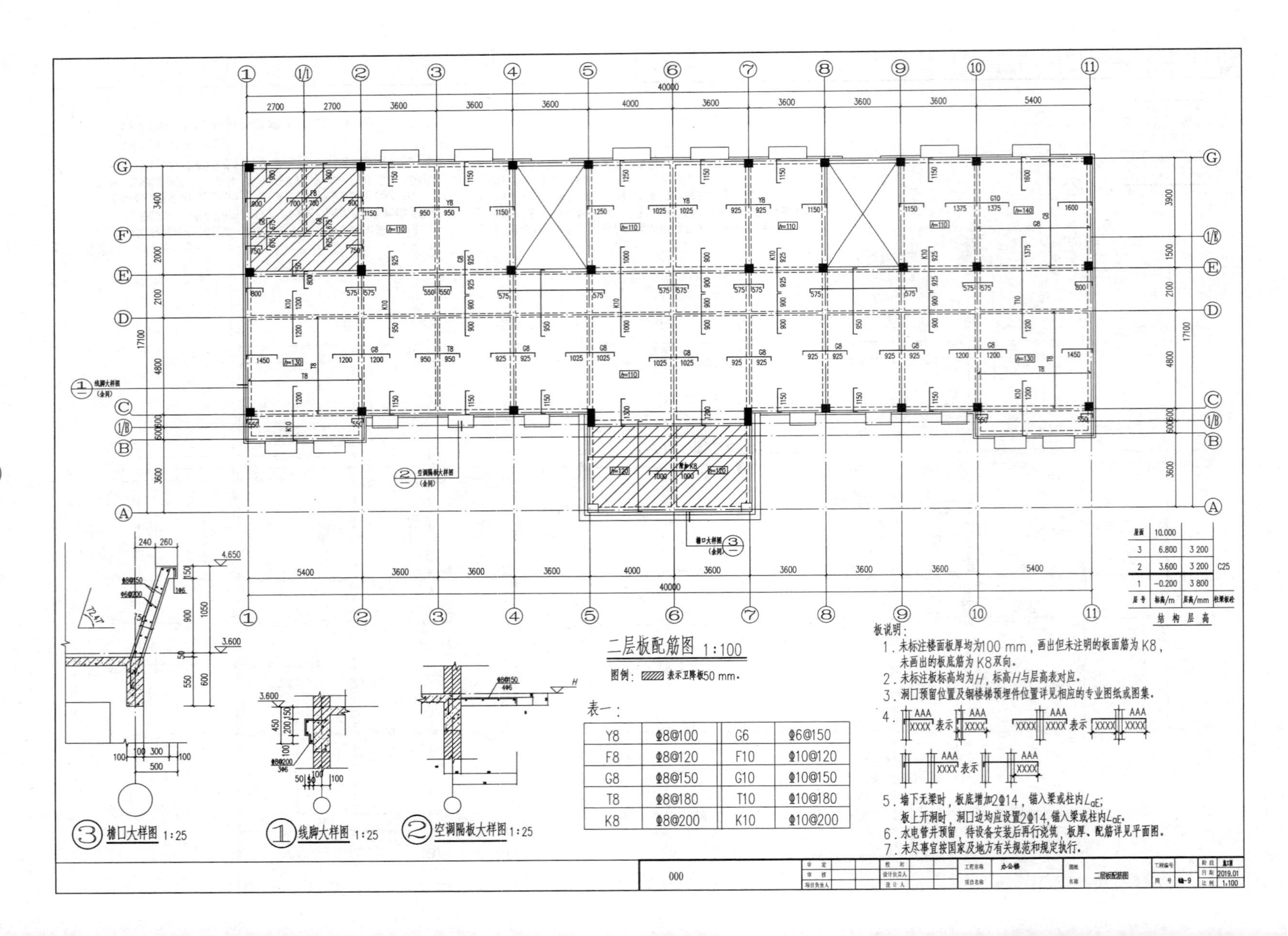

二层板配筋图 1:100
图例： 表示卫降板50 mm。
表一：
Y8 ⌀8@100 | G6 ⌀6@150
F8 ⌀8@120 | F10 ⌀10@120
G8 ⌀8@150 | G10 ⌀10@150
T8 ⌀8@180 | T10 ⌀10@180
K8 ⌀8@200 | K10 ⌀10@200
板说明：
1. 未标注楼面板厚均为100 mm，画出但未注明的板面筋为K8，未画出的板底筋为K8双向。
2. 未标注板标高均为H，标高H与层高表对应。
3. 洞口预留位置及钢楼梯预埋件位置详见相应的专业图纸或图集。
5. 墙下无梁时，板底增加2⌀14，锚入梁或柱内LaE；板上开洞时，洞口边均应设置2⌀14，锚入梁或柱内LaE。
6. 水电管井预留，待设备安装后再行浇筑，板厚、配筋详见平面图。
7. 未尽事宜按国家及地方有关规范和规定执行。
屋面 10.000
3 6.800 3 200
2 3.600 3 200 C25
1 −0.200 3 800
层号 标高/m 层高/mm 柱梁板砼
结构层高
③檐口大样图 1:25
①线脚大样图 1:25
②空调隔板大样图 1:25
办公楼
二层板配筋图
2019.01
1:100

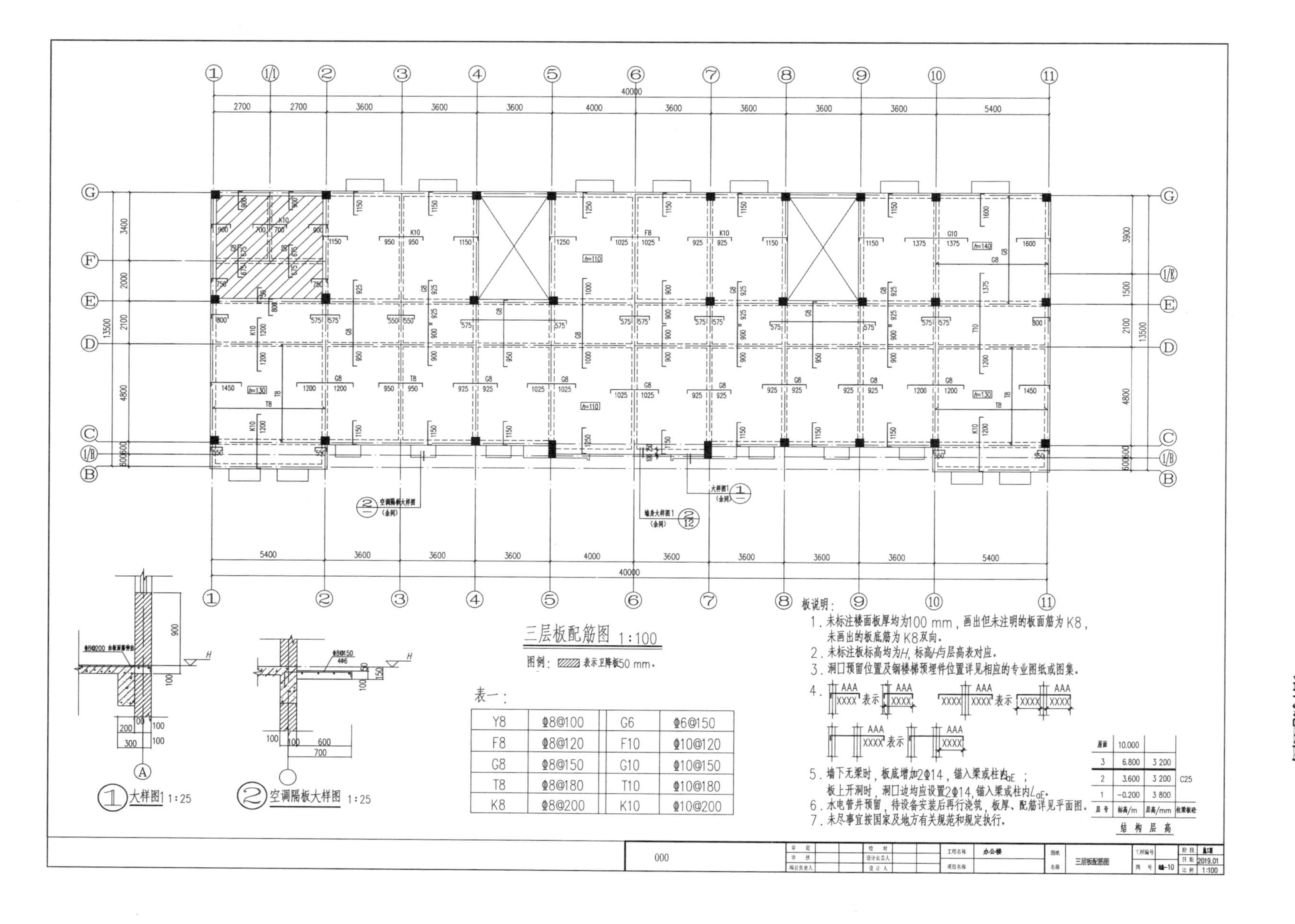
三层板配筋图 1:100
图例：表示卫降板50 mm。
①大样图1 1:25
②空调隔板大样图 1:25
表一：
Y8 Φ8@100 G6 Φ6@150
F8 Φ8@120 F10 Φ10@120
G8 Φ8@150 G10 Φ10@150
T8 Φ8@180 T10 Φ10@180
K8 Φ8@200 K10 Φ10@200
板说明：
1. 未标注楼面板厚均为100 mm，画出但未注明的板面筋为K8，未画出的板底筋为K8双向。
2. 未标注板标高均为H，标高H与层高表对应。
3. 洞口预留位置及钢楼梯预埋件位置详见相应的专业图纸或图集。
5. 墙下无梁时，板底增加2Φ14，锚入梁或柱内l_{aE}；板上开洞时，洞口边均应设置2Φ14，锚入梁或柱内L_{aE}。
6. 水电管井预留，待设备安装后再行浇筑，板厚、配筋详见平面图。
7. 未尽事宜按国家及地方有关规范和规定执行。
屋面 10.000
3 6.800 3 200
2 3.600 3 200 C25
1 -0.200 3 800
层号 标高/m 层高/mm
结构层高

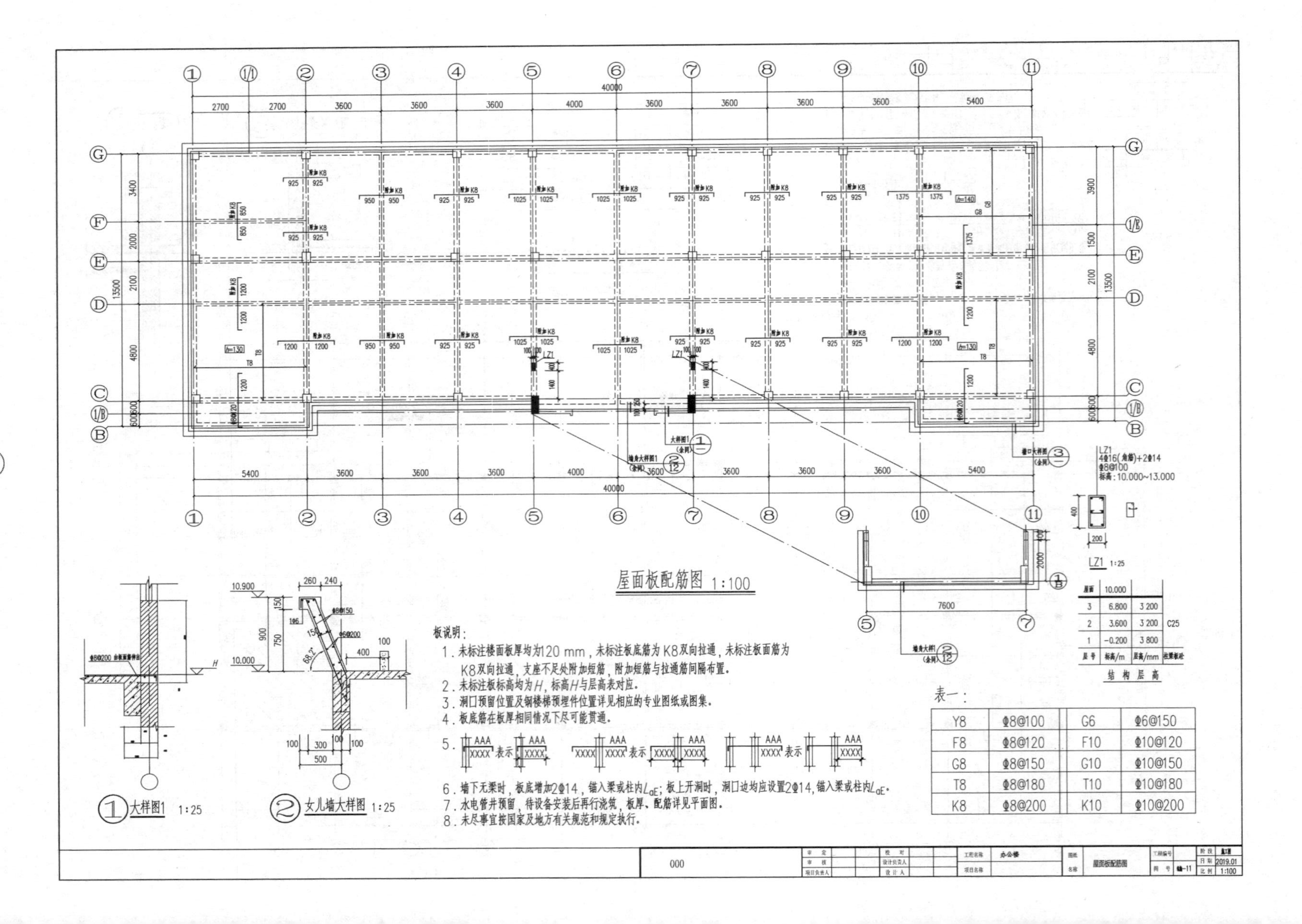
屋面板配筋图 1:100
板说明：
1．未标注楼面板厚均为120 mm，未标注板底筋为K8双向拉通，未标注板面筋为K8双向拉通，支座不足处附加短筋，附加短筋与拉通筋间隔布置。
2．未标注板标高均为H，标高H与层高表对应。
3．洞口预留位置及钢楼梯预埋件位置详见相应的专业图纸或图集。
4．板底筋在板厚相同情况下尽可能贯通。
6．墙下无梁时，板底增加2⌀14，锚入梁或柱内L_{aE}；板上开洞时，洞口边均应设置2⌀14，锚入梁或柱内L_{aE}。
7．水电管井预留，待设备安装后再行浇筑，板厚、配筋详见平面图。
8．未尽事宜按国家及地方有关规范和规定执行。
大样图1 1:25
女儿墙大样图 1:25
LZ1
4⌀16(角筋)+2⌀14
⌀8@100
标高：10.000~13.000
LZ1 1:25
结构层高
表一：
Y8 ⌀8@100 G6 ⌀6@150
F8 ⌀8@120 F10 ⌀10@120
G8 ⌀8@150 G10 ⌀10@150
T8 ⌀8@180 T10 ⌀10@180
K8 ⌀8@200 K10 ⌀10@200
屋面板配筋图
2019.01
1:100

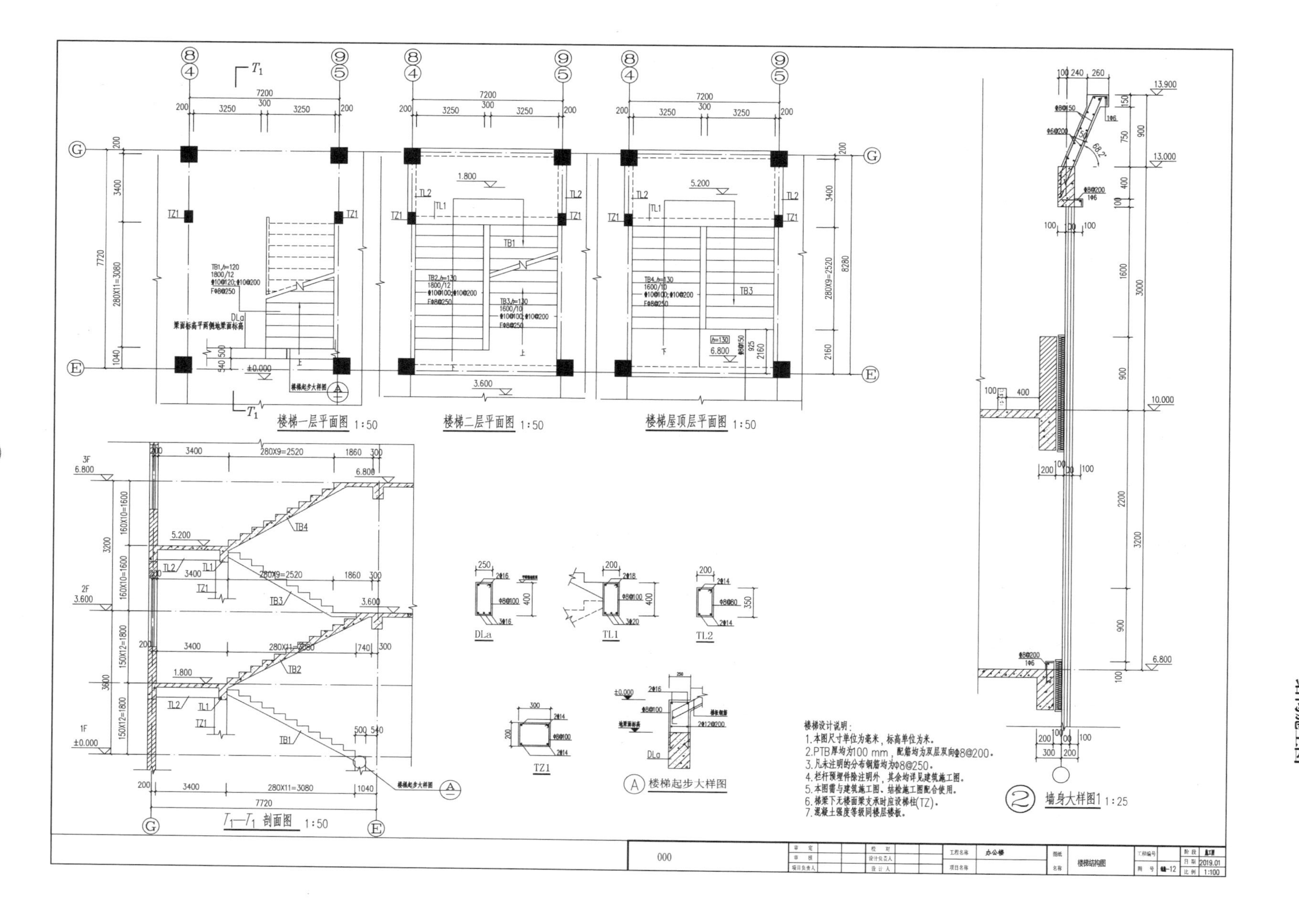
楼梯一层平面图 1:50
楼梯二层平面图 1:50
楼梯屋顶层平面图 1:50
T1—T1 剖面图 1:50
DLa
TL1
TL2
TZ1
A 楼梯起步大样图
楼梯设计说明：
1.本图尺寸单位为毫米，标高单位为米。
2.PTB厚均为100 mm，配筋均为双层双向Φ8@200。
3.凡未注明的分布钢筋均为Φ8@250。
4.栏杆预埋件除注明外，其余均详见建筑施工图。
5.本图需与建筑施工图、结构施工图配合使用。
6.梯梁下无楼面梁支承时应设梯柱(TZ)。
7.混凝土强度等级同楼层楼板。
② 墙身大样图1 1:25
办公楼
楼梯结构图
2019.01
1:100

参 考 文 献

[1] 中华人民共和国住房和城乡建设部. GB 50500—2013 建设工程工程量清单计价规范[S]. 北京:中国计划出版社,2013.

[2] 中华人民共和国住房和城乡建设部. GB 50854—2013 房屋建筑与装饰工程工程量计算规范[S]. 北京:中国计划出版社,2013.

[3] 中华人民共和国住房和城乡建设部. GB/T 50353—2013 建筑工程建筑面积计算规范[S]. 北京:中国计划出版社,2014.

[4] 江苏省住房和城乡建设厅. 江苏省建筑与装饰工程计价定额[M]. 2014 年版. 南京:江苏凤凰科学技术出版社,2014.

[5] 江苏省建设工程造价管理总站. 建筑与装饰工程技术与计价[M]. 2014 年版. 南京:江苏凤凰科学技术出版社,2014.

[6] 全国造价工程师执业资格考试培训教材编审委员会. 建设工程计价[M]. 2017 年版. 北京:中国计划出版社,2017.

[7] 全国造价工程师执业资格考试培训教材编审委员会. 建设工程造价管理[M]. 2017 年版. 北京:中国计划出版社,2017.

[8] 谭大璐. 工程估价[M]. 4 版. 北京:中国建筑工业出版社,2014.

[9] 温艳芳,蔡红新. 建筑工程计量计价[M]. 北京:高等教育出版社,2013.

[10] 钱靓,刘如兵,陈礼飞. 建筑工程计量与计价[M]. 2 版. 南京:南京大学出版社,2016.

[11] 李凯文. 装饰工程计量与计价[M]. 北京:电子工业出版社,2017.